建筑高效供能系统集成技术及工程实践

狄彦强　主编
袁东立　主审

中国建筑工业出版社

图书在版编目（CIP）数据

建筑高效供能系统集成技术及工程实践/狄彦强主编.
北京：中国建筑工业出版社，2010.11
ISBN 978-7-112-12502-9

Ⅰ.①建… Ⅱ.①狄… Ⅲ.①建筑-节能 Ⅳ.①TU111.4

中国版本图书馆CIP数据核字（2010）第203427号

本书重点围绕"低㶲供能"的设计理念和设计原则：能质匹配、冷热兼用、温度对口、准可逆、被动节㶲。独具风格地采用能量分析与㶲分析相结合的方法对现有用能系统进行综合评价，围绕"建筑高效供能系统"这个中心，从被动节㶲、能量提升转换系统、输配系统、末端系统及装置几个环节较为全面地介绍了各种"低㶲"和"节㶲"的技术方法及措施，力求做到从源头到末端的全方位高效供能。由于建筑节能技术有很强的地域性和气候适应性等特点，本书重点对各种技术方法和措施的适用性作了详细介绍，最后，通过典型的工程设计实例进一步验证了高效供能系统集成技术的实际应用效果。

本书从优化系统出发，基于工程应用的立场，重点介绍节能性的同时结合了系统经济性，并从设计、施工和运行方面做了详细阐述，具有较强的实践性和针对性，内容是专业性和实用性的有机结合。可供从事暖通空调、建筑节能、新能源应用领域的设计和运行管理人员使用，也可供高校及具有一定基础的大中专院校师生参考使用。

* * *

责任编辑：姚荣华　张文胜
责任设计：张　虹
责任校对：马　赛　赵　颖

建筑高效供能系统集成技术及工程实践

狄彦强　主编
袁东立　主审

*

中国建筑工业出版社出版、发行（北京西郊百万庄）
各地新华书店、建筑书店经销
霸州市顺浩图文科技发展有限公司制版
北京凌奇印刷有限责任公司印刷

*

开本：787×1092毫米　1/16　印张：22¼　插页：1　字数：555千字
2011年2月第一版　2011年2月第一次印刷
定价：**55.00**元
ISBN 978-7-112-12502-9
（19757）

版权所有　翻印必究
如有印装质量问题，可寄本社退换
（邮政编码100037）

编 写 单 位

主编单位：中国建筑科学研究院
　　　　　中国建筑技术集团有限公司
参编单位：北京科技大学
　　　　　北京市建筑设计研究院

编 委 会 成 员

主　编：狄彦强
副主编：马　飞　曲世琳
委　员（按编写章节出现先后顺序）：
　　　　狄彦强　刘寿松　马　飞　孟　桃
　　　　赵　羽　杨　裔　陈彩霞　李　颖
　　　　曲世琳　吴　军　宋　煜　张　琛
　　　　刘建国　刘　璐　张　淼　王　培

序

我国建筑面积以每年 20 亿 m^2 左右的速度增加，到 2009 年，建筑存量已经超过 450 亿 m^2，新增建筑是我国建筑能耗逐年增加的刚性动力。抽样统计表明，我国建筑耗能占社会终端总能耗的比例已由 1978 年的 10% 增长到 2009 年的 25.6%。随着城镇化的推进，这一比例还将继续提高。因此，推动建筑节能是我国节能减排任务的重要组成部分。

提高建筑能效，一靠政策引导。住房和城乡建设部会同财政部在"十一五"期间大力支持北方采暖地区既有居住建筑节能改造和供热计量改革，推动可再生能源建筑的规模化应用，支持国家机关办公建筑和大型公共建筑节能监管体系建设以及高等学校校园节能监管体系建设示范。这些工作的开展旨在带动全社会的力量参与建筑领域的节能减排，已经取得了预期的阶段性目标。"十二五"期间还将继续加大力度，加快推进。二靠技术进步。"十一五"期间，建筑节能技术迅速发展，其中在建筑供热供冷方面涌现多种新型节能技术。本书围绕"低烟"原理，提出建筑供能要能质匹配、温度对口、梯级利用，以达到对能源的最大化利用。作者较全面地介绍了当今各种节能技术在建筑供能系统中的集成应用，既包括太阳能、浅层地能、地热能的利用和余热回收等主动式节能技术，又包括建筑被动式节能技术，理论结合案例说明建筑高效供能系统集成技术在建筑中的节能潜力。希望本书的出版有助于各种节能技术在建筑行业中因地制宜的推广。

建筑节能是一项跨域多学科、涉及全社会的课题。我国建筑节能潜力巨大，希望有更多的建筑工程实践运用"低烟"原理，优化能源利用，提高建筑能效，完成我国建筑节能减排任务。

住房和城乡建设部建筑节能与科技司

2010 年 9 月 20 日

前　　言

　　能源紧张、环境污染、生态破坏已经成为人类社会面临的共同的严峻挑战，实现可持续发展逐渐成为全人类的共识。从目前资源需求情况来看，我国正处在工业化高速发展时期，能源和资源总需求迅速扩大，现代建筑为了满足居住者的舒适要求和使用需要，应具备供暖、空调、热水供应等一系列功能。在此前提下，建筑能耗在社会总能耗中所占的比例也将随之不断扩大，并保持逐步上升的趋势。随着能源和资源对经济发展制约作用的日益突出，开发利用可再生能源、大力发展经济节能装置是落实科学发展观、建设资源节约和环境友好型社会、实现可持续发展的基本要求，是保护环境、应对气候变化的重要措施，是开拓新的经济增长领域、促进经济转型的重要选择。

　　迄今，国内的节能建筑概念发展很快，从普通建筑到节能建筑，再到低能耗建筑，超低能耗建筑，以及目前的零能耗建筑。所有这些建筑围绕的一个最关键的对象就是在保证建筑功能的前提下，建筑的用能程度。而要谈到建筑使用能耗的种类或形式划分，就必然涉及建筑节能概念的由来。节能的概念是在常规能源如煤、石油和天然气储存量不断减少和环境污染不断加剧的情况下提出的，这说明我们目前关心的建筑使用能耗的减少主要是针对常规能源而言的，而这些常规能源本身都是高品位、高能质的能源，它所蕴含的可用能是非常大的。因此，从利用能量价值的角度出发，节能实为对常规能源中可用能——"烟"的节约与利用，对整个建筑供能系统而言，节能的最终目标就是使得整个过程的烟效最高，烟损最小。

　　建筑节能技术发展到目前为止，与需求相比，仍还有较大差距。主要差距在于达到节能标准的经济、适用、可靠的技术集成体系尚不完善。虽然目前国内外在建筑节能集成应用方面有一些较为成功的案例，但是整体而言，建筑节能集成技术在示范工程中的应用还未在我国大规模展开。相比国际水准，国内多数现有技术还比较粗放，系统配套较差，其产业化程度也不高，成本昂贵。可再生能源建筑应用缺乏具有独立自主知识产权的核心技术，高效、低能耗、高可靠性的能量提升转换技术、输配系统调节与设计技术以及高性能末端系统及装置等关键技术的系统集成化程度不高。如果大幅度提高节能标准要求，现有技术大都难以支撑。

　　在这种背景下，作者紧密结合技术、市场和政策的融合程度以及发展趋势，在借鉴了国内外建筑节能的成功经验和相关技术后，提出了适用于建筑系统节能、整体节能的"低烟供能系统"。该系统是涵盖全过程节能、被动节能与主动节能的综合技术集成，囊括了整个建筑供能系统中的冷、热源系统、输配系统、末端系统三大环节，而且通过最优匹配策略，将整个建筑用能系统对常规能源的依赖程度降到最低、全过程能耗降到最小的一种新型系统形式，是在保证室内环境健康、舒适的一种真正意义上的高效供能系统。

　　本书重点围绕"低烟供能"的设计理念和设计原则：能质匹配、冷热兼用、温度对口、准可逆、被动节烟，独具风格地采用能量分析与烟分析相结合的方法对现有用能系统进行综合评价，围绕"建筑高效供能系统"这个中心，从被动节㶲、能量提升转换系统、输配系统、末端系统及装置几个环节较为全面地介绍了各种"低㶲"和"节㶲"的技术方法及措施，力求做到从源头到末端的全方位高效供能。由于建筑节能技术有很强的地域性和气候适应性等特点，本书重点对各种技术方法和措施的适用性做了详细介绍。最后，通过典型的工程设计实例进一步验证了高效供能系统集成技术的实际应用效果。

本书从优化系统出发，基于工程应用的立场，重点介绍节能性的同时结合了系统经济性，并从设计、施工和运行方面做了详细阐述，具有较强的实践性和针对性，内容是专业性和实用性的有机结合。

本书的目的是将近年来建筑节能与新能源开发、应用领域中出现的一些新兴的、适用于工程应用的关键技术集中介绍给该领域中的各类工作人员。可供从事暖通空调、建筑节能、新能源应用领域的设计和运行管理人员使用，也可供具有一定基础的大中专院校及高校师生参考使用。

本书各章编写分工如下：
第1章：狄彦强、刘寿松；
第2章：狄彦强、刘寿松；
第3章：马飞、孟桃、赵羽；
第4章：马飞、杨裔、陈彩霞、李颖；
第5章：狄彦强、曲世琳、吴军、陈彩霞、刘寿松、宋煜；
第6章：曲世琳、张琛、李颖、杨裔、刘建国；
第7章：狄彦强、陈彩霞、李颖、杨裔、刘璐；
第8章：狄彦强、张琛、张淼、刘寿松、王培。

本书的主要内容是以编者以及其他人的研究成果为基础撰写的，在此对他们表示由衷的感谢。同时，本书在编写过程中参考、引用了许多有价值的文献，谨向有关文献的作者表示衷心的感谢。

本书得到了中国建筑科学研究院、中国建筑技术集团有限公司、北京科技大学以及北京市建筑设计研究院的大力支持，在此表示衷心感谢！本书的出版还得到了中国建筑工业出版社张文胜、姚荣华编辑的大力协助，在此表示深深的谢意！本书的出版凝聚了全体编写人员的智慧和劳动，是所有参加单位共同努力、团结协作的结果，在此深表敬意！

最后还要说明的是，作者在编写过程中进行了一些新的尝试和探索，针对某些问题提出了一些新的思路和见解，但因时间仓促，编写水平有限，文字表述上难免存在疏漏和不足之处，恳请读者批评指正，提出宝贵意见。

目 录

第1章 能量传递与能量流结构理论 ··· 1
  1.1 热力学基本概念 ··· 1
    1.1.1 热力系 ··· 1
    1.1.2 热力状态及基本状态参数 ··· 1
    1.1.3 状态公理及状态方程 ·· 2
  1.2 能量传递基本定律 ··· 3
    1.2.1 热力学第零定律 ··· 3
    1.2.2 热力学第一定律 ··· 3
    1.2.3 热力学第二定律 ··· 5
  1.3 能量流结构理论 ·· 7
    1.3.1 㶲概念的导出 ·· 7
    1.3.2 能量流结构类型 ··· 8
    1.3.3 㶲的表现形式 ·· 9
    1.3.4 节㶲理论分析 ··· 10

第2章 低㶲供能系统理论分析 ·· 13
  2.1 低㶲供能系统概述 ··· 13
    2.1.1 提出背景 ·· 13
    2.1.2 国内外技术发展现状及趋势 ····································· 13
    2.1.3 低㶲供能系统的设计原则 ·· 15
  2.2 能量系统㶲分析的基本模型 ··· 16
    2.2.1 黑箱模型分析 ··· 17
    2.2.2 白箱模型分析 ··· 18
  2.3 低㶲供能系统热力学模型构建 ··· 19
  2.4 低㶲供能系统热力学分析 ·· 20
    2.4.1 基于热力学第一定律下的能量分析 ··························· 20
    2.4.2 第一定律与第二定律相结合的㶲分析 ························ 20
    2.4.3 各子系统的㶲分析 ··· 21
    2.4.4 各子系统节㶲分析 ··· 22
    2.4.5 低㶲供能系统技术集成体系总析 ······························ 24

第3章 建筑动态负荷计算及能耗分析 ······································ 25
  3.1 建筑负荷计算与能耗模拟的概念 ······································ 25
  3.2 建筑负荷特征及计算方法 ·· 25
    3.2.1 传统建筑负荷特征 ··· 25
    3.2.2 全年动态建筑负荷特征 ·· 27
    3.2.3 动态能耗计算方法 ··· 28

3.3 建筑能耗模拟与计算的意义 ······ 29
　　3.3.1 建筑能耗模拟计算对空调冷热源及末端形式选择的意义 ······ 29
　　3.3.2 建筑能耗模拟计算对设备选型的意义 ······ 30
　　3.3.3 建筑能耗模拟计算对运行策略的意义 ······ 31
　　3.3.4 建筑能耗模拟计算对建筑围护结构设计的意义 ······ 31
3.4 建筑能耗模拟软件的特点及应用 ······ 31
　　3.4.1 国内外建筑能耗模拟软件的介绍 ······ 32
　　3.4.2 日能耗模拟软件 ······ 34
　　3.4.3 全年动态能耗模拟软件 ······ 34

第4章 建筑被动节烟设计

4.1 被动节烟设计与建筑环境的关系 ······ 37
4.2 建筑被动节烟的特征分析 ······ 38
　　4.2.1 总体布局的可控性 ······ 38
　　4.2.2 建筑空间的可控性 ······ 38
　　4.2.3 建筑围护结构的可控性 ······ 38
4.3 建筑被动节烟的气候设计 ······ 38
　　4.3.1 气候设计的基本原理 ······ 38
　　4.3.2 气候控制的基本策略 ······ 39
4.4 被动节烟的建筑设计方法 ······ 40
　　4.4.1 建筑设计中保证自然通风 ······ 40
　　4.4.2 被动式太阳能利用 ······ 41
　　4.4.3 围护结构被动式节能设计 ······ 41
4.5 建筑被动节烟技术 ······ 41
　　4.5.1 被动通风节烟技术 ······ 41
　　4.5.2 太阳能被动式利用节烟技术 ······ 46
　　4.5.3 建筑围护结构节烟技术 ······ 48
4.6 建筑围护结构的节能优化 ······ 54
　　4.6.1 围护结构节能指标 ······ 54
　　4.6.2 不同季节、不同地区、不同类型建筑对围护结构的要求 ······ 55
　　4.6.3 围护结构优化设计 ······ 56

第5章 能量提升转换系统关键技术

5.1 热泵系统 ······ 66
　　5.1.1 土壤源热泵 ······ 66
　　5.1.2 地下水源热泵 ······ 81
　　5.1.3 污水源热泵 ······ 87
　　5.1.4 空气源热泵 ······ 96
　　5.1.5 海水源热泵 ······ 101
5.2 太阳能光热系统 ······ 106
　　5.2.1 太阳能集热器 ······ 106
　　5.2.2 太阳能热水系统 ······ 108
　　5.2.3 太阳能采暖系统 ······ 122
　　5.2.4 太阳能空调系统 ······ 134

5.3 热能梯级利用系统 141
5.3.1 梯级利用系统原理 141
5.3.2 主要工质梯级利用概述 142
5.3.3 梯级利用系统主要形式 151
5.3.4 梯级利用系统经济分析举例 153
5.3.5 梯级利用系统适用性分析 157
5.3.6 技术展望 159

5.4 余热、废热回收再利用系统 159
5.4.1 余热资源概述 159
5.4.2 余热回收利用的原理及原则 161
5.4.3 余热回收再利用技术 162
5.4.4 余热回收再利用技术的发展趋势 175

5.5 分布式供能系统 176
5.5.1 分布式供能系统技术概述 176
5.5.2 分布式供能系统的主要设备简介及分类 176
5.5.3 分布式供能系统适用性分析 181
5.5.4 分布式供能系统经济性分析 183
5.5.5 发展分布式供能系统若干问题探讨 184

5.6 天然冷源系统 185
5.6.1 蒸发冷却技术简介 185
5.6.2 冷却水侧"免费"供冷（冷却塔供冷）的定义 188
5.6.3 冷却水侧免费供冷（冷却塔供冷）的分类 188
5.6.4 冷却水侧免费供冷（冷却塔供冷）的适用性分析 192
5.6.5 冷却塔免费供冷的系统设置形式及经济性 195
5.6.6 冷却塔免费供冷技术应注意的若干问题 195

5.7 复合能源系统 196
5.7.1 常规能源复合系统 196
5.7.2 可再生能源复合系统 206
5.7.3 可再生能源与常规能源复合系统 211

第6章 能量输配系统关键技术 215

6.1 输配理论研究 215
6.1.1 水泵与管网间的匹配特性研究 215
6.1.2 输配形式及运行调节理论 217
6.1.3 相变功能性热流体简介 223

6.2 水泵变频技术 224
6.2.1 水泵变频调节的意义 224
6.2.2 水泵变频技术的节能原理 224
6.2.3 水泵变频技术的控制方式 225
6.2.4 水泵变频技术的适用性分析 228
6.2.5 水泵变频技术的经济性分析 230

6.3 水泵节能技术 231
6.3.1 水泵节能的意义 231

  6.3.2 水泵的能效 ·· 232
  6.3.3 泵系统能耗分析 ·· 232
  6.3.4 泵节能的途径 ·· 233
 6.4 管网低阻技术 ·· 237
  6.4.1 减阻技术在HVAC中的研究概况 ·· 237
  6.4.2 减阻机理 ·· 238
  6.4.3 减阻方法 ·· 240
  6.4.4 减阻剂 ··· 243
  6.4.5 减阻剂减阻效果评价 ·· 246

第7章 高性能末端系统及装置 ·· 248
 7.1 风机盘管装置 ·· 248
  7.1.1 用户末端模型 ·· 248
  7.1.2 逆流式风机盘管 ··· 249
  7.1.3 干式风机盘管 ·· 250
 7.2 辐射系统及装置 ··· 253
  7.2.1 辐射供冷/采暖原理及特点 ··· 253
  7.2.2 辐射末端装置分类 ·· 256
  7.2.3 地板辐射系统 ·· 258
  7.2.4 顶棚辐射系统 ·· 266
 7.3 湿度调节装置 ·· 273
  7.3.1 冷却除湿装置 ·· 273
  7.3.2 液体吸收除湿装置 ·· 274
  7.3.3 固体吸附除湿装置 ·· 277
  7.3.4 热泵除湿装置 ·· 278
  7.3.5 HVAC除湿装置 ··· 279
  7.3.6 膜除湿装置 ··· 280
  7.3.7 除湿技术的发展趋势 ·· 281
 7.4 有效送风形式 ·· 282
  7.4.1 置换通风 ·· 282
  7.4.2 局部送风与个性化送风 ··· 298
 7.5 能量回收装置 ·· 301
  7.5.1 AAERE的分类及性能比较 ··· 302
  7.5.2 AAERE的节能分析 ··· 303
  7.5.3 转轮式机组在能量回收系统中的应用 ··· 307
  7.5.4 经济性分析 ··· 307

第8章 典型设计工程示例 ··· 310
 8.1 江苏省某住宅小区高效供能系统优化设计 ··· 310
  8.1.1 工程概况 ·· 310
  8.1.2 设计参数 ·· 311
  8.1.3 全年动态能耗模拟分析 ··· 312
  8.1.4 能量提升转换系统设计与优化 ··· 315
  8.1.5 空调末端系统设计与优化 ·· 315

  8.1.6　系统运行效益分析 ……………………………………………………………………… 318
8.2　内蒙古某商业住宅小区高效供能系统优化设计 …………………………………………… 318
  8.2.1　工程概况 …………………………………………………………………………………… 318
  8.2.2　设计参数 …………………………………………………………………………………… 319
  8.2.3　全年动态能耗模拟分析 …………………………………………………………………… 319
  8.2.4　工程设计特点 ……………………………………………………………………………… 320
  8.2.5　能量提升转换系统设计与优化 …………………………………………………………… 320
  8.2.6　暖通空调末端系统设计与优化 …………………………………………………………… 322
  8.2.7　系统运行效益分析 ………………………………………………………………………… 324
8.3　江苏省某商业街区高效供能系统优化设计 …………………………………………………… 324
  8.3.1　工程概况 …………………………………………………………………………………… 324
  8.3.2　工程设计特点 ……………………………………………………………………………… 325
  8.3.3　设计参数及全年动态能耗模拟分析 ……………………………………………………… 325
  8.3.4　围护结构热工性能设计与优化 …………………………………………………………… 326
  8.3.5　暖通空调末端系统设计与优化 …………………………………………………………… 327
  8.3.6　能量提升转化系统设计与优化 …………………………………………………………… 328
  8.3.7　系统运行效益分析 ………………………………………………………………………… 329
8.4　天津某温泉城地热梯级利用优化设计 ………………………………………………………… 329
  8.4.1　工程概况 …………………………………………………………………………………… 329
  8.4.2　工程设计特点 ……………………………………………………………………………… 329
  8.4.3　设计参数及负荷计算 ……………………………………………………………………… 329
  8.4.4　能量提升转换系统设计与优化 …………………………………………………………… 330
  8.4.5　系统的运行测试情况 ……………………………………………………………………… 331
  8.4.6　系统运行效益分析 ………………………………………………………………………… 333
8.5　内蒙古某住宅小区复合能源系统优化设计 …………………………………………………… 333
  8.5.1　工程概况 …………………………………………………………………………………… 333
  8.5.2　工程设计特点 ……………………………………………………………………………… 334
  8.5.3　设计参数和负荷计算 ……………………………………………………………………… 334
  8.5.4　能量提升转换系统设计与优化 …………………………………………………………… 335
  8.5.5　系统运行效益分析 ………………………………………………………………………… 336

参考文献 ………………………………………………………………………………………………… 339

第1章 能量传递与能量流结构理论

1.1 热力学基本概念

1.1.1 热力系

在对一个现象或一个过程进行分析时，为了确定研究的对象，规划出研究的范围，常从若干物体中取出需要研究的部分，这种被取出的部分叫热力学系统，简称热力系。热力系以外的物质世界统称为外界或环境。热力系与外界的分界面叫界面或边界。所谓热力系，就是由界面包围着的作为研究对象的物体的总和。热力系与外界之间既可以是真实的，也可以是虚拟的；既可以是固定的，也可以是运动的。

从不同角度对热力系分析，可以将其分为不同的类型。按热力系与外界进行物质交换的情况，可将热力系分为闭口系与开口系；按热力系与外界进行能量交换的情况，可将热力系分为简单热力系、绝热系及孤立系。热力系也可按其内部状况的不同分为单元系与多元系、均匀系与非均匀系等等。在热力工程上，能量转换是通过工作物质的状态变化来实现的。最常用的工质是一些可压缩流体。由可压缩流体构成的热力系称为可压缩系统。若可压缩系统与外界只有准静止容积变化功的交换，则此系统可称为简单可压缩系统。

正确的选择热力系是进行准确的能量分析与㶲分析的前提，在没有明确的选定热力系之前，对力、质量、热、功、㶲等任何问题的讨论都是不可能进行的。

1.1.2 热力状态及基本状态参数

1. 热力状态

对于一个状态可以自由变化的热力系而言，如果系统内及系统与外界之间的一切不平衡都不存在，则热力系的一切可见宏观变化均将停止，此时热力系所处的状态即是平衡状态。各不平衡势的消失是系统建立平衡状态的必要条件。即平衡状态是指在没有外界影响条件下系统各部分在长时间内不发生任何变化的状态。处于平衡状态的热力系，各处应具有均匀一致的温度、压力等参数。由此，对于任意给定的平衡热力系，可以用确定的 T、p 等物理量来描述。这些用来描述热力系平衡状态的物理量称为状态参数。处于平衡状态的热力系，其状态参数具有确定的数值，而非平衡热力系的状态参数是不确定的。

2. 基本状态参数

简单可压缩平衡系的状态用状态参数比容 v、压力 p、温度 T 来描述。这些物理量都是可以测量的，称为基本状态参数。

（1）密度及比容：密度是单位容积内所含物质的质量，其法定的计量单位为千克每立方米（kg/m^3）。比容是单位质量的物质所占有的容积，其单位为立方米每千克（m^3/kg）。从微观意义上讲，对一定的气体而言，密度、比容均为描绘分子聚集疏密程度的物理量。

（2）压力：热力系内在一个真实或假想表面的单位面积上所受到工质的垂直作用力称

为压力（即压强）。在平衡系中，流体中任意一个微元体的周围，沿各方向的压力是相等的。流体的压力用压力计测量，但由于测压仪表本身常处于大气压力的作用下，表上所指示的压力并非被测系统的真实压力，而是系统压力与当地当时大气压力的差值，称为表压力，用 p_g 表示。系统的真实压力称为绝对压力，用 p 表示。表压力与绝对压力之间有如下关系：

1) $p > p_b$ 时：$p = p_g + p_b$，其中 p_b 为当地当时大气压力；
2) $p < p_b$ 时，测量压力的仪表叫做真空计，此时：$p = p_b - p_v$，p_v 即是真空计上的读数称为真空度。

由于大气压力变化不大，当绝对压力较大时，大气压力数值的变化相对绝对压力来说影响甚小，这时在工程计算上可将大气压力视为常数。但当被测系统压力较小，其数值与大气压力相近时，则不能将大气压力视为常数，而应利用大气压力计测定其具体数值。作为工质的状态参数，应该是 p 而不是 p_g 或 p_v。压力的单位由法定单位导出，根据牛顿第二定律，压力的单位为 N/m^2，称为帕斯卡，其单位符号位 Pa。在工程项目上常用 MPa（10^6 Pa），或是巴（符号为 bar，1bar = 10^5 Pa）作为单位。

（3）温度：描述平衡热力系统冷热状况的物理量。其微观概念表示物质内部大量分子热运动的强烈程度。

1.1.3 状态公理及状态方程

1. 状态公理

热力系与环境之间由于不平衡势的存在将发生相互作用（即相互的能量交换），这种相互作用以热力系的状态变化为标志。每一种平衡将对应于一种不平衡势的消失，从而可得到一个确定的描述系统平衡特性的状态参数。由于各种能量交换可以独立进行，这就有理由使我们相信，决定平衡热力系状态的独立变量的数目应等于热力系与外界交换热量的各种方式的总数。对于闭口系统而言，与外界的相互作用除表现为各种形式的功的交换外，还可能交换热量。因此，对于闭口系统，当给定平衡状态时，可用 $n+1$ 个独立的状态参数来限定。这里 n 是系统可能出现的准静功形式的数目，1 是考虑系统与外界的热交换。由此归纳出一条状态公理为：

$$\text{确定纯物质系统平衡状态的独立参数} = n + 1$$

例如，对于简单可压缩系统，由于不存在电功、磁功等其他形式的功量，热力系与外界交换的准静功只有气体的容积变化功（膨胀功或压缩功）这一种形式。根据状态公理可以确定简单可压缩系统平衡状态的独立参数为 2 个。所有状态参数都可以表示为任意两个独立参数的函数。

2. 纯物质状态方程

对于纯物质构成的简单热力系而言，根据状态公理，纯物质可压缩系统的 3 个基本状态参数有如下函数关系：

$$p = f_1(T, v) \tag{1-1}$$

$$T = f_2(p, v) \tag{1-2}$$

$$v = f_3(p, T) \tag{1-3}$$

以上三式建立了温度、压力、比容这三个基本状态参数之间的函数关系，称为状态方程，其也可合并写成如下隐函数的形式：

$$F(p、v、T)=0 \tag{1-4}$$

此方程反映了物质基本状态参数 p、v、T 间的函数关系,称为物质的状态方程。例如物理学中的理想气体状态方程:$pv=RT$,其中 p、v、T 分别代表气体的压力（N/m²）、比容（m³/kg）、温度（K）,R 为气体常数。

1.2 能量传递基本定律

1.2.1 热力学第零定律

假设有三个热力系 A、B、C,将 BC 系统隔开而让它们同时与 A 系统接触,经过一段时间后,A 和 B 以及 A 和 C 都将分别达到平衡。这时,如果再使 B 和 C 发生热接触,则会发现 B 和 C 也处于热平衡中。由此得出结论:若两个热力系中的每一个都与第三个系统处于热平衡,则它们彼此也处于热平衡。这种说法称为热力学第零定律。

热力学第零定律为建立温度的概念提供了实验基础。根据这个定律,处于热平衡状态的所有热力系（无论它们之间是否产生热接触）,则必定有某一宏观特性是彼此相同的。我们把描述此宏观特性的物理量称为温度,即温度是决定系统是否可与其他系统处于热平衡的物理量。以上给出的温度的定义是定性的、不完全的。一个完全的温度的定义还应包括温度数值的表示法,称之为温度标尺。温度标尺是表示温度高低的尺度,简称温标。任何温标都要规定基本定点和每一度的数值。国际单位制（SI）规定热力学温标的符号用 T,单位代号为 K（Kelvin）,中文代号为开。热力学温标规定纯水三相点温度（即水的汽、液、固三相平衡共存时的温度）为基准点,并指定其为 273.16K,1K 为水三相点温度的 1/273.16。

SI 还规定摄氏温标（Celsius）为实用温标,符号为 t,单位符号为摄氏度,代号为℃。摄氏温标的 1℃ 与热力学温标的每 1K 相同,它的定义为:

$$t=T-273.15 \tag{1-5}$$

式中,273.15 是按国际计量会议规定的。可见摄氏温度与热力学温度差值为 273.15K,当 $t=0℃$ 时,$T=273.15K$。

1.2.2 热力学第一定律

1. 第一定律的实质

热力学第一定律是能量转换和守恒定律在热力学中的应用,它确定热力过程中各种能量在量上的相互关系。运动是物质存在的形式,是物质固有的属性,没有运动的物质正如没有物质的运动一样是不可思议的。能量是物质运动的度量,物质存在各种不同形态的运动,因而能量也具有不同的形式。各种运动形态可以相互转化,这就决定了各种形式的能量也能够相互转换。能量的转换反映了运动由一种形式转变为另一种形式的无限能力。

热力学是研究能量及其特性的科学,其所涉及的各热力过程应遵从能量守恒定律,即在任何发生能量传递和转换的热力过程中,传递和转换前后能量的总量维持恒定。这种说法称为热力学第一定律,在任何热力系进行的任意过程中,热力学第一定律是参与过程的各种能量进行量分析的基本依据。热力学第一定律是一个普遍的自然规律,它存在于一切热力过程当中,并贯穿于过程的始终。

2. 功与热

热力系与环境之间在不平衡势的作用下会发生能量交换,实施热力过程。热力系与外界传递能量的方式有两种，即作功和传热。热和功是物系与外界相互作用的过程中传递的能量，传热和作功是热力系与外界传递能量的两种方式。它们是过程量而不是状态量，所以在热力学领域，说"物体具有多少热量"及"物体具有多少功量"都是错误的。

(1) 功：在热力学里，这样定义功："功是物系间相互作用而传递的能量。当系统完成作功时，其对外界的作用可用在外界举起重物的单一效果来代替。"当然，功在热力学定义里并不一定就是真的举起重物，而是过程产生的效果相当于重物的举起。热力学中规定：系统对外界作功时取正值，而外界对系统作功时取负值。在法定计量单位中功的单位为焦耳，单位符号为 J。1J 相当于物体在 1N 力作用下产生 1m 位移时完成的功量，单位质量的物质所作的功称为比功，用 w 表示。其单位为焦耳每千克，单位符号为 J/kg。单位时间内完成的功称为功率，单位为瓦特，符号为 W。

热力系统主要研究热能与机械能的转换，而膨胀功是热转换为功的必要途径，热工设备的机械功往往通过机械轴传递，故膨胀功与轴功为热力系统重要功形式。膨胀功（也称容积功）是压力差作用下由于系统工质容积发生变化而传递的机械功。即容积变化为其必要条件但并非充要条件，做膨胀功除工质的容积变化外，还应当有功的传递和接受机构。轴功是系统通过机械轴与外界传递的机械功，其可来源于能量的转换，如汽轮机中热能转换为机械能；也可是机械能的直接转换，如水轮机、风车等。轴功的符号采用 w_s（单位质量工质的轴功）。通常规定系统输出轴功为正，输入轴功为负。

(2) 热：热是系统除了功以外与外界交换的另一种能量形式。当热力系统与外界之间温度不相等而发生热接触时，彼此将进行能量的交换。热力系与外界之间依靠温差传递的能量称为热。热的传递不能像功的传递那样可以示为外界重物高度变化的单一效果，所以它是与功不同的另一种能量传递形式。在热力学中，用符号 Q 代表热量。对微元过程中传递的微小热量则用 δQ 表示。由于热量与功量一样是过程量，所以 δQ 代表微元过程中物体间交换的微小热量，而不是某状态量的全微分。热力学中规定，热力系吸热时热量取正号，放热时取负号。

3. 表达式

(1) 基本表达式

根据能量守恒定律，对于闭口系统可以写出如下能量方程：

$$\delta Q = dU + \delta W \tag{1-6}$$

$$Q = \Delta U + W \tag{1-7}$$

式中　Q、W——分别代表在任意过程中热力系与外界交换的热量及功量；

　　　U——系统的内能。

以上表达式称为热力学第一定律的基础表达式，它反映了热力系在能量转换过程中各能量之间量的关系。由于建立如上方程的唯一依据是能量守恒原理，因而它们将适用于闭口系统内进行的一切热力过程（包括各种非平衡过程及准平衡过程）。

(2) 开口系统能量方程式

如图 1-1 所示，按能量守恒原理有：

进入控制体的能量－控制体输出的能量＝控制体中存储的能量

设控制体在 τ 到 $(\tau+d\tau)$ 的时间内进行了一个微元热力过程。在这段时间内，由控制体界面 1-1 处流入的工质质量为 δm_1，由界面 2-2 流出的工质质量为 δm_2；控制体从热

源吸热 δQ；对外作轴功 δW_s。控制体的能量收入与支出具体情况表述如下：

进入控制体的能量 $=\delta Q+\left(h_1+\dfrac{1}{2}c_1^2+gz_1\right)\delta m_1$

离开控制体的能量 $=\delta W_s+\left(h_2+\dfrac{1}{2}c_2^2+gz_2\right)\delta m_2$

控制体存储能的变化：$\mathrm{d}E_{cv}=(E+\mathrm{d}E)_{cv}-E_{cv}$

由此可以得到开口系统热力学第一定律能量方程为：

$$\delta Q=\left(h_2+\dfrac{1}{2}c_2^2+gz_2\right)\delta m_2-\left(h_1+\dfrac{1}{2}c_1^2+gz_1\right)\delta m_1+\delta W_s+\mathrm{d}E_{cv} \tag{1-8}$$

上式是在普遍情况下推出的，其对稳定流动及稳态紊流、可逆与非可逆过程都适用，也适用于闭口系统，故称上式为热力学第一定律的一般表达式。如对于闭口系统，由于系统边界没有物质流进与流出，故有 $\delta m_1=\delta m_2=0$，则式（1-8）经过化简就变为：$\delta Q=\mathrm{d}E+\delta W$，又因为在闭口系统中工质的动能和位能没有变化，即有 $\mathrm{d}E=\mathrm{d}U$。故有：$\delta Q=\mathrm{d}U+\delta W$，其与式（1-6）一致。

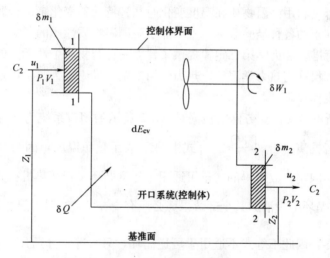

图 1-1 开口系统示意图

1.2.3 热力学第二定律

1. 概述

热力学第一定律仅告诉我们在能量传递（或转换）的过程中一物体失去的能量等于另一物体得到的能量，其仅仅揭示了能量在转换与传递过程中数量守恒的客观规律。然而，该定律有两方面的问题没有涉及到：其一，热力学第一定律强调的是能量在数量上的守恒，没有考虑到不同类型能量在作功能力上的差别。其二，热力学第一定律不能判断热力过程的方向性。事实表明任何热力过程都具有方向性，即其正向过程是可以自发进行的热力过程，而其反向过程则不能自发进行。

2. 热力学第二定律的几种表述

一切实际的宏观热过程都具有方向性，热过程不可逆这是其基本特征。由于自然界中热过程的种类是大量的，人们可利用任意一种不同的形式表达出来，形成了有关热力学第二定律的各种说法。由于各种说法所表述的是一个共同的客观规律，因而它们彼此是等效的，一种说法成立可以推论到另一种说法的成立，任何一种说法都是其他说法在逻辑上导致的必然结果。

克劳修斯说法（1850 年）：不可能把热从低温物体传至高温物体而不引起其他变化。

开尔文—普朗克说法（1881 年）：不可能从单一热源取热，并使之完全变为有用功而不产生其他影响。不可能制造一部机器，它在循环动作中把一重物升高而同时使一冷库冷却。

此外，历史上还出现过违反热力学第二定律的第二类永动机的设想。这种永动机并不违反热力学第一定律，但却要求冷却一个热源来完成有用功而不产生其他影响。这种永动机如能成功，则可利用大气、土壤等环境作为热源，从中索取无尽的热量并将其转化为功。这种设想显然违反了上述开尔文说法，因而是不可能实现的。针对这种设想，热力学第二定律又可表述为：第二类永动机是不可能制造成功的。

3. 热力学第二定律的几个推论

（1）热力学温标：在热力学理论中，温度是最基本的物理量之一。为度量温度而使用的各种温度计，都是利用测温物质在温度变化时某种特性的变化来进行温度测量的。利用这种温度计建立起来的各种经验温标，不可能摆脱测温物质性质的影响，因而使温度的度量失去了共同的标准。热力学第二定律提供了建立一种与物质个性无关的温度标尺的理论依据，这种温度标尺称为热力学温标。热力学第二定律推论Ⅰ为：可以定义一个与测温物质性质无关的温度标尺。

（2）克劳修斯不等式：克劳修斯根据对图 1-2 所示的闭口系统为研究对象，并结合热力学第二定律进行推演得出 $\oint \frac{\delta Q}{T} \leqslant 0$，式中的 T 表示热源温度，因为其未对所选系统的热力过程提出任何限制，故所得的式子可适用于任意循环。若某热机在完成任意循环时有 $\oint \frac{\delta Q}{T} \leqslant 0$，则其逆循环中为消除其全部效果势必应有 $\oint \frac{\delta Q}{T} \geqslant 0$。但由热力学第二定律可知，$\oint \frac{\delta Q}{T}$ 不可能大于零，因此不等式不适用于可逆循环，只有等式才适用于可逆循环。同理，由于不可逆循环的效果在其逆循环中不可能得到消除；因此等式不适用于不可逆循环，而不等式才适用于不可逆循环。由此，热力学第二定律推论Ⅱ为：一切可逆循环的克劳修斯积分等于零，而一切不可逆循环的克劳修斯积分小于零。

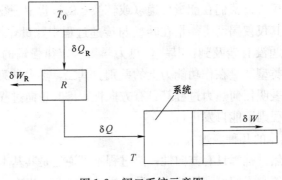

图 1-2　闭口系统示意图

(3) 状态参数熵：对于任意可逆循环，闭合积分 $\oint \dfrac{\delta Q}{T}$ 等于零，因此被积函数必定是某态函数的全微分，此为热力学第二定律的推论Ⅲ。用 S 表示这个态函数，令

$$\mathrm{d}S = \dfrac{\delta Q}{T} \tag{1-9}$$

这个态函数 S 叫做熵。在任意可逆过程中，从状态 1 到状态 2，熵的变化量为：

$$\Delta S = S_1 - S_2 = \int_1^2 \dfrac{\delta Q}{T} \tag{1-10}$$

熵是尺度量，具有可加性。在法定计量单位中熵的单位为 kJ/K。1kg 物质的熵 s 称为比熵，单位为 kJ/(kg·K)。比熵为强度量，不具有可加性。

(4) 熵增原理：对于任意不可逆过程而言，热力系的熵变化应等于过程中熵流 S_f 与熵产 S_g 的总和，即：

$$\mathrm{d}S = \mathrm{d}S_f + \mathrm{d}S_g \tag{1-11}$$

若忽略所研究的物系与周围环境的相互作用，则可将此物系视为孤立系统。对于孤立系统而言，由于没有热流及质量流，此时引起的熵变化的原因只有一个，即不可逆因素引起的熵产。将式 (1-11) 应用于孤立系，将得到：

$$\mathrm{d}S_{i,s} \geqslant 0 \text{ 或 } \mathrm{d}S_g \geqslant 0 \tag{1-12}$$

式中不等号适用于不可逆系统，等号适用于可逆系统。由此得热力学第二定律推论Ⅳ：在孤立系内，一切实际过程（不可逆过程）都朝着使系统熵增加的方向进行，或在极限情况下（可逆过程）维持系统的熵不变，而任何使系统的熵减少的过程都是不可能发生的。

1.3 能量流结构理论

1.3.1 㶲概念的导出

㶲概念的引入，是从研究能量的品质问题开始的。在热力学中，它还有另一个名字："可用能"，即能量中可用的部分。它表明能量并不都是可用的，包含在能量中的可用能只是能量中的一部分，不同的能量所包含的可用能比例是不同的。

1868 年，英国科学家泰特第一次使用了能量可用性的概念，从理论上确定了热量中的有效部分为 $\left(1 - \dfrac{T_0}{T}\right) \cdot Q$，无效部分为 $\dfrac{T_0}{T} \cdot Q$。1871~1875 年，英国科学家麦克斯韦第一次提出了可用能的概念，并于 1873 年用封闭系统达到死态时的可逆净功表示系统的可用能。1873 年，美国科学家吉布斯第一次导出了通常使用的封闭系统内能㶲的公式，即把净功扣除对环境的容积功后的封闭系统总功输出作为物质的可用能，推导出流动过程的输出总轴功，即：

$$W_{ex} = (U_1 + P_0 V_1 - T_0 S_1) - (U_0 + P_0 V_0 - T_0 S_0) \tag{1-13}$$

这里 W_{ex} 为输出总轴功；U、P、V、S 和 T 分别为系统内能、压力、容积、熵和温度。1889 年，法国人高乌用总可逆轴功分析了可用能，得出了可用能损失和熵增的关系，即：

$$\Delta W_{ex} = T_0 (S_0 - S) \tag{1-14}$$

这里 ΔW_{ex} 为损失的可用能，T_0 为环境温度，S 和 S_0 分别为系统熵和系统在环境状

态下的熵。1898年，瑞士人斯托多拉通过对稳定物质流的研究导出了其最大技术功，即：
$$W_{max} = (H_1 - T_0 S_1) - (H_0 - T_0 S_0) \tag{1-15}$$

这里 H 和 H_0 为系统焓和系统在环境状态下的焓，斯托多拉还确认了输出总功损失与熵增的关系为 $\Delta W = T_0 \Delta S$。这个关系功被称为高乌—斯托多拉原理，从而奠定了计算可用能损失的基础。1941年，美国科学家基南系统地介绍了可用能、功损的概念，对前人的理论进行了总结，形成了较完整的理论体系。

1953年，前南斯拉夫人朗特首次提出了具有现代意义的㶲概念，正式把周围环境条件下系统的能量中能够最大限度地转变为有用能的那部分能量定义为"exergy"。这个词原来是没有的，1956年，朗特为了统一名称，建议用 exergy 命名"可用能"，其中词干 erg 是希腊文字"功"的意思，前缀 ex 则表示由系统"取出"之意。由于这个名称与能量一词 energy 既类似又不同，不易相混而又表明相互联系，因而得到国际公认。1960~1963年，朗特又进一步分析了热过程并指出不能转换为功的"无用功"对于热过程并非无用。

1.3.2 能量流结构类型

随着热力学第一、第二定律的建立，人们对能量的本质有了深刻认识。能量守恒定律只解决了系统变化前后能量的数量关系问题，没有解决系统变化的方向问题。系统自发发展方向遵循的是能的降级原理，即系统只能自发地向着系统总能量趋于品质降低的方向进行。也许系统在变化前后的能量总数量是一样的，但所含的能量品质已经发生变化，其能量品质已经降低。

能量具有"质"与"量"的双重属性。各种不同形态的能量，其动力利用的价值并不相同；即使是同一形态的能量，在不同条件下也具有不同的作功能力。焓与内能虽具有"能"的含义和量纲，但它们并不能反映出能的质量。而熵与能的"质"有密切关系，但却不能反映能的"量"，也没有直接规定能的"质"。为了合理用能，就需要采用一个既能反映"量"又能反映各种能量之间"质"的差异的同一尺度。㶲与㷻正是近年来在热力学及能源科学领域中广泛用来评价能量利用价值的物理量，它深刻地揭示了能量在传递和转换过程中质退化的本质，为合理用能、节约用能指明了方向。

各种形态的能量，由于其转换的环境条件及过程特性不同，所以转换为高级能量的能力就各不相同。为了衡量能量的最大转换能力，人们规定环境状态作为基态（其能质为零），而转换过程应为没有热力学损失的可逆过程，由此得出㶲的定义：当系统由任意状态可逆转变到与环境状态相平衡是能最大限度转化为"可完全转换能量"的那部分能量称为㶲，不能转换为㶲的那部分能量称为㷻，任何能量 E 均由㶲（E_x）和㷻（A_n）两部分所组成，即：$E = E_x + A_n$。

按照上述定义，只有可逆过程才有可能进行最完全的转换，因此，可以认为㶲是在给定的环境条件下，在可逆过程中理论上所能做出的最大有用功或消耗的最小有用功。

同样，因能量"质"的指标是根据它的作功能力来判断的，所以根据能量转换能力将能量流分为三种结构类型。

(1) 可以完全转换的能量，如机械能、电能等，理论上可以百分之百地转换为其他形式的能量，这种能量的"量"和"质"完全统一，它的转换能力不受约束，这种能量流结构就纯是㶲。这种能量流实质上就是通常所说的高品位能源，即高级能量。

(2) 可部分转换的能量，如热量、内能等，这种能量的"量"和"质"不完全统一，它的转换能力受热力学第二定律约束，这种能量流结构中既包括㶲也包括㶊。这种能量流实质上就是通常所说的低品位能源，即低级能量。

（3）不能转换的能量，如环境内能，这种能量只有"量"，没有"质"，这种能量流结构就纯为㶊。这种能量流实质上就是通常所说的僵态能量。

鉴于此，应用㶲与㶊的概念可将能量传递转换规律表述为：

热力学第一定律：能量守恒，即㶲与㶊的总量守恒，即：$(\Delta E_x + \Delta A_n)_{iso} = 0$。

热力学第二定律：一切实际热力过程中不可避免地发生部分㶲退化为㶊，而不能再转化为㶲，可成为孤立系统㶲降原理，即：$\Delta E_{x_{iso}} \leqslant 0$。

1.3.3 㶲的表现形式

1. 功的㶲

对系统而言，功是系统与外界间的一种相互作用，若系统对外界的唯一效果是举起重物，则这种作用就是系统做了功。但需指出，在相应环境下必须区分功在技术上是可用的还是无用的，在技术上能够利用的功称为㶲。若在热力过程中一个系统的容积没有变化，或与环境交换的净功量为零，则通过系统边界所做的功全部都是有用功，即全是㶲。如电功，稳流系统有用功，系统完成热力循环输出的净功，转轴输出的功等都是净功。故根据有用功的定义，有用功的㶲为功本身，即：

$$E_x = W \tag{1-16}$$

这里的 W 表示系统有用功。

2. 热量㶲与冷量㶲

（1）热量㶲：当热源温度（T）高于环境温度（T_0）时，从热源取得热量 Q，通过可逆热机可能对外界做出的最大功称为热量㶲。于是，热量 Q 的㶲可以表示为：

$$E_{x_Q} = \int_{(Q)} \delta W_{max} = \int_{(Q)} \left(1 - \frac{T_0}{T}\right) \delta Q = Q - T_0 S_f \tag{1-17}$$

式中 S_f——随热流携带的熵流。

（2）冷量㶲：当系统温度（T）低于环境温度（T_0）时，从冷角度理解，按逆循环进行，从系统（冷源）获取冷量 Q_0，外界消耗一定量的功，将 Q_0 连同消耗的功一起转移到环境中去。在可逆条件下，外界消耗的最小功即为冷量㶲。所以，冷量 Q 所能产生的最大有用功依然可以通过卡诺定理得到，可表示为：

$$E_{x_{Q_0}} = \int_{Q_0} \delta W_{min} = \int_{Q_0} \left(\frac{T_0}{T} - 1\right) \delta Q_0 = T_0 S_f - Q_0 \tag{1-18}$$

式中 S_f——冷量中携带的熵流。

3. 物质系统的㶲

热力学中研究对象通常作为系统出现，当系统从某个状态变化到另一个状态时，系统就可能对外作功。如，系统起始状态为（p、T、H、S），经过一系列的变化其终止状态为（p_0、T_0、H_0、S_0），则系统㶲值为：

$$E_x = W_{max,T} = (H - H_0) - T_0(S - S_0) \tag{1-19}$$

上式表示开口系统由于焓降而对外做出的最大技术功，故也可把这种㶲形式叫焓㶲。对于闭口系统而言，主要体现在内能的变化上，根据热力学第二定律中关于闭口系统热力方程，不难得到闭口系统内能㶲的数学表达式为：

$$E_{x_u} = W_{max,u} = (U - U_0) - T_0(S - S_0) + p_0(V - V_0) \qquad (1-20)$$

当环境状态一定时，内能㶲与焓㶲仅取决于系统状态。因此，内能㶲与焓㶲均是状态参数。

1.3.4 节㶲理论分析

1. 能量分析与㶲分析

为了确定用能系统中个别设备或整个装置能量损失的性质、大小、分布以及探求提高能量利用率的方向和措施，需要对能量系统进行用能分析，通常有两种方法：

（1）依据热力学第一定律的能量分析法：能量分析法的特点是仅依据热力学第一定律分析和揭示装置或设备在能量数量上的转换、传递、利用和损失情况，主要对装置或设备进行"热平衡"的计算。其主要热力学指标为"热效率" η_t，定义为：

$$\eta_t = \frac{收益的能量}{消耗的能量} = \frac{消耗的能量 - 能量的损失}{消耗的能量}$$

（2）依据热力学第二定律的熵分析法或热力学第一定律和热力学第二定律相结合的㶲分析法：㶲分析法的本质是结合热力学第一定律和第二定律，即从能量的数量与质量相结合的角度出发分析和揭示能量中的㶲在装置或设备中的转换、传递、利用和损失情况，故又被许多人称为"第二定律分析法"。主要是对装置或设备进行㶲平衡的计算，故又称为"㶲平衡法"，其主要热力学指标为"㶲效率" η_e，定义为：

$$\eta_e = \frac{收益的㶲}{消耗的㶲} = \frac{消耗的㶲 - 㶲的损失}{消耗的㶲}$$

两种方法分析列于表 1-1。

两种方法特点比较　　　　表 1-1

名　称	能量分析	㶲分析
依据	热力学第一定律	热力学第一、第二定律
平衡式	$E_1 = W_s + E_2 + Q$	$E_{x1} = W_s + E_{x2} + E_{xQ} + \sum L_i$
效率	$\eta = \dfrac{W_s}{E_1} = 1 - \dfrac{E_2 + Q}{E_1}$	$\eta_{ex} = \dfrac{W_s}{E_{x1}} = 1 - \dfrac{E_{x2} + E_{xQ} + \sum L_i}{E_{x1}}$

表中　$\sum L_i$——系统各项㶲损失；

　　　η_{ex}——㶲效率，通常的热量平衡和能量转换效率并不能反映出㶲的利用程度，因而引入了㶲效率的概念。㶲效率与能量转换效率有类似的定义，所不同的是，㶲效率是收益㶲与支付㶲的比值。

从表 1-1 中可以看出两种分析方法具有不同的特点：

（1）能量分析中是功量、热量等不同质的能量的数量平衡（热力学第一定律）或比值（热效率）；而㶲分析是同质能量的平衡式（热力学第一、第二定律）或比值（㶲效率）。说明㶲分析比能量分析更科学、合理。

（2）能量分析仅反映出控制体输出外部能量的损失，如 Q、E_2；而㶲分析除反映控制体输出外部的㶲损失 E_{x1}、E_{xQ} 外，还能反映控制体内各种不可逆因素造成的㶲损失 $\sum L_i$。说明㶲分析比能量分析更全面，更能深刻地揭示能量损耗的本质，找出各种损失的部位、大小、原因，从而指明减少损失的方向和途径。

由于能量分析存在局限性，有时可能得出错误的信息。例如，现代化电站的锅炉按能量分析热效率高达90%以上，似乎能量已被充分利用，节能已无多少潜力可挖。然而按㶲分析，㶲效率约为40%，锅炉内部的燃料燃烧及烟气与水系统之间的温差传热造成很大的不可逆损失，表明直接采用燃料燃烧加热水产生蒸汽的方式，不是最理想的用能方式。再如，蒸汽动力循环按能量分析，其最大能量损失发生在凝汽器（约占50%）；而按㶲分析，凝汽器中虽然损失的能量数量很大，但因其温度接近环境温度，㶲损失却很小（约占1%~2%），已没有多大的利用价值，可见两种分析方法所得结论可能完全不同，㶲分析更科学、更全面。

其一，㶲损是热力学系统统一的损失尺度。通过㶲分析，就可以将各环节的各种损失统一用㶲损失来表示，从而形成统一的标准。

其二，㶲完善性是热力学系统完善性的统一尺度。㶲效率是热工设备自身与自身的理想状况相比较，给出的结果就是它与理想状况的差距。㶲效率越高就说明它与理想状况越接近，其完善性也越好。

其三，㶲分析是确定系统薄弱环节的重要手段。对任意给定系统，若仅对其热工设备进行能量平衡或能效率分析是难以找到问题所在的。若对其进行㶲分析，不仅能逐一核算系统各组件的㶲效率，还能找出关键问题所在，故而㶲分析是最有用的系统分析手段之一，它比能量分析更深刻地揭示能量流传递与转化的本质。

尽管能量分析存在一定的缺陷，但是它能确定系统能量的外部损失，为节能指明一定方向，同时，能量分析也为㶲分析提供能量平衡的依据。因此，对用能系统的全面分析需同时作能量分析和㶲分析，以寻求提高用能效率和节㶲的有效途径。

2. 节㶲分析

有了㶲效率的概念，就可以针对某个热力系统建立㶲平衡关系式，并对其进行㶲分析，从而达到以下目的：

（1）定量计算能量㶲的各项收支、利用及损失情况。收支保持平衡是基础，能流的去向中包括收益项和各种损失项，根据各项的分配比例可以分清其主次。

（2）通过计算效率，确定能量转换的效果和有效利用程度。

（3）分析能量利用的合理性，分析各种损失的大小和影响因素，提出改进的可能性及改进途径，并预测改进后的节能效果。

能量守恒是一个普遍的定律，能量的收支应保持平衡。但是，㶲只是能量中的可用能部分，它的收支一般是不平衡的。在实际的转换过程中，一部分可用能将转变成不可用能，㶲将减少，称之为㶲损失。这并不违反能量守恒定律，㶲平衡是㶲与㶲损失之和保持平衡。

㶲平衡不仅考虑了能量的数量，还顾及了能量的质量。在考虑㶲平衡时，关键是需要记入各项㶲损失才能保持平衡。其中，内部不可逆㶲损失项在热平衡中并无反映。因此，两种分析方法有着质的区别。但是，两者相互之间又存在着内在的联系，㶲平衡是建立在热平衡的基础之上的。

实际分析时，如果仅取开口系统与闭口系统进行㶲分析所求得的㶲损失，仅是系统内部不可逆造成的可用能损失，不包括系统外部的㶲损失。欲求整个装置、系统或全过程的㶲损失时,应取孤立系统进行㶲分析。

在孤立系统中,由于㶲损失 $L_{iso} \geq 0$(可逆时等于零,不可逆时大于零)。因此,孤立系统的㶲变小于或等于零,可逆时㶲不变,不可逆时㶲减小。因为一切实际过程都是不可逆过程,所以孤立系统的㶲只能减少,这就是孤立系统的㶲降原理。

由此可知,实际过程中能量数量总是守恒的,而㶲却不断地减少。所以准确地说,节能实为节㶲,用能时应尽量减少㶲的损失,充分发挥㶲的效率。因此,在进行建筑高效供能系统设计时,有必要对该系统中的各个子系统进行热力学分析,找出系统真正的㶲损环节,并对其进行分析研究,优化适用于各个子系统乃至整个供能系统的高效节㶲措施及解决策略,为后续系统设计、优化及综合技术集成提供充分的理论依据。

第 2 章 低㶲供能系统理论分析

2.1 低㶲供能系统概述

2.1.1 提出背景

我国资源总量不少,但人均资源相对贫乏,资源紧缺的状况长期存在。从新中国成立以来资源的勘探、开发、利用来看,我们走的依然是依靠高消耗资源、粗放式经营的经济发展之路,其中存在着高投入、低产出和浪费严重的现象。而从目前资源需求情况来看,我国正处在工业化高速发展时期,能源和资源总需求将迅速扩大。随着我国经济的快速发展,资源对经济发展的制约作用日益突出。因此,要缓解资源约束的矛盾,就必须树立和落实科学发展观,充分考虑资源承载能力,建设资源节约型社会,走出一条节约能源、提高资源利用率的发展道路。

目前,我国正处在经济建设高速发展的过程中,随着城市化程度的不断提高,第三产业占 GDP 比例的加大以及人们生活水平的提高,建筑运行能耗将不断提高,对我国能源供应和环境保护造成巨大压力。建设部 2006 年的统计数据显示,我国城镇建筑消耗采暖用能 1.3 亿吨标煤/a,相当于我国 2004 年煤产量的 10% 左右,建筑运行过程用电量 4600 亿 kWh/a,为我国发电总量的 23%。按照目前的规划,在 2020 年前我国城镇每年新建建筑的总量将持续保持在 10 亿 m^2 左右。照此计算,在今后 15 年间,新增城镇居住建筑面积总量将达到 150 亿 m^2 左右。这样的结果便直接导致了建筑用能的不断增长,造成对我国能源供应系统的巨大压力,同时也成为我国降低 CO_2 排放量的重要障碍之一。能耗高、效率低、能源缺的严峻现实,迫切需要通过科技创新,突破建筑节能技术瓶颈,以保障城镇的可持续发展。

建筑节能和高效供能已成为提高全社会能源使用效率的首要方面。本书将在对我国建筑运行能耗实际情况调查研究的基础上,结合我国国情和潜在需求,参考发达国家发展建筑节能的经验教训,重点研究减少建筑能耗需求、提高能源系统效率及开发利用新能源的关键技术,并通过建立系统的技术集成和工程实践,有效减缓我国能源需求的压力。

2.1.2 国内外技术发展现状及趋势

1. 发展现状

(1) 系统节能集成技术体系有待完善

完善建筑节能技术体系是中国建筑节能发展的重要一环。目前我国的建筑节能技术与需求相比,还有较大差距。主要差距在于达到节能标准的经济、适用、可靠的技术体系尚不完善,如外墙围护结构体系、高效的供热制冷系统、可再生、低品位能源的建筑应用等技术有较强的地域、气候、建筑功能适应性,不能完全解决耐久性(与建筑同寿命)、防火、修补维护等技术细节问题以及绿色环保节能、健康舒适等基本目标,导致开发商在技术选择上顾虑重重。相比国际水准，多数现有技术还比较粗放，系统配套差，其产业化程度也不高，成本较高。可再生能源建筑应用缺乏具有独立自主知识产权的核心技术，高效、低能耗、高可靠性能量提升转换技术、输配系统调节与设计技术、高性能的末端装置及系统等关键技术的系统集成化不高等。如果大幅度提高节能标准要求，现有技术大都难以支撑。

中国发展建筑节能应积极寻求国际合作渠道，借鉴国际先进经验和技术，但是要根据我国国情，发展本土化的节能关键技术，组织一支建筑节能领域高素质的科研攻关队伍，加大科研投入力度，形成建筑节能关键技术体系，作为我国推进建筑节能坚实的技术保障。

(2) 集成技术在示范工程中的应用还未大规模展开

把建筑节能系统集成技术应用到示范工程中，一方面可以实际检验技术的可靠性，进而解决建筑设计、技术、产品与应用的协调、技术集成等难题，完善相关技术、产品，制（修）订相关标准规范；另一方面可以通过项目成果推广的示范，总结经验，为下一步在全国大面积推广应用提供典型模式，从而引导城镇建筑的可持续发展。国内外在这一方面已经有了较为成功的案例：比如美国的匹兹堡 CCI 绿色节能建筑、英国的 Integer 绿色居住示范房、诺丁汉税务中心以及英国建筑研究院办公楼、德国的爱森 RWE 办公楼、丹麦斯科特帕肯低能耗建筑、中国的清华大学超低能耗绿色建筑示范楼、上海的生态办公示范楼等等，但是整体而言，建筑节能集成技术在示范工程中的应用还未在我国大规模展开。在这种背景下，就需要紧密结合技术、市场和政策的融合程度以及发展趋势，大力完善建筑高效供能系统在我国的建设和推广模式，才能为我国下一步有效节能提供基础途径。

2. 发展趋势

(1) 适合我国国情的建筑节能标准体系的完善、健全

符合国家技术经济政策和经济发展水平的完善的建筑节能标准体系，是保持社会经济可持续发展的需要，是建设节约型社会的需要，是能源科学利用和建筑科学管理的需要。体系的建立可以系统规划节能标准，保持合理数量，避免交叉重复，以最少的资源投入获得最大的标准化效果，从而为相关标准及技术法规的修订和制订计划提供宏观指导。

其次，体系的建立有利于明确建筑节能技术及相关产品的研究开发方向，并有利于及时将适用的节能技术、产品和设备纳入标准当中。建筑节能标准体系要覆盖有关建筑节能的各领域，罗列设计、施工验收、检测与评价、运行管理等各个环节，符合国家节能省地型建筑要求、适应节能技术发展方向、达到国家技术经济政策和经济发展水平的结构优、层次清、分类明、协调配套的目标。

(2) "低㶲供能系统"集成技术在健康、节能型建筑中的研究和应用

据统计，建筑能耗所占社会商品能源总消费量的比例已从 1978 年的 10% 上升到目前的 25% 以上。而根据发达国家的经验预测，我国城市发展带来的能源问题，随着我国城市化进程的不断推进和人们生活水平的不断提高，建筑能耗的比例将继续增加，并最终达到 33% 左右。建筑业将超越工业、交通等其他行业而最终位居能源消耗的首位，城市发展要求必须大幅度降低建筑能耗。

但是，建筑节能不应该以社会倒退为代价。关掉空调、采暖设备可以大大降低能耗，却直接降低了居住的舒适度。与此类似，20 世纪 60、70 年代的美国人为了降低能耗，高度加强了房屋的密封性，其负面效果就是明显恶化了室内空气，影响了人体健康。可以这

样说，只有综合考虑了健康、舒适的节能，才是真正有意义的节能。

目前，国内的节能建筑概念发展很快，从普通建筑，到节能建筑，再到低能耗建筑、超低能耗建筑、微能耗建筑，以及目前的零能耗建筑。所有这些建筑围绕的一个最关键的目标就是在保证建筑功能的前提下，尽量提高建筑的用能程度。而要谈到建筑使用能耗的种类或形式划分，就必然涉及到建筑节能概念的由来。节能的概念是在常规能源如煤、石油和天然气储存量不断减少和环境污染不断加剧的情况下提出的，这说明我们目前关心的建筑使用能耗的减少主要是针对常规能源而言的，而这些常规能源本身都是高品位、高能质的能源，它所蕴含的可用能是非常大的。所以从利用能量价值的角度出发，节能实为对常规能源中可用能——㶲的节约与利用，使得整个供能系统的㶲效最高，㶲损最小。

㶲，作为一种评价能量价值的参数，从"量"和"质"两个方面规定了能量的"价值"，解决了热力学中长期以来没有一个参数可以单独评价能量价值的问题，改变了人们对能的性质、能的损失和能的转换效率等问题的传统看法，提供了热工分析的科学基础。同时，它还深刻地揭示了能量在转换过程中变质退化的本质，为科学诊断各项能量损失的大小及比例以及合理用能指明了方向。

鉴于此，笔者在对能量流结构理论以及能量传递理论的深入研究后，针对系统具体耗能环节，提出了适用于建筑系统节能、整体节能的"低㶲供能系统"。该系统是一个涉及全过程节能、被动节能与主动节能相结合的综合技术集成，覆盖了整个 HVAC 供能系统中的冷热源、输配、末端三大环节，而且通过最优匹配策略，将整个建筑 HVAC 系统对常规能源的依赖降到最低、全过程能耗降到最小的一种新型供能形式，是在保证室内环境健康、舒适的基础上的一种真正意义上的节能系统。

2.1.3 低㶲供能系统的设计原则

1. 能质匹配原则

从节能和环保的观点看，传统的 HVAC 系统在能量利用方面有许多不合理性，其消耗的是大量高品位的机械能（高㶲），而换取的却是低品位冷（热）量㶲，能量的质量不匹配。要实现 HVAC 系统的真正节能，不仅仅是从数量上节约，更重要的是要做到能质匹配，高能高用，低能低用，彻底从用能方式上保证不同质量的能源分配得当，各得所需。通俗地说，高品位能量应主要用于设备供能（比如水泵、电梯、照明、冰箱、电脑等）层面，而低品位能量则应主要用于给建筑供冷、供热等需求。

2. 冷热兼用原则

合理的 HVAC 系统，仅利用冷量或热量都是不尽合理的，应该是冷热兼用。该原则要求在设计"低㶲供能系统"时，应考虑供冷的同时，把多余的冷量和不用的热量利用起来；而在供热的时候，也应注意把多余的热量和不用的冷量利用起来。目前比较成熟的技术手段主要有制冷系统冷凝热回收、排风余热回收、夏热冬用和冬冷夏用等蓄能技术。

3. 准可逆原则

对于任何一个系统来说，真正的可逆过程是不存在的。但是如何在现有的经济、社会等条件下，接近可逆过程才是真正实现节㶲、减少㶲耗的根本途径。其中，"过程"是造成系统不可逆性的根本原因。但凡有"过程"，就会存在不可逆性。这就要求在设计"低㶲供能系统"时，尽可能地减少因"过程"带来的不可逆损失，即㶲损。众所周知，HVAC 系统中最常见、最典型的过程为换热"过程"，最主要的㶲损也发生在换热过程中。凡是传热温差较大的地方，也即是㶲损较大、用能较不合理的地方。针对这一问题，在"准可逆原则"的基础上引申出另一个基本原则，即"温度对口"原则，该原则可以从根本上减少因换热温差带来的㶲损。比如：对于室内空调对象这个子系统而言，应尽量采用接近室温的冷、热介质去抵消房间的负荷。在这方面比较成熟的技术手段便是热、湿独立调控等技术的应用。其次，对于发生不可逆损失的各个子系统中的各个环节都应给予重视，只有从整个系统的角度去合理使用能量，采取优化匹配、温度对口的策略，才能大大减少由不可逆性带来的损失，进而使得整个过程接近可逆。

4. 被动节㶲原则

建筑被动节㶲设计是指利用建筑本身的体形、朝向、材料、构造、空间组织等设计因素来创造良好的室内环境，降低对 HVAC 供能系统的依赖。它主要包括以下几个方面：

(1) 生物气候因素的合理应用

对生物气候因素的合理应用着眼于建筑形状、基地、朝向的选择，以及根据气候、主导风向、土壤特性、地形、日照情况和景观等特点进行空间布局。

(2) 外围护结构的保温隔热设计

采用了保温隔热措施的热惰性围护结构（如设置蓄水屋顶、含湿材料、加盖隔热板、设置空气层、增设 low-e 涂层，窗户性能优良，设置遮阳、水帘等）可以最大限度地减少或利用太阳辐射，减少建筑对供能系统的依赖。

(3) 自然采光与太阳能的被动利用

充分利用自然采光可以有效降低对人工照明的依赖，同时对太阳热辐射的充分利用也可以有效减轻供热系统的负担。

(4) 自然通风

建筑内部合理的空间组织可以在冷、热区域之间产生自然的冷、热循环，减少对人工通风设备的依赖，从而可以间接降低㶲耗。

2.2 能量系统㶲分析的基本模型

能量系统㶲分析的目的在于计算、分析系统内部和外部的不可逆㶲损失，揭示用能过程的薄弱环节，以进行改进；或以㶲效率等为目标函数进行最优化分析计算，达到全面节能的目的。对整个能量系统进行的能量分析和㶲分析，只有在各个子系统的分析完成之后才能进行。

对子系统进行㶲分析的目的在于：

(1) 依据子系统的㶲分析，对子系统的用能水平作出合理评价；

(2) 依据子系统内的㶲损分析，判别用能过程中的薄弱环节；

(3) 根据㶲分析结果，提出改进意见；

(4) 在子系统㶲分析的基础上，对总能系统进行㶲分析和改进，或建立总能系统的优化目标函数，以进行总能系统的优化。

按照㶲分析的不同要求，可以建立不同的㶲分析模型，这些模型不仅使子系统内部，而且使子系统与外界间的各种能量传递、转换过程一目了然，为建立㶲平衡方程、进行㶲分析带来了极大方便。子系统的㶲分析主要用黑箱模型和白箱模型。

2.2.1 黑箱模型分析

黑箱模型分析（黑箱分析）是借助于输入、输出子系统的能流信息来研究子系统内部用能过程宏观特性的一种方法。在黑箱分析中可以计算出子系统的㶲效率和过程的㶲损系数，但不能计算子系统内各过程的㶲损系数。因此，黑箱分析只能用来对子系统的用能状况作出粗略分析。

所谓子系统的黑箱模型，就是把子系统看作是由不"透明"的边界所包围的体系，并以实线表示边界，以带箭头的㶲流线表示输入、输出的㶲流，以虚线箭头表示子系统内所有不可逆过程集合的总㶲损，并在各㶲流线上标出㶲流符号，这样就构成了一个"黑箱"模型，如图 2-1 所示。

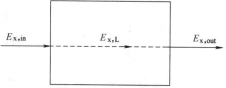

图 2-1 子系统的黑箱模型

黑箱模型中的实线箭头表示的㶲流值，是可以通过仪表直接测出的数据计算出来的，而虚线箭头表示㶲损值，则是依据上述㶲流值计算间接得来的。若各股输入㶲流值之和为 $E_{x,in}$，各股输出㶲流值之和为 $E_{x,out}$，则子系统中的总㶲损值为：

$$E_{x,L} = E_{x,in} - E_{x,out} \tag{2-1}$$

式（2-1）表明，只需借助于输入、输出子系统的㶲流信息，而不必剖析子系统内部过程，即可获得反映子系统用能过程的宏观特性，这是黑箱模型的一个突出优点。显然，黑箱模型是一种既简易又能获得重要结果的分析方法，这是黑箱分析获得广泛应用的主要原因。

在实际子系统中，输入、输出子系统的㶲流通常是多股的，且各股㶲流的性质、效用不一。为使不同子系统的黑箱模型具有统一的形式，拟取下列㶲分析术语。

(1) 供给㶲指由㶲源或具有㶲源作用的物质供给体系的㶲，记为 $E_{x,sup}$。通常有燃料㶲、蒸汽㶲、电㶲等。燃料㶲包括物理㶲和化学㶲。

(2) 带入㶲指除㶲源以外的物质带入体系的㶲，记为 $E_{x,br}$。如送入炉内助燃的空气㶲，生产子系统的原料㶲等。

(3) 有效㶲指被子系统有效利用或由子系统输出可有效利用的㶲，记为 $E_{x,ef}$。对于动力装置即为输出的机械能，对于工艺子系统即为达到工艺要求的产品离开体系所具有的㶲，如锅炉生产的蒸汽㶲，原油加热炉输出的原㶲，水泵出口水的压力㶲、动能㶲等。

(4) 无效㶲指体系输出的总㶲中除有效㶲以外的部分，记为 $E_{x,inef}$。通常情况下，无效㶲即是体系的外部㶲损。

(5) 耗散㶲指由体系内不可逆性所引起的能量耗散，即内部㶲损，记为 $E_{x,irr}$。

根据图 2-2 的模型，可以写出子系统的通用㶲平衡方程为：

$$E_{x,sup} + E_{x,br} = E_{x,ef} + E_{x,inef} + E_{x,irr} \tag{2-2}$$

此外，对于某些子系统，当带入㶲很小以致可以忽略，或无带入㶲时，有：

$$E_{x,br} = 0$$

根据式（2-2）及上式，可以写出子系统㶲效率的通用表达式及㶲损系数表达式。子系统的㶲效率为：

$$\eta_{e_x} = \frac{E_{x,ef}}{E_{x,sup}} = 1 - \frac{\sum E_{x,L}}{E_{x,sup}} = 1 - \frac{E_{x,irr} + E_{x,inef}}{E_{x,sup}} \quad (2-3)$$

子系统的㶲损系数为：

$$\xi_{in} = \frac{E_{x,irr} + E_{x,inef}}{E_{x,sup}} \quad (2-4)$$

2.2.2 白箱模型分析

采用黑箱模型不能分析体系内部各用能过程的状况，这是黑箱分析的不足之处。对于一些重要的耗能设备来说，单有黑箱分析显然是不够的。

白箱模型是为了克服黑箱模型的缺陷而提出来的。这种模型将分析对象看作是由"透明"的边界所包围的系统，从而可以对系统内的各个用能过程

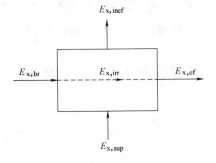

图 2-2 子系统的通用黑箱模型

逐个进行解剖，计算出各过程的耗散㶲。这样，白箱模型分析（白箱分析）不仅可以计算出子系统的㶲效率和热力学完善度，还能计算出体系内各过程的㶲损系数，揭示系统用能不合理的"薄弱环节"。因此，白箱分析是一种精细的㶲分析。

白箱模型的表示方法如下：用虚线表示体系的边界，以带箭头的㶲流线表示输入、输出的㶲流，对其中属于外部的㶲损，在㶲流线上标以黑点，而对体系内的不可逆过程，则在㶲流线上标圆圈；子系统内、外各过程的相互关系，以㶲流线的串、并联表示；在各相应的部位标出㶲流和㶲损符号。这样，就构成了一个完整的白箱模型。这样的模型可以将子系统的用能状况，包括外部㶲损与内部㶲耗散，全部在模型中清楚地显示出来。

图 2-3 为子系统的通用白箱模型。图中进入子系统的供给㶲为 $E_{x,sup} = \sum E_{x,sup,i}$，带入㶲为 $E_{x,br} = \sum E_{x,br,i}$，外部㶲损为 $E_{x,L,out} = \sum E_{x,inef,i}$，内部㶲耗为 $E_{x,L,in} = \sum E_{x,irr,i}$。白箱模型的㶲平衡方程为：

$$\sum E_{x,sup,i} + \sum E_{x,br,i} = E_{x,ef} + \sum E_{x,inef,i} + \sum E_{x,irr,i} \quad (2-5)$$

子系统的㶲效率为：

$$\eta_{e_x} = 1 - \frac{\sum E_{x,irr,i} + \sum E_{x,inef,i}}{\sum X_{x,sup,i}} \quad (2-6)$$

子系统内不可逆过程 i 的㶲损系数为：

$$\xi_{in,i} = \frac{E_{x,irr,i}}{\sum E_{x,sup,i}} \quad (2-7)$$

子系统外部物流或能流排放过程 i 的㶲损系数为：

$$\xi_{out,i} = \frac{E_{x,inef,i}}{\sum E_{x,sup,i}} \quad (2-8)$$

各种子系统的白箱模型可以在图 2-3 所示的通用模型上建立，例如换热器的白箱模型如图 2-4 所示。换热器的外部㶲损有散热㶲损。热流体离开换热器带走的㶲为无效㶲，也属于外部㶲损。换热器内的㶲耗散由两部分组成：一部分是由热流体对冷流体的温差传热过程引

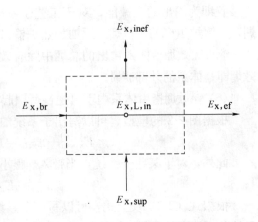

图 2-3 子系统的通用白箱模型

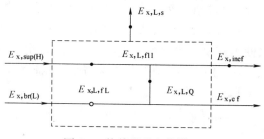

图 2-4 换热器的白箱模型

起的;另一部分是冷、热流体各自克服流阻的耗散㶲。

2.3 低㶲供能系统热力学模型构建

根据不同形式供能系统子系统之间的换热关系,在对我国居住建筑和公共建筑的实际供能结构、形式及特征充分调查的基础上,分析了建筑供能系统(涵盖 HVAC 系统、生活热水系统)的结构模式。在此基础上,结合能量流结构理论与传递理论,构建了一套适用于我国建筑供能系统的热力学模型,如图 2-5 所示。

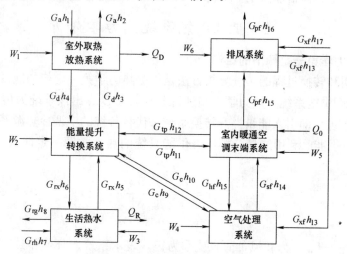

图 2-5 建筑供能系统热力学模型

从图 2-5 中可以看出,该热力学模型选取室外取、放热系统、能量提升转换系统、生活热水系统、空气处理系统、室内暖通空调末端系统、排风系统 6 个子系统的组成形式作为研究对象。室外取、放热系统主要由室外换热器与室外侧循环泵或风机等设备组成;能量提升转换系统主要由制冷、制热机组、设备等组成;生活热水系统由生活热水储水系统与生活热水循环泵等组成;空气处理系统主要由空气处理机组(含新风机组)与空气输配系统及设备组成;室内暖通空调末端系统则由末端装置与末端水输送系统及设备组成;排风系统主要由排风机组及能量回收装置等组成。图中各符号意义如下:

功率:W_1 为室外取、放热系统(室外侧循环泵或风机)总体耗功率,kW;W_2 为能量提升转换系统(制冷、制热机组或设备)耗功率,kW;W_3 为生活热水一次循环侧水泵耗功率,kW;W_4 为空气处理系统(空气处理机与空气输配设备等)总体耗功率,kW;W_5 为室内空调末端系统耗功率,kW;W_6 为排风机组耗功率,kW。

比焓：h_1、h_2 分别为与环境进行热交换设备的进出口流体比焓，kJ/kg；h_3、h_4 分别为取热、排热侧供回水比焓，kJ/kg；h_5、h_6 分别为生活热水循环侧进出水比焓，kJ/kg；h_7、h_8 分别为生活热水使用侧供回水比焓，kJ/kg；h_9、h_{10} 分别为供能系统送风侧供回水的比焓，kJ/kg；h_{11}、h_{12} 分别为供能系统末端装置供回水比焓，kJ/kg；h_{13} 为经能量回收装置后的新风比焓，kJ/kg；h_{14} 为送风比焓，kJ/kg；h_{15} 为排风系统室内排风与回风比焓（可视为室内比焓），kJ/kg；h_{16} 为经能量回收装置后的排风比焓，kJ/kg；h_{17} 为室外新风比焓，kJ/kg。

流量：G_a 为进出与环境进行热交换设备的流体质量流量，kg/s；G_d 为取热、排热侧循环水质量流量，kg/s；G_{rx} 为生活热水循环侧循环水质量流量，kg/s；G_{rg}、G_{rh} 分别为生活热水使用侧循环水质量流量，kg/s；G_c 为供能系统送风侧循环水质量流量，kg/s；G_{tp} 为供能系统末端设备循环水质量流量，kg/s；G_{xf} 为新风质量流量，kg/s；G_{pf} 为排风系统排风质量流量，kg/s；G_{sf} 为送风质量流量，kg/s；G_{hf} 为回风质量流量，kg/s。

换热量：Q_D 为室外取、放热系统总体散/得热量，kW；Q_R 为生活热水系统散热量，kW；Q_O 为室内末端冷热负荷，其中夏季主要代表通过围护结构进行计算得出的室内逐时冷负荷，冬季则为包括墙体围护结构、冷风侵入、冷风渗透在内的供热总热负荷，kW。

2.4 低㶲供能系统热力学分析

2.4.1 基于热力学第一定律下的能量分析

对能量利用和转换过程的传统分析方法是依据热力学第一定律的能量分析方法，对图 2-5 所示的"低㶲供能系统"热力学模型进行分析，可以看出该系统为传统的暖通空调系统的改良升级系统，即引入能量提升转换系统来代替传统的空调冷热源系统，使得整个系统能够在低㶲下供能。利用能量分析法，供能系统的热力学第一定律效率指标 η_I 可以表示为：

$$\eta_I = \frac{Q_0 + Q_f + Q_s}{\sum_{i=1}^{6} W_i} \tag{2-9}$$

其中：

$Q_f = G_{xf}(h_{15} - h_{13})$ 为新风负荷。夏季为正，表示系统向环境排热；冬季为负，表示系统向环境取热。

$Q_s = G_{rg}h_8 - G_{rh}h_7$ 为热水负荷。冬夏均为正，表示系统向用户供能。

2.4.2 第一定律与第二定律相结合的㶲分析

不同于一般的热力学状态函数在数值计算中的参考点，㶲函数的参考点是一个特定的、理想的外界，它由处于完全平衡状态下的大气圈、水圈和地壳岩石圈中选定的基准物组成，具有其确定的压力和温度，这一状态的㶲为零。根据㶲参数本质是反映工质的作功能力，而作功能力是工质状态和环境状态的差别造成的这一特性，针对建筑供能系统的具体特点，在分析中取环境基准设计工况——环境基准设计温度、基准压力作为㶲参数的环境参考点。凡是与环境基准设计工况相同的空气和水状态，与环境之间没有差别，也就没有作功的能力，其值为零。

针对能量利用系统的㶲分析，有两种㶲效率表示方法：普通㶲效率和目的㶲效率，本书采用目的㶲效率表示。依据㶲值的计算方法，对于图 2-5 所示的建筑供能系统热力学模型，其热力学第二定律㶲效率 η_{II}，可以表示为供能系统收益㶲和消耗㶲的比值，即：

$$\eta_{\text{II}} = \frac{E_0 + E_f + E_S}{\sum_{i=1}^{6} W_i} \quad (2-10)$$

其中：

$E_0 = Q_0 \left| \frac{T_0}{T_n} - 1 \right|$ 为冷热负荷对应的㶲值。

$E_f = G_{xf}[(h_{15} - h_{13}) - T_0(S_{15} - S_{13})]$ 为新风负荷对应的㶲值。夏季为正，表示环境向系统供入冷量㶲；冬季为负，表示环境向系统供入热量㶲。

$E_S = G_{rg}[(h_8 - h_0) - T_0(S_8 - S_0)] - G_{rh}[(h_7 - h_0) - T_0(S_7 - S_0)]$ 为热水负荷㶲值。冬夏均为正，表示系统向用户供入热量㶲。

2.4.3 各子系统的㶲分析

为了进一步深入分析造成供能系统㶲效率低的原因，还需要对供能系统的各个子系统进行分析。

1. 室外取、放热系统

$$\eta_{\text{II},1} = \frac{E_d}{W_1} \quad (2-11)$$

其中：

$E_d = G_d[(h_4 - h_3) - T_0(S_4 - S_3)]$ 为室外取、放热系统与能量提升转换系统间的㶲值传递。夏季工况由室外取、放热系统向能量提升转换系统传入冷量㶲；冬季工况由室外取、放热系统向能量提升转换系统传入热量㶲。

2. 能量提升转换系统

$$\eta_{\text{II},2} = \frac{E_{tp} + E_c + E_{rx}}{W_2 + E_d} \quad (2-12)$$

其中：

$E_{rx} = G_{rx}[(h_6 - h_5) - T_0(S_6 - S_5)]$ 为能量提升转换系统与生活热水系统间的㶲值传递。

$E_c = G_c[(h_{10} - h_9) - T_0(S_{10} - S_9)]$ 为能量提升转换系统与空气处理系统间的㶲值传递。夏季工况由能量提升转换系统向空气处理系统传入冷量㶲；冬季工况由能量提升转换系统向空气处理系统传入热量㶲。

$E_{tp} = G_{tp}[(h_{12} - h_{11}) - T_0(S_{12} - S_{11})]$ 为能量提升转换系统与室内暖通空调末端系统间的㶲值传递。夏季由能量提升转换系统向室内暖通空调末端系统传入冷量㶲；冬季由能量提升转换系统向室内暖通空调末端系统传入热量㶲。

3. 生活热水系统

$$\eta_{\text{II},3} = \frac{E_R}{W_3 + E_{rx}} \quad (2-13)$$

其中：

$E_R = G_{rg}[(h_8 - h_0) - T_0(S_8 - S_0)] - G_{rh}[(h_7 - h_0) - T_0(S_7 - S_0)]$ 为热水负荷㶲值。冬夏均为正，表示生活热水系统向用户供㶲。

4. 空气处理系统

$$\eta_{\mathrm{II},4} = \frac{E_{\mathrm{sf}} - E_{\mathrm{hf}} - E_{\mathrm{xf}}}{W_4 + E_{\mathrm{c}}} \quad (2\text{-}14)$$

其中：

$E_{\mathrm{sf}} = G_{\mathrm{sf}}[(h_{14} - h_0) - T_0(S_{14} - S_0)]$ 为送风对应的㶲值。

$E_{\mathrm{hf}} = G_{\mathrm{hf}}[(h_{15} - h_0) - T_0(S_{15} - S_0)]$ 为回风对应的㶲值。

$E_{\mathrm{xf}} = G_{\mathrm{xf}}[(h_{13} - h_0) - T_0(S_{13} - S_0)]$ 为新风对应的㶲值。

5. 室内暖通空调末端系统

$$\eta_{\mathrm{II},5} = \frac{E_{\mathrm{pf}} + E_0}{W_5 + E_{\mathrm{tp}} + E_{\mathrm{sf}} - E_{\mathrm{hf}}} \quad (2\text{-}15)$$

其中：

$E_{\mathrm{pf}} = G_{\mathrm{pf}}[(h_{15} - h_0) - T_0(S_{15} - S_0)]$ 为排风对应的㶲值。

$E_0 = Q_0 \left| \dfrac{T_0}{T_{\mathrm{n}}} - 1 \right|$ 为冷热负荷对应的㶲值。

6. 排风系统

$$\eta_{\mathrm{II},6} = \frac{E_{\mathrm{x}}}{W_6 + E_{\mathrm{p}}} \quad (2\text{-}16)$$

其中：

$E_{\mathrm{x}} = G_{\mathrm{xf}}[(h_{13} - h_{17}) - T_0(S_{13} - S_{17})]$ 为室外新风与排风系统中的能量回收装置的㶲值传递。

$E_{\mathrm{p}} = G_{\mathrm{pf}}[(h_{16} - h_{15}) - T_0(S_{16} - S_{15})]$ 为室内排风与排风系统中能量回收装置的㶲值传递。

2.4.4 各子系统节㶲分析

1. 室外取、放热系统

造成室外取、放热系统㶲损失的内部原因是传热和传质的不可逆性，外部原因是取、放热系统引起的能量堆积效应以及室外换热侧循环水未得到充分利用所造成的。因此，对于地源热泵系统而言，提高取、放热系统的㶲效率首先应对工程所在地的地质水文条件有所了解，在此基础上，对实际建筑的总冷、热负荷进行其全年动态能耗模拟计算和地下能量堆积效应模拟计算分析。其次，根据工程实际情况，对地埋管换热器进行优化设计，保证最大换热效果；而对于利用冷却塔进行冷却的系统，应注意强化传热，提高其换热效率或因地制宜地二次回收利用冷凝水。在这方面，如有需求，可用来加热生活热水，就如同以往将仅用于发电的电厂改造成既供电又供热的热电厂一样，制冷系统的能量利用方式最好是冷热兼供，只有这样才能做到能量的梯级利用，各取所需。

除此之外，就是要减少室外侧循环泵、风机的输送能耗，这就要求在水泵、风机的设计选型上下工夫，提高水泵、风机的性能。这要求在设计过程中应严格按照水输送系数的要求确定水泵的型号。我们知道，影响泵功率的主要因素是流量 $V(\mathrm{m}^3/\mathrm{h})$，扬程 $H(\mathrm{m})$ 和泵效率 $\eta(\%)$。因此，首先要通过正规能耗模拟分析软件详细进行建筑冷（热）负荷的计算，如计算冷（热）负荷偏高，会直接导致设计过程中冷（热）水流量偏大，其结果便导致了水泵选型偏大，既增加了初投资，又加大了运行成本；其次，因水泵电功率与扬程成正比关系，扬程偏高同样会导致水泵电气容量增大。因此，在设计时应详细地进行系统水力计算才是关键。

最后，还应掌握与运行有关的工况因素，了解系统中水泵、风机是否经常处于经济运行状态；应强化管理，坚决做到泵与风机系统的经济运行和节能运行。

2. 能量提升转换系统

对于蒸汽压缩循环，能量提升转换系统的㶲损失主要发生在压缩机的不可逆压缩、膨胀阀的绝热节流和冷凝器、蒸发器的温差传热过程中。提高能量提升转换系统的㶲效率在于减少压缩机耗功和降低传热温差。随着压缩机性能的不断改进，能量提升转换系统的㶲效率会不断提高。但问题的关键在于其提供的冷（热）量如何与空调系统所需冷（热）量进行质量上的匹配。例如，通常冷（热）水出口温度为7℃（45℃以上）左右，而空调房间的设计温度夏季为26℃左右，冬季为20℃左右，存在20℃左右的温差，有着较大的㶲损失。随着技术的不断进步，还需要研究真正适合空调系统的制冷（热）方式和制冷剂。

其次，应对建筑物在不同季节、不同月份和不同时间的空调负荷进行分析，同时应结合建筑物负荷的变化情况，确定合理的制冷、制热机组运行策略。运行策略既应体现机组的运行台数或压缩机台数随着建筑负荷的变化而改变，同时也应使机组在较高的效率下运行，夏季冷水循环水温度在18℃以上，冬季热水循环水在28℃以下可以保证压缩机耗功率最小。如果条件允许，可以在室外设立温度计，测试室外气温，同时可以同机组厂家联系，增加室外气候补偿器对机组的开启进行自动控制以实现机组耗功率最小。

3. 生活热水系统

增加生活热水系统在夏季实际上是冷凝热回收的一种有效手段，也是减少㶲损失的有效途径。首先，应根据现场实际情况，对开式热水系统与闭式热水系统的利弊进行分析比较后再定系统形式。对于闭式系统而言，应注意生活热水一次循环泵的设计选型问题，应经详细水力计算后，选用低扬程水泵，且流量应按照相关设计要求进行选择；其次，应根据生活热水罐的温度对一次循环泵进行实时控制。此外，对于热水系统贮热总容积与制热机组提供的热量应进行优化匹配。

4. 空气处理系统

造成空气处理系统㶲损失的主要因素是循环泵、风机的输送能耗和换热温差。减少输送能耗已引起了人们的关注，例如变频泵设计、变风量送风技术、新风系统的"最大化"、"最小化"设计技术、新风系统"两态控制"技术等等。其次，夏季可以采用低温送风技术、冬季应综合考虑送风温度与新风供回水温度的优化匹配问题（冬季新风送风温度应在不导致人体舒适性变差的前提下，尽量降低，这样完全可以使得制热机组的㶲效增加、㶲损大大降低，即便是送风的热量㶲会有所降低，但冬季工况下新风是不承担室内负荷的）。事实上，目前比较成熟的置换通风方式、独立新风系统恰恰是迎合了这一方面的要求，但关键技术需要在送风温度上下工夫。此外，减少㶲损失在减少流动阻力损失、强化空调机组换热、除湿技术方面还有许多工作要做。

5. 室内暖通空调末端系统

提高空调房间的㶲效率，除了降低送风温度和通过新风系统优化设计技术来减少新风负荷外，室内暖通空调末端系统需要做的工作也不少。减少室内暖通空调末端系统㶲损失在于减少水系统循环泵的输送能耗，同时根据室内负荷情况，夏季升高水系统供回水的平均温度，冬季降低水系统供回水平均温度来达到。从整个供能系统的根本目的出发，真正可以减少㶲的环节还在整个供能对象的冷（热）负荷，即 build loads，在这一块中，围护结构负荷占了相当大的一部分。因此，如何优化设计围护结构系统是降低室内负荷的主要途径。

6. 排风系统

常规排风系统因没有收益㶲，所以除了风机功耗及未完全利用的㶲经排风系统排出外，无其他㶲损失。在这方面应注意排风机与新风系统送风机的连锁问题，这样可以在很大程度上降低因风机功耗而导致的㶲损。其次，为了充分利用经排风系统排出的㶲，应在夏季升高排风温度、冬季降低排风温度，而在这方面，对整个送排风系统的室内气流组织规划是非常重要的。此外，目前比较成熟的新风换气机等热回收设备正是迎合了这一方面的需求。

2.4.5 低㶲供能系统技术集成体系总析

本章建立了"低㶲供能系统"的热力学模型，并利用此模型对"低㶲供能系统"进行系统能量分析、系统㶲分析及各个子系统热力学分析，同时指出了建筑 HVAC 系统中各个子系统㶲损的真正环节，并对其进行了分析研究，同时提出了适用于各个子系统乃至整个"低㶲供能系统"的高效节㶲措施及解决策略，为后续系统设计、优化及综合技术集成提供了理论依据。

要想实现各个系统的全面节㶲供能，就必须把握各环节的关键技术，不能忽视细节。本书接下来的几章将针对"低㶲供能系统"中涉及到的冷热源配置环节、管网输配环节、供能末端系统等进行逐一分析和评价，并给出相应的技术集成方式，优化运行策略的方法及各环节间集成为新的"低㶲供能系统"的技术优势和难点，现阶段常用的系统形式等。此外，在建立"低㶲供能系统"技术集成体系的同时也不能忽视建筑本体的被动节㶲等与室外环境息息相关的因素，故本书第三、四章分别对建筑全年负荷计算及能耗模拟软件、建筑物被动节㶲环节进行详细介绍。

大力发展"低㶲供能系统"集成技术，并进行工程推广应用，是我国目前乃至未来发展健康、低能耗建筑的必由之路，是实现可持续发展战略，全面建设小康社会，由工业文明转向绿色文明发展之路的重要技术保障。

第3章 建筑动态负荷计算及能耗分析

3.1 建筑负荷计算与能耗模拟的概念

空调负荷的定义众所周知，即为了维持室内舒适的热湿环境，需要向建筑提供的冷量或热量。负荷计算可以看作是连接建筑客观因素与人为空调系统设计的一个纽带，首先要有客观的供能需求，才需要主观的进行供能，那么只有准确地了解需求多少冷量或热量，才能做到既创造舒适的人工环境而又不浪费能源。显而易见，想从根源上做到空调系统的节烟，合理的负荷计算是尤为重要的。

建筑的能耗从狭义上讲是指建筑物建成以后，在使用过程中每年消耗商品能源的总和，包括采暖、通风、空调、热水、照明、电气、厨房炊事等方面的用能，即建筑的使用能耗。在暖通空调领域，我们仅关心采暖、通风、空调这三方面的能耗，这与建筑的冷热负荷是相对应的。因为有建筑冷热负荷的存在，才需对其进行供冷或供热，从而产生使用能耗。因此，对建筑能耗模拟的前提是对建筑冷热负荷的模拟计算，其实质为建筑热模拟。

建筑热模拟的概念就是在导热、对流、辐射这三种最基本传热方式的基础上，构建起整个建筑物的热性能（Thermal Performance）的数学模型。单个房间内的研究对象为内扰（人员、灯光、设备等）、外扰（室外气象参数等）等因素变化下的热环境变化，在逐个房间之间以边界条件相耦合，从而求解整个建筑物的热性能模型。能耗模拟技术作为科学研究的一个手段，在追求"低碳"、"节烟"的暖通空调设计中受到越来越多的重视。

3.2 建筑负荷特征及计算方法

定义各种负荷特征的意义在于总结负荷各方面的影响因素，并将其进行划分归类，通过分析特征值即可直观地了解建筑的整体负荷情况，了解不同地区、不同功能的建筑对于不同形式冷热源的适宜情况及供能需求，以此指导暖通空调设计及建筑热工设计。

3.2.1 传统建筑负荷特征

分析建筑负荷计算结果，根据影响因素可总结出3个负荷特征，即内扰特征、外扰特征和新风负荷特征。其中，内扰特征为建筑功能的体现，外扰特征为建筑所处环境的室外气象参数的体现，新风负荷特征则为建筑功能与气象参数的综合体现。

1. 内扰特征

内扰为建筑内部所存在的负荷，通常为发热因素所产生的冷负荷，如人员、灯具、设备、食物等散热、散湿主体，这与建筑的功能及性质有很大关系。建筑的不同功能决定了其内部扰动因素的不同，内扰的存在时间及大小对于同一类功能建筑来说有一定的共性。

例如，对于商场来说，人员密度随时间变化差异最大，人员高峰期多为上午10点以后、夏季傍晚黄昏时间以及周末、节假日等，其他营业时间人员密度最低时不到峰值的

1/10。而对于办公建筑来说，工作日的工作时间内，人员密度、灯光功率以及设备散热量均相对稳定，可按定值处理。而夜晚、周末以及节假日内，办公建筑的内扰基本为零。对于星级酒店建筑来说，空调系统需24h运行，那么夜间的内扰也是不可忽视的，与办公建筑相反，酒店的人员密度及灯光设备功率等影响因素的峰值均出现在非工作日及非工作时间内，并且变化差异也较大。

因此，可以说内扰特征是建筑功能的体现，内扰可看作是建筑功能的特征参数。各种负荷计算及模拟软件正是以此为依据，内置了不同功能建筑的内扰特征参数，设计者仅需选择某房间的功能性质，即可调用软件中该功能房间的人员密度、人员散热散湿量、灯光功率、设备散热量等参考值，有些软件还根据实际调研及理论归纳，得出各内扰因素的全年逐时作息情况，从而方便进行全年逐时负荷的计算。

2. 外扰特征

外扰主要指由于建筑外部的气象因素所引起的冷量或热量经过建筑围护结构的导热、对流、辐射从而使建筑内部所产生的负荷。因此，外扰的大小主要由室外气象参数以及建筑围护结构热工情况决定。

气象参数与建筑所处的地理位置有直接关系，因此可根据地域的划分来归纳同一气候区内气象参数的共性。有关部门制定了中国建筑气候区划分标准，我国被划分为5个热工分区，分别为严寒地区、寒冷地区、夏热冬冷地区、夏热冬暖地区和温和地区。为区分我国不同地区气候条件对建筑物影响的差异性，从总体上做到合理利用气候资源，防止气候对建筑的不利影响，分别设定了每个气候区内建筑热工性能参数的限制。遵循该标准，在不利的气象因素下，通过建筑自身围护结构的性能来改善建筑的供能需求，从而达到被动节能的效果。例如，相关规范对严寒地区及寒冷地区墙体及屋面传热系数的控制，是为了抵御冬季寒冷的室外气候所造成的巨大热负荷；对夏热冬冷地区及夏热冬暖地区窗户的遮阳系数的要求，是为了避免夏季太阳辐射得热而造成的巨大冷负荷等等。

3. 新风负荷特征

新风负荷的直接影响因素为室外气象参数、人员密度及人均新风量，其中人员密度和人均新风量是由建筑物功能决定的。

将新风处理到室内等焓状态所产生的新风负荷为：新风负荷＝新风量×室内外焓差。

为了便于比较，计算不同功能建筑中每平方米建筑每小时所需的新风量，即新风量指标，表3-1列出了几种典型功能的公共建筑新风量指标的计算结果，仅供参考。

几种典型功能的公共建筑新风量指标计算结果　　　表3-1

建筑类型	人员密度(人/m^2)	人均新风量(m^3/Hr)	新风量指标[$m^3/(m^2 \cdot h)$]
商场	0.5	20	10
办公	0.2	30	6
酒店客房	0.1	30	3
医院病房	0.1	40	4
影院观众厅	2	20	40

处于严寒及寒冷地区的建筑，冬季的室内外温差及采暖时间均大于夏季，因此新风需求量越大，越加剧了冬夏新风负荷的不平衡程度，越是严寒的地区，不平衡程度越严重。同

样,处于夏热冬暖地区的建筑,其夏季新风量越大,则越加剧了冬夏新风负荷不平衡程度。

3.2.2 全年动态建筑负荷特征

以建筑全年动态负荷计算结果为基础,总结下列特征值,用以全面把握建筑负荷大小及全年变化情况,从而指导空调冷热源选择、设备选型及控制运行策略。

1. 负荷累积特征

经过全年的负荷计算,得出8760h的逐时负荷,分别将冷、热负荷进行叠加,得出全年累积冷负荷及累积热负荷。可以从整体上把握建筑全年的耗能情况,并且了解冬夏季的能耗不平衡程度。对于冬、夏累积热、冷负荷极度不平衡的情况,应予以充分考虑和注意。

2. 负荷间歇性特征

定义 C 为运行比,并作为运行时间特征参数。

$$C = \frac{T_{run}}{T} \tag{3-1}$$

式中 T——运行周期;

T_{run}——该周期内机组运行时间。

运行比又分为以小时为步长单位的日运行比 C_1 以及以月为时间步长单位的年运行比 C_2。日运行比与建筑功能关系很大,例如住宅及公建中的酒店客房、医院病房等全天24h运行,则日运行比为1;而办公建筑多为白天运行夜晚停机,日运行比为0.5左右。年运行比的影响因素则以气象参数为主,以建筑功能为辅。不同地区建筑的供冷期与供热期长短不同,从地理上说,通常北方地区的建筑供热期较长,年供热运行比较大;南方地区的建筑供冷期较长,年供冷运行比较大,有些夏热冬暖地区冬季甚至不需供热,即年供热运行比为零。此外,某些建筑的功能特征对年运行比也有一定影响,例如中小学的寒暑假为停机时间不需供能,恰好避开了供热或供冷峰值时段,也减小了供热或供冷年运行比。

综合考虑一日(24h)以及全年(12个月)内机组运行时间特征,供冷、供热运行比分别为:

$$C_c = C_{1c} \times C_{2c}$$
$$C_h = C_{1h} \times C_{2h}$$

3. 负荷波动与平稳性特征

定义一个周期内,峰值负荷与平均负荷之比为平稳性评价指标 R_q。

$$R_q = \frac{q_{max}}{q_a} \tag{3-2}$$

该指标反映了建筑负荷峰值与平均值的关系,在设备选型过程中应得到充分重视。传统设计中,为了避免未知因素而导致的负荷增加,通常在取了峰值负荷后仍乘以很大的安全系数再匹配机组设备等。实际上,在众多工程的现场测试中发现,通常存在"大马拉小车"的状态,造成不必要的设备初投资增加以及运行时能耗的巨大浪费。本着节烟的理念,在设计时应尽量接近实际情况来考虑负荷变化情况。

当 R_q 值过大时,首先要控制机组型号。在全年365天时间内仅几小时的峰值负荷,分析该时刻群集系数等因素,确定是否不需满足该值而缩小机组型号,从而在寿命期内便可节约相当大的机组运行能耗。其次，可根据峰值负荷集中出现的时间特征，考虑一大一小机组的搭配运行，小机组作为削峰辅助机组，仅在负荷峰值集中时段开启。

3.2.3 动态能耗计算方法

传统的关于建筑能耗的计算方法，基本上都是基于稳态传热原理，而热过程是一个动态变化的过程，所以这种计算结果存在很大误差。稳态法的特点就是简单，对于通常的工程设计来说，一般只要知道整个建筑物或单位建筑面积在一个采暖期内的耗热量，并不需要详细掌握热耗随时间变化的具体情况，因此在工程界中被广泛采用。然而建筑负荷的形成是室外空气综合温度以及太阳辐射作用的结果，由于围护结构材料的热阻、热惰性等热工特性的存在，室外气象参数对建筑的负荷影响具有一定的衰减和延迟作用，静态负荷计算方法是无法反映这一点的。因此，各种以反映"衰减"和"延迟"为主旨的动态负荷计算方法与技术逐步发展起来。

动态模拟法的优点是对各种影响因素考虑得较细，得出的结果也比较精确。特别是现代被动太阳能建筑和其他类型的节能建筑的出现，使得基于计算机技术的动态能耗模拟分析变得越来越重要。建筑物的得热或失热每时每刻都在变化。以上这些因素又与气象参数的变化情况、当地纬度、各季节主导风向有关，如此复杂的系统全部通过现场实测，很难在短期内获得有效的数据，测量成本也很高。通过简单的计算很难得到准确、客观的结论，因此可操作的现实方法是通过计算机动态模拟计算，根据设计图纸对能耗及热性能做出预测，再根据某种标准将预测结果转化为大众便于理解的能耗和热舒适指标。

动态负荷计算又分为解析法和数值法。解析法的主要任务是应用各种不同的数学方法及数学原理，将"衰减"和"延迟"的效果总结为解析式。目前应用较多的有谐波反应法、反应系数法和传递函数法。

1. 谐波反应法

谐波反应法对外扰的综合温度进行谐波分解，分为直接转变为建筑负荷的部分以及以辐射能形式储存于建筑各个内表面的部分。

墙体及屋面形成的总冷负荷为：

$$CL_q = F\beta_f \alpha_n \sum_{n=1}^{m} \frac{A_n}{v_n \mu_n} \cos(\omega_n \tau - \varphi_n - \varepsilon_n - \varepsilon'_n) + F\beta_d q \tag{3-3}$$

式中　β_f——得热量中辐射部分所占的比例；
　　　β_d——得热量中对流部分所占的比例；
　　　v, μ——围护结构和房间的衰减度；
　　　$\varepsilon, \varepsilon'$——围护结构和房间的延迟时间。

谐波反应法是建立在墙体导热方程经典求解的基础上的，是用系统频率响应来讨论周期性传热，并把结论推广到房间系统的负荷计算中。由于谐波反应法以周期性扰量为前提，常取周期为24h，所以该方法只适用于设计日冷负荷的计算。

2. 反应系数法

反应系数法把墙体和房间分别当作线性的热力系统，利用系统传递函数得出某种单位扰量下的各种反应系数，再用反应系数来求解传热量和负荷。其中，在对扰量的分解方法上，反应系数法主要应用三角波函数或单位矩形波函数，而反应系数是反应函数的一组离散值。反应系数法的扰量可为非周期性，因此该方法可计算全年逐时冷负荷。

反应系数法首先计算墙体或屋面在 n 时刻的单位面积得热量为：

$$HG_n = \sum_{k=0}^{\infty} Y_k \cdot t_{e(n-k)} - \sum_{k=0}^{\infty} Z_k \cdot t_{n(n-k)} \tag{3-4}$$

式中　Y——传热反应系数；
　　　Z——内表面吸热反应系数；
　　　t_e——室外综合温度；
　　　t_n——室内温度。

以上参数均为时间的函数。

n 时刻的墙体或屋面冷负荷为：

$$CL_n = \sum_{i=0}^{n} W_i \beta_f HG_{n-i} + \beta_d HG_n \tag{3-5}$$

式中　W_i——房间的负荷反应系数。

3. Z 传递函数法

与上述方法的不同是，Z 传递函数法的输入参数——室外气象参数、计算对象——传热量均为离散数组，与简化了的数学解析式（波函数）相比，它更接近实际情况。该方法是将围护结构或空调房间连同室内空气视为热力系统，将外扰或室内得热作为系统的输入，而围护结构内表面的传导得热或房间冷负荷为系统的输出。

传递函数及由输入参数（得热量）转化为输出参数（冷负荷）的变化过程函数，定义 $Q(t)$ 为得热量函数，$CL(t)$ 为与之对应的冷负荷函数，$G(t)$ 为传递函数，则有：

$$CL(t) = G(t) \cdot Q(t) \tag{3-6}$$

为了更接近实际情况，将输入、输出函数分别做拉普拉斯变化，从而得到离散值，再对展开结果经过简化，得到 Z 变化形式。

$$CL(Z) = CL_n Z^{-n} + CL_{n-1} Z^{-(n-1)} + CL_{n-2} Z^{-(n-2)} + \cdots\cdots$$

$$Q(Z) = Q_n Z^{-n} + Q_{n-1} Z^{-(n-1)} + Q_{n-2} Z^{-(n-2)} + \cdots\cdots$$

由此便可得到房间热力系统的传递函数的多项式：

$$G(Z) = \frac{V_0 + V_1 Z^{-1} + V_2 Z^{-2} + \cdots\cdots + V_n Z^{-n}}{W_0 + W_1 Z^{-1} + W_2 Z^{-2} + \cdots\cdots + W_n Z^{-n}} \tag{3-7}$$

将上式简化，仅取三项系数，同时取 $W_0 = 1$，遵循等式两边同次幂项的系数相等的原则，经运算得：

$$CL_n = V_0 Q_n + V_1 Q_{n-1} - W_1 CL_{n-1} \tag{3-8}$$

因此，定义 V_0、V_1、W_1 为房间热力系统的 3 个传递系数，它们反映了房间热力系统的特性，是由系统本身的特性而确定的，与输入、输出量无关。

3.3　建筑能耗模拟与计算的意义

对建筑进行全年动态能耗分析是任意一种供能方式的基础与前提，因为只有经过较为准确的动态能耗分析后，才能"对症下药"地在适当的时刻为建筑提供适当的能量，只有经过准确的能耗分析，才能在保证热舒适环境的前提下，避免不必要的能源浪费。因此，对于"低烟供能系统"来说，能耗分析计算是实现该系统节能目标的最基础条件。

3.3.1　建筑能耗模拟计算对空调冷热源及末端形式选择的意义

在选择空调冷热源系统形式时，传统做法基本上都是从建筑性质、布局、常规做法、投资限制、业主要求等方面来确定的，然而无论是业主需求还是遵循常规都并不一定是经济合理的。只有在进行能耗模拟的基础上才能做到心中有数，从而再判定业主的要求是否合理、常规形式是否适用，同时可以分析出更适合的方案。并不是用了节能的冷热源设备、节能的末端设备就可以达到节能的效果，而是应该考察建筑自身的负荷特征，分析该建筑是否适宜应用，选择最适合该负荷特性的冷热源及末端设备才是最节能的。因此，在考虑空调冷热源及末端形式时，对建筑进行能耗模拟是十分必要的。

经过建筑能耗模拟计算，可分别求得8760h逐时冷、热、湿以及新风负荷，进而计算出累积冷（热）负荷、负荷运行比、平稳性特征值、冷（热）负荷指标等。简要分析上述参数即可对冷热源及末端的适用性有初步把握。

例如，全年冬夏累积负荷差异很大的建筑会存在冬夏供能严重不平衡的问题。通常在冬夏负荷严重不平衡的情况下，应避免单独应用地源热泵系统等形式作为冷热源。倘若依照业主意见需要应用地源热泵系统，那么需要斟酌考虑地源的热平衡问题，在此可结合负荷间歇特性来做综合考虑，倘若运行比很小，有足够的停机时间供地源进行热恢复，那么则有助于缓解热平衡问题。

又如，热负荷指标大的建筑不适宜应用低温热源。从热源换热角度看，低温热源比高温热源换热效率要低，这对于热负荷指标大的情况是十分不利的。此外，很容易给末端设备的设计带来困难。倘若末端采用散热器采暖，由于水温较低会造成散热器片数的增加，占用过多的建筑空间并且不宜布置。倘若末端采用地板辐射采暖，则在地板温度不能过高的前提下，其散热量很难满足巨大的热负荷指标需求，因此地板辐射形式也需统一考虑。同理，对于冷负荷指标很大的建筑也要酌情考虑冷却吊顶的末端形式，很有可能为了满足巨大的供冷量而出现结露现象等等。

冰蓄冷系统的应用也有一定限制，由于夜间为谷值电价蓄冰时间，那么对于夜间能耗较大的建筑则不适宜，例如医院手术室、病房，酒店等需24h供能的建筑，需要进行能耗分析计算后，根据夜间负荷情况确定是否增设基载主机。

此外，有些能耗模拟软件可以进行日照分析及日光辐射强度计算，这可以作为太阳能利用方案设计的依据。

3.3.2 建筑能耗模拟计算对设备选型的意义

传统教科书中要求"设备选型是建立在最不利条件下的设计负荷计算"，这是为了满足最不利因素，因此设备选型通常以负荷峰值为依据，而负荷峰值仅需经过简单的日负荷计算即可获得。然而真正的好设计不是基于这样的计算方法，ASHRAE也不提倡这样的方法，因为负荷计算软件无法考虑众多空调房间的同时使用系数，因此计算值通常比实际情况大很多，而且从全年运行时间来看，多数建筑负荷峰值的出现概率是非常小的，根据英国的一个研究表明，相当多的英国建筑在大部分时间内制冷机的负荷在40%左右。为了满足峰值负荷而选择的设备在多数运行时间下处于过盈状态，即所谓的大马拉小车，供能量远大于实际需求量，不仅降低了空调房间的热舒适性，长期运行更造成了相当大的能源浪费。

因此，设备选型最好以动态能耗模拟计算为基础，分析负荷平稳性指标R_q，酌情控制设备型号，杜绝出现大马拉小车状况，做到更贴近实际情况的合理设计。

3.3.3 建筑能耗模拟计算对运行策略的意义

空调系统长期运行，寿命期多为 20 年以上，因此必须制定合理的运行策略，在长年累积的过程中将"节烟"进行到底，实现能源的可持续发展。全年动态能耗模拟则为调整运行策略提供了充实的依据。

在全年动态能耗模拟的基础上，分析负荷集中程度考虑是否需设辅助冷热源为削峰时使用。可计算不同负荷率下的运行时间，根据运行率大小来控制机组的启停数量。在工程的过渡季实际运行中，通过台数控制与大小搭配可以使每台机组均处于 50%～80%的部分负荷区内运行。在 5%～20%的负荷区应结合室外气象参数，考虑采用天然冷源方式来供冷，直接引室外新风或采用天然冷源来达到消除余热的目的，从而避免了机组在低效率部分负荷区运行，这样可节省机组运行能耗。此外，在 0～5%的负荷区段，完全可以不需任何供冷来维持楼内的舒适度。

3.3.4 建筑能耗模拟计算对建筑围护结构设计的意义

建筑能耗模拟不仅对暖通空调设计及控制有着重要意义，对建筑围护结构设计也起一定的指导作用。由于围护结构是冷热负荷存在的根源之一，为了从源头上做到节烟设计，就要以建筑围护结构合理化为前提。以负荷计算为基础，可以分析评价不同围护结构构造对建筑物能耗的影响效果，进而指导建筑设计师对外墙、保温、外窗、遮阳等各环节进行设计调整，并把最终优化后的围护结构构造体系成果应用于工程实际。

外墙的传热系数以及热惰性对于建筑负荷有较大的影响，以气象条件为基础，我国多数地区冬季室内外温差基本大于夏季室内外温差，因此外墙的热物性参数对冬季热负荷影响较为显著，而且越是寒冷的地区，外墙的性能越是尤为重要。因此，《公共建筑节能规范》对于严寒及寒冷地区的外墙传热系数有严格限制。设计师经过计算传热系数来确定保温层的材料及厚度，从而满足外墙的御寒要求。

同时，建筑的形状即体形系数也对冷（热）负荷有着一定的影响。对于某一确定的建筑，存在一个最佳的长宽比，按照这种方法设计的建筑可以减少太阳的总辐射热，起到节能的作用。

外窗的性能对建筑的冷热负荷均有很大影响。在冬季，由于窗的传热系数比外墙要大很多，因此为了避免过大的传热负荷的产生，严寒及寒冷地区同样需要对于窗的传热系数进行控制。而且，冬季由于窗导热而产生的热负荷远比冷风渗透负荷要小得多，因此，对严寒及寒冷地区，要充分考虑风的因素，尽量减小迎风面外窗的尺寸。此外，对窗框的选择也要以缝隙小、密封性好为原则，满足相关标准。

对夏季冷负荷影响最大的因素为太阳辐射得热，这就需要在外窗设置遮阳设施，通过良好的遮阳来抵挡太阳辐射，尽量减小房间得热量来降低房间冷负荷。对于目前公共建筑普遍采用的玻璃幕墙更应予以高度重视，可结合日照分析及日光辐射强度计算，合理选择玻璃幕墙朝向及性能参数，以避免不必要的能源浪费。

3.4 建筑能耗模拟软件的特点及应用

在进行常规冷热源系统负荷计算时，有些设计师根据采暖、空调负荷计算的教材，自己编制 EXCEL 计算表格，这样的优点是对于公式及数据库一目了然，程序修改方便，做到心中有数、有据可查。由于 EXCEL 功能的限制，编制时也做了大量的简化，多采用冷负荷系数法进行计算。而建筑负荷影响因素众多，传热过程也较为复杂，编制简单的 EXCEL 计算表格，计算结果单一且不够精确，往往难以满足更深程度的负荷分析需求。随着计算机技术的日益发展，各类功能强大的负荷计算及能耗模拟软件逐渐活跃起来，各种软件的计算准确程度均得到认定，应用软件计算不仅可以完成手算所无法完成的任务，而且方便快捷，省时省力，侧重点不同的各种软件更为设计师们提供了充分的选择空间。

3.4.1 国内外建筑能耗模拟软件的介绍

自 20 世纪 80 年代起，负荷计算发展到以设计年为基准的全年动态模拟计算，从此进入了建筑能耗模拟的新时代。

国外进行建筑热环境模拟和分析的软件较多，其中 DOE-2 软件是公认的建筑能耗分析结果最为准确的软件之一，它的"建筑描述语言"BDL 功能可解决大量的建筑体型、构造、设备性能等问题，在全年逐时能耗计算的基础上，可分析暖通空调的系统性能及运行经济性等，并生成数十种综合分析报告供用户选择输出。然而 DOE-2 是用较低版本的 Fortran77 语言编写的，为 DOS 界面下操作，其语言的非通用化结构特点制约着软件的开发，输入较为复杂，模拟人员需经过专业培训才可完成，使得其难以跟上现代软件的发展步伐。

随着计算机技术的发展，近些年来出现了很多以 DOE-2 为计算核心、操作较为简便的能耗模拟计算软件。例如由美国能源部及电力研究院资助、由劳伦斯伯克利实验室开发的 EQUEST 软件，它以 DOE-2 为计算核心，结合建模精灵 building creation wizard、能效策略精灵 energy efficiency measure wizard、图形化的模拟报表系统等几个组成部分，可在极短的时间内做出一份非常专业的能耗分析报告，适用性非常广泛。

Energy Plus 是在 BLAST 和 DOE-2 的基础上由美国能源部资助开发，基于动态负荷理论，采用反应系数法对包括建筑物及其相关的供热、通风和空调系统设备能耗情况进行模拟分析的一款大型能耗分析计算软件。适用于多区域气流分析、太阳能利用方案设计及建筑热性能研究。简单的 ASCⅡ码输入、输出文件，可供电子数据表作进一步的分析。

该软件主要具有以下特点：

(1) 采用集成同步的负荷/系统/设备的模拟方法。

(2) 在计算负荷时，用户可以定义小于 1h 的时间步长；在系统模拟中，时间步长自动调整，以加快收敛。

(3) 采用热平衡法模拟负荷。

(4) 采用 CTF 模拟墙体、屋顶、地板等的瞬态传热。

(5) 采用三维有限差分土壤模型和简化的解析方法对土壤传热进行模拟。

(6) 采用联立的传热和传质模型对墙体的传热和传湿进行模拟。

(7) 采用基于人体活动量、室内温湿度等参数的热舒适模型模拟热舒适度。

(8) 采用各向异性的天空模型以改进倾斜表面的天空散射强度。

(9) 先进的窗户传热的计算，可以模拟包括可控的遮阳装置、可调光的电铬玻璃等。

(10) 日光照明的模拟，包括室内照度的计算、眩光的模拟和控制、人工照明的减少对负荷的影响等。

虽然 Energy Plus 具备以上的特点，但还需要明确的是，它仅是模拟引擎，而不是一个用户界面，其界面有待开发；它现在还不是寿命周期费用的分析工具，也不是建筑师或暖通设计师的设计工具。

英国斯特拉思克莱德大学机械系开发的 ESP-r 在欧洲应用非常广泛，可对影响建筑能源特性和环境特性的因素做深入的评估，模拟声、光、热等各种性能，可模拟的领域几乎涵盖建筑物理及环境控制的各个方面。它以计算流体力学中的有限容积法为基本计算方法，内置 CAD 绘图插件并且或者直接导入 CAD 文件。

此外，在美国比较公认的还有用于民用和商业建筑的能源利用效率分析的软件 BLAST；用于遮阳及热设计和分析、自然采光和人工照明分析的软件 ECOTECT；模块化分析方式的 TRNSYS 等。欧洲应用比较广泛的如由瑞士联邦技术学院研发的、以自由温度概念为核心的 Climate Surface 等。

我国从 20 世纪 70 年代中期开始介绍国外在建筑能耗计算机模拟方面的发展情况，在算法研究方面：对传递函数理论、墙体传递函数和房间传递函数等问题进行了深入研究。在软件开发方面：初步建立了我国的软件系列。在工程应用方面：应用已有的理论和程序在采暖负荷计算、冷负荷计算、围护结构热工性能、经济热阻以及建筑节能措施和规范的制订、太阳能利用问题等方面都取得了比较大的发展。

由我国研发的第一个专业能耗模拟软件 DEST 于 2000 年发布，目前分为居住建筑和公共建筑能耗模拟两个版本。该软件以清华大学江亿教授提出的气象参数的随机模型和建筑热环境模拟及空调系统负荷计算的状态空间法为基础，其功能包括全年逐时的建筑室内温度计算、负荷计算、空调机组负荷计算、AHU 设备校核、风、水管水力计算、冷冻站设备选型计算等。DEST 嵌入 AUTOCAD 中，界面可视化，应用较为方便。

另一款建筑节能设计分析软件 PBECA 以中国建筑科学研究院建筑工程软件研究所建筑节能研究发展中心在建筑节能领域长期的研究为技术基础，以建筑师最常用的 AutoCAD 软件为图形平台，以 OpenGL 技术为三维显示和分析平台，完全符合国家、各省市节能设计标准，并自动生成符合各地节能审查要求的节能设计报告、审查备案登记表和审查文件，是集设计、分析为一体的节能设计标准软件。

PBECA 软件主要具有以下特点：

（1）建筑节能模型建立快捷方便

1）直接从 AutoCAD 和各种常用建筑软件中提取建筑模型，减轻建筑设计师建模的工作量；

2）直接采用 AutoCAD 等建筑平台上进行模型修改和节能设计，符合广大设计师的使用习惯；

3）提供完备的建筑构件库与便捷的设置方式；

4）完善的三维立体显示与编辑功能。

（2）专家级的建筑节能设计帮助

1）针对不同气象区域提供对应的默认构造；

2）提供完善的各地材料、构造数据库，供设计师选择；

3）完整的气象数据，软件提供全国各地区气象数据库；

4）结合工程经验和专家推荐的节能设计方案库；

5) 针对各地节能要求的节能辅助设计的插件。

(3) 权威的计算和全面的分析

1) 自动根据国家标准和各省市标准进行校核，并提供三维的缺陷分析功能；

2) 提供建筑单位面积能耗分析，总能耗分析，户型比较，构件比较等详尽的分析；

3) 致力于完成全智能缺陷分析与计算研究。

(4) 详尽、多样的输出功能

1) 提供满足各地审查机构要求的节能计算报告书、审查备案登记表，能耗计算表等报表；

2) 提供各建筑构件做法表、门窗表、施工节点图等文件；

3) 提供各构件、户型负荷分析等的详细分析报告；

4) 提供输出各地审查机构可以直接读取、审核的审查文件。

3.4.2 日能耗模拟软件

常用的空调负荷计算软件如鸿业公司的暖通空调负荷计算软件、上海华电源公司的HDY-SMAD空调负荷计算及分析软件、浩晨暖通空调负荷计算软件、晨光暖通空调负荷计算软件等等。其中鸿业和华电源软件夏季冷负荷计算采用谐波反应法为基本原理，更受到设计师们的欢迎。

此类空调负荷计算软件功能丰富，内容涉及全面，并且内置大量的气象信息、围护结构做法、材料热工性能以及设计规范要求等，便于设计师进行相关查阅，计算后可根据需要输出不同内容及格式的计算书。

计算时以每个小房间为单元独立计算，分别输入各自的围护结构、热扰等信息即可，房间之间各不影响。在基本原理及算法方面，空调负荷计算软件多采用解析方法计算负荷，计算速度较快。用户界面简单清晰，操作快捷方便。

在计算冬季热负荷时，由于热负荷影响因素较为单一，负荷随室外气象参数变化不大，因此通常以稳态法进行负荷计算，仅输出单值；计算冷负荷时，由于冷负荷随太阳辐射得热变化剧烈，而太阳辐射得热情况又随时间及方位的不同有着显著的变化，因此应用动态法进行计算，可输出24h内的逐时负荷值，通常可以满足常规冷热源系统设计及设备选型的需求。

准确的负荷计算对于设备选型有着重要意义，如果设备选型过大会导致各种能源、有用功的浪费，本着"节㶲"的理念，设计师们不宜为了保险起见一味地放大设备型号。在负荷计算后，设计师可结合实际建筑情况分析24h的负荷变化，合理选择设备型号。

3.4.3 全年动态能耗模拟软件

能耗模拟软件以能量守恒为基本原理建立各个房间的微分方程，各个相邻房间以边界条件相互耦合，通过数值模拟进行最终求解。在应用能耗模拟软件计算建筑负荷之前，首先需要建立建筑自身模型，并且设计围护结构的热工参数。此类软件根据建筑模型方可计算能耗情况。对于结构形式较为复杂的建筑来说，绘制建筑模型无疑加大了工作量，与简单的负荷计算软件相比显得较为复杂。

与负荷计算软件相比，能耗模拟软件功能十分强大，内置全年气象资料，可计算并输出全年8760h的冷热负荷计算数据，可以计算整个园区、单体建筑、单个户型、单个房间的全年累积供冷、供热量，月累积供冷、供热量，最大月负荷，最大日负荷，最大小时负荷以及峰值负荷出现时刻等。

在进行太阳能、地源热泵等为冷热源的系统设计时，简单24h的负荷计算显然不能满足要求，全年8760h的负荷分析显得尤为重要。在太阳能供热或供冷系统设计时，必须要计算各个时间段的系统负荷用来与对应时段的太阳辐射能进行比较，从而了解太阳能自身的盈缺情况，以及确定太阳能集热器的合理尺寸。在地源热泵系统设计时，不仅需要峰值负荷来确定地下换热器尺寸，更需要求得供热季及供冷季的累积热负荷值及累积冷负荷值，用以进行热平衡分析，考虑是否另设辅助冷、热源。

此外，在对常规冷热源系统进行设计时，与日负荷计算软件24h的数据相比，全年8760h的负荷数据可为"节㶲"设计提供更充分的依据。除了设备选型之外，更重要的是全年负荷模拟可以指导制定运行策略，优秀的运行策略可以大大节省运行能耗及费用。在设计时，应该充分考虑建筑类型及功能的不同特征，并且与全年负荷计算相互结合进行分析。

除了负荷计算之外，能耗模拟软件还可模拟大多数空调系统，以及大多数相关设备能耗。因此，能耗模拟软件可为暖通空调系统节能设计，乃至建筑自身节能设计提供充实的依据。

日能耗模拟软件与全年动态能耗模拟软件的比较如表3-2所示。

日能耗模拟软件与全年动态能耗模拟软件的比较 表3-2

		日能耗模拟软件	全年动态能耗模拟软件
差异比较	计算方法	冬：静态；夏：动态解析法（谐波反应法）	动态数值模拟方法
	气象参数内置情况	简略	详细全面
	界面形式	清晰的对话窗口式界面	AUTOCAD操作界面
	操作	简单、便捷	复杂
	是否需要建筑模型	否	是
	输出数据	24h	全年8760h
	计算及模拟功能	单纯的负荷计算	负荷计算；室温模拟；空调系统及设备能耗模拟；节能性分析等
	系统形式适用性	常规冷热源系统	常规冷热源系统；太阳辐射供能系统；地源热泵系统
	意义及用途	设备选型	系统形式选择；设备选型；指导空调运行策略；指导建筑自身节能设计
共性		负荷计算；围护结构做法及热工性能查询；气象参数查询；生成计算书	

建筑全年动态负荷计算及能耗分析是实现低㶲供能系统的最基础条件，也是优化设计代㶲供能系统中各个子系统的重要依据。故在实际能耗计算中，根据实际工程情况，应对

整个园区、单体建筑、单个户型、单个房间进行详细计算，整体给出全年累计供冷，供热量、月累计供冷/供热量、最大月负荷、最大日负荷、最大小时负荷以及峰值负荷出现时刻等计算结果。

在上述基础上，应分析评价不同围护结构对建筑物能耗的影响效果，进而指导建筑设计师对外墙、外窗、遮阳、保温体系等各环节进行设计调整，并把最终的围护结构构造体系成果应用于工程实际，以实现低㶲供能系统中不同围护结构构造对建筑能耗的最终影响和效果评价。

第4章 建筑被动节烟设计

"低烟供能系统"是综合了主动节能与被动节能后的一种集成系统形式。众所周知，建筑建成以后再考虑节能的问题，会受到很多因素的限制，从而会导致节能幅度十分有限。鉴于此，"低烟供能系统"要求建筑从设计阶段开始就应该做好被动式节烟设计，这样便可以打下良好的基础，从而起到一两拨千斤的效果，使建筑节能事半功倍。

被动式建筑设计作为实现"低烟供能系统"的重要环节之一，也是最基础的条件之一。在建筑设计中，设计师需在了解了当地环境地理状况（气候、地形、地貌、风向、植被等）之后，主动合理地利用建筑本身的体形、朝向、材料、构造、空间组织等设计因素来适应地区气候特点，降低建筑对HVAC供能系统的依赖。这样就可以在少增加或不增加造价的基础上，在很大程度上被动实现节烟。这种直接向大自然求答案的方式，比起后续采用先进的HVAC设备，充分利用新技术、新材料等主动式设计方法来解决生态问题、能耗问题会更适合我国国情。

此外，被动式节烟设计在减少建筑物对自然生态系统的破坏，优化室内居住环境，提升我国现有人居环境方面具有更为直接的现实意义和社会意义，只有充分利用被动式节烟设计理念和方法的建筑才是我国未来建筑可持续发展的方向。

4.1 被动节烟设计与建筑环境的关系

"被动式节烟设计"强调的是建筑对气候和自然环境的顺应、适应之意。具体来说，在规划建筑设计的过程中，根据场地及区域气候特征，遵循建筑环境控制技术基本原理，综合建筑功能要求和形态设计等需要，合理组织和处理各种建筑元素，如建筑朝向、自然通风、建筑体形、建筑遮阳、建筑保温、最佳窗墙比等，使建筑物减少或者摆脱对空调设备的依赖，而本身具有较强的气候适应和调节能力，创造出良好的建筑室内外环境。"被动式设计"（passive design）与"主动式设计"（active design）是一对相对概念，后者主要通过建筑设备对建筑施加能量来维持建筑的舒适条件，而前者则提倡通过建筑本身的合理设计和调节来达到目的。

被动式建筑节烟试图通过建筑朝向和周围环境的合理布置，内部空间和外部形体、色彩的巧妙设计，以及建筑材料的组合、构造措施恰当，并紧密结合建筑构配件设计一些非常规能源的采集、使用装置，来达到建筑物冬季采暖、夏季制冷的效果，节省常规能源的耗费，因而表现为低投资、低技术的倾向。

主动式建筑节烟以各种非常规能源的采集、储存、使用装置等组成完善的强制能源系统，来部分取代常规能源的使用。这种节能方式的特征是仍然需要一定数量的常规能源，一次性投资费用高，技术复杂且维修管理工作量大，表现为高投资高技术的倾向。

被动式节烟建筑设计能够达到即节省能源又创造舒适环境的双重目的，有较好的节能效果。被动式设计方法需要建筑师对于环境现状有充分的了解，突破学科间的相互限制，利用简单易用的技术进行设计。

4.2 建筑被动节烟的特征分析

建筑节烟有两个重要特征：一是地区差异性；二是过程控制性。地区差异性是指不同地域由于气候、生活习惯和建筑形式的差别，造成建筑被动节烟技术因地区而不同；过程控制性是指同一地域的建筑物也可能因一年中季节的不同、一天中时间不同而遇到不同的温度、湿度、气流、光照，因而建筑物的能耗随时间出现变化。节烟建筑设计应当使建筑的变化根据人的需要加以控制，这主要体现在3个方面：总体环境布局、建筑空间、建筑围护结构。

4.2.1 总体布局的可控性

应用高新技术能够改变建筑朝向，欧洲就已经存在由计算机控制的太阳跟踪住宅，使之根据季节及风向变化而调整。例如德国建筑师塞多·特霍尔根据向日葵的生态原理，把住宅设计得如同向日葵一样，始终向着太阳，以充分利用太阳能。它跟踪太阳所消耗的电力仅为房屋太阳能发电功率的1‰，所吸收的太阳能相当于固定太阳房的2倍。这座旋转住宅在建筑外部布局的可控性方法给人们以启示。然而，对于体量庞大的公共建筑而言，上述方法是不适合的，应当寻找更为合适的控制途径。在公共建筑的节能规划设计中，从外界环境因素进行考虑，建筑总体布局应以适应四季气候变化为原则，根据本地气候条件（主导风向、日照、雨量等）合理确定建筑朝向、体量、周围绿化布局等因素，考虑利于夏季通风遮阳、减少太阳辐射热。

图 4-1 南方炎热地区传统民居的天井空间

4.2.2 建筑空间的可控性

根据时间及气候的变化来控制建筑空间，可最大限度地利用气候资源的风能、光能等，节省用于空调或采光的建筑能耗。例如，我国南方炎热地区传统民居的天井空间（见图 4-1），在夏季保持开敞加强通风，在冬季用透光材料加以覆盖，防止冷空气侵入。这些措施改善了室内热环境，达到了较好的效果，是利用建筑空间可控性营造舒适环境的实例。

4.2.3 建筑围护结构的可控性

建筑围护结构及其构件对室内环境及建筑能耗会产生较大影响。围护结构的可控性是指对太阳辐射、室外空气温度综合作用产生的热过程是可控制的。例如传统的建筑外墙，主要通过窗户的开启与关闭对冷热气候进行一定程度的调控，这种方法体现了围护结构的控制作用。现代建筑外围护结构得到发展，设置为双层或多层的立面系统，其中可以开启或关闭某个层次以适应不同的气候。

4.3 建筑被动节烟的气候设计

4.3.1 气候设计的基本原理

虽然理想的室内气候环境必须依靠环境设备调控方法，但是，建筑的被动式节烟设计调控作用是不容忽略的，甚至在有些气候条件下完全可以创造出舒适的室内热环境。

"被动"意为诱导、被动、顺从,有顺其自然之意。被动式节烟设计就是顺应自然界的阳光、风力、气温、湿度的自然原理,尽量不依赖常规能源的消耗,以规划、设计、环境配置的建筑手法来改善和创造舒适的居住环境。

利用被动式方法调节室内气候需要建立室外气候和室内舒适环境之间的关系,确定其偏差程度。这涉及到三个方面:第一,设计地区气候状况的分析;第二,居住者热舒适的要求;第三,建筑能耗的大小和能耗标准。

建立室外气候和建筑的室内舒适标准之间的关系是气候设计的第一个关键问题,它涉及气候学、建筑学、生理环境学等多方面。由于被动式调控方法最终是通过一定的建筑形式和具体措施对室外气候向人们期望的热环境方面调整。因此,建筑的气候调控最终体现在建筑的表现上,建筑调节的成功与否取决于最后达到的室内热环境状况,热舒适标准用来衡量控制方法的有效性和合理性。气候设计包括了气候、人、建筑和技术4个方面,且是相互影响、相互作用的。

气候设计涉及的人、建筑和环境的关系说明了设计条件和分析步骤。室外气候条件和人们对室内热环境的期望是对建筑设计过程和建筑表达形式的两个制约条件,需要分别确立两者和建筑形式的关系。而建筑的能耗量和室内的热环境又是评价标准。整个设计过程是一个分析—设计—评价—分析的动态调整和循环过程。

4.3.2 气候控制的基本策略

建筑热状况是建筑室内热环境因素和室外气候组成要素之间相互作用的结果。建筑物借助围护结构使其与外部环境隔开,从而创造出房间的微气候。图4-2表示了一个单房间建筑和室外的热量交换过程。气候设计的可用"资源"是该建筑所处地区相对室内气候来说的"宏观气候"要素,它是与室内相互作用的太阳、风、降水、植被以及空气和地面温度组成的自然能量流。建筑围护结构围合成的室内微气候环境随室外气候的变化而作相应的变化,围护结构成为调节室内和室外热量交换的动态调节系统。调节又分"静态调节"和"动态调节"两种。静态调节部分指建筑中固定不变的设计做法,如围护结构的保温、隔热设计,建筑朝向等。动态调节指利用可改变的调节的设计做法,如可移动遮阳板、保温板,改变门窗的开启引导自然通风等。

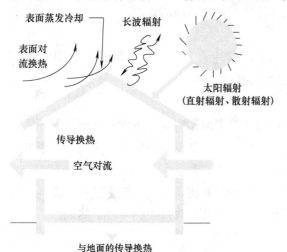

图4-2 房间与室外环境的热过程示意图

建筑是通过3种基本传热方式——围护结构的传导方式、空气对流方式以及与表面的辐射换热方式,与室外热环境进行热量的传入或传出的交换过程,形成4个基本的热量控制途径:

(1) 希望室外热量传入室内;

(2) 拒绝室外热量传入室内;

(3) 尽量保持室内热源热量;

(4) 尽快排出室内热源热量。

将这4个热量传递的控制途径和3种传热方式加上一个绝热（蒸发冷凝相变）过程组合在一起就构成了被动式节烟气候控制的基本策略，如表4-1所示。

气候控制基本策略　　　　　　　　　　　表 4-1

	热量控制途径	传导方式	对流方式	辐射方式	蒸发散热
冬季	增加的热量			利用太阳能	
	减少是热量	减少围护结构传导方式散热	减少风的影响		
			减少冷风渗透量		
夏季	减少的热量	减少传导热量	减少热风渗透	减少太阳的热量	
	增加失热量		增强通风	增强辐射散热量	增强蒸发散热

这些基本控制原理最终通过设计的手段和一定的表现形式体现在建筑物上时，该建筑就是所谓的"气候建筑"。同时，原理在建筑上的体现需要一定的分析方法、设计方法和技术措施，如气候设计的分析方法、建筑保温隔热体系设计和构造、建筑朝向及遮阳、自然通风设计、太阳能设计技术等非常具体的技术手段。

4.4 被动节烟的建筑设计方法

在建筑被动节烟设计中，其实存在着另一个方面的趋势——低技术化。即通过建筑学的方式，在总平面、平面、剖面以及细部节点上的设计，合理地引导通过自然通风以及太阳能等可再生能源的应用，来达到有效地降低建筑使用能耗的目的。

4.4.1 建筑设计中保证自然通风

建筑的自然通风可从总平面设计、室内空间设计两个方面来考虑。在总平面设计上，可着重考虑从建筑体形的方向性和室外环境的设计来合理引导风流。

1. 建筑体形设计

巧妙设计扭曲平面，使朝向夏季主导风向的外表面积增大，改善吸风面的风环境。

因势利导地设计尖劈平面，用"尖劈"的形体朝向冬季主导风向，避免与冬季主导风向的垂直关系，以削弱冬季不利风流的影响。

合理设计通透空间，在建筑每层的适当高度设置开窗，可大大疏通室外风流，有利于夏季通风。在建筑中设置掏空的空间，以利于疏导以及释放过大的室外自然风。

2. 室外环境设计

把握南向开敞空间，争取较多的冬季日照和夏季通风。

充分利用自然空调，建筑南侧可设置水面植被等，依赖水体蒸发来改善微环境的炎热条件，并可在冬季强化太阳辐射的反射作用。

设计植被导风。通过设置合理的灌木乔木位置，南侧引导自然风进入建筑室内，而北侧则起到屏障的作用。

利用构筑物挡风墙和导风板的灵活组合，并可结合绿化整体设计，引导夏季自然风，阻挡冬季恶性风流。

4.4.2 被动式太阳能利用

区别于太阳能板等的主动式太阳能利用,被动式太阳能利用以合理构造为基础,通过巧妙的构造设计实现太阳能的直接利用,具有低技术、低成本的特点,有利于节能技术的普及和推广,详细内容见后面章节。

4.4.3 围护结构被动式节能设计

在外墙的隔热中,有效而环保的方法是将建筑的墙体埋入地下,或者将外墙的三面用土壤包裹。再就是将建筑外墙或者接近外墙的地方用植被覆盖,所用植物最好是落叶形的,因为在冬天还需要外墙接受阳光来加热室内。另外,还有一种有效的方法是采用百页包裹外墙,在需要接受光时打开百页,夏季在白天则可以关闭,降低围护结构外表面温度。

直接接受阳光暴晒时间最长的是屋顶。传统的做法是采用保温层覆盖屋顶,再就是用盖板架空。但这种做法并不是最节能的,最好的方法是在上面用植被覆盖,既可以很好地利用太阳能,又可以美化环境。如果是节能的别墅型建筑,这样就可以建成一个屋顶花园,可谓是一举多得。对于夏季多雨的地方,还有一种节能的做法是在屋顶上储水,但屋顶防水措施一定要做好。

建筑设计中的主动节烟和被动节烟是紧密关联的。应主动把握建筑节烟的设计理念,尽量在不使用设备的情况下,采用低技术化的被动式节烟方式,设计出环境优良、高品质的建筑。只有在被动式节烟不能达到目的的情况下,才考虑主动式节烟设备的辅助和补充。

4.5 建筑被动节烟技术

建筑物功能类型不同,所采用的节烟设计方法也不一样。建筑物可以分为公共建筑和住宅建筑,公共建筑进一步包括商业建筑、办公建筑、旅游建筑、科教文卫建筑等。限于篇幅,本书主要从住宅建筑方面简单介绍若干被动节烟技术,其他类型建筑的被动节烟技术可以参考其他有关书籍。

4.5.1 被动通风节烟技术

建筑物内的通风十分必要,它是决定人们健康和舒适的重要因素之一。通过通风,可以为人们提供新鲜空气,带走室内的热量和水分,降低室内气温和相对湿度,促进人体的汗液蒸发,改善人体的舒适感。此外,有效的通风方式还可以有效地降低建筑运行能耗。例如,南方炎热地区,夏季夜间通风和过渡季自然通风已经成为改善室内热环境、减少空调使用时间的重要手段。然而,不合理的通风不仅不会改善室内热环境,还会直接导致建筑空调、采暖能耗的增加。例如,采暖地区的通风能耗已占冬季采暖热指标的30%以上,原因是运行过程中的室内采暖设备不可控以及开窗时通风不可调节。因此,有效、可控的建筑通风,已经成为建筑节能设计的重要一环。

根据是否消耗机械能,通风可分为机械通风和被动式通风。所谓被动式通风,具体来说是指根据场地及区域气候特征,遵循建筑环境控制技术基本原理,综合建筑功能要求和形态设计等需要,合理组织和处理各种建筑元素,使气流能在建筑内有效地流通循环,而不需要消耗多余的机械能的通风方式。被动式通风的具体实现方式主要有3种:风压通风、热压通风和地道通风。

1. 风压通风

当风吹向建筑物正面时,因受到建筑物表面的阻挡而在迎风面上产生正压区,气流在向上偏转的同时绕过建筑物各侧面及背面,在这些面上产生负压区。风压通风就是利用建筑迎风面和背风面的压力差,通常所说的"穿堂风"就是风压通风的典型范例。

风压的压力差与建筑形式、建筑与风的夹角以及周围建筑布局等因素相关。当风垂直吹向建筑正面时,迎风面中心处正压最大,在屋角及屋脊处负压最大。因此,当建筑垂直于主导风向时,其风压通风效果最为显著。

(1) 风压的计算

风的形成是由于大气中的压力差。如果风在通道上遇到了障碍物,如树和建筑物,就会产生能量的转换。动压转变为静压,于是迎风面上产生正压(约为风速动压的0.5~0.8倍),而背风面上产生负压(约为风速动压的0.3~0.4倍)。由于经过建筑物而出现的压力差促使空气从迎风面的窗缝和其他空隙流入室内,而室内空气则从背风面孔口排出,就形成了全面换气的风压自然通风(见图4-3)。某一建筑物周围风压与该建筑的几何形状、建筑相对于风向的方位、风速和建筑周围的自然地形有关。

风压的计算公式:

$$\Delta P = P - P_a = K \frac{\rho}{2} v_a^2 \tag{4-1}$$

式中 K——空气动力系数;
　　v_a——未受扰动的来流速度,m/s;
　　ρ——外界大气压下的空气密度,kg/m³。

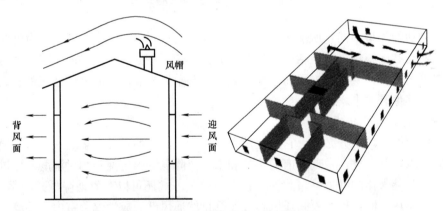

图4-3 风压作用下的自然通风示意图

(2) 风压作用下通风量的计算

要计算风力作用的通风量,除了掌握建筑物周围形成的空气流型的特殊资料以外,还需了解风速和风向,虽然有很多的资料可供参考,但计算还要在通常条件的基础上作一定的假设。考虑到工程上多见的长方形建筑物,风向与建筑物一面垂直,则气流流量的近似值可由下式求出:

$$Q = 0.5 K A v \tag{4-2}$$

式中 Q——经过建筑物的空气流量,m³/s;
　　K——取决于进排气口净面积比的系数;

A——进气口的面积，m^2；

v——风速，m/s。

2. 热压通风

由于自然风的不稳定性，或周围高大建筑、植被的影响，许多情况下在建筑周围不能够形成足够的风压。这时，就需要利用热压原理来加速自然通风。

(1) 热压的计算

热压是室内外空气的温度差引起的，这就是所谓的"烟囱效应"。由于温度差的存在，室内外密度差产生，沿着建筑物墙面的垂直方向出现压力梯度。如果室内温度高于室外，建筑物的上部将会有较高的压力，而下部存在较低的压力。当这些位置存在孔口时，空气通过较低的开口进入，从上部流出（见图4-4）。如果室内温度低于室外温度，气流方向相反。热压的大小取决于两个开口处的高度差 H 和室内外的空气密度差 $\Delta \rho = (\rho_a - \rho_i)$。热压的计算公式可以表示如下：

$$\Delta P_{\text{heat}} = gH(\rho_a - \rho_i) \tag{4-3}$$

根据空气膨胀系数 β 的定义，可以得到以下求热压的公式：

$$\Delta P_{\text{heat}} = \rho_a g H \beta (T_i - T_a) \tag{4-4}$$

式中　ρ_i、ρ_a——室内外的空气密度，kg/m^3；

H——进出气流中心的高度，m；

T_i、T_a——室内外的温度平均值，K。

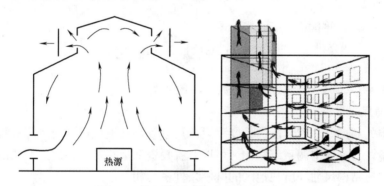

图4-4　热压作用下的自然通风示意图

(2) 热压作用下通风量的计算

由于风力对进气口或排气口的压力有影响，热压作用的大小就部分地受到风压的影响，也就部分取决于孔口的设计（见图4-5）。

$$Q_0 = C_D A_0 \left[\frac{2(P_{11} - P_{01})}{\rho_0} \right]^{1/2} \tag{4-5}$$

$$Q_i = C_D A_i \left[\frac{2(P_{02} - P_{12})}{\rho_i} \right]^{1/2} \tag{4-6}$$

同时，$P_{02} = P_{01} + \rho_a g H$

$P_{12} = P_{11} + \rho g H$

所以　　　　$(P_{02} - P_{12}) + (P_{11} - P_{01}) = gH(\rho_a - \rho_i)$ (4-7)

将式（4-5）和式（4-6）代入式（4-7），根据质量守恒定律，即 $m = \rho_i Q_i = \rho_0 Q_0$，则

第4章 建筑被动节烟设计

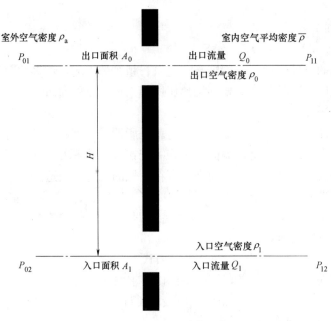

图 4-5 热压计算

$$m = \frac{C_D \left[2(\rho_a - \bar{\rho})gH\right]^{1/2}}{(1/\rho_i A_i^2 + 1/\rho_0 A_0^2)^{1/2}}$$，室内外条件的正常范围和密度差远比绝对值重要，为此 $\rho_a - \bar{\rho} = \Delta\rho$ 和 $\rho_0 \approx \rho_i \approx \rho$，并且 $m = \rho Q$，所以有：

$$m = \frac{C_D \cdot A_0 (2gH\rho \cdot \Delta\rho)^{1/2}}{(1+A_r)^{1/2}}$$

式中，$A_r = (A_0/A_i)$；C_D 为流量系数，一般取为 0.6。

3. 地道通风

自然能源的利用是建筑节能的重要手段。夏季利用地道风进行通风降温可以有效地改善室内热环境，与一般空调系统相比，可以节省投资和运行费用。地道通风的降温效果或降温能力与地道结构尺寸和所在地区的气候条件密切相关。

地道风降温技术是指利用地道中的冷空气，通过机械送风或诱导式通风系统送至地面上的建筑物，达到降温目的的一种措施，是近几十年来发展起来的一门新技术。该系统是利用地道（或地下埋管）冷却（加热）空气，然后送至地面上的建筑物，达到使引入的室外空气降温（升温）的目的。地道通风系统相当于一台空气-土壤的热交换器，利用地层对自然界的冷、热能量的储存作用来降低建筑物的空调负荷，改善室内热环境。该系统结构简单，节省能量，越来越受到人们的重视。

（1）系统形式

典型的地道通风系统如图4-6所示，它由设在地道侧室（通风机室）内的送风机、设在地下管廊（或地道）内的消声器、地下及地上的送风管道（非金属材料或金属材料制）及送风口组成。根据需要也可以增设空气过滤或消毒装置。在地道通风系统中，一定量的室外空气沿地道流动，受到地道四周壁面的冷却，在地道出口处达到较低的温度，其具体的通风过程为：室外空气—地道（经冷却、减温）—(过滤器)—送风机—消声器—送风管

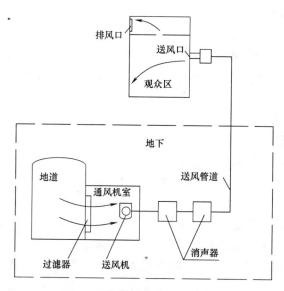

图 4-6 典型的地道通风系统图

道—送风口—室外（排风）。

(2) 地道风通风优化设计

考虑到地道风一般只用于夏季降温，且通风是间歇运行的，故下面对间歇运行的地道风通风进行讨论。

设地道长 L（m），截面周长 U（m），截面面积 f（m²），位于地表面 y（m）以下。

假定室外气温为 t_w（℃），地道出口空气温度为 t_o（℃），气流量为 G（m³/h），则有：

$$t_o = t_{op} + (t_w - t_{op}) \times B \times e^{-\frac{KF}{G}} \tag{4-8}$$

式中 t_{op}——间歇运行时 y(m) 处地层计算温度，℃；

B——间歇运行修正系数；

K——地道壁体传热系数；

F——地道冷却面积，$F = U \times L$，m²。

1) t_{op} 的计算

$$t_{op} = t_d + A_d \times e^{-0.334y} \times \cos(0.334y) + \Delta t_d \tag{4-9}$$

式中 t_d——突然表面年平均温度，℃；

A_d——地表温度波幅，℃；

Δt_d——地道通风附加升温，一般为 1~3℃。

2) K 值计算

地道壁体可视为半无限大的物体，则有：

$$K = \left[1/\alpha + \frac{1.13\sqrt{a\tau}}{\beta\lambda} \right]^{-1} \tag{4-10}$$

$$\beta = 1 + 0.76\pi/U \times \sqrt{a\tau} \tag{4-11}$$

$$\alpha = 0.045 \times \frac{\lambda_a}{d_e} \times Re^{0.8} \tag{4-12}$$

式中 α——对流换热系数，W/(m²·K)；
a——壁体导温系数，m²/s；
λ——壁体导热系数，W/(m·K)；
λ_a——空气导热系数，W/(m·K)；
τ——时间，s；
Re——雷诺数，$Re=u\times de/v$；
de——地道当量直径，m。

3) 间歇运行系数 B 的确定

间歇运行系数 B 与地道的换气量（空气流量）有关，即：

$$B=f(F/G) \tag{4-13}$$

地道风通风设计计算就是针对一定长度、一定截面形状的地道，根据气候特点和建筑室温要求，合理地确定送风量以获得最佳的降温效果。

假定地道风从地道出口到房间之间存在温升（风机、风道温升）Δt_o，则送风温度 t_s 为：

$$t_s=t_o+\Delta t_o \tag{4-14}$$

地道风的供冷量为：

$$Q=G\times C_P\times(t_N-t_s)\times\rho/3600 \tag{4-15}$$

由于 $t_s\propto t_o\propto G$，存在一个最佳 G 值，使 Q 达到最大。同时说明当室外气温变化时，最好采用变风量风机，通过改变风量以得到最大的供冷效果，当然，这样会使初投资增加。

最佳通风量 G 和最大供冷量 Q_{max} 可通过计算机求出。得出通风量后，便可进行管道系统设计，并选择合适的风机；同时，结合式（4-8）～式（4-15）可以分析计算地道风通风系统运行时送风温度的逐时变化。

值得一提的是，不管是传统建筑还是现代建筑，都可以成功地采用被动式通风实现对房间热环境的调节并实现一定程度上的能源节约。但需要注意，被动式通风对房间热环境的调节效果在很大程度上取决于当地的气候条件（也与室内发热量有部分关系），即被动式通风降温技术属于建筑适应气候的一种调节技术，其技术动力与当地气候条件密不可分。因此，在进行被动式通风降温设计时还要充分考虑气象条件的影响。

4.5.2 太阳能被动式利用节烟技术

太阳光特有的波谱特性使得人们可以从光和热两方面对太阳能进行利用，其中太阳光可以直接用于采光或由太阳能电池转换为电加以利用，太阳热则可以直接采暖或经过转换后提供热量或冷量所需（见图 4-7）。此外，按照利用方式的不同，又可以分为太阳能被动式利用和主动式利用。其中被动式利用不依靠任何机械手段，利用太阳能直接满足人们需求，主动式利用则需要额外的机械功消耗。

太阳能被动式利用是指不采用任何其他机械动力，直接通过辐射、对流和传导实现太阳能采暖或供冷，在这一个过程中，建筑本身就是系统的一个组成部分。太阳能被动式利用需要与建筑设计紧密结合，其技术手段依地区气候特点和建筑设计要求而不同，技术策略有被动式太阳房采暖和太阳能被动式通风降温。

被动式太阳能建筑设计要求在适应自然环境的同时尽可能地利用自然环境的潜能。因

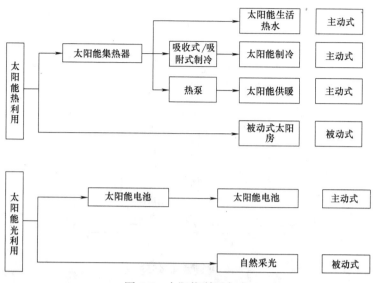

图 4-7 太阳能利用方式

此，在设计过程中需要全面分析室外气象条件、建筑结构形式和相应的控制方法对利用效果的影响，同时综合考虑冬季采暖和夏季通风降温的可能，并协调两者的矛盾。例如，冬季采暖需要尽可能引入太阳能辐射热，而夏季则必须遮挡太阳能辐射，以降低室内冷负荷。一般而言，被动式太阳能建筑设计有以下 4 个步骤组成：

（1）掌握地区的气候特点，明确应当控制的气候因素；
（2）研究控制每种气候因素的技术方法；
（3）结合建筑设计，提出太阳能被动式利用方案，并综合各种结束方案进行可行性分析；
（4）结合室外气候特点，确定全年运行条件下的整体控制和使用策略。

被动式太阳房是指不依靠任何机械动力通过建筑围护结构本身完成吸热、蓄热、放热过程，从而实现利用太阳能采暖目的的房屋。一般而言可以直接让阳光透过窗户直接进入采暖房间，或者先照射在集热部件上，然后通过空气循环将太阳能送入室内。按照结构的不同，被动式太阳房可以分为 5 类：直接受益式、集热墙式、附加阳光间式、屋顶池式和卵石床蓄热式。这些常见的太阳房方式，具体使用过程中需要结合建筑设计，综合多种太阳房的特点进行一体化设计。

太阳能被动式通风降温技术的具体实现方式有 3 种：

（1）利用太阳房的温室效应；
（2）利用烟囱效应；
（3）两种方式的综合应用，包括太阳烟囱（Solar Chimney，SC）、太阳能屋顶集热器（Roof Solar Collector，RSC）、特隆布墙（Tromble Walls，TW）。

此外，还可利用太阳能与其他被动式通风降温技术（地道通风降温）结合，通过在房间上方开口，由太阳辐射加热开口处空气形成热压，带动室外空气经地下管道冷却后进入室内，起到通风降温作用（见图 4-8）。

关于被动式太阳能的利用绝不仅仅局限于此，鉴于第 5 章中将会有专门的章节介绍太

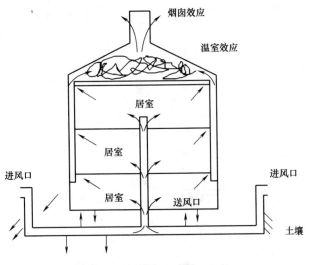

图 4-8 被动式通风降温技术

阳能光热系统,其中详细描述了被动式太阳能的利用,因而在此不作赘述。

4.5.3 建筑围护结构节烟技术

建筑热工节能是指通过对建筑围护结构的设计来减少能量损失。建筑热工节能设计是建筑节能设计中的重要组成部分。它涉及夏季隔热、冬季保温以及过渡季节的除湿等因素。

1. 热工技术相关标准与规范

建筑热工节能设计时要以规范为依据,自然气候条件是建筑热工和节能计算的主要依据。

1986 年我国颁布了第一步节能设计标准《民用建筑节能设计标准(采暖居住建筑部分)》(JGJ 26—86) 和《民用建筑热工设计规程》(JGJ 24—83),将建筑节能和提高居住热舒适度的指标列入设计标准。要求采用复合围护结构的节能住宅设计,而且要比未考虑节能的住宅降低采暖能耗 30%,并且引入采暖度日数概念,使不同气候区、不同城市的采暖能耗计算达到更精确的量化。

1992 年,国务院要求"从 1995 年起,我国严寒和寒冷地区(包括过去所指'三北'地区大部)城镇新建住宅全部按采暖能耗降低 50%设计建造"[国务院(1992)国发 66 号]。修订后的新标准为《民用建筑节能设计标准(采暖居住部分)》(JGJ 26—95)。这个时期还修订了国家标准《民用建筑热工设计规范》(GB 50176—93)、涉及公共建筑的《旅游旅馆建筑热工与空气调节节能设计标准》(GB 50189—93)、《建筑气候区划分标准》(GB 50178—93)。《民用建筑热工设计规范》详细给出了复合围护结构的保温、隔热及防潮设计方法。以上几个规范、标准使建筑节能设计的理论和方法达到进一步完善和成熟。外墙保温构造由内保温、中保温(夹芯)向外保温转变。同时,也促进了建材行业成套节能材料设计与节能产品的开发。

为进一步推进夏热冬冷和夏热冬暖地区建筑节能工作,提高和改善夏热冬冷和夏热冬暖地区人民的居住环境质量,全面实现建筑节能 50%的目标,2001 年颁布了《夏热冬冷地区居住建筑节能设计标准》(JGJ 134—2001),2003 年 7 月颁布了《夏热冬暖地区居住建筑节能设计标准》(JGJ 75—2003)。

2005年开始施行以节能50%为目标的《公共建筑节能设计标准》(GB 50189—2005)，为了降低空调和采暖能耗，该标准对建筑物的体形系数、窗墙比以及围护结构的热工性能规定了具体指标。至此，我国建筑节能已遍及全国绝大多数地区和公共与民用建筑领域，从设计、保温材料体系、施工及验收、管理及维护，各环节都已进入标准化系列。

2. 建筑热工理论与计算公式

(1) 热在围护结构中的传递

热的传递有传导、对流和辐射三种基本方式，热流在各种建筑（热工）材料中传递的速度是不同的。对于一定厚度的建筑材料，当其他两个方向的长度远大于其厚度时，可以按平壁传热计算模型来计算沿厚度方向单位时间内的传热量，不考虑向其他两个方向的热量传递，即成为一维稳定传热，使围护结构传热计算得以简化。

现行规范《民用建筑热工设计规范》(GB 50176—93)围护结构保温设计规定总传热阻值应大于这个地区（各地区室外设计温度不同）外围护结构的最小传热阻R_{0min}。在未考虑围护结构节能设计时，最小传热阻的确定原则是：在正常湿度范围内，冬季室内外设计温度条件下，要求外墙内表面温度在室内露点温度以上，而节能设计标准要求这个最小传热阻同时还应满足一定气候区的建筑节能设计标准规定的允许传热系数限值，这样就可保证不同气候区建筑围护结构热工设计比不考虑节能设计时（仅满足最小传热阻要求）单位建筑面积节约能耗50%。

建筑外围护结构在稳定传热条件下，有式(4-16)或式(4-17)的贯穿比热流平衡式：

室内空气温度高于室外空气温度时：$\dfrac{\overline{t_i}-\overline{t_e}}{R_o}=\dfrac{\overline{\theta_i}-\overline{\theta_e}}{R}=\dfrac{\overline{t_i}-\overline{\theta_i}}{R_i}$ (4-16)

室外空气温度高于室内空气温度时：$\dfrac{\overline{t_e}-\overline{t_i}}{R_o}=\dfrac{\overline{\theta_e}-\overline{\theta_i}}{R}=\dfrac{\overline{\theta_i}-\overline{t_i}}{R_i}$ (4-17)

式中 $\overline{t_i}$——室内空气平均温度，℃；

$\overline{t_e}$——室外空气平均温度，℃；

$\overline{\theta_i},\overline{\theta_e}$——外围护结构内、外表面平均温度，℃；

R_o——外围护结构的传热阻，$(m^2 \cdot K)/W$；

R_i——外围护结构的内表面换热阻，$(m^2 \cdot K)/W$，一般取$R_i=1/8.7 W/(m^2 \cdot K)=0.11(m^2 \cdot K)/W$；

R——外围护结构的热阻，为各层材料热阻之和，即$R=\sum R_j$。

式(4-16)和式(4-17)可写为：

室内空气温度高于室外空气温度时：$\overline{\theta_i}=\overline{t_i}-\dfrac{R_i}{R_o}(\overline{t_i}-\overline{t_e})$ (4-18)

室外空气温度高于室内空气温度时：$\overline{\theta_i}=\overline{t_i}+\dfrac{R_i}{R_o}(\overline{t_e}-\overline{t_i})$ (4-19)

(2) 外围护结构的湿状况和防潮

建筑围护结构置于自然环境与建筑室内空间之间，其作用之一是隔绝自然气候对舒适的人工小气候的影响。围护结构湿度状况也是衡量热舒适度的重要指标，空气相对湿度过高或过低都会使人体感到不舒适。围护结构中过多的含湿量会使材料产生潮湿、霉变、腐蚀、传热快和强度降低、由于湿胀产生温度应力等不利影响，会缩短材料和构件的使用寿命。

绝大多数围护结构材料在与周边具有一定湿度的空气处于热平衡时，由于材料的吸湿特性会与周边空气产生湿度的平衡，即达到平衡湿度值。材料的吸湿湿度在周边空气湿度不变的情况下，随温度的降低而增加，直至达到饱和湿度为止。与此同时，外围护结构内外两个表面由于室内和室外空气中相对湿度不同而产生不同的水蒸气分压力（在标准气压条件下，材料中的水分会由湿度高的位置渗透到湿度低的位置），使水分向材料内部迁移，在围护结构内部产生水蒸气分压力差，即由分压力高的一面向分压力低的一面渗透，这属于稳态条件下的纯蒸汽渗透过程，其计算方式与稳态条件下平壁传热过程计算相似，如下式：

$$H_0 = H_1 + H_2 + \cdots\cdots + H_n = d_1/\mu_1 + d_2/\mu_2 + \cdots\cdots + d_n/\mu_n \tag{4-20}$$

式中　H_0——总蒸汽渗透阻，$m^2 \cdot h \cdot Pa/g$；

H_n——每一层的蒸汽渗透阻；

d_n——每一层材料的厚度，m；

μ_n——每一层材料的蒸汽渗透系数，$g/(m \cdot h \cdot Pa)$。不同材料其值差异很大，它与材料密度有关，材料空隙率越小，其透气性越差。

(3) 建筑物热负荷与冷负荷

热负荷受室外温度、风速、太阳辐射、建筑物朝向、高度、热容量、室内得热（人体散热、炊事和照明散热）的影响。建筑节能设计的目的在于：在不降低室内热舒适度的前提下，增加围护结构的热阻和热容，充分利用太阳能、地热能等非化石能源向室内供能，降低化石能源的消耗。

影响热工设计的外部因素（外扰）是指来自外部的气象指标（包括相邻户不采暖的隔墙和楼板）通过围护结构对室内设计温度的负面影响，这部分是空调和采暖设计负荷的主要计算依据。内扰是指室内设备、灯具、人的散热产生的冷负荷。

一般的工程设计中，围护结构的基本耗热量是按照稳定传热过程进行计算的。近似地认为室内、室外空气温度和其他传热参数都不随时间变化，围护结构基本耗热量 q 按下式计算：

$$q = KA(t_n - t_w)a \tag{4-21}$$

式中　K——围护结构传热系数，$W/(m^2 \cdot K)$；

A——围护结构的面积，m^2；

t_n——室内计算温度，℃；

a——围护结构温差修正系数。

整个建筑物的基本耗热量 Q_{lj} 等于它的围护结构各部分基本耗热量 q 的总和。

$$Q_{lj} = \sum q = \sum KA(t_n - t_w)a \tag{4-22}$$

房间冷负荷由两部分组成：一是太阳辐射热和大气温度通过围护结构以热传导的形式进入室内；另一部分是室内人体散热、电器散热、炊事散热。在计算空调冷负荷时，必须考虑围护结构的吸热、蓄热和放热过程，不同性质的得热量所形成的室内逐时冷负荷是不同步的。

方案设计时,采用围护结构瞬变传热形成冷负荷的计算方法,在太阳照射和室外气温综合作用下,围护结构瞬变传热引起的逐时冷负荷 $LQ_{n(q)}$ 可按下式计算(单位:W):

$$LQ_{n(q)} = A \cdot K(t_{1,n} - t_n) \tag{4-23}$$

式中 A——外墙和屋顶计算面积,m^2;

K——外墙和屋面的传热系数,$W/(m^2 \cdot K)$;

t_n——室内设计温度,℃;

$t_{1,n}$——外墙和屋面冷负荷温度的逐时值,℃。

深化设计时,应严格按照前面章节介绍的全年动态负荷及能耗计算方法程序执行。

(4)建筑保温与隔热设计

保温设计用于单一采暖用能的我国华北、东北、西北大部分地区。《民用建筑热工设计规范》(GB 50176—93)对于外围护结构保温设计,按稳定传热模式,采用最小传热阻法,以满足围护结构内表面在冬季室外设计温度作用下不结露的最小厚度,其计算公式如下:

$$R_{0min} = (t_i - t_e)nR_i/[\Delta t] \tag{4-24}$$

式中 R_{0min}——围护结构最小传热阻,$m^2 \cdot K/W$;

t_i——冬季室内计算温度,℃;

t_e——围护结构冬季室外计算温度,℃;

n——温差修正系数;

R_i——围护结构内表面换热阻;

$[\Delta t]$——室内空气与围护结构内表面之间的容许温差,℃。

3. 建筑热工设计对建筑节能的要求

根据国家标准《民用建筑热工设计规范》(GB 50176—93)的规定,建筑热工设计应符合下列基本要求:

(1)冬季保温设计要求

建筑物宜设在避风和向阳的地段。建筑物的体形设计宜减少外表面积,其平、立面的凹凸面不宜过多。居住建筑:在严寒地区不应设开敞式楼梯间和开敞式外廊;在寒冷地区不宜设开敞式楼梯间和开敞式外廊。公共建筑:在严寒地区入口处应设门斗或热风幕等避风设施;在寒冷地区出入口处宜设门斗或热风幕等避风设施。

建筑物外部窗户面积不宜过大,应减少窗户缝隙长度,并应采取密闭措施。外墙、屋顶、直接接触室外空气的楼板和非采暖楼梯间的隔墙等围护结构,应进行保温验算,其传热阻应大于或等于建筑物所在地区要求的最小传热阻。当有散热器、管道、壁龛等嵌入外墙时,该处外墙的传热阻应大于或等于建筑物所在地区要求的最小传热阻。围护结构中的热桥部位应进行保温验算,并采取保温措施。

严寒地区居住建筑的底层地面,在其周边一定范围内应采取保温措施。围护结构的构造设计应考虑防潮要求。

(2)夏季防热设计要求

建筑物的夏季防热,应采取自然通风、窗户遮阳、围护结构隔热和环境绿化等综合性措施。建筑物的总体布置,单位的平、剖面设计和门窗的设置,应有利于自然通风,并尽量避免主要房间受到东西向的日晒。建筑物的向阳面,特别是东、西向窗户,应采取有效的遮阳措施。在建筑设计中,宜结合外廊、阳台、挑檐等处理方法达到遮阳目的。

屋顶和东西向外墙的内表面温度，应满足隔热设计标准的要求。为防止潮霉季节湿空气在地面冷凝泛潮，居室、托幼园等场所的地面下部宜采取保温措施或架空做法，地面的面层宜采用微孔吸湿材料。

（3）空调建筑热工设计要求

空调建筑或空调房间应尽量避免东西朝向和东西向窗户。空调房间应集中布置、上下对齐；温湿度要求相近的空调房间宜相邻布置。空调房间应避免布置在有两面相邻外墙的转角处和有伸缩缝处。

空调房间应避免布置在顶层；当必须布置在顶层时，屋顶应有良好的隔热措施。在满足使用要求的前提下，空调房间的净高尺寸宜适当减小。空调建筑的外表面积宜减少，外表面宜采用浅色饰面。

建筑物外部窗户当采用单层窗时，窗墙面积比不宜超过 0.30；当采用双层窗或双层玻璃时，窗墙面积比不宜超过 0.40。向阳面，特别是东西向窗户，应采取热反射玻璃、反射阳光涂膜、各种固定式和活动式遮阳等有效的遮阳措施。建筑物外部窗户的气密性等级不应低于现行国家标准《建筑外窗空气渗透性能分级及其检测方法》（GB/T 7107）规定的Ⅲ级水平。

建筑物外部窗户的部分窗扇应能开启；当有频繁开启的外门时，应设置门斗或空气幕等防渗透措施。围护结构的传热系数应符合现行国家标准《采暖通风与空气调节设计规范》（GB 50019—2003）的要求。间歇使用的空调建筑，其外围护结构内侧和内围护结构宜采用轻质材料；连续使用的空调建筑，其外围护结构内侧和内围护结构宜采用重质材料。围护结构的构造设计应考虑防潮要求。

4. 建筑节能的热工设计

建筑热工节能设计是建筑节能设计中的重要组成部分。例如，在夏热冬冷地区，建筑总平面布置时要争取良好朝向，应主要采取南北朝向布局，这有利于夏季减少太阳辐射得热，冬季增加太阳辐射得热，从而减少采暖及空调负荷，达到节能效果。

若建筑热工设计不当，如对保温隔热重视不够或标准偏低，或是由于片面强调降低造价和减轻结构自重而使其围护结构包括门窗设置的热工性能多有不足，则会使较大范围内的采暖、空调等能源消耗急剧上升，这无疑会阻碍社会经济的发展，且不利于环境保护。建筑热工节能是通过控制建筑体形系数、窗墙面积比、围护结构的传热系数等几个主要指标来实现的。下面就从不同的方面介绍建筑节能的热工设计。

（1）控制体形系数

建筑物体形系数是指建筑物与室外接触的外表面积与其所围成的体积的比值。根据国家的有关规范和实践，办公建筑体形系数一般不大于 0.4，而住宅建筑宜在 0.3～0.4 之间。例如，寒冷地区建筑的体形系数应小于或等于 0.4，当不能满足时，要进行权衡判断。宜小不宜大，最好控制在 0.3 及 0.3 以下，若体形系数大于 0.3，则屋顶和外墙应加强保温，其围护结构传热系数应符合《民用建筑节能设计标准（采暖居住建筑部分）》（JGJ 26—95）的规定。研究表明，耗热量会随建筑物体形系数沿直线上升，体形系数每增加 0.01，则耗能指标就要增加 2%。其他气候分区的设计应遵循各气候区节能设计标准的相关规定。

(2) 控制窗墙面积比

在国家标准《公共建筑节能设计标准》(GB 50189—2005) 中，各个朝向窗墙面积比是指不同朝向外墙面上的窗、阳台门及幕墙的透明部分总面积与所在朝向建筑的外墙面的总面积（包括该朝向上的窗、阳台门及幕墙的透明部分）之比。外窗作为外围护结构中一种透明的薄型轻质构件，其保温隔热性能比外墙和屋面差得多，故控制窗墙面积比是必要的。

公共建筑是分别求出各个面的窗墙比，应符合《公共建筑节能设计标准》(GB 50189—2005) 的规定。窗墙面积比增大则耗热量会加大。窗墙比通常应小于 0.7，而住宅一般控制在 0.2~0.5 之间。例如，寒冷地区居住建筑窗墙比，应满足如下规定：北向≤0.25，东西向≤0.3，南向≤0.35，如果窗墙比超过此指标，则应调整外墙和屋顶等围护结构的传热系数，使建筑物耗能达到规定要求。当窗墙比小于 0.4 时，玻璃的可见光透射比不应小于 0.4，当不能满足此规定时，要进行权衡判断。

(3) 建筑朝向设计

我国位于北半球，因此建筑主体应采用东西向或接近东西向，为便于取得冬季日照和利用夏季主导风气流，最佳位置宜为南西至东南方向，但也需结合地形布局，一方面避开冬季盛行风向直吹；另一方面有利于吸纳夏季东南风向，便于疏散热量。

(4) 建筑保温、隔热设计

在建筑的围护结构中，采用轻质高效的玻璃棉、岩棉、泡沫塑料等保温材料。利用保温能大大增强墙体的热阻，增加墙体的隔热能力，有效防御室外气温对室内热环境的影响，从而使围护结构引起单位面积冷热负荷最小，建筑能耗最低。

屋面必须有隔热保温层，挤塑聚苯板（XPS）和复合硅酸盐板是性能良好的屋面保温材料。

屋面分为平屋面和坡屋面两种形式，推荐采用挤塑板或聚氨酯硬泡喷涂做法。保温隔热材料不宜选用吸水率高的水泥膨胀珍珠岩，以防止屋面湿作业时，保温隔热层大量吸水，降低其热工性能。

外墙的保温隔热措施有外墙外保温、外墙（主体部位）保温系统、外墙外保温装饰复合系统和外墙内保温装饰复合系统等。而总体上说，外墙外保温的功效大于外墙内保温。外墙外保温的主要途径是增加保温层厚度，使用保温效能高的建筑材料，如保温砂浆、聚苯颗粒等保温砂浆、加气混凝土砌块砖墙、空心砖砖墙、加厚混凝土墙等材料，通过热工计算，各种指标均应高于国家要求标准。

(5) 其他

建筑热工节能设计除了以上这些，还要考虑建筑的总体布置、绿化布置等其他相关因素。另外，还有楼梯间开敞与否：开敞式比有门窗的耗热量上升 10%~20%。建筑物设置门厅或采取其他避风措施，有利于节能；屋顶透明部分的面积不应大于屋顶面积的 20%，当不能满足时，必须进行权衡判断；外窗的气密性不应低于《建筑外窗气密性能分级及其检测方法》(GB/T 7107) 规定的Ⅲ级，透明幕墙气密性不应低于《建筑幕墙物理性能分级》(GB/T 15225) 规定的Ⅲ级。

通过以上对建筑热工的节能设计，可使建筑节能 20% 左右，同时有利于改善建筑的热工环境，提高暖通空调系统的能源利用率。

建筑节能工作是一项庞大的系统工程，必须从多方面进行研究，采取综合技术措施才能有达到预期目标。设计工作是建筑节能工作的首要工作、关键工作，在节能设计中考虑的因素越全面，节能效果越能充分发挥出来，从而达到选用节能材质和节能措施，节约资源的目的。

4.6 建筑围护结构的节能优化

建筑外围护结构的基本功能是从室外空间分隔出一个适合居住者生存活动的室内空间。它的基本功能是在室内空间与室外空间之间建立屏障，以保证在室外空间环境恶劣时，室内空间仍能为居住者提供庇护。所以对建筑物的围护结构进行优化设计的目的在于使建筑的整体能耗降低，提高居住的舒适性。

4.6.1 围护结构节能指标

首先引入参照建筑的概念：在对围护结构热工性能进行权衡判断时，作为计算全年采暖和空气调节能耗用的假想建筑。该（假想）建筑与所设计建筑有相同的平面布置和立面形式，但其符合节能50%的指标要求。这里，针对围护结构节能，"参考建筑"的外形设计和几何尺寸与被评建筑完全一致，而围护结构热工性能完全满足建筑节能标准要求的虚拟建筑。

定义围护结构节能指标为 SLR（Scale of cooling and heating Load with Reference building），按下式计算。

$$SLR = \frac{q'_c + q'_h}{Q'_c + Q'_h} \tag{4-25}$$

式中　q'_c——参考建筑的建筑物全年累计耗冷量；
　　　q'_h——参考建筑的建筑物全年累计耗热量；
　　　Q'_c——被评建筑的建筑物全年累计耗冷量；
　　　Q'_h——被评建筑的建筑物全年累计耗热量。

建筑物全年累计耗冷量、耗热量是指由于围护结构影响导致的为满足建筑物室内温湿度要求及新风处理所需全年累计的总制冷量和总供热量（kWh 或 GJ），由模拟计算得到。各项参数的具体取值如表4-2所示。

参考建筑与被评建筑的计算参数　　　　表4-2

设定内容		参考建筑	被评建筑
围护结构参数	材料热工参数	按照节能设计标准取值	按照实际设计方案取值
	遮阳措施		
	窗墙比		
工况设定	空调设定参数	按照节能设计标准取值	
	新风量	按照节能设计标准取值，且假定新风全年固定不变	
	灯光发热量	按照节能设计标准取值	
	室内人员、设备发热量	按照实际设计方案取值	
	室外气象计算参数	典型气象年气象数据	
	空调分区	根据房间进深考虑，参考取值为：距离外墙3~5m范围的周边区域为外区，其余为内区	

4.6 建筑围护结构的节能优化

与住宅和普通公共建筑不同,评价大型公共建筑的围护结构时必须加入新风的影响,原因是其内部发热量大,内区在过渡季和冬季某些时段甚至需要送冷风,这种情况下新风可作为免费冷源,属于有利条件,如不考虑这一因素可能会得出相反的结论。

当被评建筑的全年累计耗冷量、耗热量比参考建筑的小,即 $SRL \geqslant 1$ 时,被评建筑外围护结构的设计方案是满足节能基本要求的。

4.6.2 不同季节、不同地区、不同类型建筑对围护结构的要求

北方地区冬季影响采暖能耗的是外界的低温空气,所以关键是围护结构保温;南方地区夏季影响空调能耗的是太阳辐射,节能的关键途径就成为外遮阳和外表面的通风。不同的影响因素需要不同的应对手段。这样,考虑建筑围护结构对建筑能耗的影响时,要从冬季采暖、春秋过渡季的散热和夏季空调三个阶段的不同要求综合考虑。这三个阶段对围护结构的需要并不相同,有时甚至彼此矛盾,这样就要看哪个阶段对建筑能耗起主导作用。表 4-3 列出冬、夏、过渡季这三个不同阶段对围护结构性能的不同要求。

不同季节对围护结构的不同要求 表 4-3

阶段	特点	围护结构保温的作用	通风换气的作用	外遮阳的作用
冬季采暖	补充通过围护结构和室内外通风换气所失去的热量	决定 60%~70% 的负荷,温差越大保温要求越高	维持最低要求的通风换气量	去除外遮阳,尽可能多地得到太阳热量
过渡季	通过围护结构和室内外通风换气排除室内热量	保温起反面作用,通风越大保温的影响越小	通风量越大越有利于排热	需要遮阳,减少太阳得热
夏季空调	排除通过围护结构、通风换气和室内发热所产生的热量	决定 20%~30% 的负荷,室内外空气温差大保温要求越高	维持最低要求的通风换气量	外遮阳是减少空调负荷的最主要措施

根据不同地区全年室外空气温度、太阳辐射热量以及建筑室内发热量大小,不同地区、不同类型建筑围护结构的性能要求重要性排序如表 4-4 所示。

不同地区、不同类型建筑围护结构的性能要求重要性排序 表 4-4

气候类型	代表城市	建筑类型	室内发热量 (W/m²)	围护结构性能要求(重要性由大到小)
严寒地区	哈尔滨	住宅建筑	4.8	保温>遮阳可调>通风可调>遮阳
		普通公建	10	保温>遮阳可调>通风可调>遮阳
		大型公建	25	通风可调>保温>遮阳≈遮阳可调
		大型公建	>35	通风可调>遮阳>保温≈遮阳可调
寒冷地区	北京	住宅建筑	4.8	保温>遮阳可调>通风可调>遮阳
		普通公建	10	通风可调≈保温>遮阳可调>遮阳
		大型公建	>20	通风可调>遮阳>保温≈遮阳可调
夏热冬冷地区	上海	住宅建筑	4.8	保温>遮阳可调>通风可调>遮阳
		普通公建	10	通风可调>保温≈遮阳可调>遮阳
		普通公建/大型公建	>15	通风可调>遮阳>保温≈遮阳可调

续表

气候类型	代表城市	建筑类型	室内发热量（W/m²）	围护结构性能要求（重要性由大到小）
夏热冬暖地区	广州	住宅建筑	4.8	遮阳≈通风可调>保温>遮阳可调
		普通公建	<10	通风可调≈遮阳>保温≈遮阳可调
		普通公建/大型公建	>10	通风可调>遮阳>保温≈遮阳可调

注：1. 表中的重要性是相对的，重要性小并不代表无关紧要，而是要以满足基本的要求为限（如冬季防结露，夏季外墙、屋顶室内表面温度的控制等等）。特别是大型公共建筑，其保温性能的重要性与其他三类性能相比最小，但是不表示围护结构无需保温，只不过是说明增加围护结构保温对降低空调、采暖负荷的作用是非常小的，有时还可能有反作用（当建筑无法有效进行通风时），而改善其他性能时的收益要远大于保温。
2. 表中的通风可调、遮阳可调并非指换气次数无限调节，而是指市场上可见的性能可调节的围护结构产品，如双层皮幕墙、干挂陶板通风外墙（这二者通风性能、遮阳性能均可变化）、点幕、固定或可调遮阳等。

4.6.3 围护结构优化设计

1. 墙体保温隔热

墙体保温隔热技术可分为自保温和复合保温隔热两大类。这类墙体由绝热材料与传统墙体材料或某些新型墙体材料复合构成。与单一材料节能墙体相比，复合节能墙体由于采用了高效绝热材料而具有更好的热工性能，但其施工难度大，质量风险增加，造价也要高得多。

在内保温墙体中，绝热材料复合在外墙内侧，构造层包括：

（1）墙体结构层——为外围护结构的承重受力墙体部分，或框架结构的填充墙体部分。

（2）空气层——其主要作用是切断液态水分的毛细渗透，防止保温材料受潮。

（3）绝热材料层（即保温层、隔热层）——是节能墙体的主要功能部分，采用高效绝热材料（导热系数值小）。

（4）覆面保温层——其主要作用是防止保温层受破坏，同时在一定程度上阻止室内水蒸气浸入保温层。

对外墙进行保温，无论是外保温、内保温还是夹心保温，都能够提高冷天外墙内表面温度，使室内气候环境有所改善。然而，采用外保温方式的效果更好，这是因为：

（1）外保温可以有效避免产生热桥。外保温方式下的外墙内表面保持着较高的温度，而内保温由于没能阻断内墙与外墙交接处的热桥，使得内墙表面温度较前一种情况低3～5℃，较低温度的内墙表面不仅会增大结露的可能性，还会造成过多热量的散失，在采用同样厚度的保温材料条件下，外保温要比内保温的热损失减少约为1/5，从而节约采暖能耗。

（2）外保温有利于改善室内热环境。由于内部实体墙热容量大，室内能蓄存更多的热量，使诸如太阳辐射或间歇采暖造成的室内温度变化减缓，室温较为稳定。而且由于外保温提高了外墙的内表面温度，即使室内的空气温度有所降低，也能得到舒适的室内热环境。

（3）从住户方面考虑，外保温不仅使建筑的使用面积增加了近2%，而且还没有对内保温建筑进行室内装修的限制。

（4）此外，外墙外保温还可以保护主体结构，延长建筑物寿命。

正是由于存在上述一系列优越性，加上外保温方式施工工艺的不断完善、成熟，我国外墙外保温技术近几年得到了迅速的发展。适合我国建筑结构体系的外墙外保温方式主要有以下几种形式：粘贴聚苯板外保温方式、现抹聚苯颗粒外保温方式、大模内置聚苯板外保温方式和预制外挂保温板方式等。

在外保温墙体中，绝热材料复合在建筑物外墙的外侧，并覆以保护层。其保温隔热层采用导热系数小的高效保温材料，其导热系数一般小于 $0.05W/(m \cdot K)$，还有一套保温隔热材料的固定系统以及保温板的表面覆盖层。在外墙外保温体系中，在接缝处、边角部，还要使用一些零配件与辅助材料，如墙角、端头、角部使用的边角配件和螺栓、销钉以及密封膏等，根据各个体系的不同做法选用。由于采用外保温，内部的砖墙或混凝土墙受到保护。对于既有建筑，考虑到保温层厚度的增加，拟建成的窗台应伸出装修层表面以外；对于新建建筑，应有足够深度的窗台。

建筑物因抗震和构造的需要，外墙若干位置都必须和混凝土或者金属的梁、柱、板凳连接穿插。这些构造、构件材料的导热系数大，保温隔热性能远低于已做保温隔热部分的性能，因此该部位的热流密度远远大于墙体平均值，造成大量冷热量流失，工程上称为（冷）热桥。外保温有利于消除冷热桥，而单一材料和内保温复合节能墙体，不可避免存在热桥。为避免在低温或一定气候条件下热桥部位结露，应对热桥作保温处理。可用聚苯乙烯泡沫塑料增强加气混凝土外墙板转角部分的保温能力。为防止雨水或冷风侵入接缝，在缝口内需附加防水塑料条。类似的方法也可用于解决内墙与外墙交角的局部保温。屋顶与外墙交角的保温处理，有时比外墙转角还要复杂，较简单的处理方法之一是将屋顶保温层伸展到外墙顶部，以增强交角的保温能力。

在外围护结构中，受太阳照射最多、最强，即受室外综合温度作用最大的是屋面，其次是西墙；在冬季，受天空冷辐射作用最强的也是屋面。所以，隔热要求最高的是屋顶，其次是西墙。另外，建筑外围护结构基本功能就是用来隔断室内外两空间的，散热则要求加强室内外两空间的连通，这与外墙的基本功能相冲突。散热应要充分利用通风。围护结构的蓄热量要适宜，内部蓄热量能改善室内热环境，但蓄热量过大，不利于建筑物的散热，故不能仅以增加围护结构蓄热能力实现围护结构的隔热。此外，蓄热量大的结构层置于外层，也有利于建筑夜间散热。

由于建筑体系的多样，在建筑中采用保温隔热并不总是能达到节能要求。在对环境和人体健康危害最小的前提下，最好采用有机的自然材料进行绝热设计。由于绝热材料通常是轻质的，体积比较大，因此如果可能的话，尽量避免长距离运输。在进行墙体的保温或隔热设计之前，应尽可能先对房屋的类型和朝向有一个明确的认识，然后再选择保温或隔热的类型。

材料是墙体的物质成分组成，而构造是材料的空间组织方式，通过材料的不同组合和空间变化来形成可调节的截面，要比单一材料界面拥有更复杂的应变方式。常见的节能墙体做法有：

（1）特隆布墙（Trombe wall）

特隆布墙是一种通过玻璃和墙体的构造组合实现应变的界面，是一种兼具玻璃温室效应和烟囱效应的复合界面。其构造简单，造价低廉，而且利用太阳能被动式技术既能在冬季借助温室效应取暖，又能在夏季促进通风降温，实现双极控制，如图 4-9 所示。

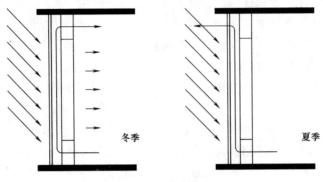

图 4-9 特隆布墙

特隆布墙是一种运用重质砖石材料作主要蓄热媒介的集热蓄热墙。外表面通常涂以具有高吸收系数的无光黑色涂料，并以密封的玻璃框覆盖而成，可以分为有风口及无风口两大类，如图 4-10 和图 4-11 所示。

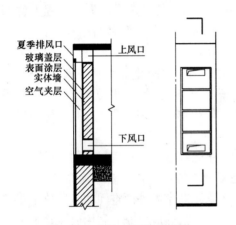

图 4-10 有风口集热蓄热墙

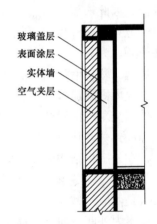

图 4-11 无风口集热蓄热墙

（2）双层墙体

双层墙体是两层墙体之间留有一定的间距，夏季作通风间层用，有时还可以向间层内喷洒水，达到蒸发降温的目的；冬季作封闭空气间层，加强了墙体的保温性能。

（3）热通道玻璃幕墙

热通道玻璃幕墙类似特隆布墙体的构造方式，形成带有空气间层的外界面，利用温室效应保温，利用烟囱效应来促进通风降温除热。

（4）通风墙与通风遮阳墙

通风墙主要利用通风间层排除一部分热量。例如空斗砖墙或空心圆孔板墙之类的墙体，在墙上部开排风口，在下部开进风口，利用风压与热压的综合作用，使间层内空气流通，排除热量。通风遮阳墙是墙体既设通风间层，又设遮阳构件，既遮挡阳光直射减少日辐射的吸收，又通过间层的空气流动带走部分热量的墙体，如图 4-12 所示。

通风遮阳墙在墙面上还可种植攀缘植物，如牵牛花、爆竹花或五爪金龙等品种，利用绿化遮阳。

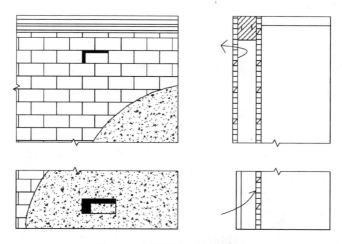

图 4-12 通风墙与通风遮阳墙

（5）充水墙体

利用水的流动性和蓄热系数高的特点，可以构造一种"水墙"式应变界面：将水充入墙体内的间层或导管内，通过调节间层或导管内水量的多少来控制墙体的隔热性能以及热容量，还可以借此形成水流的往复循环系统在夏季带走墙体吸收的多余热量。如将此墙应用于夏热冬冷地区的建筑西墙，冬季墙体导管内不充水，空气间层加大，隔热性能提高而利于保温；在夏季使墙体内充满循环水流，大部分太阳辐射热被水流吸收带走，既阻隔了日晒，又获得了热水，可谓一举两得，如图 4-13 所示。

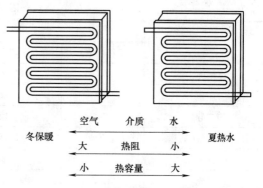

图 4-13 充水墙体构造示意图

（6）墙体绿化

通过种植攀缘植物对墙体绿化，减少太阳辐射热。

（7）相变材料在围护结构中的应用

物质的存在通常认为有三态，物质从一种状态变到另一种状态叫相变。相关研究表明，材料的变物性（即材料的导热系数尤其是比热随温度变化）可以改善建筑围护结构性能，使全年室温曲线在冬季或夏季更靠近舒适区，从而节约建筑采暖或空调能耗。相变材料是一种典型变比热材料。在材料相变温度段内（温度段往往很窄），材料发生相变时会吸收或释放大量的热量，这一特性反映在比热特性上就是在相变温度附近，材料比热呈现很强的非线性特征。如将具有合适相变温度范围的相变材料用作建筑围护结构，建筑热工性能可显著提高。

相变材料在建筑中的应用形式主要为以下 3 类：（1）冬季白天利用太阳能蓄热，夜晚释热，提高冬季夜间室内温度，减少建筑冬季夜间的采暖能耗，对此类应用，合适的相变温度一般在 15～20℃，相变温度过高，热蓄不进去，相变温度过低，室温又无法满足舒适要求；（2）我国一些地区，夏季昼夜温差较大，利用夜间通风结合建筑围护结构蓄冷可以调节建筑室温，提高室内舒适度，降低空调能耗，是实现低能耗、环保和可持续发展的一种建筑环境控制新途径；（3）利用夜间廉价电进行蓄能，转移电网高峰负荷。

第一种形式属于利用相变材料进行太阳能蓄热的应用；第二种形式属于利用相变材料进行夜间蓄冷的应用，这两种形式均属于被动式蓄能应用，而第三种形式则为主动式蓄能应用，虽然有较好的经济性，但是其本质不一定是节能的。

2. 窗的设计

以南京某住宅楼为例，通过模拟计算得到，双层白玻璃Clear与双层Low-e玻璃工况下，建筑户型各因素的负荷值如表4-5所示。

从表4-5可以看出，在该楼的建筑负荷中影响最大的因素是因围护结构传热引起的负荷。而在围护结构各项负荷中，通过窗户传导与辐射的得热量竟占到了围护结构负荷的60%~70%，这表明窗户对围护结构的影响占主导地位。因此，降低窗户带来的负荷可以很大程度地节能。可通过控制窗墙比、提高外窗热阻、增加外窗气密性、改变窗户的玻璃类型等方式来控制窗户带来的热量。

（1）控制窗墙面积比

建筑各因素的负荷值　　　　　　　　　　表 4-5

	Clear		Low-e	
	负荷(kW)	单位面积负荷(W/m²)	负荷(kW)	单位面积负荷(W/m²)
墙体	20.3	2.4	20.5	2.4
屋顶	1.7	0.2	1.8	0.2
窗户导热	105.5	12.4	93.2	11.0
窗户辐射	130.4	15.3	97.7	11.5
人员	21.6	2.5	20.1	2.4
灯光	36.5	4.3	33.7	4.0
设备	29.7	3.5	28.9	3.4
总负荷(W/m²)	345.7	40.7	295.9	34.8

公共建筑在通透明亮、立面美观以及丰富建筑形态方面往往比居住建筑有更高的要求。因此，《公共建筑节能设计标准》（GB 50189—2005）对窗墙比的限值还是比较宽松的（不大于0.7）。其主要特点是应尽量避免在东、西朝向大面积开窗，以及当设计建筑的窗墙面积比较大时，应采用传热系数较小的外窗。

（2）提高外窗热阻

降低外窗的传热系数可以通过采用热阻大的窗玻璃、窗框（包括窗扇）材料以及它们之间能满足较低传热系数指标的良好组合。由于窗玻璃的面积占窗户面积的65%~80%，因此提高窗玻璃的节能性尤为重要。窗玻璃的节能性包括传热系数（K）和遮阳系数（Sc）。

型材材料和断面形式是影响门窗保温性能的重要因素之一。框是门窗的支撑体系，由金属型材、非金属型材和复合型材加工而成。金属与非金属的热工特性差别很大，与型材传热能力密切相关的材料导热系数：铝为203W/(m·K)，钢为58W/(m·K)，PVC塑料为 0.16W/(m·K)，木材为 0.20～0.28W/(m·K)，玻璃钢为 0.4～0.5W/(m·K)。导热系数越大传热能力越强。

中空玻璃由两片或两片以上的玻璃组合，玻璃与玻璃之间保留一定间隔，间隔中是干燥的空气，周边用密封材料包裹制成。普通 10mm 厚的平板玻璃的热阻为 $0.013m^2 \cdot K/W$，而同样厚度的空气间层的热阻值为 $0.12～0.14m^2 \cdot K/W$。这就是具有空气间层的中空玻璃大幅度提高保温隔热性能的原因。低辐射玻璃反射远红外是双向的，它既可以阻止室外的热辐射进入室内，还可以将室内物体产生的热辐射反射回来，总之，它是将热能向热源方向反射的。在夏季，低辐射玻璃可以减少外部热空气和其他热源向室内的热辐射，降低空调负荷；冬季，可以减少从温度高的室内向室外的热辐射，降低采暖负荷。低辐射玻璃可见光透过率高，红外透过率低，很好地实现了多透光、少传热。

(3) 外窗综合传热系数

采用不同窗框与不同窗玻璃组合的外窗，其传热系数参照值如表 4-6 所示。该参照值可供在设计时作选用参考，但工程用窗的传热系数应以经计量认证的质检机构提供的检测值为准。

外窗传热系数参照值　　　　　　　　　　　　　表 4-6

窗户类型	窗框材料	窗玻璃	窗框窗洞面积比(%)	传热系数 K $[W/(m^2 \cdot K)]$
单层窗	PVC 塑料	普通单层玻璃	30～40	4.5～4.9
	铝合金	普通中空玻璃	20～30	3.6～4.2
		低辐射中空玻璃	20～30	2.7～3.4
	断热铝合金	普通中空玻璃	20～30	3.3～3.5
		低辐射中空玻璃	20～30	2.3～3.0
	PVC 塑料或玻璃钢	普通中空玻璃	30～40	2.7～3.0
		低辐射中空玻璃	30～40	2.0～2.4

(4) 外窗的气密性

外窗的气密性不应低于《建筑外窗气密性分级及其检测方法》(GB/T 7107—2002) 规定的 4 级（见表 4-7）。国家标准对公共建筑外窗的气密性提出了较高的要求，是为了防止因冬季和夏季室外冷、热空气向室内渗透造成建筑物的冬季耗热量以及夏季耗冷量的增加。所以，在已经满足室内卫生换气的条件下，应该减少门窗缝隙的空气渗透。

现行建筑外窗气密性能分级表　　　　　　　　　表 4-7

分级	1	2	3	4	5
单位缝长分级指标值 q_1 $[m^3/(m \cdot h)]$	$6.0 \geqslant q_1 > 4.0$	$4.0 \geqslant q_1 > 2.5$	$2.5 \geqslant q_1 > 1.5$	$1.5 \geqslant q_1 > 0.5$	$q_1 \leqslant 0.5$
单位面积分级指标值 q_2 $[m^3/(m^2 \cdot h)]$	$18 \geqslant q_2 > 12$	$12 \geqslant q_2 > 7.5$	$7.5 \geqslant q_2 > 4.5$	$4.5 \geqslant q_2 > 1.5$	$q_2 \leqslant 1.5$

若住宅的气密性差，则冷风渗透现象严重，为了提高外窗气密性，可以用在外窗外侧张贴塑料薄膜的办法减少冷风渗透。在外窗外侧贴薄膜，利用玻璃薄膜之间形成的空气层

来提高窗户的热阻，其优点在于可以减少窗户的冷风渗透现象，并不影响室内的美观；可以使用透明性好的塑料薄膜，不致对室内采光造成较大影响。

(5) 合理选择窗户的玻璃类型

针对前面提及的南京某住宅楼分别采用双层无反射中空玻璃、双层带反射低透光率中空玻璃、双层 Low-e 低透型玻璃、双层 Low-e 高透性玻璃、双层带反射高透光率中空玻璃等 5 种玻璃进行建筑负荷模拟（见表 4-8 和表 4-9）。

五种类型的外窗各参数 表 4-8

序号	外窗类型	U 值	遮阳系数	可见光透射率	辐射透射率	可见光反射率	辐射反射率	太阳辐射得热系数
1	Double clear	0.48	0.81	0.78	0.6	0.14	0.11	0.7
2	Double Ref-A Clear-L	0.49	0.17	0.07	0.05	0.41	0.34	0.14
3	Double Low-e (e2=.1) Tint	0.26	0.69	0.77	0.54	0.14	0.22	0.59
4	Double Low-e (e3=.1) Clear	0.26	0.75	0.77	0.54	0.13	0.23	0.65
5	Double Ref-D Clear	0.48	0.49	0.31	0.34	0.46	0.32	0.42

不同的外窗类型下围护结构负荷值 表 4-9

通过窗户导致的负荷(kW)	Double clear	Double Ref-A Clear-L	Double Low-e (e2=.1) Tint	Double Low-e (e3=.1) Clear	Double Ref-D Clear
夏季	235.902	110.89	169.013	182.878	170.5
冬季	−70.843	−86.828	−74.183	−41.351	−75.616

从表 4-8 和表 4-9 中的数据可以看出，采用外窗类型为双层带反射低透光率中空玻璃 Double Ref-A Clear-L 窗户，其负荷是最小的。其主要原因在于 Double Ref-A Clear-L 窗户的辐射透射率和太阳辐射得热系数较低。但是这种窗户的可见光透射率同样也低，影响了室内采光，实际工程中不宜选用；Double Low-e(e2=.1) Tint、Double Low-e(e3=.1) Clear、Double Ref-D Clear 三种窗户基本处在一个水平上，采用双层带反射高透光率的玻璃 Double Ref-D Clear 和双层 Low-e 低透射率（Low Tsol）玻璃 Double Low-e (e2=.1) Tint 在夏季工况下负荷较低一些，而高透性的 Low-e 玻璃 Double Low-e (e3=.1) Clear 能够降低冬季的负荷。但根据模拟结果来看，窗户类型的变化对夏季负荷的影响明显大于对冬季负荷的影响。因此，该地区该建筑应根据夏季的模拟结果来选择外窗类型。

3. 遮阳设施

建筑遮阳是为了避免阳光直射到室内，防止建筑物的外围护结构被阳光过分加热，从而防止局部过热和眩光的产生，以及保护室内各种物品而采取的一种必要的措施。它的合理设计是改善夏季室内热舒适状况和降低建筑物能耗的重要因素。

建筑遮阳设施可以降低建筑围护结构在炎热季节对太阳辐射热的吸收，从而降低建筑空调负荷，减少建筑空调能耗，这是典型的"被动式"降温和节能技术。

将建筑遮阳技术与自然通风自然采光、太阳能利用技术等有机结合，形成大概念的遮阳系统，不仅有被动意义上的节能，更能主动地调动建筑周围环境中的一切可利用能源，在降低建筑自身能源消耗的同时，生产用于满足建筑需求的能源，从而变"被动"为"主动"，成为真正意义上的"生态建筑围护结构"。

4.6 建筑围护结构的节能优化

随着建筑窗户构造、材料的复杂化和遮阳构件的应用,窗框、多层玻璃或者遮阳设施等对建筑太阳得热的影响越来越大,于是引入"遮阳系数"的概念(Shading Coefficient,Sc),以反映建筑实际的太阳辐射得热。其定义为:在给定的太阳辐射投射角度和太阳辐射波段内,通过某控制窗户系统的太阳得热系数与通过标准单层平板白玻璃的得热系数的比值。在忽视太阳辐射波长的影响前提下,Sc 的计算公式如下:

$$Sc = \frac{SHGC(\theta)_{控制}}{SHGC(\theta)_{标准}} \tag{4-26}$$

建筑遮阳的形式多样,如图 4-14 所示。所有的外遮阳装置(见图 4-15),不论是固定式的,还是可调节式的,其构造形式都是由水平方向的挑檐、竖直方向的鳍板或者两者的综合组成的。而百页、隔栅这些在平板上的微小改变在某些情况下效果却比平板更好。因此没有一种外遮阳构造能做到绝对的优于其他形式的构造,而建筑师的任务就是找到一种方法,对基本的外遮阳构件进行优化设计而达到最好的效果。

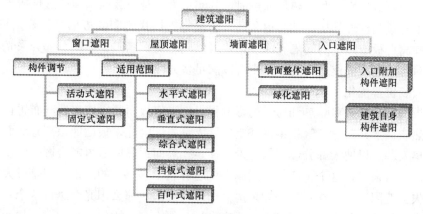

图 4-14 建筑遮阳的形式

图 4-15 建筑遮阳的实景

(1) 板面组合优化

遮阳并不是仅仅为了遮挡太阳的直接辐射,而是应该在保温、隔热、采光、通风、隔声等几项因素之间找到一个最适宜的综合平衡效果。因此,在进行构造设计时就要将这几个因素纳入考虑中。如图 4-16 所示,遮阳板虽然能隔热,但是遮阳板下部同时也是最容

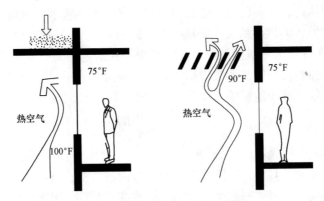

图 4-16 水平板与百页板比较

易蓄积热量的地方，如果将板面设置成百页板面或部分百页板，则这个问题就可以得到较好的解决，而百页板面在利于热量通过时，其实也为自身卸载风雨雪荷载创造了条件，无形中提高了外遮阳构件的稳定性和耐久性。如果将挡板式遮阳的板面换作蜂窝形或隔栅，通过调整蜂窝形板或隔栅的间隔和深度，便可以同时满足遮阳、通风、部分采光和视觉的功能。而对水平遮阳板作适当变形，则可以满足多方面的要求。

(2) 安装位置优化

遮阳板的安装位置对隔热和通风的影响很大。当将板面紧靠墙布置和布置在窗洞上方时，由受热表面上升的热空气将由室外空气导入室内。因此，板面应该离开墙面和窗洞上方一定距离安装，以使大部分热空气能沿墙面走。然而远离墙后可能会影响外遮阳构件的防水功能。一般来讲，这个距离的尺度越大就越有利于热空气的流走，但是过大的尺寸容易使构件失去遮阳这个基本功能。如果离墙面距离太远，那么阳光会透过这个距离直射窗户，增加室内得热，如果离窗洞口上方距离太远，那么遮阳构件的尺寸必须加大才能满足遮阳的要求。由于现在的居住楼房层高都不超过 3m，而且都是大玻璃窗或者落地窗，离下层的窗洞口上方距离太远，就会更接近上一层窗洞的下方，被引导贴墙而走的热空气极有可能对上一层的室内热环境有所影响。因此，如何控制好这个距离也是需要仔细斟酌的。

(3) 构造材料优化

材料的性能在很大程度上决定了遮阳构件的经济性和耐久性。外遮阳构件作为保护窗户的一种构件，在大气候的直接作用下，要抵御风霜雨雪和辐射的影响，因此对外遮阳的耐久性提出了很高的要求。而材料的耐久性直接决定了外遮阳的耐久性，显然木制外遮阳构件的耐久性就要差于钢制或铝制的构件，构造形式的变化总是与材料工艺的进步相辅相成。木材和竹材是人类最早了解并掌握加工方法的材料之一，因此在传统建筑中，用木材和竹材制成花格窗、支摘窗及竹帘等承担外遮阳功能的外遮阳构件是最常见的。随着人类对金属材料属性的日渐熟悉和加工技术的成熟，铝材、钢材等金属材料也逐渐成为外遮阳构件的制作原料，而金属材料特有的反光效果，也使得外遮阳构件实现多功能化成为现实：不需要阳光时将阳光直接阻挡在室外，当需要阳光时调整遮阳板的角度便可以将光线反射进室内。玻璃和塑料工业的发展更是为建筑师提供了更多的选择。

(4) 控制方式优化

对于可控制式外遮阳,除了上述三方面的要求以外,还应该对控制方式进行优化。可控制式外遮阳的控制方式分为手动、遥控和自控。毫无疑问,随着技术的日臻完善和生产规模的扩大,自控式控制方式一定是未来的可控制式外遮阳的首选控制方式。但是目前无论从哪方面讲,都不具备普遍推广使用的条件,因此无论采取哪种控制方式都要建筑师根据具体的情况进行比选。

建筑是百年大计,加之目前我国居民生活水准提高迅速,对于居住的舒适、健康要求也越来越高。被动式节熵设计是将人的舒适与健康、建筑设计、建筑技术相联系的研究,主张发挥建筑师的主观性,通过采用先进合理的节能技术来提升建筑的品质、价值及耐久性,实现健康舒适的建筑。节熵设计策略的运用离不开特定地区气候环境的制约,被动式节熵设计紧紧抓住地方的气候特点,采取适应气候、利用气候资源的设计策略,综合运用各种被动节熵设计手段,不仅有利于在目前节能目标的基础上更进一步,也有利于居民健康,满足人们亲近大自然的心理需求。在探索与实践中,建筑的被动节熵技术不断取得进步,而且已经有了突破性进展,这是一种简单又适用的节能技术,间接地减少了建筑本身对供能系统的依赖,更适合于我国国情。

第5章 能量提升转换系统关键技术

能量提升转换系统作为"低㶲供能系统"的核心部分,是整个系统成败的关键。其主要功能设备及辅助设备选型是否合理、系统设计是否正确,不仅涉及系统的初投资,而且关系到整个HVAC系统能否经常处在节能与经济运行状态。

从节能和环保的观点看,传统的HVAC系统在能量利用方面有许多不合理性,其一次能源利用系数较低。"低㶲供能系统"要求尽量采用低品位能量来满足建筑供能需求,且要求一次能源利用效率较高的系统来承担。只有这样,才能真正意义上做到能质匹配,低能低用,彻底从用能方式上保证不同质量的能源分配得当,各得所需。

5.1 热泵系统

5.1.1 土壤源热泵

1. 定义及工作原理

土壤源热泵系统以地下土壤作为热源和热汇。土壤热源的主要优点有:土壤具有较好的蓄能特性,而且地表10m以下的土壤,温度全年保持稳定而不受外界环境的影响。

土壤源热泵系统是一种既可制冷,又可供暖的高效节能的空调系统。它通过输入少量高品位的电能,实现了低品位热能向高品位的转移。土壤全年温度波动小,它可在冬季作为热泵供暖的热源和夏季制冷的冷源,即在冬季将土壤中的热量取出来,提高温度后,连同压缩机的耗功一起供给室内;在夏季则将室内的热量连同压缩机的耗功一起排到土壤中去。

图5-1是典型的土壤源热泵系统图,它主要由三部分组成:(1)埋地换热器回路1—8;(2)热泵机组回路2—3—6—7;(3)用户侧回路4—5。此土壤源热泵系统既可在冬季供热,又可在夏季制冷。冬夏工况的转换主要依靠四通换向阀实现。

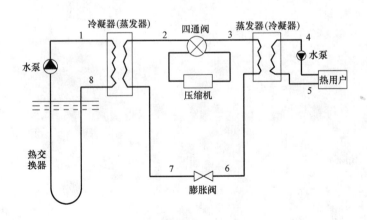

图5-1 土壤源热泵工作原理图

2. 适用性分析

我国幅员辽阔，地处温带，冬季需供暖，夏季需供冷，而且南北地区气象条件差异很大，同样的建筑在不同的地区，其负荷情况可能迥然不同。土壤源热泵技术并不是只有热泵设备就够，也不是只有打孔能力就行，而是一个系统工程。并不是每个环境都适合土壤源热泵的应用。只有在适合的地质、负荷条件下，经过合理的设计、安装、施工，才能达到预期的节能环保效果。由于土壤源热泵初投资费用较高，钻孔难度较大，倘若在不适宜的条件下应用土壤源热泵，不但不能达到节能的效果，还会造成巨大的财力资源浪费。

(1) 土壤原始温度

土壤源热泵系统主要特点是以土壤为热源或热汇，系统的排热和取热都来自于土壤，所以土壤的原始温度是否适宜，在整个系统是否合理上至关重要。一般地，在夏季运行期间，地埋管换热器出口水温不宜超过 33℃；冬季运行期间，不添加防冻剂的地埋管换热器进口水温不宜小于 4℃。基于此，在幅员广阔的我国，土壤温度存在较大差异，土壤源热泵的适用性也不尽相同。

1) 位于严寒地区的城市，如哈尔滨，不仅常年寒冷，土壤温度大多保持在 0~8℃ 左右，典型建筑年累计热负荷远大于累计冷负荷，所以该地区土壤源热泵从土壤的年吸热量远大于排热量，土壤温度逐渐下降，在该地区土壤源热泵系统向土壤的吸排热量不平衡率较大，这将制约全年系统能效比的提高，这类地区土壤源热泵适用程度较低。

2) 位于寒冷地区的城市，如北京，冬季需要供暖，夏季需要制冷，北京典型建筑年累计冷负荷稍大于累计热负荷，土壤源热泵系统向土壤中的排热量大于吸热量，但由于地温始终在 15℃ 左右，所以供热季和供冷季系统能效比都不存在过低的情况，在这样的地区最适宜推广土壤源热泵系统。

3) 位于夏热冬冷地区的城市，如上海，其典型建筑的年累计冷负荷远大于累计热负荷，土壤源热泵系统向土壤中的排热量远大于吸热量，地下换热器出口温度在逐年上升，使得夏季供冷的运行性能下降，虽然提高了机组冬季供热的运行性能，但是由于该地区建筑的年累计供冷需求大于供热需求，因此导致其全年能效比降低。所以在这样的地区则需要采用带辅助散热源的复合式土壤源热泵系统。

4) 位于夏热冬暖地区的城市，如广州，空气与土壤的年平均温度都在 20℃ 以上，而且只在夏季制冷。如果在夏季单独使用土壤源热泵系统，势必会使得周围土壤温度不断升高而影响土壤源热泵系统的运行效率，这必然会影响土壤源热泵系统的推广。但是由于日常生活中需要大量的生活热水，而土壤由于土壤源热泵系统的长期运行积累了大量的热量，如果能将这些热量用于加热生活热水，则不仅能够在这些地区推广土壤源热泵系统，而且还可以提高土壤源热泵系统的运行效率。

(2) 负荷累积效应

土壤源热泵利用的就是土壤温度的恒定性。浅层土壤的温度和当地的年平均气温相差很小，这就是热泵使用的有利条件之一。热泵在夏季运行期间把热量从用户转移至土壤中，冬季则相反。由于土壤的传热特性不稳定，短时间内转移到土壤中的热量（冷量）不可立即扩散至周围土壤，它存在着一定的蓄热特性，这种特性一旦和用户的负荷特点不相匹配时，就会导致热泵系统的不稳定。

热量或冷量的排放是以地下换热器为中心逐渐向周围土壤扩散，而提取则是以换热器为中心从周围土壤逐渐汇集。研究表明，随着热量排放的增加，热量大量聚集在换热器附近的土壤中，热量扩散将变得更加缓慢，导致换热器的换热能力持续衰减。要恢复换热器的换热能力，就要将周围土壤中汇集的热量提取出来，反之亦然。但如果历年累积的冷热总量存在差异，并且时间越长，大地自身的调节能力就失去的越多，最终会使热泵系统难以继续运行。负荷累积是造成土壤温度变化的直接原因。例如，在我国北方严寒及寒冷地区，多数建筑冬季热负荷大于夏季冷负荷，造成了负荷的不平衡性，从而使得地下换热器从土壤累积吸热量大于累积排热量，造成土壤温度的下降。

在全年运行工况下，地下换热器绝对累积负荷为冷热累积负荷绝对值的差值。该绝对累积负荷分布于不同的地下换热器布置面积内，为了便于比较，将绝对累积负荷折算到单位延米换热器上，即定义全年单位深度累积负荷 ΔQ_l 为单位负荷累积指标。

$$\Delta Q_l = \frac{|Q_{eh}| - Q_{ec}}{l} \tag{5-1}$$

式中　Q_{eh}，Q_{ec}——分别为地下换热器全年累积热、冷负荷；

　　　l——地下换热器总延米。

在工程计算中，需首先对工程所在地进行岩土热响应测试取得相关地埋管换热能力相关指标值。假设某工程冬季地埋管单位深度即每延米的换热能力为 40W，夏季为 60W。设计中需按照最不利工况及机组性能进行计算，因此分别取冬、夏峰值取热排热量计算制热、制冷工况地下换热器所需总延米，取其较大值为最终设计延米，即总延米的计算公式为

$$l = \max\left(\frac{|q_{h,\max}|}{40}, \frac{q_{c,\max}}{60}\right) \tag{5-2}$$

那么，在已知换热器全年累积热负荷、累积冷负荷、冷热峰值负荷的前提下，即可计算单位负荷累积指标 ΔQ_l。

$$\Delta Q_l = \frac{|Q_{eh}| - Q_{ec}}{\max\left(\frac{|q_{h,\max}|}{40}, \frac{q_{c,\max}}{60}\right)} \tag{5-3}$$

倘若 ΔQ_l 为正，则表明地下换热器累积热负荷大于累积冷负荷，那么土壤将会产生冷量堆积；相反倘若 ΔQ_l 为负，那么土壤将会产生热量堆积。ΔQ_l 的绝对值越大，则单位延米累积负荷量越大，越不利于土壤温度的恢复。图 5-2、图 5-3 为南方地区某工程热堆积模拟效果图。

由图 5-2 与图 5-3 可以很清楚地看到，随着热泵运行时间的增长，地下换热器周围的热堆积效应越来越严重。

(3) 埋管方式

土壤源热泵的地埋管有两种埋管方式，即水平埋管和竖直埋管。

1) 水平埋管

水平埋管方式的示意图如图 5-4 所示。

这种埋管方式是在浅层土壤挖 1.5~3.0m 深的地沟，然后将换热管水平放置。从换热指标看，一般为 20~30W/m，如果换热量较大，则占用面积就会受到限制。另外，专门为换热管挖出 3m 左右的地沟，可想而知工作量也很大，特别是在地质条件为岩土层的地区使用这种埋管方式更是困难。根据土壤条件和管沟中敷设的管道数量不同，提取 1kW

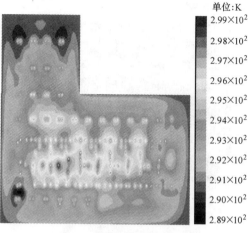
图5-2 2年后的土壤温度分布

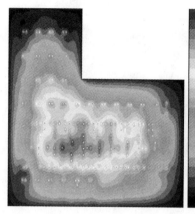
图5-3 6年后的土壤温度分布

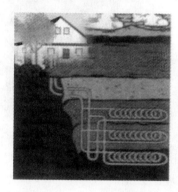

图5-4 水平埋管

能量所需的管沟长度约20m。再者,由于浅层土壤温度受气候影响较大,水平埋管的地热换热器受地表气候变化的影响,效率较低,供暖、制冷效果会产生一定的波动,环路长度需增加15%~20%,或者,为了避免太阳辐射和其他气候条件的影响,整个地沟的深度需要达到5m左右,而且在施工过程中要不断做保护层及回填层,这无疑给施工带来极大的难度。

因此,平埋式系统通常适用于有较大园地的住宅和场地很大的建筑物。

2)竖直埋管

竖直埋管方式的示意图如图5-5所示。

竖直埋管系统又称立埋管系统,闭式管路立埋式环路系统放在竖直管孔中,形成与土地的热交换器(见图5-6)。由于这种布置方式埋管的深度较深,故在不同的地质条件下,施工造价费用会有很大差别。例如在沿海地区,土壤层较厚,因此钻孔的难度较低,费用也随之降低,大约在20~30元/m;在西南地区,例如成都,主要以砂岩为主,因此钻孔的难度也就较高,费用也增加不少;在北方地区或者南方一些地区,地质状况主要以卵石层为主,因此钻孔的费用更高,可比沿海地区高出2~3倍。对于部分地质条件以金刚石等坚硬岩土为主的地区,建议慎用竖直埋管热泵系统。所以,应针对不同地质条件系统造价差异较大这一特点作出具体的技术经济分析后再选择合理的方案。

 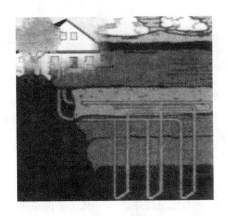

图 5-5 竖直埋管

图 5-6 竖直埋管施工图

载热流体从一侧管子流到钻孔的底部,再从另一侧流回,从而实现管中水与周围岩土的热量交换。井深一般为 30~100m,间距为 4~6m,根据土壤条件和温度不同,提取 1kW 能量需要管长度为 15~50m。立埋式系统是小城镇地区和商业用途中最常用的系统形式。

(4) 建筑类型和负荷特点

高能耗建筑不宜采用土壤源热泵系统。土壤源热泵系统比常规系统增加了土壤换热器部分,每 1kW 冷量造价要增加上千元。对于有洁净要求(新风负荷增大)、高除湿要求或较低空调设定温度等高负荷建筑物采用土壤源热泵也是不经济的,较多的土壤换热器也会给布置带来困难。对于只有单纯制冷或供暖需求的建筑物采用土壤源热泵,不能发挥热泵冬夏两用的优势,增加的初投资难以收回。土壤源热泵较适合的建筑物类型是负荷波动小、使用稳定的中等规模多层住宅、酒店等,可以采用的建筑物类型是办公楼、别墅,在负荷随机性高或负荷较大的会堂、剧场、工艺车间等建筑物不宜使用。另外在住宅、会所、酒店和游泳池等有生活热水需求的地方,也比使用燃料加热更经济。

综上所述,土壤源热泵的规模不宜过大,也不宜过小,每个系统为 50000m² 左右的建筑供热制冷较为合适。过大的系统土壤换热器水系统距离过远,输送功耗增大、水力平衡变得更加困难;过小的系统因无法考虑空调系统的同时使用系数而相对初投资较高,系统利用率较低,也不经济。

3. 节能与经济分析

土壤中热量储藏丰富，按照 2004 年我国建筑总能耗 1.7 亿 t 标准煤加 5900 亿 kWh 电折算的一次能比较，不考虑地下水蓄热，全国百万分之一陆地面积百米以内土壤中的低品位温差可满足全国几百亿平方米的建筑能耗，因此，近年来土壤源热泵已经逐渐发展成为地源热泵的主要形式。

我国浅层地能资源潜力巨大，据专家测算，100m 内的土壤每年可采集的低温能量约为 1.5×10^{12} kW，相当于目前我国发电装机容量 4 亿 kW 的 3750 倍。浅层土壤热是太阳能的一种表现形式；它不受地域与气候的影响，恒定在 10～25℃之间，基本等于该地区平均气温，可作为良好的冷热源，节约大量的传统能耗。通常土壤源热泵消耗 1kW 的能量，用户可以得到 4kW 以上的热量或冷量。与锅炉（电、燃料）供热系统相比，锅炉供热只能将 90% 以上的电能或 70%～90% 的燃料内能转化为热量供用户使用，因此土壤源热泵要比电锅炉加热节省约 2/3 的电能，比燃料锅炉节省约 1/2 的能量。

土壤源热泵应用灵活、安全可靠，可分户独立计费，无需安装热计量装置，减少设备造价，方便业主对整个系统的管理。土壤源热泵机组可灵活地安置在任何地方，无需设置储煤场地或储油罐。土壤源热泵省去了产生热水和冷水的过程，提高了机组的转换效率，运行费用更低。与传统风（水）冷集中式空调加锅炉系统相比，造价大致相当或略低。据美国环保署（EPA）估计，设计安装良好的土壤源热泵机组，平均可以节约用户 30%～40% 的供热、制冷空调的运行费用。高效的地源热泵机组，平均产生 3.517kW 冷量仅需耗电功率 0.88kW，其耗电量为普通冷水机组加锅炉集中式空调系统的 30%～60%，且地下埋管换热器无需除霜，没有融霜除霜的能耗损失。

分析土壤源热泵的节能性，常用指标为一次能源利用率，即单位制冷量或制热量所消耗的一次能源量 PER，单位为 kW/kW。土壤源热泵机组的一次能源利用率为

$$\mathrm{PER} = \frac{Q}{W} \times \eta_\mathrm{f} \times \eta_\mathrm{w} \times \eta_\mathrm{y} \quad 或 \quad \mathrm{PER} = COP \times \eta_\mathrm{f} \times \eta_\mathrm{w} \times \eta_\mathrm{y} \tag{5-4}$$

式中　Q——土壤源热泵机组的制热（冷）量，kW；

W——输入土壤源热泵机组的功率，kW；

η_f——电厂的发电效率；

η_w——电网的输送效率，取 92%；

η_y——压缩机的电机效率，取 90%；

COP——土壤源热泵机组的制热（冷）性能系数。

目前，中国供电煤耗约为 360g 标准煤/kWh，煤的热值 q 为 29000kJ/kg，那么发电效率为 34.5% 左右。

当然，土壤源热泵系统的节能、经济和环境效益的评价问题比较复杂，影响因素也很多，主要有建筑负荷特性、系统运行特性、地区气候特点、地质状况、设备价格、设备使用寿命、当地的能源价格和电力价格等，在土壤源热泵系统的使用推广时都应该权衡考虑进去。

4. 技术关键和发展前景

(1) 技术关键

1) 热平衡

土壤源热泵系统能够长期稳定运行的前提是地埋管区域的岩土体温度能够长期保持稳定,也就是冬季从土壤中的取热量与夏季排放到土壤中的热量相等,即

$$\int_0^{\tau_夏} (Q_1 + P_{e,1}) d\tau = \int_0^{\tau_冬} (Q_r - P_{e,r}) d\tau \tag{5-5}$$

式中 Q_1——夏季室内的冷负荷,W;

$P_{e,1}$——制冷工况下压缩机的轴功率,W;

Q_r——冬季室内的热负荷,W;

$P_{e,r}$——制热工况下压缩机的轴功率,W。

在传统空调系统设计中,通过负荷计算即可进行设备选型等工作,但是土壤源热泵系统的设计必须要考虑到土壤热平衡这一问题,否则地下换热器便不能处于一个高效的换热环境。同时,土壤是热泵的排热与吸热对象,其物理特性对热泵运行效率起着关键性的作用。

土壤的传热性能取决于土壤的导热系数 λ、密度 ρ 和比热容 c。不同土壤间的这些性能差异可以很大(见表5-1)。如果埋管深度接近地下水层,则埋管和土壤间的换热会加强,当地下水流速超过 3mm/h 时,还可以借助水的流动进一步增强换热。埋管附近的土壤冻结时,不仅会使土壤的导热系数变大,而且由于冻土层体积膨胀,使得土壤和埋管表面接触得更加紧密,都使传热效果变佳。但如果土壤解冻后,膨胀后的土壤有一部分不会回到原位,这样会在土壤和埋管间形成小缝隙,又会大大影响传热效果,传热能力至少下降10%。埋管如果埋在砂土里就不会有这样的情况发生。

普通土壤类型的热物性参数　　　　　表 5-1

土 壤 类 型	导热系数 [W/(m·℃)]	导温系数 ×10^{-6}m²/s	密度 (kg/m³)	热容量 [kJ/(kg·℃)]
密集岩石(花岗岩)	3.46	1.290	3197	0.837
普通岩石(石灰石)	2.42	1.032	2798	0.837
重土-潮湿(黏土、紧密的砂子、肥土)	1.75	0.645	2094	0.962
重土-干燥(黏土、紧密的砂子、肥土)	1.65	0.516	1998	0.837
轻土-潮湿(松散的砂子、淤泥)	1.65	0.516	1599	1.046
轻土-干燥(松散的砂子、淤泥)	1.35	0.284	1439	0.837

鉴于此,需进一步加强对各种土壤结构和地层状况的换热过程的实验研究和模拟分析,深入探索各种土壤状况下不同地下换热器在不同埋管方式下的换热过程及换热机理,并建立相应的传热模型,使土壤和热交换器之间的换热最佳。

2) 地下换热器钻孔模型建立及求解

在建立解析模型的时候,以钻孔壁为界限,分为钻孔内区域及钻孔外区域。在两个区域分别应用不同的方法进行求解,并且以"钻孔壁温度"为连接点实现钻孔内外的耦合。

首先,在这里引入"过余温度"的概念,记为 θ,单位为℃。将土壤初始温度 t_0 定义

为过余温度的零点,那么任意时刻土壤的"过余温度"即为该时刻土壤温度与 t_0 之差。当 $\theta>0$ 时,土壤温度上升;当 $\theta<0$ 时,土壤温度则降低;当 $\theta=0$ 时,土壤保持初始温度不变。

① 孔内模型及求解

在钻孔内部,包括回填材料、管壁和管内传热介质,与钻孔外的传热过程相比较,由于其几何尺度和热容量要小得多,而且温度变化较为缓慢,因此在运行数小时后,通常可以按稳态传热过程来考虑其热阻。图 5-7 为单 U 形管钻孔内平面示意图。

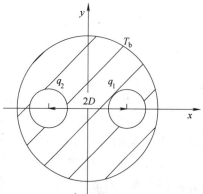

图 5-7 钻孔内布置及传热条件

在常物性的假设前提下,如果两根管子单位长度的热流分别为 q_1 和 q_2(W/m),根据线性叠加原理,所讨论的稳态温度场应该是这两个热流作用产生的过余温度场(取钻孔壁的壁温为基点)的和。如果取钻孔壁的平均温度为过余温度的零点,则有

$$T_{f1}-T_b=R_{11}q_1+R_{12}q_2 \tag{5-6}$$

$$T_{f2}-T_b=R_{12}q_1+R_{22}q_2 \tag{5-7}$$

式中 T_{f1},T_{f2}——分别为 U 形管向下流动支管、向上流动支管内的流体温度;

R_{11},R_{22}——分别为两根管子与钻孔壁之间的热阻,而 R_{12} 是两根管子之间的热阻;

T_b——名义钻孔壁温度。虽然一般来说钻孔壁温度并不是均匀的,但是为了比较钻孔壁处土壤温度变化,可定义一个名义钻孔壁温度 T_b。

在工程中可以近似地认为两根管子是对称地分布在钻孔内部的,其中心距为 $2D$,因此有 $R_{11}=R_{22}$。钻孔内的这几个热阻都可以通过求解钻孔区域以内这一复合区域的二维稳态导热问题而得到,即

$$R_{11}=R_{22}=\frac{1}{2\pi\lambda_b}\left[\ln\left(\frac{r_b}{r_p}\right)+\sigma\cdot\ln\left(\frac{r_b^2}{r_b^2-D^2}\right)\right]+R_p \tag{5-8}$$

$$R_{12}=\frac{1}{2\pi\lambda_b}\left[\ln\left(\frac{r_b}{2D}\right)+\sigma\cdot\ln\left(\frac{r_b^2}{r_b^2+D^2}\right)\right] \tag{5-9}$$

式中,

$$\sigma=\frac{k_b-k}{k_b+k}$$

$$R_p=\frac{1}{2\pi k_b}\ln\left(\frac{r_b}{r_{pi}}\right)+\frac{1}{2\pi r_{pi}h} \tag{5-10}$$

式中 r_b——钻孔壁至钻孔中心的距离;

r_p——U 形管壁至钻孔中心的距离,m;

r_{pi}——U 管壁厚,m;

R_p——U 形管壁热阻,$m^2 \cdot ℃/W$;

k_b——回填土导热系数,$W/(m \cdot ℃)$;

k——U 形管壁传热系数,$W/(m^2 \cdot ℃)$;

h——管内流体对流换热系数 $W/(m^2 \cdot ℃)$。

将式 (5-6)、式 (5-7) 进行线性变换，可得

$$q_1 = \frac{T_{f1} - T_b}{R_1^\Delta} + \frac{T_{f1} - T_{f2}}{R_{12}^\Delta} \tag{5-11}$$

$$q_2 = \frac{T_{f2} - T_b}{R_2^\Delta} + \frac{T_{f2} - T_{f1}}{R_{12}^\Delta} \tag{5-12}$$

式中，$R_1^\Delta = \dfrac{R_{11}R_{22} - R_{12}^2}{R_{22} - R_{12}}$；$R_2^\Delta = \dfrac{R_{11}R_{22} - R_{12}^2}{R_{11} - R_{12}}$；$R_{12}^\Delta = \dfrac{R_{11}R_{22} - R_{12}^2}{R_{12}}$

在三维模型中，流体温度以及热流密度都是随钻孔深度变化而变化的。工程实际中，为提高换热器的传热性能，在 U 形管中流体的流动通常都是处于湍流状态。因此，流体在流动方向上的导热忽略不计，只考虑横向的传热。同时，流体在地热换热器的进出口温度差值都不大，通常小于 10℃，因此流体在地热换热器流动过程中，可以认为其物性参数（如比热、密度等）保持不变。由于忽略钻孔内部材料的热容量的影响，即忽略钻孔内部温度分布随时间的变化。在这些假设条件下，很容易得到流体在向下流动和向上流动过程中的能量平衡方程式，分别为

$$-Mc\frac{\partial T_{f1}(z)}{\partial z} = \frac{[T_{f1}(z) - T_b]}{R_1^\Delta} + \frac{[T_{f1}(z) - T_{f2}(z)]}{R_{12}^\Delta} \tag{5-13}$$

$$Mc\frac{\partial T_{f1}(z)}{\partial z} = \frac{[T_{f2}(z) - T_b]}{R_2^\Delta} + \frac{[T_{f2}(z) - T_{f1}(z)]}{R_{12}^\Delta} \tag{5-14}$$

式中 c——质量比热，J/(kg·℃)；

M——U 形管内流体的质量流率，kg/s。

对该能量平衡方程进行求解，定解条件为

(a) $0 \leqslant z \leqslant H$；

(b) $z = 0$ 时，$T_{f1} = T_{fin}$；

(c) $z = H$ 时，$T_{f1} = T_{f2}$。

其中，T_{fin}——地下换热器进口温度。

在传统换热器计算中，能效是衡量换热效果优劣的一个重要指标，能效指的是换热器实际的换热量与理论上最大可能的换热量之比值。那么依照传统换热器，定义土壤源热泵地下换热器能效 ε，则

$$\varepsilon = \frac{\text{实际换热量}}{\text{理论最大换热量}} = \frac{Mc(T_f' - T_f'')}{Mc(T_f' - T_b)} \tag{5-15}$$

式中 T_f'、T_f''——分别为地下换热器进、出口温度，℃。通过对式 (5-13) 与式 (5-14) 求解可得

$$\varepsilon = \frac{\dfrac{1}{\beta}\left(\dfrac{1}{R_1^*} + \dfrac{1}{R_2^*}\right)\text{sh}(\beta)}{\text{ch}(\beta) + \dfrac{1}{2\beta}\left(\dfrac{1}{R_1^*} + \dfrac{1}{R_2^*}\right)\text{sh}(\beta)} \tag{5-16}$$

式中，$R_1^* = \dfrac{McR_1^\Delta}{H}$，$R_2^* = \dfrac{McR_2^\Delta}{H}$，$R_{12}^* = \dfrac{McR_{12}^\Delta}{H}$，

$$\beta = \sqrt{\frac{1}{4}\left(\frac{1}{R_1^*} + \frac{1}{R_2^*}\right)^2 + \frac{1}{R_{12}^*}\left(\frac{1}{R_1^*} + \frac{1}{R_2^*}\right)}$$

根据换热器能效 ε 的计算公式，可以分别计算出地下换热器进、出口温度。地下换热器进口温度，即机组地源侧出口温度为

$$T'_f = T_b + \frac{Q_e}{\varepsilon Mc} = T_{out} \tag{5-17}$$

地下换热器出口温度，即机组地源侧进口温度为

$$T''_f = T'_f - \frac{Q_e}{Mc} = T_b + \frac{Q_e}{Mc}\left(\frac{1}{\varepsilon} - 1\right) = T_{in} \tag{5-18}$$

式中　Q_e——地下换热器换热量，J；

T_{in}、T_{out}——分别为机组进、出口温度，℃；

T'_f、T''_f——分别为地下换热器进、出口温度，℃。

② 孔外模型及求解

在对钻孔外部的土壤进行温度场求解时，应用解析模型。假设钻孔内为一根长为钻孔深度的线热源，相当于对以地表恒温作为边界条件的半无限大温度场进行求解。假设条件如下：

(a) 地下土壤的初始温度均匀；

(b) 地表温度保持不变，等于土壤初始温度值；

(c) 地下土壤被近似为半无限大的传热介质；

(d) 地下土壤的热物性是均匀的、且不随其温度的变化而变化，即具有常物性；

(e) 忽略钻孔的几何尺寸而把钻孔近似为轴心线上有限长度的线热源。

将无限长线热源转变为有限长线热源，长度为 H，其柱坐标为 $(0, 0)$ 和 $(0, H)$。则一维温度场变为二维温度场：

$$\theta(r, z, \tau) = \frac{q_l}{\rho c}\int_0^\tau d\tau' \int_0^H \frac{1}{8[\pi a(\tau-\tau')]^{3/2}} \cdot \exp\left[-\frac{r^2+(z-z')^2}{4\pi(\tau-\tau')}\right]dz' \tag{5-19}$$

利用虚拟热源法对其进行求解，其原理如图 5-8 所示，得到地下换热器周围土壤中任意一点 (r, z) 在任意时刻 τ 所产生的过余温度，即

$$\theta = \frac{q_l}{4k\pi}\int_o^H \left\{\frac{\text{erfc}\left(\frac{\sqrt{r^2+(z-h)^2}}{2\sqrt{a\tau}}\right)}{\sqrt{r^2+(z-h)^2}} - \frac{\text{erfc}\left(\frac{\sqrt{r^2+(z+h)^2}}{2\sqrt{a\tau}}\right)}{\sqrt{r^2+(z+h)^2}}\right\}dh \tag{5-20}$$

对其进行无量纲化，令 $Z=\frac{z}{H}$，$H'=\frac{h}{H}$，$R=\frac{r}{H}$，$Fo=\frac{a\tau}{H^2}$，$\Theta=\frac{4\lambda\pi(t-t_0)}{q_l}$，得

$$\Theta = \int_o^1 \left\{\frac{\text{erfc}\left(\frac{\sqrt{R^2+(Z-H')^2}}{2\sqrt{Fo}}\right)}{\sqrt{R^2+(Z-H')^2}} - \frac{\text{erfc}\left(\frac{\sqrt{R^2+(Z+H')^2}}{2\sqrt{Fo}}\right)}{\sqrt{R^2+(Z+H')^2}}\right\}dH' \tag{5-21}$$

3) 地下换热器负荷特征

① 负荷计算

土壤吸热量为供冷期建筑冷负荷与机组功率之和，而土壤释热量为供热期建筑热负荷与机组功率之差。建筑负荷（Q_B）与土壤源热泵地下换热器负荷（Q_{ex}）之间存在以下的关系：

夏季供冷工况：

$$Q_{ex} = -Q_B \frac{COP_c+1}{COP_c}, Q_B < 0 \tag{5-22}$$

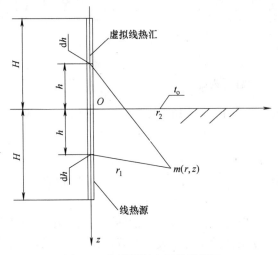

图 5-8 虚拟热源法原理示意图

冬季制热工况：

$$Q_{ex}=-Q_B\frac{COP_h-1}{COP_h},Q_B>0 \quad (5-23)$$

可见，由于机组功率的影响，地下换热器负荷的大小关系并不等同于建筑负荷的大小关系。由式（5-22）和式（5-23）可以看出，冬季地下换热器负荷小于建筑热负荷，而夏季地下换热器负荷大于建筑冷负荷。

将建筑负荷转换为地下换热器负荷，机组功率是最主要的影响因素，由公式可知，换热器负荷与建筑负荷的连接纽带为机组 COP。因此，机组 COP 的确定尤为重要。在以往的设计中，通常根据已知的建筑负荷选择热泵机组，然后从选定的机组样本中查出机组 COP。然而，样本中查的 COP 为额定工况下的，不同机组进口温度对应不同的 COP。而根据不同地区气象特征以及其他不同因素，实际中机组进口温度并非样本中的额定工况，因此，在确定机组 COP 的过程中，需研究热泵机组在不同工况下的运行特性。

通过对水源热泵机组自身运行特性的分析，研究机组 COP 随机组地源侧进口温度的变化规律，得到式（5-24）和式（5-25）。

制冷工况：

$$COP=a\exp(n_1 t_{0,o}+n_2 t_{k,i})+b\frac{t_{0,o}}{t_{k,i}}+c \quad (5-24)$$

制热工况：

$$COP=e\exp(n_3 t_{0,i}+n_4 t_{k,o})+f\frac{t_{0,i}}{t_{k,o}}+g \quad (5-25)$$

式中 a，b，c，e，f，g，$n_1 \sim n_4$——拟合系数；

$t_{0,i}$，$t_{0,o}$——分别为蒸发器侧进、出水温度，℃；

$t_{k,i}$，$t_{k,o}$——分别为冷凝器侧进、出水温度，℃。

在设计计算中，根据习惯和设计经验，制冷工况蒸发器侧进、出水温多取 12℃、7℃；制热工况冷凝器侧进、出水温度多取 40℃、45℃。则对众多机组样本参数线性回归后，COP 随地源侧机组进口温度变化函数分别见式（5-26）和式（5-27）。

制冷工况：

$$COP=-0.0119\exp(-0.03486+0.17644 t_{k,i})+12.54788\frac{1}{t_{k,i}}+4.99642 \quad (5-26)$$

制热工况：

$$COP=-0.00037\exp(-0.03579 t_{o,i}+6.0543)+0.10901 t_{o,i}+3.06314 \quad (5-27)$$

由公式可知，在夏季制冷工况下，机组冷凝器侧进口温度（即地下换热器出口温度）越低，则 COP 越大；冬季制热工况下，机组蒸发器侧进口温度（即地下换热器出口温度）越高，则 COP 越大。

土壤温度一年四季变化幅度很小，在工程计算中认为其为恒温，其值比当地全年平均气温高 1～2℃。因此，土壤温度也由于不同气候分区的气温不同而有较大差异。由热力学第二定律可知，夏季换热器出口温度必然大于土壤温度，冬季换热器出口温度必然小于土壤温度。在单位钻孔换热器换热量大致相同的情况下，经计算可知换热器出口平均温度与土壤温差最低为 2℃ 左右。由于不同气象条件下的土壤温度有很大差异，因此机组的 COP 将根据地区的不同而有较大差别。

② 运行时间特征

地下换热器存在两种状态：一种为运行状态，即换热器内流体处于流动传热，将建筑负荷及机组负荷排放到土壤中；另一种为停机状态，即换热器内流体静止，以停止运行前的热状态与岩土进行传热，建筑及机组负荷不再施加于土壤。显而易见，这两种状态下（有无内热源状态下），换热器的传热状态是不同的。换句话说，热泵的运行时间特征直接影响土壤热（冷）累积程度。

热泵钻孔参数是在满足最不利情况的前提下计算的，通常由负荷峰值计算钻孔长度及个数。而单个钻孔的土壤热（冷）累积量则是由总运行时间内累积负荷决定的。运行时间越长，即地下换热器处于存在内热源状态的时间越长，越容易使土壤产生热（冷）堆积。而间歇运行是无内热源状态的换热，有利于土壤热（冷）累积的释放，且停机时间越长，越有利于土壤温度的恢复。因此，定义 C 为热泵运行比，并作为运行时间特征参数。

$$C = \frac{T_{run}}{T} \tag{5-28}$$

式中 T——运行周期；

T_{run}——该周期内机组运行时间。

可见 C 越接近 1，则运行时间越长，越不利于土壤热恢复。

不同功能建筑根据其作息差异，空调开启时间也各不相同。以小时为步长单位，分析一日（24h）内空调启停关系，设 C_1 为热泵日运行比。商场和办公楼的空调运行时间为白天，夜晚停止工作，而酒店则需要全天 24h 运行（见图 5-9）。

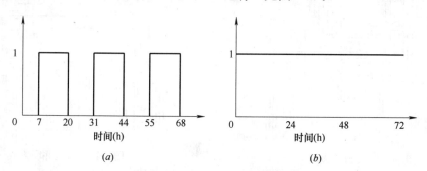

图 5-9 三种功能建筑运行时间
（a）商场及办公楼空调启停时间；（b）酒店空调启停时间

用 1 表示开启，0 表示停机，三种功能建筑空调运行时间如图 5-9 所示。可见酒店空调为连续运行，24h 不间断地产生冷热负荷，即 $C_1=1$，这对于土壤温度恢复是最不利的；而商场及办公楼则为间歇运行，产生间歇性负荷，$C_1=13/24$，与酒店相比，间歇运行可缓解土壤热（冷）量累积。

③ 平稳性特征

在地下换热器设计过程中，通常以热泵峰值负荷为设计负荷，以满足最不利负荷下的供热（冷）效果。然而根据建筑功能及气象参数的不同，其负荷分布特征也各不相同。因此，当峰值负荷远大于平均负荷且持续时间短时，表明在大多数时间内，地下换热器单个钻孔单位长度的换热量相对较低，即长期累积换热量较低。可定义一个周期内热泵峰值负荷与平均负荷之比为平稳性评价指标 R_q。

$$R_q = \frac{q_{\max}}{q_a} \tag{5-29}$$

R_q 实际上可以表征地下换热器设计尺寸过盈程度，由于实际运行大部分为部分负荷工况，因此为了满足峰值负荷所设计的尺寸在实际运行时多数时间是富余的。若 R_q 越接近 1，则表明负荷越平稳，设计尺寸相对保守，土壤中热（冷）量越容易堆积；而 R_q 越大，则表明负荷越不平稳，实际负荷小于峰值的时刻较多，多数时间设计尺寸处于过盈状态，则土壤中的热（冷）量越容易释放。

4）地下热交换器换热效率

地下热交换器是热泵与土壤进行热交换的唯一设备，其传热效果对热泵的性能系数起决定性的作用。因此，研制与开发各种形式的高效埋地换热器，提高换热效率，是土壤源热泵运行成败的关键。

要保证地下换热器的换热效果，首先应保证地埋管孔阵的布置方式最佳，其次是要保证埋管内的水流速最为合理。

① 埋管布置

埋管布置一般有两种形式：一种是每个埋管（U 形管）单独和分集水器连接；第二种是各埋管先进行分区，然后通过并联或串联形式连接到分集水器。两种连接方式如图 5-10 和图 5-11 所示。

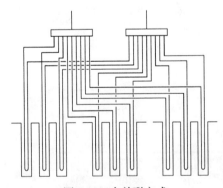

图 5-10 全并联方式

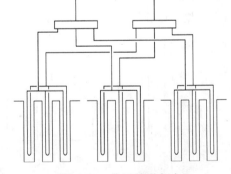

图 5-11 分区并联方式

第一种连接方式的优点是安全可靠，某一个埋孔出现问题不会影响其他埋孔的正常使用，而且管路中可以没有接头，这样可以防止埋在地下的管路出现很多隐藏的问题。但是这种连接方式不能保证进入分集水器的流量相互平衡，流量大了或小了都会影响换热器的换热能力。第二种连接方式如果采用同程式接法就可以保证各环路之间的平衡，但是由于分区管路有接头，必须要构筑管沟，管沟内的主管还要制作支架，回水也要采取保温措施。

两种连接方式对系统的影响是不同的。如果热泵系统较小,埋孔数也少,就没有必要采用第二种方式了;如果系统较大,地下换热器也多,环路复杂,如果不采用第二种方式则很难做到各环路间的流量平衡,同时,如果能合理地运用负荷特点对地下环路进行间歇交换运行,这样既能使土壤温度的波动在一个可控制的范围内,还可以保证地下换热器的使用寿命。

② 管内流速

环路流速(流量)是地下换热器是否高效运行的重要参数,流速大能增加换热能力,但是会增加水泵的能耗;流速小可以降低水泵能耗,但是不能充分发挥地下换热器的换热能力。由于地下换热器与土壤间的换热是不稳定的导热形式,在这种情况下如果单靠增加管内流速不一定能取得很好的效果。因此,在一定的负荷特性下要找到相应的系统最佳流量值是至关重要的。

5) 钻孔和回填技术

① 钻孔技术

地下换热器的布置与安装是土壤源热泵系统的关键。竖直埋管方式是将地下换热器(见图 5-12)安装在竖直孔洞内,孔洞需要利用钻孔技术来完成。

一般地,不同的地质条件应采取不同的钻进方法,如表 5-2 所示。

钻进方法选择表 表 5-2

钻进方法	主要工艺特点	适用条件
回转	钻头回转切削、研磨破碎岩石,清水或泥浆正向循环;有取芯钻进和全面钻进之分	砂土类及黏性土类松散层;软至硬的基岩
冲击	钻具冲击破碎岩石,抽筒捞取岩屑;有钻头钻进和抽筒钻进之分	碎石土类松散层,井深在 200m 以内
潜孔锤	冲击、回转破碎岩石,冲洗介质正向循环;潜孔锤有风动和液动之分	坚硬基岩,且岩层不含水或富水性差
反循环	回转钻进中,冲洗介质反向循环;有泵吸、气举、射流反循环三种方式	除漂石、卵石(碎石)外的松散层;基岩
空气	回转钻进中,用空气或雾化清水、雾化泥浆、泡沫、充气泥浆等作冲洗介质	岩层漏水严重或干旱缺水地区施工

目前最常用的钻孔机械是旋转式钻头,其钻孔方法为钻斗钻成孔法,它是利用钻杆和钻头的旋转及自身的重力使土壤进入钻斗,土壤装满钻斗后,拔出钻头,这样反复进行来形成孔。由于地质条件的不同,钻头在打孔过程中会遇到不同的问题,主要有孔壁塌陷和孔垂直角度偏差过大。第一种问题将会导致形成的孔深度不够;第二种则会导致地下换热器不能顺利放入孔洞中,最终导致孔洞报废。

第一个问题的防治措施主要有以下几点:

图 5-12 U 型换热器

(a) 在松散易塌的土层中适当埋深护筒，用黏土密实填封护筒四周；
(b) 随时补充孔内泥浆，保证孔内水位高出护筒筒底至1~2m；
(c) 使用优质的泥浆，提高泥浆的密度和黏度；
(d) 搬运和吊装地下换热器时应防止变形和碰撞孔壁；
(e) 尽量缩短放管和回填的时间差。

第二个问题的防治措施主要有以下两点：
(a) 进入不均匀的土层时，钻的速度要尽量慢；
(b) 钻孔偏斜时应提起钻头重新扫钻几次，如果无效，应在孔中局部回填黏土至偏孔的地方0.5m以上重新打钻。

② 回填技术

回填技术的关键是回填方式和回填材料。

在回填料灌料的时候，如果从上边回填，就会因为压力不够而导致井内空气排不出来，造成回填料和井壁及换热器之间形成空隙，会在很大程度上影响换热效果。所以在回填过程中除了要注意回填的角度，还要合理控制好填料的速度，速度快了会卷入空气，形成空隙，影响换热。

目前用得较多的回填材料是岩浆、细砂、岩浆细砂混合物、膨润土岩浆混合物等。岩浆能够很好地保证传热性能。利用细砂回填，则要不停的充水，保证细砂正常沉降。细砂只适用于较湿润的土壤条件，其他土壤条件更多地使用细砂岩浆混合物。膨润土岩浆混合物能够有效防止灌浆过程中形成的空穴，膨润土吸湿后膨胀，能堵上空穴，有利于换热。但是膨润土一旦没有水分后，仍然会形成空穴，所以和细砂一样只适合于较湿润的土壤条件。

6) 防冻剂的选择

在冬季制热工况时，随着运行时间的增加，热泵系统地下环路内流体的温度迅速下降。北方地区典型城市的土壤初始温度普遍较低，热泵机组流体出口温度可能会降至0℃以下，为了维持系统的正常运行，环路内需要添加防冻液。

通过对防冻液的凝固点、腐蚀性、对人体健康和环境的影响、火灾风险以及系统投资及运行费用各方面的综合考虑，本书建议选择乙二醇作为防冻剂。虽然其价格相对较高，但是传热性能比较好，腐蚀性低，对人体和环境影响小，管理操作也比较简单。

研究表明，由于防冻液与水的物性不同，因此采用防冻液后，地下换热器的传热性能以及机组的性能均有所降低。

通过有关学者对添加乙二醇防冻剂时系统性能的模拟，在夏季工况时防冻液浓度对系统的制冷量压缩机耗功量等影响很小，与水作为循环介质比较，制冷量变化不超过1%，因此在夏季工况时，可忽略防冻液对系统性能的影响。在冬季工况时，系统的制热量随着运行时间的增加而下降，防冻液浓度越大，系统的热量衰减越大，但在运行时间内，系统制热量的衰减系数变化不大，可近似看作定值。

一般建议防冻液的凝固点必须比热泵要求的最低入口温度低5~9℃。北方地区热泵机组冬季要求的最低进口温度为-4℃，当乙二醇质量浓度为20%时，其凝固点为-10℃，完全可以满足机组正常运行时的温度要求。当添加20%浓度的乙二醇作为防冻剂时，相同流量的热泵地下换热器的传热能力将为纯水介质下的94%。因此，在做设计及评价计算时,添加防冻剂的情况下,地下换热器能效 ε 应添加修正系数。当然,在不同工况下修正系数会略有差别。设地下换热器换热性能衰减系数为 β_e,那么添加防冻剂时地下换热器能效 ε 根据实际工况计算应修正为 $\beta_e \varepsilon$。

机组模拟结果表明,添加防冻液后,防冻液不仅对与防冻液进行热交换的换热器的传热量有影响,而且对机组的整体性能均产生影响。当采用 20%的乙二醇作为防冻液时,在冬季工况下,机组制热性能系数分别比纯水工况时降低约 2.5%。因此,可以在纯水工况下计算机组逐时 COP,添加防冻剂情况修正为 0.975COP。然而当实际运行工况与模拟的工况不相同时,该修正系数也会略有差别。那么在实际运算中,应根据机组 COP 的实际衰减情况计算,设机组性能衰减系数为 β_u,那么添加防冻剂时机组性能 COP 应修正为 $\beta_u COP$。

(2) 发展前景

土壤源热泵作为热泵运用的一种形式,因其节能性、环保性而发展迅速,且被越来越多的用户所接受。20世纪80年代初,瑞典在短短的几年内就安装了上千套土壤源热泵装置。在我国,土壤源热泵起步较晚,但已引起各界的重视。国内有许多的学者对其进行了探索研究,随着国外土壤源热泵技术的不断引进,国内土壤源热泵的研究取得了突破性的进展,越来越多的中国用户开始熟悉土壤源热泵。国外许多大的公司和企业集团包括政府部门都希望能够在中国推广土壤源热泵技术和产品。

尽管土壤源热泵还存在不足之处,但许多国际著名组织及从事热泵的研究者都普遍认为,由于土壤资源广泛,在目前和将来,土壤源热泵是最有前途的节能装置和空调系统,是国际空调和制冷行业的前沿课题之一,也是地能利用的重要形式。

5.1.2 地下水源热泵

1. 定义及工作原理

地下水源热泵是指通过在地下岩体中凿建生产井群,利用水泵直接抽取地下水,通过二次换热或直接送水至水源热泵机组与制冷剂进行热交换,经提取热量或释放热量后,在合适地点(一般设回灌井群)回灌或排放的系统,也被称为开式回路系统。一般由水源系统、水源热泵机房系统和末端用户系统三部分组成。其中,水源系统包括水源、取水构筑物、输水管网和水处理设备等。冬季时,热泵机组从生产井提供的地下水中吸热,通过压缩机的压缩作用,制冷剂的温度升高,提高品位后,制冷剂在冷凝器中将热量释放出来,对建筑物供热,取热后的地下水通过回灌井回到地下。夏季时,生产井与回灌井交换,而将室内余热转移到低位热源中,达到降温或制冷的目的。冬夏工况的转换由转换阀实现。

地下水源热泵系统主要由 4 部分组成:水循环系统、水源热泵机组、室内空调系统和控制系统。地下水源热泵系统原理图如图 5-13 所示。

如果地下水的水质良好,可以直接进入热泵进行换热,这样的系统称为开式环路。实际工程中也多采用闭式环路形式的热泵循环水系统,即采用板式换热器把地下水和通过热泵的循环水分隔开,以防止地下水中的泥沙和腐蚀性杂质对热泵机组的影响。

2. 适用性分析

(1) 水源的获取

对于地下水的获取,不像地表水,如江、河、湖、海以及城市污水,只要有条件就不受任何约束。作为国家的资源之一,政府对开采与使用地下水资源有各种各样的限制政策

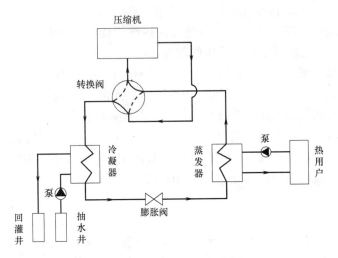

图 5-13 地下水源热泵系统原理图

和法规。要获取地下水,需通过有关政府主管部门的批准。各地的水资源管理部门设置不同,大体上有如下部门进行管理:规划局、市政局、地矿局和节水办等。

就某项具体工程而言,更应从实际情况出发,判断是否可以直接利用当地的地下水。不同的场地环境和水文地质条件,地下水的含量、水位、水质都各不相同,应因地制宜做出合适的选择。图 5-14 为取水所用的管材及工程施工现场图。

图 5-14 取水所用管材及工程施工现场图
(a) 取水段与非取水段使用的管材;(b) 非取水段管材吊装焊接;(c) 取水段钢管吊装

(2) 水量
水源的水量是否满足具体工程的要求,取决于如下几个因素:
1) 建筑物冷、热负荷的大小;
2) 空调系统的运行方式;
3) 空调系统设计方案(例如是否采用蓄水池、是否采用辅助加热或辅助冷却方式);
4) 水源水的温度。

例如我国北方地区,通常会存在制冷够、制热不够的问题。这种情况一般可以通过设置调峰辅助电加热器来解决,也可以适当降低室内设计标准或者改变运行策略。而在南方地区，则通常会出现制热够、制冷不够的问题，也可以通过增设冷却塔系统来解决，或者同样可以适当降低室内设计标准或者改变运行策略。但是如果在个别地区出现制冷、制热都不够的问题时，只能通过增设独立的调峰系统来辅助热泵系统完成供热和制冷。

总之，水量不足问题应通过全面的分析和精确的计算以及合理的设计来解决。

(3) 水温

图 5-15 和图 5-16 为地下水利用示意图。地下水的温度不受气候条件的影响，我国大部分地区的水体温度稳定在 12～21℃之间。表 5-3 为我国地下恒温层的井水温度。

图 5-15　冬季利用地下水　　　　图 5-16　夏季利用地下水

我国地下恒温层的井水温度 (℃)　　　　表 5-3

东　北			华北	华东	西北	中南
北部	中部	南部				
4	12	12～14	15～19	19～20	18～20	20～21

从表 5-3 可以看出，我国大部分地区的地下水温都适于地下水热泵的使用。有资料显示，当冷水水温升高时，系统的除湿量将降低。当水温由 7℃升高到 15℃时，除湿能力降到了原来的 66%。故地下水源不直接适用于湿负荷较大的地方，比如有产湿设备的建筑和人员密集的建筑等。

(4) 水质

地下水可能会含有较多的砂子以及一些矿物质，浑浊度和硬度也较高。当水源中含砂量较高时，可在供水管路中加装旋流除砂器，降低水中含砂量。若工程场地面积比较大，也可修建沉淀池除砂。沉淀池除砂费用比除沙器低，但占地面积大。有些水源浑浊度比较大，则可以安装净水过滤器，防止换热器表面积垢。还有大部分地下水的矿化度和硬度比较高，因此要选用材质优良的换热器。当水源矿化度为 350～500mg/L 时，可以安装不锈钢板式换热器。当水源矿化度大于 500mg/L 时，应在系统中加装抗腐蚀的钛板换热器或容积式换热器。

现在，国内地下水源热泵的地下水回路都不是严格意义上的密封系统，回灌过程中的回扬、水回路中产生的负压和沉砂池都会使外界的空气与地下水接触，导致地下水氧化。地下水氧化会产生一系列的水文地质问题，如地质化学变化、地质生物变化等。另外，目前国内的地下水回路材料基本不作严格的防腐处理，地下水经过系统后，水质也会受到一定影响。这些问题直接表现为管路系统中的管道、换热器和滤水管的生物结垢和无机物沉淀，造成系统效率的降低和管井的堵塞。更可怕的是，这些现象也会在含水层中发生，对地下水质和含水层产生不利影响。

在实际工程中，应对水源水质进行分析，确定影响系统设备、管件等不利因素，从而采取相应的措施消除或减小水质问题对系统的不利影响。

(5) 建筑类型和末端形式

热泵具有一机多用、应用范围广等特点，地下水源热泵也不例外。利用一套水源热泵系统既可供冷、供热，也可提供生活热水。由于这一特点，机组本身体积就会变得较小，因而使机房面积大大减少，机组可灵活地安装在任何地方，也没有储煤、储油罐等环境卫生问题及安全隐患。机组从严寒地区至热带地区均适用，其适用的水源温度从 $7\sim8℃$ 到 $35\sim36℃$ 均可，既可以提供 $7℃$ 或 $55℃$ 的空调用水，也可以提供温度适宜的生活热水；既可以作为城市区域供热的热源使用，也可以为办公楼、宾馆、别墅、居民小区等提供中央空调系统。

对于采用水源热泵机组的中央空调系统末端来说，末端采用风机盘管是比较理想的，但对于末端采用大风量的新风机组或空调机组时应注意，尤其在寒冷的北方地区，多数水源热泵厂家承诺的 $60℃$ 的热水温度可能达不到。因而建议在必要的时候应对大风量的末端设备辅以额外的加热措施或将大风量的末端设备分解成若干个小风量的末端设备，以确保冬季送风参数的要求。

3. 节能与经济分析

冬季水源热泵机组可利用的水体温度为 $12\sim22℃$，水体温度比环境空气温度高，所以热泵循环的蒸发温度提高，使得制热的效率大大提高。而夏季水体温度为 $18\sim35℃$，水体温度比环境空气温度低，所以制冷的冷凝温度降低，冷却效果好于风冷式和冷却塔，使得机组制冷效率大大提高。在制冷、制热过程中均能达到超高运行效率，能效比可达 4.2 以上。由于地下水常年保持较恒定的温度，受环境变化影响小，使得水源热泵机组运行更可靠、稳定，也保证了系统的高效性和经济性。冬季运行不需除霜，没有结霜与融霜的能量消耗，节省了空气源热泵冬季除霜所消耗的 3%～30% 的能耗。

由于受到不同地区和国家能源政策及燃料价格的影响，水源的基本条件不同，导致一次性投资及运行费用会随着用户的不同而有所不同。虽然总体来说地下水源热泵的运行效率较高、费用较低，但与传统的空调制冷供暖方式相比，在不同地区不同需求的条件下，水源热泵的投资经济性会有所不同。

4. 技术关键和发展前景

(1) 技术关键

地下水源热泵在理论上是高效节能的，但是我国地下水源热泵空调系统运行情况并不能让人满意。不同系统间差异很大，存在问题较多，主要技术问题有以下几个方面：

1) 回灌技术

地下水回灌技术是地下水源热泵空调的主要技术构成，主要问题是提取了热量/冷量的水重新回灌给地下。因此，必须保证把水最终全部回灌到原来取水的地下含水层，这样才能不影响地下水资源状况。

规范要求：回灌井数目应保证地下水完全回灌。一般来说，出水量大的井回灌量也大。

在基岩裂隙含水层和岩溶含水层中，回灌水位和单位回灌量变化都不大。

在卵砾石含水层中，单位回灌量一般为单位储水量的80%以上。

在粗砂含水层中，回灌量是出水量的50%～70%。

在细砂含水层中，单位回灌量是单位储水量的30%～50%。

但是在回灌过程中，随之而来的各种堵塞问题就会发生。

① 气相堵塞。在进行地下水的回灌时，由于回灌装置封闭不严，可能挟带大量气泡，同时水中溶解性气体也可能因温度、压力的变化而释放出来。此外，还可能因为产生化学反应而生成气体物质。发生此种堵塞，要经常检查回灌的密封效果，发现漏气及时处理，对其他原因产生的气体应进行特殊处理。

② 砂粒堵塞。回灌水改变了井的水流方向，使砂层受到冲动，部分过滤层受到破坏，使地层中少部分细砂透过人工滤层和滤网孔隙进入井内，造成堵塞。发生砂堵时，要停灌和减少灌量，并进行少量回流回扬，以使滤层重新排列。

③ 悬浮物堵塞。回灌水中含有泥土、胶结物、有机物等杂质造成。注入水中的悬浮物含量过高会堵塞多孔介质的空隙，从而使井的回灌能力不断减小直到无法回灌。处理方法是通过预处理控制注水井中悬浮物的含量。

④ 化学堵塞。回灌水中含有较多的溶解氧，它与地下水的亚铁离子作用，生成氢氧化铁胶体物，沉淀于砂层孔隙及过滤器周围。化学堵塞应根据具体情况进行具体分析。

⑤ 生物堵塞。注入水中的微生物可能在适宜的条件下在注入水井周围迅速繁殖，形成生物膜，堵塞空隙介质，降低含水层的导水能力。要防止生物膜的出现，主要通过去除水中的有机质或进行预先杀死微生物的手段来实现。

⑥ 含水层细颗粒重组。当注水井又兼作抽水井时，反复的抽、注水可能引起存在于井壁周围的细颗粒介质的重组，这种堵塞一旦形成，很难处理。所以在这种情况下，注水井用作抽水井的频率不宜太高。

为了避免在回灌井中出现堵塞、水质变坏、出砂、回灌能力衰减等问题，较好的防治措施是回扬。所谓回扬是在回灌井中开泵抽排水中堵塞物，回扬次数与回扬持续时间主要由回灌水水质、含水层结构和渗透性大小所决定。适当的回扬次数和时间才能获得好的回灌效果。一般来说，在岩溶裂隙含水层进行管井回灌，长期不回扬，回灌能力仍能维持；在松散粗大颗粒含水层进行管井回灌，回扬时间约一周1次；在中、细颗粒含水层里进行管井回灌，回扬间隔时间应进一步缩短，每天1次。

抽出的地下水从表面排掉或者排到其他浅层，都会对地下水的状况造成破坏。其中，异井回灌是在与取水井有一定距离处单独设回灌井。这种方式的可行性取决于地下水文地质状况，当地下含水层的渗透能力不足时，回灌很难实现。当地下含水层内存在良好的地下水流动时，从上游取水，下游回灌能得到很好的效果。

国家地下水资源管理中心和各城市供水节水办公室一致强调要同层回灌，为此，回灌井应与抽水井同深，且井的结构基本相同。同一工程的供水井与回灌井可定期交替使用。

2) 热贯通现象

由于回灌水与原始含水层温度存在的差异，在导热和对流等作用下，回灌井水"温度锋面"会导致近抽水井出水温度有不同程度的升高或降低,这种现象称为"热贯通"现象。如何确定适宜的井间距,如何确定井群的布局,避免"热贯通"的影响,是设计人员应该关心的主要问题。对于高密度住宅小区或城市商用建筑应用地下水源热泵系统来说,由于可利用建筑用地的面积限制,如何优化井群布局及其各自对应的抽水或回灌模式,最大限度地避免"热贯通"的不利影响是尤为关键的。

"热贯通"对地下含水层传热、蓄热性能的影响有:

① 季节性交替运行模式下的温度场分布;
② 含水层厚度对温度场的演化;
③ 渗透率与孔隙度对温度场的演化;
④ 抽水和回灌井之间距离对温度场的演化;
⑤ 循环流量对含水层取能区的温度场影响。

因此,设计过程中应对上述情况进行模拟分析,综合考虑"热贯通"对地下含水层传热、蓄热性能的影响效应,针对现有水文地质情况,优化循环流量、管井间距、运行模式等,这样可以在保证水源井长期稳定运行的同时,最大限度地利用地下水中的能量。

3) 水循环系统设计

地下水流量对热泵机组的制热(冷)量有着直接的影响,间接影响热泵机组的 COP 值。水流量增大,会增加制热(冷)量,增大热泵机组 COP 值。但是水流量增大到某一数值后,制冷量就会趋于稳定。水循环系统设计不合理,就会导致热泵机组不能工作在最佳状态。循环水泵功率过小,会达不到设计的供热(冷)负荷;功率过大,水泵的耗电量会增加,系统的初投资和运行成本也会加大,导致系统运行效率下降,热(冷)传输损耗增大,达不到高效节能的作用。

4) 地下水温监测

虽然地下水的温度一年四季变化不会太大,但是系统设计和运行的不合理会导致地下水温度的波动。地下水的水温是影响水源热泵效率的主要因素,不能对地下水温进行监测,就无法掌握系统的运行效率情况。夏季,地下水作为冷却水,水温越低越好;冬季,地下水作为热泵的热源,水温越高越好,但水温不能过高,否则会使压缩机排气温度过高,造成压缩机润滑油碳化。制热工况下,水温升高,热泵机组制热量增加,COP 值增大,但水温达到一定值后,制热量就会趋于稳定。制冷工况下,水温降低,热泵机组制冷量减少,COP 值减小。地下水温度在 20℃ 左右时,机组的制冷和制热量才会处于最佳工况点。

(2) 发展前景

地下水中的能量储量丰富,是一种可以利用的、清洁的、可再生的能源,作为国家提倡的十大建筑节能新技术之一,利用地温资源必定会带来巨大的社会和经济效益,地温资源的综合开发利用具有十分广阔的前景。但是,由于地下水源热泵需要大量抽取地下水,欧美的许多国家对此均有严格规定,一般情况下并不鼓励使用开式回路系统。以美国为例,一般要求热泵循环水同层回灌,在许多州的立法中还规定,不管水来源于何处,在回灌之前必须将水处理,以达到饮用水质标准。这意味着如果要使用供给水,不管水的来源在蓄水土层的条件如何,都要求将其处理至饮用水标准。这说明地下水资源在某种程度上是国家的一种战略物资。国外对发展开式循环系统的热泵采取了非常谨慎的态度。在国内，由于前几年对地下水源热泵的研究相对较少，尤其是地下水开采和回灌布局、控制沉降等关键技术上还存在诸多的不足，使得地下水源热泵技术的应用受到限制。所以，有必要开展深入而细致的研究工作使各项相关技术更为完善。要将地下水源热泵更好更快地发展下去，必须对地下水源热泵的特点分析，迫切解决以下几个方面的问题：

1) 地下水抽取与回灌的组合优化问题，其中抽水井与回灌井之间的干扰问题较为突出。比如：在满足机组所需水量的前提下，不同水位下抽水井与回灌井的数量和间距如何确定；抽取与回灌的动力学参数（主要是压力和水头）如何确定；不同地质结构的抽取与回灌技术如何实施；抽水井与回灌井之间的水量如何运移、热量如何转换等等。

2) 地下水的回灌问题。对于不同的含水层，要实现百分之百回灌目前还难以做到，所以，回灌效果是使用地下水地源热泵普遍关注的问题，也是制约地下水源热泵应用的一个瓶颈，需要进一步研究以提高回灌效率。

3) 抽取地下水过程中的控制沉降和地下水污染等关键技术也需进一步研究。

5.1.3 污水源热泵

1. 定义及工作原理

污水源热泵利用污水（生活废水、工业温水、工业设备冷却水、生产工艺排放的废温水），借助制冷循环系统，通过消耗少量的电能，在冬天将水资源中的低品位能量"汲取"出来，经管网供给室内空调、采暖系统、生活热水系统；夏天，将室内的热量带走，并释放到水中，以达到夏季空调的效果。污水源热泵系统按照其使用的污水的处理状态，可分为以未处理过的污水作为热源的污水源热泵系统和已处理过的污水作为热源的污水源热泵系统。处理过的污水是指经二级处理或深度处理的污水。所谓二级处理，是指污水经一级处理后用生物处理方法（主要为活性污泥法和生物膜法）继续去除污水中的有机物和悬浮物的净化过程。

（1）以未处理污水作为污水源

以未处理污水作为污水源热泵的热源，可就近利用城市污水管渠的污水，把未处理污水中的冷/热量传递到热泵系统中，并能就近输送给城市的用户，可以显著增加污水用于区域供热/供冷的范围，但由于未处理污水中含有大量杂质，水处理和换热装置比较复杂。该系统流程图如图 5-17 所示。

（2）以处理过污水作为污水源

以二级出水或中水作为污水源热泵的热源，因为水质较好，所以处理过程比较简单，系统可能仅需要一级过滤器，有时可能根本不需要过滤器。但污水处理厂一般位于市区边缘，距热用户较远。如在污水处理厂内设立机房，回收污水中的冷/热量，则供热、供冷管线较长，费用较大。如果有中水系统，则可利用中水管线将水输送到用户处，采取半集中式系统进行供冷、供热。水中的能量利用完之后，还可继续作为中水使用。在此情况下，不需要复杂的处理系统，所以系统与一般的水源热泵系统较为相似，故在此不再作详细的分析。图 5-18 为以二级出水为热源的污水源热泵系统流程图。

（3）污水热能回收

在城市污水热能回收利用系统中常采用压缩式热泵。压缩式热泵一般由带驱动电机的压缩机（保持系统制冷剂循环和提高温度）、换热器即蒸发器（从低位热源提取热量）和冷凝器（输出热量）、膨胀阀（膨胀制冷剂流体、调节流量）等设备组成。这些设备用管

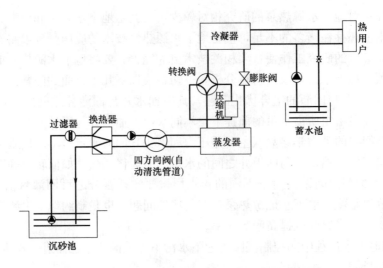

图 5-17　以未处理污水作为热源的污水源热泵系统流程图

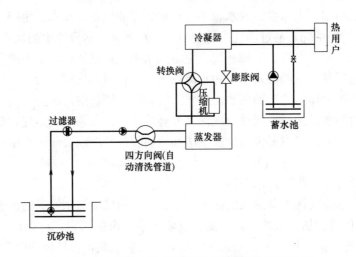

图 5-18　以二级出水为热源的污水源热泵系统流程图

道连接为一个封闭系统，系统中有热力学性质适宜的制冷剂循环流动。图 5-19 所示为热泵机组的结构图。

污水源热泵系统，就是以污水作为提取能量和储存能量的基本源体，通过水源热泵来实现对建筑物的冬季供热、夏季制冷以及生活热水等多重需求的供热制冷系统。污水源热泵系统是由末端（室内空气处理末端等）系统、水源热泵主机和污水水源系统三部分组成。以制热工况为例，系统原理如图 5-20 所示。

1）室内末端系统由用户侧水管系统、循环水泵、水过滤器、静电水处理仪、各种末端空气处理设备、膨胀定压设备及相关阀门配件组成。

2）水源热泵机组由压缩机、蒸发器、冷凝器、膨胀阀、各种制冷管道配件和电气控制系统等组成。

3）污水水源系统由水源取水装置、取水泵、水处理设备、输水管网和阀门配件等组成。

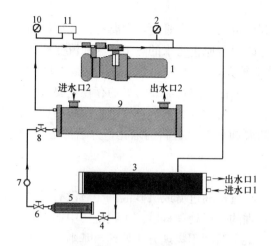

图 5-19 热泵机组结构图
1—压缩机；2—高压表；3—冷凝器；4—截止阀；5—干燥过滤器；6—电磁阀；7—视镜；8—膨胀阀；9—蒸发器；10—低压表；11—高低压控制器

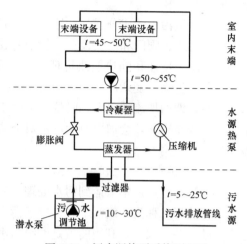

图 5-20 污水源热泵系统原理图

为用户供热时，污水源热泵系统从污水中提取低品位热能，通过电能驱动的污水源热泵主机"泵"送到高温热源，以满足用户供热需求。制冷时，污水源热泵系统将用户室内的余热通过水源热泵主机转移到污水中去，以满足用户的制冷需求。这种供热制冷系统只要消耗少量的电能，便可得到满足房间所需要的冷热量。

污水源热泵的技术状况和经济性与热源/热汇的特点密切相关。对热泵系统来说，理想的热源/热汇应具有以下特点：在供热季有较高且稳定的温度，可大量获得，不具有腐蚀性或污染性，有理想的热力学特性，投资和运行费用较低。在大多数情况下，热源/热汇的性质是决定其使用的关键。

2. 适用性分析

(1) 水源选择

城市污水的存在过程基本上是：形成→汇集→输运→物理处理→生化处理→排放。上述不同阶段的污水所对应的热能利用价值和热能利用方法、工艺，以及需要解决的关键问题都大不相同。因此，城市污水从热能利用的角度可分为以下几类：

1) 原生污水

原生污水就是未经任何物理手段处理的污水。具有两大特点：①在空间位置上普遍存在于城市污水管渠网络中，即空间优越性；②含有大量大、小、微尺度的机械污杂物和复杂的化学生物成分，即成分恶劣性。

原生污水的空间优越性显示了其巨大的应用前景，决定了其在城市污水热能利用中的主导地位。城市污水量一般为城市供水量的 85% 以上，取其 5℃ 温差的显热就可以为北方城市 10% 的建筑物冬季供热，若进一步开发利用 30% 左右的城市污水的凝固潜热，则理论上基本能够满足整个城市的供热能量需求。与其他类污水相比，原生污水不受地理位置的限制，能真正意义上为整个城市的供热服务。城市原生污水热能的利用是解决建筑供热能耗的重要途径。

但是原生污水的成分恶劣性给它的热能利用带来了许多难题，主要有：大尺度污杂物严重堵塞管道、阀门和换热设备；复杂的成分改变着原生污水的热工特性和流变特性，导致其有压流动特性和强迫换热机理与清水差别较大，甚至发生质的变化；微小尺度污杂物、各种微生物、复杂成分的化学物质在换热器表面形成污垢。污垢的存在主要有两个方面的影响，即增加流动阻力和降低换热效率。在污垢、水、溶解氧、微生物和多种电解离子等的综合作用下，会加快原生污水对金属的腐蚀和有机材料的老化，并增加运行费用，缩短系统的使用寿命。

2) 一级污水

原生污水经过汇集输运到污水处理厂后，经过格栅过滤或沉砂池沉淀后没有经过任何生化处理的污水称为一级污水，对应于污水处理的一级处理程度。工程应用中如果在沉沙池后即进行污水取热，利用的就是一级污水。集中后利用物理方法处理，基本上解决了原生污水物理成分恶劣性的问题，避免了大尺度污杂物对阀门和换热设备的堵塞问题，缓解了污水结垢后对换热器表面的污染程度，但是在缓解污水对金属材料的腐蚀方面改善不明显。

3) 二级污水

经过物理处理之后的一级污水再经过活性污泥法或生物膜法等生化方法处理或深度处理后可称为二级污水，对应于污水处理的二级、三级或深度处理程度。工程应用中如果在污水处理厂的污水排放口处进行取热，利用的一般为二级污水。由于二级污水的微生物和复杂化学成分得到净化，与一级污水比较而言，在结垢和腐蚀这两方面有了进一步的改善。而且其热工特性和流变特性跟清水相比，已经差别不大，经过深度处理的污水进行热能利用时基本上可以利用清水的所有设计理念。二级污水与一级污水相比，应用起来更简单。

三种污水对比如表 5-4 所示。

三类城市污水对比　　　　　　　　　　表 5-4

	处理措施	大尺度污染物	微尺度污杂物	生化成分	空间的优越性	堵塞情况	结垢情况	腐蚀情况
原生污水	无	很多	很多	很多	有	严重	严重	严重
一级污水	物理处理	很少	较多	很多	无	轻微	中等	严重
二级污水	生化处理	无	很少	较少	无	无	轻微	轻微

从表 5-4 中可以看出，在污水热能利用工程中，对于不同种类的污水，其解决的重点和难点都大不一样。对于有污水处理厂的区域，经过处理后的污水在热能应用方面避免了一些重大难题，但污水在各种处理过程中伴随着热量的增加或损失，会影响系统运行的效率。

(2) 水量

据有关资料显示，北京、上海等大城市每天的污水排放量可以达到几百万吨，即使相对较小的城市也可达到上百万吨，这些地方人口密度大，污水排放相对集中，并且在逐年提高，全国每年排放城市生活污水 500 亿 t 左右，按温度升高或降低 5℃ 计算，若全部开发所贡献出的热和冷（10亿GJ），这部分热量可供20亿m²的建筑供热和制冷。如果温降变得更大，则其中蕴藏的能量更惊人。按照这个理论，北京、上海等一些大城市污水中蕴藏的可利用的冷或热量应该可以为节约一次性能源做出相当大的贡献。故从理论方面来看，污水源热泵在大城市有着很高的适用性。表5-5为主要城市日污水排放量与可满足的供热面积表。

主要城市日污水排放量与可满足的供热面积 表5-5

城 市	北京	天津	上海	南京	无锡	杭州	宁波
日污水排放量(万 m³)	350	200	540	110	80	140	100
可满足供热面积(万 m²)	1400	800	2160	440	320	560	400
城 市	合肥	广州	厦门	沈阳	大连	长春	哈尔滨
日污水排放量(万 m³)	100	170	77	208	100	100	108
可满足供热面积(万 m²)	400	680	240	832	400	400	432

(3) 水温

一般来讲，水源热泵对水源温度要求的范围是：制冷工况，蒸发器入口水温为10~22℃；制热工况，冷凝器入口水温为18~40℃。

城市污水水温"冬暖夏凉"。冬季，城市污水管道内集中收集的污水平均温度在15℃左右，由于各个城市自来水水源不同，导致污水温度有一定差异。采用地下水作为自来水水源的城市污水温度在18~22℃之间，采用地表水作为自来水水源的城市污水温度在10~15℃之间，整体高于环境温度；夏季，城市污水温度在22~26℃之间，整体低于环境温度。据2009年的统计数据分析，青岛市某污水处理厂水温最高月应该在气温最高月，即8月，水温一般保持在26℃左右，最高达27℃，最低达24℃，平均在25.8℃左右。最低月应该在气温最低月，即1月，水温最高达14℃，最低达12℃，平均在12.9℃左右。而普通月（5月）的水温最高达24℃，最低达22℃，平均在23℃左右，如图5-21和图5-22所示。

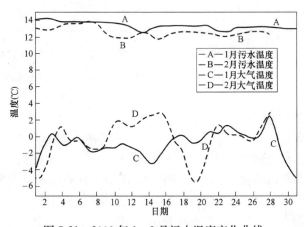

图5-21 2009年1、2月污水温度变化曲线

随着城市设施不断完善、人们生活水平不断提高和经济的快速发展，城市人均能源消费水平进一步增加，城市热量排放增多，冬季污水水温变得更高，这将有利于把城市污水

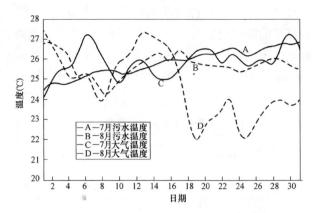

图 5-22 2009 年 7、8 月污水温度变化曲线

作为热源回收利用。

(4) 水质

城市污水中二级污水经过一级物化处理和二级生化处理,去除了污水中大量的杂质,降低了污水的腐蚀度,更有利于污水中热能的提取。

为保证污水源热泵机组的正常工作,除对热源水进水温度有一定要求外,进入热泵机组的水质也有一些规定,如含砂量、浑浊度、酸碱度、总硬度、矿化度等。水源水中固体颗粒物的粒径应小于 0.5mm,pH 应为 6.5~8.5,总硬度应小于 200mg/L,矿化度小于 3g/L。此外,水中氯离子等都具有腐蚀性,溶解氧的存在也加大了对金属管道的腐蚀破坏作用。对腐蚀性大、硬度高的水源,应在系统中加装适宜的抗腐蚀的换热器。

一般地,污水处理厂处理后的污水水质应依据《城镇污水处理厂污染物排放标准》(GB 18918—2002) 出厂。表 5-6 是某污水处理厂设计出水水质表。

设计出水水质 表 5-6

BOD_5	COD_{cr}	SS	TN	NH_3-N	pH	TP	粪大肠菌群数
≤30mg/L	≤100mg/L	≤30mg/L	无要求	≤25mg/L(水温>12℃)	6~9	≤3mg/L	≤104 个/L

在现有条件下,虽处理后的污水水质已经有所改善,但从上述数据看,它对热泵系统的换热器还是有一定的腐蚀作用。因此,在进入换热器之前还需经过一番有针对性的处理。

3. 节能与经济性分析

我国城市污水水量巨大,2009 年全国污水排放量共计 730×10^8 t 左右。这些城市污水中的废热通过原生污水源热泵回收后可以至少解决 $30 \times 10^8 m^2$ 建筑物冬季采暖问题。

污水源热泵技术是低品位能源的循环利用,节省了化石能源,是实现我国节能减排目标的有效保证。城市污水的主要特点有:水温适宜,变化幅度小,受气候影响较小,利用区域较广。与空气源热泵和地下水水源热泵相比,污水源热泵在技术和经济性上更具优势。

(1) 节省初始投资。污水源热泵空调系统一机三用,即一套机组可以满足用户制冷、采暖及生活热水的供应,省去了普通中央空调中冷却塔、锅炉房或换热机房热网等初始投资；相比地下水源热泵，省去了打井费用；相比土壤源热泵，节省了土地和投资费用。

(2) 节电。污水源热泵将污水热能连同机组所耗电能一并转移到室内，能效比达 4.0 以上，与大型燃煤锅炉相比，一次能源利用效率提高 80% 以上，单位采暖负荷电耗相比地下水源和空气源热泵节约 10%～50%。能源利用效率是电采暖方式的 3～4 倍。污水源热泵机组与空气源热泵机组相比，夏季冷凝温度低、冬季蒸发温度高，能效比和性能系数大大提高，而且运行工艺况稳定，比传统中央空调系统节省 30%～60% 的运行费用。

(3) 节水。污水源热泵作为制冷机使用，夏季运行时不存在水蒸发和漂水问题，节省了水的消耗，每个制冷季节 $1 \times 10^4 m^2$ 的建筑就可以节水 4000 多吨。全国如果大量开发利用污水源热泵系统，其节水量将相当大。

4. 技术关键和发展前景

(1) 技术关键

虽然城市污水中蕴藏着巨大的能量，但它含有大量的容易堵塞和腐蚀换热器等设备的悬浮物、油脂类污染物以及硫化氢等。特别是直接利用未处理的原生污水时，其悬浮物、油脂类污染物以及硫化氢等物质浓度要比二级出水高出十几甚至几十倍。因此，为了有效回收污水中的热能，必须解决以下技术问题：

1) 防堵塞技术

对污水源热泵系统而言，堵塞问题是首当其冲的。堵塞最严重的当属城市下水道中的原生污水。原生污水水质较差，且杂质含量较高，容易造成堵塞、腐蚀、二次污染等问题。

哈尔滨工业大学孙德兴教授发明的"滤面的水力连续自清装置"能够解决堵塞问题，其工作原理图如图 5-23 所示。

该装置滤面自身旋转，在任意时刻都有部分滤面位于过滤的工作区，另一部分滤面位于水力反冲区。在滤面旋转一周的几秒到十几秒时间内，每个滤孔都有部分时间在过滤的工作区行使过滤功能，另一部分时间在反冲区被反洗，以恢复过滤功能，这里称之为滤面过滤功能的再生。污水经由过滤后去换热设备无堵塞换热，换热后的污水回到污水热能处理机的反冲区对滤面实施反冲，并将反冲掉的污杂物全部带至排放处。该装置不惧怕任何污杂物含量的污水，工作可靠，造价低廉；另一个优点是无需人工清理污杂物。

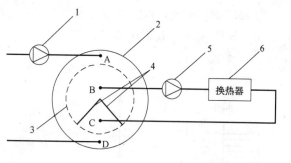

图 5-23 滤面过滤功能水力连续再生装置原理图
1—一级污水泵；2—外壳；3—旋转滤网；4—内挡板；
5—二级污水泵；6—污水换热器

利用另外一种装置——污水防阻机（除污机）同样可以过滤或分离污水中的悬浮物，解决恶劣水质对换热设备及管路的堵塞与污染问题，实现长时间连续的安全换热。

除污机将污水中指定粒径以上的固体悬浮物截留，使含有该粒径以下固体悬浮物的污水去污水换热器无堵塞换热，换热后的污水回到污水防阻机另一通道，协同原被截留污杂物一起返回污水渠。主要有两种类型的除污机：

① 容器型防阻机：外观呈容器型的污水热泵防阻机，可以在机房或者其他地方安装，如图 5-24 所示，其工作流程如图 5-25 所示。

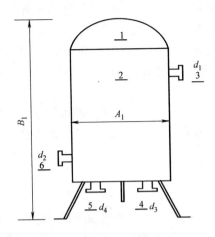

图 5-24 容器型防阻机构造图
1—电机封头；2—防阻机主体；3—进水口（接水泵）；4—与专用换热器接口；5—与专用换热器接口；6—回水口；A_1—主体直径；B_1—防阻机高度

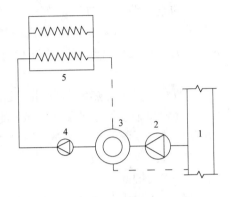

图 5-25 容器型防阻机的工作流程
1—污水源；2——级污水泵；3—容器型防阻机；4—二级污水泵；5—换热器

② 淹没型防阻机：裸露安装在取水头部的污水防阻机，有 Y1 型和 Y2 型两种，如图 5-26 和图 5-27 所示。其工作流程如图 5-28 所示。

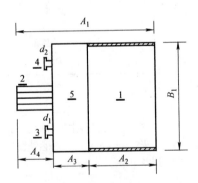

图 5-26 淹没型防阻机构造图（Y1 类）
1—防阻机主体；2—驱动电机；3—出水口（接水泵）；4—进水口；5—安装位置（支撑点）；A_1—主体长度；B_1—防阻机直径

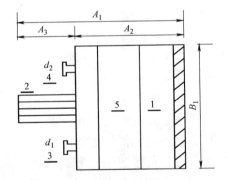

图 5-27 淹没型防阻机构造图（Y2 类）
1—防阻机主体；2—驱动电机；3—出水口（接水泵）；4—进水口；5—安装位置（支撑点）；A_1—主体长度；B_1—防阻机直径

2) 防污染转换技术

关于污染腐蚀问题，城市各种污水虽然水质较差，但是酸碱度确实接近清水，和地面水差不多，近似为中性。这就决定了它们对碳钢的腐蚀不会很严重，在不暴露于大气中、密闭运行的情况下，腐蚀状况更是微乎其微。但是不管怎样，当水质较差时，对换热器表面的污染是不可避免的。污染带来的影响使换热热阻增大，换热效果下降。工程实践表明，使用城市原生污水作为热源的系统换热器的传热系数在经历一个采暖季后减小了20%左右。所以，解决细小泥砂及污水软垢增长对换热器设备的堵塞及污染问题很关键。

① 专用污水换热器（见图5-29）：污水源热泵系统中，污水经污水防阻机，再进入换热设备中换热，此换热设备需要特殊设计，称为专用污水换热器。它能实现城市原生污水与清水的换热，该清水又称中介水，用作热泵空调机组的热源用水或冷却水。这种换热器只限于与污水热泵防阻机配套使用以及当水源没有特殊的腐蚀作用的情况下。

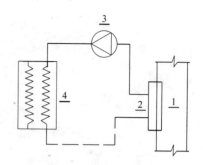

图5-28 淹没型防阻机的工作流程
1—污水源；2—淹没型防阻机；
3—污水泵；4—换热器

② 套管式专用换热装置：该装置由中国建筑科学研究院袁东立教授发明，其原理是用两种不同规格的管道连接成同心圆套管，外管道叫壳程，内管道叫管程。两种不同的介质可在壳程和管程内逆向流动，以达到换热的效果。该换热装置可用于污水源热泵系统中热泵机组与城市污水等水源的中间换热。其特点是：换热时污水走通道面较大的管程，清水走壳程，两者逆向流动；管程与污水进出水集管连接处为喇叭口连接便于污水进出；换热装置一端的管程U形弯头采用法兰连接，便于管程的清洗除污。采用这种换热装置的污水源热泵系统无需对污水等水源进行前置水处理就可以直接通过该换热装置，其结构图如图5-30～图5-32所示。

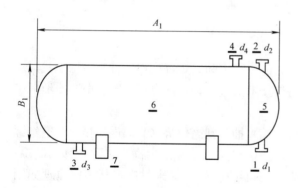

图5-29 专用污水换热器构造
1—污水进口；2—污水出口；3—清水进口；
4—清水出口；5—封头；6—壳体；7—支座
A_1—主体长度；B_1—换热器直径

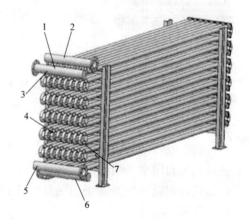

图5-30 套管式专用换热装置
1—污水进水集管；2—清水出水集管；3—管程；
4—壳程；5—污水出水集管；6—清水进
水集管；7—壳程连接管

污水通道为管程，管程直径可以根据污水内杂质的种类、大小自由设计，可以避免污水内杂质在管程内发生堵塞。管程、壳程内水流速可以设计得较大，从而增加了换热装置的换热效果，水流为紊流流动，传热系数高于壳管换热器、盘管浸没式换热器。管程内走污水、壳程内走清水，两者逆向流动，可以实现最大限度的换热温差。

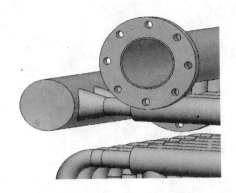 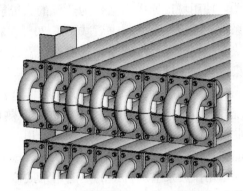

图 5-31　污水入口喇叭口　　　　图 5-32　管程可拆卸 U 形弯头

（2）发展前景

从现阶段看，适当发展污水源热泵不会造成明显影响。从长远看，受布局限制等原因，污水源热泵发展到极限后也不可能将全部污水进行利用，估计利用率能达到 50% 左右。单个热泵系统提取温差在 5℃ 范围内，污水整体温差变化在 2℃ 左右，对污水系统影响有限。从科学角度出发，应当开展全面调查研究，用科学的数据和理论支撑该项技术的发展。污水经处理后的再生水目前得到了广泛利用，也可以作为污水源热泵的一种水源，相对于污水具有水质好、无需考虑后续处理的优点。其局限性则是再生水供水系统覆盖范围及水量更小，限制热泵布局。另外再生水回用对象多，热泵对其的影响更复杂。目前，城市中再生水主要用于河湖补水和工业冷却水，夏季时热泵将热量转移至再生水中，水温升高，不利于河湖和工业使用；冬季时水温降低，明显有益于工业使用，对河湖则无影响，可见再生水源热泵冬季供热更加经济。

5.1.4　空气源热泵

1. 定义及工作原理

空气源热泵机组具有节能、冷热兼供、无需冷却水和锅炉等优点，特别适用于我国夏热冬冷地区作为集中空调系统的冷热源。随着技术的进步，目前应用范围有向寒冷地区扩展的趋势。

空气源热泵的功能是把热从低位势（低温端）抽升到高位势（高温端）排放。空气源热泵就是利用室外空气的能量通过机械作功，使能量从低位热源向高位热源转移的制冷/热装置。它以冷凝器放出的热量来供热，以蒸发器吸收的热量来供冷，其工作原理如图 5-33 所示。

2. 适用性分析

（1）温度

空气源热泵在我国应用广泛。冬季运行过程中，其室外侧换热器在不同地域、不同环境条件下结霜量、结霜速率有显著差别，导致相同型号的空气源热泵机组在不同地域应用时，所要求的除霜频率、除霜控制策略均有不同。有关调查和研究结果显示，发生结霜现象的室外空气温度范围为 $-12.8℃ \leqslant T \leqslant 5.8℃$，空气相对湿度大于 67%。目前，空气源热泵适用的室外空气温度一般不低于 $-15℃$。因此，将 $-15℃$ 作为空气源热泵应用的空气温度下限。根据这一分析，空气作为建筑冷热源直接利用时，适用于我国绝大部分地区过

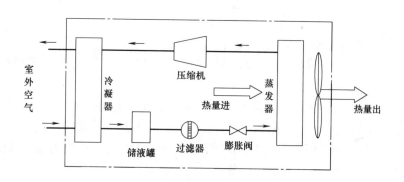

图 5-33 空气源热泵工作原理示意图

渡季节和夜间。

《公共建筑节能设计标准》(GB 50189—2005) 规定：空气作为建筑冷热源较适用于夏热冬冷地区的中、小型公共建筑；夏热冬暖地区应用时，应以热负荷选型，不足的冷量可由水冷机组提供，意味着在该地区应用时冷量有可能不足；寒冷地区应用时，当冬季运行性能系数会低于 1.8 时，不宜采用。有学者研究得出结论：当空气-水热泵机组的出水温度为 45℃时，运行时的干工况和结霜工况的分界线为拉萨—兰州—太原—石家庄—济南，该分界线以南区域空气源热泵运行时，不会结霜，以北地区运行时会存在不同程度的结霜。按照这个理论，我国使用空气源热泵的地区可分为 4 类，如表 5-7 所示。

空气源热泵结霜分区 表 5-7

类　别	代 表 城 市	类　别	代 表 城 市
低温结霜区	济南、北京、郑州、西安、兰州等	一般结霜区	杭州、上海、南京、武汉、南昌等
轻度结霜区	成都、桂林、重庆等	重度结霜区	长沙等

由于北方寒冷地区的气候特点是冬季采暖时间较长，但温度特别低的持续时间相对较短，空气源热泵要想不依靠辅助热源满足该地区采暖需要，同时还满足夏季供冷需要，要求机组必须在 −15℃ 左右的环境中可靠、高效运行。根据空气源热泵在北方部分地区的实测来看，在室外温度为 −15℃时，机组的制热性能系数仍为 1.88，因此空气源热泵可以不依靠辅助热源在中小型办公建筑中应用，在商业建筑中应用时则需要配置辅助热源。

(2) 容量和品位

空气容量是指空气冷热源在规定时间内能够提供的冷热量。空气作为冷热源，其容量随着室外环境温度及被冷却介质的不同而不同。在较为不利的室外环境条件下，被冷却介质是空气时（取蒸发温度为 −5℃，冷凝温度为 40～45℃），单位时间内消耗 1kW 电能，空气可以提供 3kW 左右的能量；被冷却的介质是水时（取蒸发温度为 5℃，冷凝温度为 40～45℃），空气则可以提供 4kW 左右的能量。由此看来，空气容量还是比较大的。

空气品位是指空气的可利用程度，品位越高越容易利用。以室内舒适温度为基准温度，热源温度与基准温度之差为热源品位，基准温度与冷源温度之差为冷源品位，可以用式 (5-30) 和式 (5-31) 来表示空气品位：

$$\Delta t_h = t_h - t_n \tag{5-30}$$

$$\Delta t_c = t_n - t_c \tag{5-31}$$

式中 Δt_h、Δt_c——空气作为热源、冷源的品位，℃；

t_h、t_c——空气作为热源、冷源的温度，℃；

t_n——室内设计温度，夏季取 26℃，冬季取 18℃，根据《采暖通风与空气调节设计规范》。

从上式可以看出，冬季需要供热的地区，室外空气温度都是低于 18℃的。因此，空气作为热源是负品位的，必须利用品位提升设备（空气源热泵）才能应用。作为冷源，空气的品位随季节的不同而不同，过渡季节为零品位或者正品位，可以通过通风技术直接利用；夏季为负品位，也需要品位提升设备（空气源热泵）才能应用。

(3) 可靠性、持续性和稳定性

可靠性是指冷热源存在的时间，按照长短可以分为 3 种：第一种是任何时间都存在的；第二种是在确定的时间内存在；第三种是存在的时间不稳定。空气、阳光和水是人类生存的基本自然条件，是任何时间都存在我们周围的，属于第一种冷热源，可靠性很强。

持续性是指在建筑寿命周期内，冷热源的容量和品位是否持续满足要求。空气作为冷热源，其容量和品位在建筑整个寿命周期内均可满足要求，持续性很好。

稳定性是指冷热源的容量和品位随时间的变化强弱程度。空气的容量不随时间变化，但是品位会随时间发生变化，且大部分时间都是负品位的，因此，空气的稳定性不像可靠性和持续性那样，属于较好的范畴。

3. 节能与经济性分析

空气源热泵热水系统在节能与环境保护方面的优势明显，其效能的发挥受使用条件限制。当室外气温不低于 5℃时，空气源热泵机组的 COP 值一般在 2～6 之间，平均可以达到 3 以上；其能源利用效率为电加热器的 3～4 倍以上，比一般热源节能 30%～80%。

在我国华东、华南的大部分地区，冬季气候条件可满足热泵系统运行参数的要求，可考虑不设置辅助加热系统，从而减少了系统设计的复杂性，同时可节约初次建设投资及常年运营和维护费用。空气源热泵制热过程本质上是对空气中蕴藏的太阳热能的提升利用，根据热泵的工作特性，在整个热水系统的运行过程中，热泵机组所供应的热量，只有一小部分来自电能。因此，在常年气温和日照较为良好的地区，其节能量和经济优势是相当可观的。

现以加热 1t 水为例，自来水温按 15℃，加热至 55℃计算，大约需要 40195.2kcal 的热量，各种热水器所需费用如表 5-8 所示。

各种热水器加热水所需费用 表 5-8

类 型	热源单价	燃料用量	费用(元)
电热水器	0.49 元/kWh	40195.2/817=49.2kWh	24.5
液化气	6.0 元/kg	40195.2/8640=4.7kg	28.2
天然气	1.75 元/m³	40195.2/6450=6.2m³	10.9
管道煤气	1.75 元/m³	40195.2/2660=15.1m³	26.4
柴油锅炉	5.6 元/kg	40195.2/8670=4.6kg	25.8
燃煤锅炉	0.6 元/kg	40195.2/2752=14.6kg	8.8
空气源热泵	0.49 元/kWh	40195.2/3449=11.7kWh	5.8

注：所列价格仅为计算参考价，实际价格以各地现行市场价为准。如果热泵用谷电，电费更低，每吨热水成本也会降低。

4. 技术关键和发展前景

（1）技术关键

1）除霜技术

空气源热泵机组是一种既可吸收空气中的热量和太阳能，又可结合电热水器和太阳能热水器各自优点的安全、节能、环保型设备机组。然而，空气源热泵机组本身也有一定的局限性，其主要缺点是供热能力和供热性能系数随着室外气温的降低而降低，它的使用受到环境温度的限制，当空气源热泵在较低的环境温度下工作时，若蒸发器表面温度低于空气的露点温度，空气中的水分就会在盘管表面析出。同时，若蒸发器表面温度又低于0℃，则会结霜。结霜对热泵性能有较大的影响，主要影响是：①堵塞肋片间通道，增加空气流动阻力；②增加换热器热阻，换热能力下降；③蒸发温度下降，能效比降低，热泵运行性能恶化。

目前普遍采用的除霜控制方法有以下几种：

① 时间-温度控制：该方法可根据不同地区的气象条件设定盘管最低温度控制值，但由于其设定温度为定值，不能适应环境温度和相对湿度的变化。在环境温度不低而相对湿度较大时，或环境温度低而相对湿度较小时，不能准确地判断除霜切入点，会产生除霜迟延，导致除霜不净或多余的除霜运转；在室外环境温度接近设定值时，该控制方式会引起机器频繁除霜，导致供热不足和能量浪费。

② 定时控制：该方法只对机组制热时间进行控制，按设定的时间周期进行定时除霜。这种控制方法简单，但不能做出换热器表面是否结霜的判断，而且其时间设定往往根据最恶劣的环境进行。因此，环境条件改变时，必然会产生不必要的除霜动作。

③ 压差控制：该方法对室外换热器进出口空气压差进行控制，结霜后，空气流通面积减小，进出风压压差增大，当增大到设定值时开始除霜。这种方法在某种程度上可以实现按需除霜，但在换热器表面严重积灰或有异物时会出现误除霜动作。

④ 模糊自修正除霜控制：在实验研究的基础上，出现了可适应环境温度和湿度宽幅变化的模糊自修正除霜控制技术。模糊自修正除霜控制技术的提出主要基于以下3点：第一，影响空气源热泵空气侧换热器表面结霜的主要外部因素是环境温度和相对湿度，具有非线性和时变性的特征，而模糊控制技术适合处理多维、非线性和时变性问题；第二，空气侧换热器管温的下降速度或管温与环境温度的差值变化与热泵的结霜程度相关，但难以获取定量的数学关联表达式；第三，控制参数模糊自修正对环境变化和不同机型及机器的自身差异有更好的适应性。该方法实现的步骤主要是：

除霜控制参数设置：根据行业或厂家有关标准设定最小热泵工作时间 T_{rmin}、最大除霜运行时间 T_{cmax}，盘管温度与大气温度的最大差值 Δt、结束除霜盘管温度 t_{co}。

除霜判定：热泵连续运行时间大于 T_{rmin} 而且盘管温度与室外温度差等于 Δt 时，开始除霜。除霜运行时间等于 T_{cmax} 或盘管温度大于 t_{co} 时结束除霜。

盘管温度传感器安装：安装在空气侧换热器的总管处。其优点是既能避免各支路的不平衡，较好地反映蒸发器入口温度，又能准确表达热气除霜的出流总温度，利于准确判断除霜退出。

温差 Δt 的性质：室外温度与盘管温度的差值近似等于制冷机的低温热源平均传热温差，其对制冷机性能系数的影响是：差值越大，性能系数越小。温差与其换热器的结霜厚度有关，结霜越厚，温差越大，温差的上升速率越大；当管温低于 0℃ 时，温差主要受环境湿度的影响，湿度大、结霜快，温差上升快；在环境温度较高时，温差主要受机器的内部参数影响。

温差的设定理论上应使热泵综合性能系数最佳，温差小，COP 大，但除霜频繁。最佳的温差设定值与制冷系统结构、匹配参数和运行环境有关，是一个变量。对于控制系统 Δt 的初设没有特别的要求，根据经验即可，在运行中可根据除霜结果自动修正。

虽然很多学者在结霜过程特性、除霜判断及控制等方面做了大量卓有成效的研究工作，但结霜过程的时变性和非线性特征明显，在数学模型的表达方面仍有诸多困难。以除霜总时间和除霜结束时的管温两个参数作为评价除霜结果优劣的依据，应用模糊数学工具修正温差设定值 Δt。其修正规则为：如未达到最大除霜时间 T_{cmax}，其时间差的大、中、小，表明霜层厚度的小、较小和中；如达到最大除霜时间 T_{cmax}，其设定结束除霜盘管温度 t_{co} 与实际盘管温度差的大、中、小，表明霜层厚度的大、较大、和中，应用模糊算法修正温差设定值 Δt。

空气源热泵换热器的结霜过程主要受蒸发温度影响，并与环境温湿度变化相关，变温差模糊自修正除霜控制技术能较好地兼顾环境温湿度变化，除霜切入和退出及时，除霜干净。模糊数学的应用使复杂的多变量热物理模型的问题得到简化，普遍适用各种机型，在不同地区和各种气候条件下都能获得良好的热泵性能，适应性好，有广阔的应用前景。

2）设置辅助冷热源

辅助冷热源有加热器（电加热器、直燃式加热器）、小型锅炉及水源热泵。研究表明，用电加热器作为空气源热泵的辅助热源，远比整个冬季全部直接用电采暖效率高。空气源热泵与水源热泵联合运行，可利用空气源热泵冷热水机组提供 10～20℃ 的水作为水源热泵的低位热源，由水源热泵向室内供热，从而组成双级热泵系统，如图 5-34 所示。

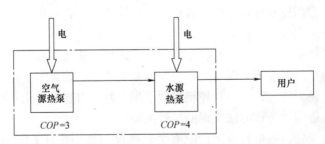

图 5-34 双级热泵系统联合运行示意图

该系统中，水源热泵可以是水-水、水-空气及水环热泵。经计算，在我国北方大部分城市，冬季空气源热泵冷热水机组可以正常运行提供 10～20℃ 的水给水源热泵，而自身压缩比不超过 8。同时，空气源热泵的供热能效比平均为 3，水-空气源热泵供热能效比平均为 4，如果不考虑其他损失，由空气源热泵冷热水机组和水-空气源热泵机组组成的双级热泵系统的供热能效比达到了 2。

（2）发展前景

空气中的热能储量巨大，且取之不尽用之不竭，空气源热泵利用较少的电能就可以搬运 3~4 倍的热量。除了冬季之外的其他时间，节能优势更加明显，全年节约费用可高达 50% 以上。同时，并未发现运行费用比传统热源高的现象，在这一点上，空气源热泵具有明显的优势。机组适用温度范围在 -10~40℃ 之间，并且可以全天候使用。如果空气源热泵热水系统采用容积式储热方式，在短时停电停水的情况下可连续供热水，满足用户需求，具有良好的应用前景。与此同时，现在国内空气源热泵热水机的生产已有较大规模，部分产品已达到或接近国际先进水平，为今后空气源热泵的发展提供坚实可靠的技术基础。

5.1.5 海水源热泵

目前，海水源热泵的研究与应用主要集中在中北欧各地区，如瑞典、瑞士、奥地利、丹麦等，尤其是瑞典，其在利用海水源热泵集中供热供冷方面已有先进而成熟的经验。海洋作为容量巨大的可再生能源，在目前尚未得到充分的开发。我国海岸线长达 3 万多公里，有众多的岛屿和半岛。对于各沿海地区，海洋资源极为丰富。海水源热泵空调系统将是人们关注的一个重要课题。

1. 定义及工作原理

海水源热泵技术是利用海水吸收的太阳能和地热能而形成的低温低位热能资源，并采用热泵原理，通过少量的高位电能输入，实现低位热能向高位热能转移的一种技术。海水源热泵机组工作原理就是以海水作为提取和储存能量的基本"源体"，它借助压缩机系统，消耗少量电能，在冬季把存于海水中的低品位能量"取"出来，给建筑物供热；夏季则把建筑物内的能量"取"出来释放到海水中，以达到调节室内温度的目的。海水源热泵系统如图 5-35~图 5-37 所示。

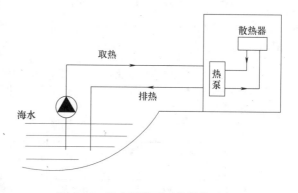

图 5-35　海水源热泵系统供能示意图

图 5-36　海水源热泵机组

图 5-37　斯德哥尔摩 Ropsten 热泵站

2. 适用性分析

(1) 海水水温

海水源热泵机组是水源热泵的生力军，它同样可以用于建筑物供冷、采暖和生活热水，也可用于工矿企业工艺过程用水。海水的温度不仅影响机组的效率，而且在很大程度上决定其是否适合作机组的热源。我国大部分海域海水温度适合水源热泵对温度的要求。我国漫长的海岸线，绝大部分水域海水均适宜作热泵机组的冷热源，这就为海水源热泵提供了广阔的市场。

海水源热泵节能效果主要受海水温度制约，原则上夏天温度越低，冬天温度越高，则系统效率越高。并且对冬季海水温度有特定的要求，通常认为6℃以上为热泵运行的适宜区域，3～6℃为可用区域，3℃以下由于空调出水接近于海水的冰点，认为是不适宜空调热泵运行的区域。

根据相关统计，东海海域海水最低温度出现在2月底3月初，表层水温在9～23℃，明显高于黄海、渤海，属于海水源热泵运行的适宜区域；最高水温出现在7～8月，水温在20～28℃，略低于南海，但明显低于当地夏季环境空气温度（26～32℃）。按地域上分，海水温度由北向南各期温度呈上升趋势。从以上数据可以看出，环黄、渤海等北方沿海地区由于冬季水温偏低，会导致制热能力不足并需要增加辅助供热措施；南海沿海地区全年只有制冷需求，而水温大部分时间偏高，难于体现节能优势。只有东海海水温度同时满足了夏热冬冷地区冬季制热和夏季制冷的要求，非常适宜作为海水源热泵的冷热源。表5-9显示了我国4大海区海水温度分布情况。

我国4大海区海水温度分布（℃） 表5-9

月份	黄海、渤海			东海			南海		
	深度(m)			深度(m)			深度(m)		
	25	35	50	25	35	50	25	35	50
2月	0～13	2～13	5～12	9～23	10～23	11～23	17～27	18～27	19～26
5月	6～11	5～12	5～13	10～26	11～26	12～25	23～29	23～28	22～27
8月	8～25	8～20	7～16	20～28	18～28	15～27	21～29	21～29	21～29
11月	12～19	11～19	9～20	20～26	20～26	20～25	22～28	23～28	24～28

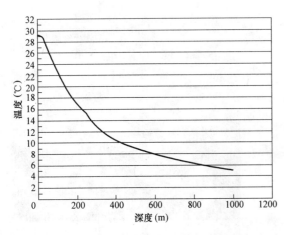

图5-38 海水温度随深度变化曲线

海水在一定深度温度是随季节变化的，但深度在大约700m以下，温度常年维持在6～7℃（见图5-38）。特别是在受到冷海流影响时，在较浅的深度就可以得到低温海水，因此在特定的条件下海水又很适合作天然冷源使用。

(2) 海水水质

我国近海海域水质状况不容乐观，从几大海域水质监测数据了解到，海水水质中溶解氧、化学需氧量、活性磷酸盐、无机氮、汞、铅、镉、石油类8项评价因子均有超过一类海水水质标准的测值。其中，活性磷酸盐、无机氮、铅的超标率分别为 66%、62%、57%。主要污染物指标活性磷酸盐、无机氮、汞、铅的污染指数分别为 2.46、3.12、2.10、2.18。其中，无机氮的含量东海最高，为 $2511\mu g/L$；活性磷酸盐的含量黄海最高，为 $425.28\mu g/L$；铅的含量东海最高，为 $7.23\mu g/L$；汞的含量渤海最高，为 $1.26\mu g/L$。

1）渤海近海海域：重金属污染相当严重，铅和汞超标普遍，石油类也普遍超标，溶解氧超标率在 10% 左右，其他评价因子超标率在 40% 左右。汞的污染指数达 10.7，超标测站均值为 $0.44\mu g/L$；镉的污染指数为 4.32，超标测站均值为 $7.30\mu g/L$；铅的污染指数为 3.93，超标测站均值为 $4.27\mu g/L$；营养盐类、石油类、化学需氧量的所有测值海区均值超过一类海水水质标准。

2）黄海近海海域：该海域营养盐有一半测站超标严重。活性磷酸盐的污染指数为 4.3，超标站均值为 $81.6\mu g/L$；无机氮污染指数为 1.22，超标站均值为 $382.53\mu g/L$；石油类、铅的超标率分别为 45% 和 42%，超标站均值为 $0.1\mu g/L$ 和 $3.42\mu g/L$，污染指数为 1.45 和 1.78；其他评价因子超标测站在 30% 以内。

3）东海近海海域：无机氮、活性磷酸盐和铅均有 80% 测站超标，前两者超标非常严重。无机氮超标测站均值为 $1155.9\mu g/L$，污染指数为 5.35；活性磷酸盐超标测站均值为 $45.877\mu g/L$，污染指数为 2.67；铅的超标测站均值为 $2.97\mu g/L$，污染指数为 2.47；其他评价因子也有超标测站，超标率在 30% 以内。

4）南海近海海域：无机盐、活性磷酸盐和溶解氧的超标率分别为 61%、68% 和 68%，污染指数分别为 3.12、1.43 和 1.16，溶解氧最低测值为 $2.59\mu g/L$；无机氮超标测站污染程度严重，均值为 $854.71\mu g/L$；其他评价因子有 10% 测站超标或没有超标。

从上面的数据可以看出，海水的水质很差，不适合直接被水源热泵利用。海水磷酸盐含量过高，在管路系统中容易形成垢体，导致管路流通面积减小，在换热器中形成垢层，影响传热。海水中溶解氧过高，会导致换热器氧化。由于海水中还有海洋生物幼体，氧气有助于其生长，这将会导致堵塞管路系统。因此，要利用海水就必须对海水进行有效的处理。

3. 节能与经济性分析

通常海水源空调消耗 1kW 的能量，用户可以得到 3~4kW 以上的热量或冷量。制冷制热性能系数高出常规空调机组 30%~40%，运行费用仅为常规中央空调的 60%~70%。以 2 万 m^2 公共建筑，常规空调年消耗电量 80 万 kWh [40kWh/($m^2 \cdot a$)] 为例，使用海水源热泵后，每年可节省耗电 28 万 kWh（节能 35% 计），折合节省标煤 103t，节省运行费用 23.8 万元（以 0.85 元/kWh 计）。特别值得一提的是，海水源热泵无需配备常规空调系统的冷却塔、锅炉等设备，不存在土壤源热泵的地下热平衡问题，对沿海地区节省宝贵的淡水资源、缓解城市热岛效应、降低噪声污染以及降低污染物排放具有重要意义。

然而，有学者研究认为，当海水输送距离超过 2km 以上，由于海水输送能耗的增加，海水源热泵的节能优势将大为减少。

从海水源热泵空调系统的初投资来看，具体包括：海水管线，海水泵和循环泵，海水热泵的过滤、杀菌设备和机组自动清洗装置，热泵站内配套设施设备和安装，岸边取水泵房，热泵站泵房土建部分和换热站、室外分配管网，辅助热源等费用，还要包含电力配套、土建的费用和电气、控制、管道、阀门的材料费用和安装费用,不含建筑物末端设备及其安装费用。从经济分析的角度来看,海水源热泵技术初始投资较高,投资回收期较长。根据大连、青岛等地的经验,海水源热泵空调与传统方式相比,初始投资比传统空调系统高 25% 以上,虽然运行费用较低,如果没有国家给予一定的优惠政策,增量投资回收期还是比较长的。因此,政府的优惠政策是项目是否采用海水源热泵技术的关键。

4. 技术关键和发展前景

(1) 技术关键

海水中含有很高的盐分和其他多种多样的矿物质,所以对金属尤其是黑色金属有强烈的腐蚀作用。如何解决海水对材料的腐蚀问题成为海水源热泵技术的关键。在材料选择和换热器结构上都要考虑海水的腐蚀性。传统的海水源热泵机组虽然利用设置的可拆卸的钛板式换热器解决了海水对换热器的腐蚀问题,但是又带来了其他问题:一是价格昂贵,二是水路系统复杂。另外,海水与机组循环水存在换热温差,在制热工况下进入蒸发器的水温降低;在制冷工况下,进入冷凝器水温升高,使制热量、制冷量降低,机组效率下降。所以如何从真正意义上解决海水的腐蚀问题是海水源热泵能否大量应用和推广的技术关键。

1) 海洋生物控制

海洋生物包括固着生物(藤壶类、牡蛎等)、粘附微生物(细菌、硅藻和真菌类)、附着生物(海藻类等)和吸营生物(贻贝、海葵等)。它们在适宜条件下大量繁殖,给海水循环带来极大危害。有些海洋生物极易粘附在管壁上,形成黏泥沉积引起结垢,严重时可直接堵塞管道。同时,海洋生物给海水循环带来严重的腐蚀问题,海洋生物控制是海水源热泵常见且关键的技术。主要有下列几项措施:

① 在相关设备前设置过滤装置:先在海水进入系统处设置一次滤网,即各种拦污栅、格栅及筛网,主要阻止海洋生物等异物进入系统;然后在进入换热器前设置二次滤网,即在换热器入口尽可能设置粗滤器及涡流过滤器等设备,使一些海洋生物不能进入换热器。

② 添加防污涂漆:主要成分以有机锡系和硅系漆为主。涂层的主要部位包括循环水系统(循环水管、海水管、冷凝水室、循环水泵等)和吸水口周围设备(旋转筛网等)。这种方法是通过漆膜中防污剂的药物作用和漆膜表面的物理作用来防止海洋生物污损的。

③ 投杀生剂:海洋生物包括菌藻、微生物及大海生物,其中控制菌藻、微生物的药剂有许多种,但是控制大海生物(如贝类)的药剂就很少。杀生剂主要有氧化型杀生剂(氯气、二氧化氯和臭氧等)和非氧化型杀生剂(新洁尔灭、十六烷基氯化吡啶和异氰脲酸酯等)两大类。黏泥杀菌剂有松香胺和环氧乙烷聚合物等。

2) 防腐技术

取水水泵的腐蚀问题是海水源热泵的关键问题。如果泵轴本身没有采取任何防腐措施,泵上下轴承支撑结构导致海水在泵管内形成滞留区,下轴承区导流罩外处于主流道的位置,海水流量大,不锈钢易保持钝性状态,泥沙不易沉积。导流罩内海水受到阻滞,不锈钢不易钝化,轴和轴承之间的润滑通过辅助叶轮将水打入轴承间隙润滑,上轴承安装在由泵体伸出管上,海水通过盘根和泵体上压盖间隙维持循环,如果流沙堵塞或流量减少,形成恶劣的局部环境,造成上轴承区轴的严重腐蚀,而下轴承区相对较轻。另外,腐蚀部位集中在海水流动性差、结构缝隙的部位,表面腐蚀的发生和发展与相对静止的环境有关,腐蚀不会在运转期间发生,而是在静止期间发生。

要解决取水水泵的腐蚀问题,相应的措施有以下几个:

① 改变密封盘根材料:将吸潮的石墨盘根改为聚氟塑料盘根,避免停止运行时长期保持潮湿状态,消除电偶腐蚀。

② 加装淡水冲洗装置:海水由上至下从水室接管和盘根间隙排出,存在两个问题。一是海水在缝隙中残留,停运期间引起点蚀和缝隙腐蚀;二是缝隙部位淤积泥沙,在泵启动时对轴产生磨损。因此,在启动前1h和停泵后1h应冲洗盘根缝隙残留海水,以避免启动时的干摩擦和停运期间海水影响,减少摩擦和腐蚀的风险。

③ 在泵轴上加装牺牲阳极:即将泵体锥形连接管(碳钢管道)内原有的牺牲阳极与轴连接起来,可以起到保护作用。

3)海水利用方式

传统的直接利用海水方式是在海水和机组之间加中间换热器,而中间换热器采用价格昂贵的钛合金换热器来避免海水的腐蚀。这种方式无疑不是最合理的,一方面增大了海水的传热温差,即不能有效利用海水的能量,同时还要设置一次水泵和二次循环泵,导致水泵这块的能耗增加。

还有一种方式是利用海军铜,这种方式改变了传统水源热泵机组的构造,海水可直接进入机组,同时减小了海水的传热温差,提高了机组的效率。

间接利用海水的方式一般采用闭式系统。这种方式避免了海水取水口的设置问题,但是由于管材需要采用防腐的塑料管,海水和管壁就存在换热温差,导致效率下降。特别是在冬季温度较低的地区,闭式系统内循环水有可能结冰,因此,海水侧可能要加防冻液。另外,使用闭式系统,换热器的安装也是技术难点。海浪会对海水中的机械造成很大程度的冲击,近海的人员活动以及船只都有可能损坏换热器。

对于开式系统,机组可以直接利用海水的能量,但是一次侧水泵能耗较高,大于闭式系统,而且还要对水质进行处理以及设置海水构筑物等设备,故投资也较大,但换热器的安装却比闭式系统简单得多。开式系统直接从海水中提取能量,在海水中只存在取水管道的设置问题,建筑负荷的大小仅仅取决于海水量的大小,因此,其适应范围较广。

(2) 发展前景

随着技术的不断进步,既成功又节能的工程实例不断增多,海水源热泵技术的发展前景是非常广阔的。然而,目前使用的大型离心热泵机组主要部件都是依赖进口,而热泵设备机组的投资占全部初投资的1/3以上,实现主机设备国产化是有效降低初投资的重要途径。在此基础上,通过借鉴国外可再生能源发展的经验,研究扶持政策,包括政府固定投资补贴、无息或者低息贷款、长期保护性电价、合理的收费制度等。总之,要以海水源热泵示范工程为契机,发现和研究阻碍其应用的经济和技术问题,并针对性地制定相关政策和解决方案,为今后涉及到鼓励使用清洁能源的激励机制等宏观政策的制定提供有价值的参考,并最终推动海水源热泵技术在我国的推广应用。同时,在国家大力倡导"能源节约型、环境友好型"的社会政策下,特别是水源热泵在全国的广泛应用,加上我国丰富的海水资源,海水源热泵在我国的应用会逐渐发展起来。

5.2 太阳能光热系统

在众多太阳能利用技术中,太阳能热利用是一种可再生能源技术领域商业化程度最高、推广应用最普遍、最现实、最有前途、最有可能替代化石能源消耗的太阳能利用方式与技术之一。太阳能热利用的范围包括太阳能热水系统、太阳能采暖系统、太阳能制冷空调系统、太阳能干燥系统、太阳能海水淡化系统、太阳能热发电系统等。这些应用范围,既涉及太阳能在生活上的应用,也涉及太阳能在工农业生产上的应用;既包括太阳能低温应用,也包括太阳能中高温应用。而太阳能热利用系统中,集热器作为系统核心部件之一,其集热性能直接影响整个系统的节能性。因此,在不同的太阳能热利用系统中选择适宜的集热器是非常重要的。

5.2.1 太阳能集热器

太阳能集热器是指吸收太阳辐射并将产生的热能传递到传热工质的装置。它本身虽然不是直接面向消费者的终端产品,但是太阳能集热器是组成各种太阳能热利用系统的关键部件,用于吸收太阳辐射并将产生的热能传递到传热工质。无论太阳能热水器、太阳房,还是太阳能热发电等都离不开太阳能集热器,都是以太阳能集热器作为系统的动力或者核心部件的。

按集热器的传热工质类型可分为液体集热器和空气集热器。前者是指用液体作为传热工质的太阳能集热器;后者是指用空气作为传热工质的太阳能集热器。

按进入采光口的太阳辐射是否改变方向,可分为聚光型集热器和非聚光型集热器。聚光型集热器是利用反射器、透镜或其他光学器件将进入采光口的太阳辐射改变方向并汇聚到吸热体上的太阳能集热器。非聚光型集热器是进入采光口的太阳辐射不改变方向也不集中射到吸热体上的太阳能集热器。

按集热器内是否有真空空间,可分为平板型集热器和真空管集热器。前者是吸热体表面基本上为平板形状的非聚光型集热器;后者是采用透明管(通常为玻璃管)并在管壁和吸热体之间有真空空间的太阳能集热器。其中吸热体可以由一个内玻璃管组成,也可以由另一种用于转移热能的元件组成。

按集热器的工作温度范围,可分为低温集热器、中温集热器和高温集热器。低温集热器是工作温度在100℃以下的太阳能集热器;中温集热器是工作温度在100~200℃的太阳能集热器;高温集热器是工作温度在200℃以上的太阳能集热器。

1. 平板型太阳能集热器

平板型太阳能集热器一般由透明盖板、吸热板、保温层和外壳4部分组成(见图5-39)。当平板集热器工作时,阳光透过透光盖板照射在表面涂有高太阳能吸收率涂层的吸热板上,吸热板吸收太阳能后温度升高,将热量传递给集热器内的热媒,使热媒温度升高,作为集热器的有用能量输出。同时,温度升高后的吸热板不可避免地要向四周散热,成为集热器的热量损失。

平板型太阳能集热器单位集热面积大,得热量高,后期维修维护费用少,易于与建筑结合。但吸热板和透明盖板之间的空间存在空气对流换热损失。在冬季,环境温度较低,平板型集热器的热损失很大,还面临集热管破裂、冻结等问题。因而平板型集热器在寒冷地区不能全年运行,从而使平板型集热器的应用范围受到了许多限制。

5.2 太阳能光热系统

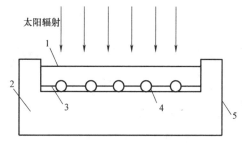

平板太阳能集热器基本结构

1—透明盖板；2—隔热材料；3—吸热板；4—排管；5—外壳；

图 5-39 平板型太阳能集热器实物图和结构示意图

2. 真空管型太阳能集热器

为了减少集热器的传导换热损失、对流损失和辐射换热损失，将吸热体与透明盖层之间的空间抽成真空，形成真空管太阳能集热器。按吸热体的材料种类，真空管集热器可分为全玻璃真空管集热器和全金属吸热体真空管集热器。其优点是热性能好、热效率高，系统热容小、系统启动快，抗严寒能力强，可在北方地区全年使用。

(1) 全玻璃真空管集热器

全玻璃真空管太阳能集热器是由多根全玻璃真空太阳能集热管插入联箱组成，由于真空管采用真空保温，进入玻璃管内的热能不易散失，散热损失比平板集热器显著减小，保温性能好，低温热效率高，在寒冷的冬季，仍能集热，并有较高的热效率。

由于全玻璃真空管太阳能集热器的材质为玻璃，放置在室外被损坏的概率较大，真空管破碎后会引起管内介质泄漏，而且在运行过程中，若有一根管损坏，整个系统就要停止工作。由于真空管与联箱之间采用橡胶密封，系统承压能力低。此外，还存在冻裂以及受到冷热水冲击时的炸管问题。为解决全玻璃真空管集热器易破碎和不能承压的缺点，改进的真空管集热器包括热管式真空管集热器和 U 形管真空管集热器。

(2) 热管式真空管集热器

热管式真空管集热器是玻璃-金属封接的真空集热管的一种，由热管、金属吸热板、玻璃管、金属封盖等组成。其中热管又包括蒸发段和冷凝段两部分。太阳辐射穿过玻璃管后投射在金属吸热板上，吸热板吸收太阳辐射能并将其转换为热能，再传导给紧密结合在吸热板中间的热管，使热管蒸发段内的工质迅速汽化。工质蒸气上升到热管冷凝段后，在较冷的内表面上凝结，释放出蒸发潜热，将热量传递给集热器的传热工质。凝结后的液态工质依靠其自身的重力流回到蒸发段，然后重复上述过程。

热管式真空管内不走水，加热系统与循环系统独立分隔，整个系统全部为金属连接，运行稳定可靠，即使有真空管发生损坏，太阳能集热器的工作也不会中断。由于在保温箱内填充了保温材料，也可以有效地控制运行过程中的热量损失。

热管式真空管的优点主要来源于热管的独特传热方式，它具有热性能好、热效率高、工作温度高等优点，系统承压能力强、热容小、系统启动快，抗严寒能力强，可在北方地区全年使用。热管式真空集热器特别适合大中型太阳热水系统。

(3) U形管真空管集热器

U形管真空管集热器主要由U形管、吸热板、玻璃管等部分组成。按插入管内的吸热板形状不同,有平板翼片和圆柱形翼片两种。金属翼片与U形管焊接在一起,吸热的翼片表面沉积选择性涂料,管内抽真空。管子(一般是铜)与玻璃熔封或U形管采用与保温堵盖的结合方式引出集热管外,作为传热工质(一般为水)的进出口端。由于U形管集热器真空管内不走水,所以不存在炸管泄漏问题,且可以承压运行。但热效率显著下降、成本显著增加,由于系统阻力大,循环介质容易过热汽化。

各种太阳能集热器的性能如表5-10所示。

各种太阳能集热器对比　　　　　　　　　表5-10

项目	平板集热器太阳能集热系统	全玻璃真空管集热器太阳能集热系统	U形管集热器太阳能集热系统	热管真空管集热器太阳能集热系统
可靠性	不适合全年使用; 水垢隐患大; 冻裂隐患大	不适合做大面积工程; 密封胶圈隐患大,微承压,不宜在较大压力下使用; 管内水垢隐患大,需定期排空清除; 有冻裂的隐患; 一支管破损,系统瘫痪	集热器密封隐患大; 循环泵功率大; 管内水垢隐患大,需采用防冻液封闭循环换热,系统复杂	适合做大面积工程; 承压性能好,全金属密封,承压0.6MPa; 管内无水垢隐患; 抗冻性能优良; 一支管破损,系统正常运行
热性能	集热性能受季节、环境影响较大,北方地区冬季热性能明显降低; 水温高于55℃时,集热器热效率明显降低	热效率高,但热容过大,每组集热器内存水约40L,冬季运行集热器启动较慢; 空晒上水炸管,严禁空晒上水	热效率有隐患,并联运行有死区,局部过热; 系统热效率较低	热效率高; 热容小,启动快; 冬季热性能较好; 多云天性能较好
稳定性	安装较简单; 耐候性差; 使用寿命较短	安装较简单; 需定期维护; 使用寿命长	安装困难; 维护困难; 使用寿命较长	安装快捷; 维护方便; 使用寿命长
经济性	造价较低; 南方使用性价比较好	造价较经济; 小系统全年使用性价比较好	造价较高; 系统全年使用性价比一般	造价很高; 系统全年使用性价比较好

5.2.2 太阳能热水系统

1. 太阳能热水系统的定义及分类

太阳能热水系统是指将太阳能转换成热能以加热水的装置。通常包括太阳能集热器、贮水箱、泵、连接管道、支架、控制系统和必要时配合使用的辅助能源。

太阳能热水系统的分类方式很多,按其集热、蓄热和辅助加热方式分为3种:单机太阳能热水器、集中式太阳能热水系统、半集中式太阳能热水系统。

(1) 单机太阳能热水器

单机太阳能热水器,即分户集热、蓄热、辅助加热。它有两种形式,一种是集热器与水箱一体,形成非承压直插式太阳能热水器,白天水在集热器中加热后存储在水箱中,用水时采用落水法或顶水法取水;另一种为分体式系统,换热介质通过循环泵在集热器和水箱内换热盘管中循环,将太阳热能传递到水箱中,用水时靠自来水水压将热水顶出。

单机太阳能热水器的特点是用户单独安装、独立使用,太阳能热水系统相对简单,且互不干扰。由于不存在计费问题，物业管理方便，但用户辅助加热部分耗能大，综合造价与同档次的中央热水系统相比相对较高；因无可靠的回水系统，供水管路存水变凉造成热能浪费，热水资源无法共享使系统资源不能充分利用。该系统适用于统一安装的多层建筑。

非承压式太阳能热水器是利用被加热水内部的温度梯度形成的密度差，使高温水上行进入水箱，从而使蓄热水箱中的水加热（见图5-40和图5-41）。其特点是换热速度快；经济实惠，安装维护方便；便于推广，主要适合城镇、农村应用。由于集热器和水箱一体化，安装后会影响建筑的美观。对于需要安装这种类型太阳能热水器的多层建筑，应统一规划安装。随着人们对建筑美观的要求越来越高，出现了将太阳能集热器和储水箱分离的分体式太阳能热水器。

图5-40　非承压式太阳能热水器

图5-41　非承压式太阳能热水器安装效果图

分体式太阳能热水系统中集热与蓄热分离，易于实现系统与建筑立面结合安装。太阳能集热器可以镶嵌在屋顶（见图5-42），也可与阳台的栅栏结合（见图5-43），形成集热器栅栏，从而降低对建筑美观的影响。而储水箱可放置在室内，从而降低了储水箱的保温要求，同时可以降低其热损失。

按循环动力的不同，分体式太阳能热水器可分为自然循环系统和强制循环系统。

自然循环太阳能热水系统利用不同温度下水的比重不一样，热水上行的原理，集热器

图 5-42　集热器镶嵌于屋顶

图 5-43　集热器栅栏

集热与水箱进行自然式热交换，来加热水箱中的水，如图 5-44 所示。采用冷水进热水出的顶水法供水方式，保证了冷热水供水水压一致，使用起来方便舒适。当水箱水温达不到设定温度时，辅助能源启动进行辅助加热；加热到设定温度，辅助能源停止加热。其特点是系统比较简单，运行很可靠，不消耗任何能源；但水箱位置必须比集热器高，循环动力较小，蓄热水箱往往选用壁挂式安装形式。

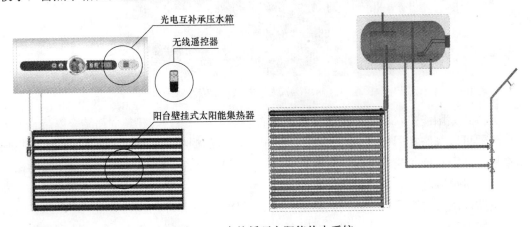

图 5-44　自然循环太阳能热水系统

强制循环太阳能热水系统为双路循环运行系统：集热环路和热水环路。集热环路中，防冻液在集热器中吸热后，进入蓄热水箱内的热交换器与冷水进行热交换，然后又回到集热器中；热水环路是指自来水进入水箱然后到用水终端之间的循环，冷水在蓄热水箱中吸收来自换热器的热量后，温度到达要求值后送入用户，如图5-45所示。蓄热水箱内应配有辅助电加热系统，保证在冬天、没有太阳或阴雨天气时仍有充足的热水供应。其特点是承压运行，系统性能稳定、安全，无漏水风险；热水不进入集热器，避免了集热器结垢，保证了集热器的使用寿命；由于系统中设有水泵，蓄水箱安装位置不受限制，但也正是因为水泵的使用，增加了系统能耗。

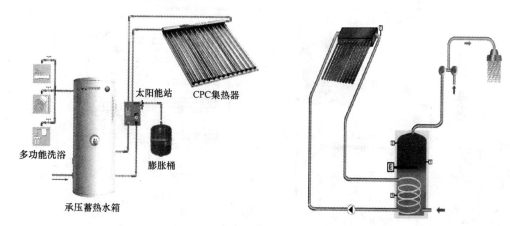

图5-45 强制循环太阳能热水系统

（2）集中式中央太阳能供热水系统

集中式中央太阳能供热水系统即集中集热蓄热、集中辅助加热或分户辅助加热。该系统形式有集中集热—集中蓄热—直接换热系统、集中集热—集中蓄热—间接换热系统。其特点是集成化程度高，集中蓄热方式利于降低造价并减少热损失，辅助加热系统集中利于补热；热水系统供应管路简单，合理的干管循环回水保证供水品质，实现各用水终端即开即热；对于住宅小区，集中式系统相对分户系统有初期投资少、集成化程度高的优势，模块化的集热器与建筑结合也比较美观。但该类系统集中运行一旦出现故障，用户热水将不能得到保证，且用户使用前需放出较多冷水。

为解决以上问题，可在上述系统中将集中辅助加热方式改成分户加热方式。该方式运行成本低，能实现太阳能热水的免费供应，但同时也会出现个别用户大量使用热水造成其他用户热水量减少的现象，需采用经济手段解决用水平衡。该方式在用水时间上不受限制，能实现24h供热水，而且集热系统出现故障也不会对用户使用造成影响。

按生活热水与集热器内传热工质的关系，集中集热蓄热系统又可分为直接式系统和间接式系统。

1）集中集热蓄热—直接式系统

当集热器温度与蓄热水箱温度差值大于设定值时，温差循环启动，当集热器温度与蓄热水箱温度差值小于设定值时，温差循环停止。当蓄热水箱中的水温低于设定温度40℃时，辅助加热启动，当蓄热水箱中水温度达到45℃时，辅助加热自动关闭。为保证用户用水，设定水箱最低水位（20%），如果蓄热水箱水位低于设定值，上水电磁阀开启，直至水位高于设定值（60%）停止。

如图 5-46 所示，该系统性能可靠，技术成熟；充分利用太阳能，系统利用效率高；外形美观，可以个性化的与建筑进行结合。初投资较为经济，但是由于管道散热，使热水运行费用增加。需要向用户收取费用，不便于运行管理。为了减少蓄热水箱的热损失，其保温要求较高，或者需要将其放在屋顶阁楼或地下室内。该系统适合于多层、高层等居住建筑，宾馆、医院、浴室等公共建筑。

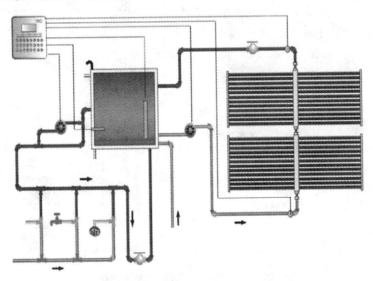

图 5-46　集中集热蓄热—直接式系统

2）集中集热蓄热—间接式系统

系统运行原理：集热器温度与缓冲水箱温度之差达到控制器的设定温度时，集热循环泵开启，实施集热循环。当缓冲水箱的高温工质达到设定温度时，换热循环泵开启，高温工质输送到公共水箱换热盘管及换热器，将热量进行传递。

如图 5-47 所示，该系统采用承压式供水方式，即自来水接入水箱底部，用水时冷水自动将蓄热水箱的热水顶出，并且保证和冷水一样的压力，便于混水。阴雨天气，缓冲水箱中的工质经辅助能源后定温进入换热器及换热盘管，以保证热水的正常使用。

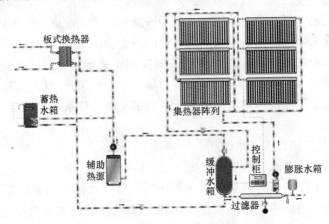

图 5-47　集中集热蓄热—间接式系统

该系统投资回报率高,适用于常规能源消耗较大的客户,可以有效节约常规能源,降低运行成本;性能稳定,便于维护;集热单元一般采用承压系统,避免漏水风险;可以和常规能源的蓄热水箱直接并用,设计安装简单;适合于宾馆、游泳池等公共建筑。

(3) 半集中式太阳能热水系统

半集中式,即集中集热、分户蓄热和辅助加热。该类系统类似于中央空调系统,集热器集中集热,循环泵将热水输送到每个用户的承压水箱中,通过换热盘管对水箱中的水加热,所以该系统又称集中集热—分户蓄热—间接换热系统。

当需要用水时,若水箱中的水温没有达到设定温度即启用辅助加热;各户单独使用,热水资源分配均匀,且白天部分用户用掉箱中热水后,水箱中的冷水还可以得到一定的热能;集热部分可承压运行,集热系统闭式循环可避免因水质引起管路和集热器结垢,运行控制方式简单。该系统的最大特点是将蓄热水箱放于每户中,这样可以减少水箱占用屋面或地下室面积,整个系统的管路在建筑中也不影响建筑美观,如图 5-48 所示。

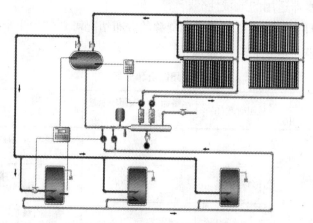

图 5-48 半集中式系统原理图

集热系统分户设置循环泵,每户供水独立,计量方便,水箱承压,造价高,冷热水压力易于平衡,集热资源共享,利用效率高,集热器设置位置的设计自由度较大,通过建筑设计可以和建筑实现一体化。这种系统适用于公共面积少,楼层比较多的多、高层建筑,立管数量少,只有两根,节省公用面积。但是每户必须设温度传感器和可靠的电磁阀控制热媒流量,以保证各户蓄热水箱中的热量不倒流至管网,维修成本比较高。间接换热的方式有一定热损失,基本以提高初始温度为主,热水仍然需要通过电辅助加热才能达到使用温度。不同类型太阳能热水系统的比较如表 5-11 所示。

不同类型太阳能热水系统比较　　　　表 5-11

系　　统		优　　点	缺　　点	适 用 场 所
单机入户系统	非承压直插式	无需热水收费管理;故障维修相互之间没有影响	管道安装较多;使用热水时要排空热水管道的冷水	中低档次的低层、多层等居住建筑
	自然循环系统			多层、高层等居住建筑
	强制循环系统			多层、高层、别墅

续表

系统		优点	缺点	适用场所
集中式系统	直接换热	系统安装简洁;热水使用的舒适度较高;可满足建筑一体化安装要求	需要热水收费管理;需要有较大的公用空间放置蓄热水箱;热水使用量较低,由于管道散热使热水运行成本较高;故障维修时,相互间有影响	多层、高层等居住建筑;宾馆、医院、浴室等公共建筑
	间接换热			宾馆、游泳池等公共建筑
半集中式系统		无需热水收费管理;可满足建筑一体化安装要求	室内可能需要安装热水箱;安装比较复杂,价格较高	低层、多层、高层等居住建筑

2. 太阳能热水系统的适用性分析

(1) 太阳能热水器适用的地域性分析

根据太阳的年日照时数,我国太阳能资源的分布情况可划分为4个区:太阳能资源丰富区、资源较丰富区、资源一般区、资源贫乏区(见表5-12)。

我国太阳能资源分区表　　表5-12

等级	太阳能条件	年日照时数(h)	水平面上年太阳辐照量 [MJ/(m²·a)]	地区
一	资源丰富区	3200～3300	>6700	宁夏北、甘肃西、新疆东南、青海西、西藏西
二	资源较富区	3000～3200	5400～6700	冀西北、京、津、晋北、内蒙古及宁夏南、甘肃中东、青海东、西藏南、新疆南
三	资源一般区	2200～3000	5000～5400	鲁、豫、冀东南、晋南、新疆北、吉林、辽宁、云南、陕北、甘肃东南、粤南
		1400～2200	4200～5000	湘、桂、赣、苏、浙、沪、皖、鄂、闽北、粤北、陕南、黑龙江
四	资源贫乏区	1000～1400	<4200	川、黔、渝

一般来说,在年辐射总量高于2200h的地区利用太阳能具有良好的经济效益。从太阳能资源分区表中可以看出:在我国大部分地区的建筑物中推广应用太阳能热利用技术具有良好条件,尤其是西北干旱地区、青藏高原以及常规能源短缺或电力紧张的地区更应当重视太阳能的开发和利用。在太阳能年辐射总量低于2200h的资源贫乏区(如川、黔、渝)使用太阳能热水系统时,可合理地设置辅助能源,以弥补太阳能辐射不足的缺点,从而减少能源消耗,达到节能目的。

目前,我国应用太阳能热水器较为普遍的地区主要分布在山东、江苏、北京、天津、云南、河北、浙江、广东、安徽等省市。随着我国节能环保政策和可持续发展战略的深入实施,太阳能热水器的应用范围正在从农村、沿海地区、中小城镇向大城市扩展;从传统的居民生活用热水向工农业生产和商业领域扩展;从传统的户用分散独立使用向集中化热水系统方向发展。

（2）不同太阳能热水系统适用的建筑类型分析

不同类型的太阳能热水系统有其自身的优缺点及应用局限性，因此应根据不同的建筑物类型及使用要求选择不同的太阳能热水系统，具体选择情况如表5-13所示。

不同类型建筑的太阳能热水系统类型选取表　　　　　　　表5-13

建筑物类型			居住建筑			公共建筑		
			底层	多层	高层	宾馆医院	游泳馆	公共浴室
太阳能热水系统类型	集热与供热水范围	集中供热水系统	●	●	●	●	●	●
		集中—分散供热水系统	●	●	●			
		分散供热水系统	●					
	系统运行方式	自然循环系统	●					
		强制循环系统	●	●	●			
		直流式系统	●	●	●			
	集热器内传热工质	直接系统	●	●	●			
		间接系统	●	●	●			
	辅助能源安装位置	内置加热系统	●	●	●			
		外置加热系统				●	●	●
	辅助能源启动方式	全日自动启动系统	●	●	●			
		定时自动启动系统				●	●	●
		按需手动启动系统	●			●	●	●

（3）太阳能热水系统在住宅中的应用分析

1）别墅

在南方，由于冬季室外气温较高，不存在冰冻的问题，在水质要求不高的前提下，为了提高太阳能的热效率，宜采用直接系统。另外，为了控制方便、更大限度地利用太阳能，应采用直流式系统，如图5-49所示。

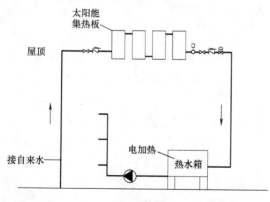

图5-49　别墅太阳能热水直流式系统

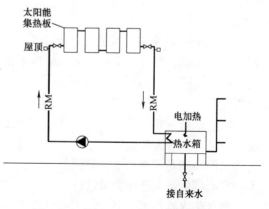

图5-50　别墅太阳能热水强制循环系统

在北方，为了防冻，宜采用间接系统，因此只能采用强制循环系统，如图5-50所示。辅助热源可以选择电热水器、燃气热水器，从方便控制的角度，建议采用电热水器。

2）十二层（含）以下普通住宅

这种类型的建筑，屋顶属于整栋业主共有，同时为了减少管道敷设空间，太阳能应该集中集热，为了减少物业管理的维护麻烦，同时也为了减少计价麻烦，辅助热源应该分户设置。因此，多层太阳能热水系统宜采用集中集热—集中蓄热—分户辅助加热。

集热系统和别墅太阳能系统一样，在南方宜采用直流式直接系统；在北方宜采用强制循环式间接系统。在南方，蓄热水箱可以放在室外露天；在北方，为了防冻，宜放在室内。为了减少二次加压的能耗，蓄热水箱应该放在屋顶。

3) 酒店式公寓

酒店热水使用时数为24h，小时变化系数比较大，用水高峰期集中在18∶00～24∶00，而且酒店对热水供应的稳定性要求很高。因此，酒店式公寓一般采用集中供热水方式，其辅助热源一般采用热泵、热水锅炉等。

在南方，太阳能热水系统一般采用变流量定温放水的直流式，热泵热水系统采用热泵加热水箱和热水贮热水箱组成的定温放水系统。热泵热水系统有热泵加热水箱和热水贮热水箱，每加热一箱水都是从冷水初始温度到设定温度，达到设定温度的热泵热水直接进入热水贮热水箱，减少了很多冷、热水混合所带来的热损失，其控制系统虽然较复杂，但是节能效果较显著，而且保证了热水贮热水箱内的水温稳定，其原理图如图5-51所示。

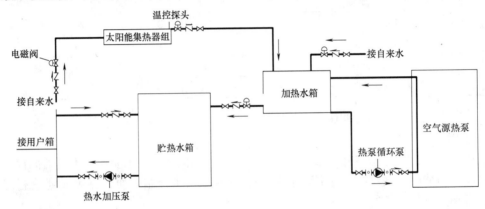

图 5-51 太阳能与热泵联合运行原理图

3. 太阳能热水系统经济性分析

电热水器、燃气热水器和太阳能热水器是最常用的三种热水器。下面从能源资源、环境影响、能源利用效率、资金投入、安全性及可行性等方面对这三种热水器进行对比分析。

电热水器主要是消耗电能，电是洁净的二次能源，但我国电力的70%是通过火力发电生产的，会有大量废气、废水、烟尘排放，对环境造成严重污染。用电加热生活热水，是将大量最高品位能源变为最低品位能源使用，造成了极大的能源浪费。而且目前空调等大功率电器的普及已使大量已建成的一般住宅电表及电网容量日显不足。

燃气热水器效率不高，使用中会产生CO、CO_2等废气，污染环境；无论直排式还是强排式燃气热水器，在室内通风不好的情况下，都有一定的危险性。此外，输送天然气要花费巨额投资修建管道工程，在县级城市及广大农村基本上不可能实现。

太阳能蕴藏量极大，我国大部分地区资源丰富，为太阳能热水器的使用提供了良好的前提。由图5-52和图5-53可知，较燃气热水器和电热水器而言，太阳能热水器在初投资方面没有优势可言,但是其运行费用很低,在较短的年限内即可收回初投资。按照2000年全国太阳热水器社会保有量2600万 m^2 计算,全国每年可节约标准煤321.36万t;减排 SO_2 9.00万t;减排 CO_2 1026.48万t;减排CO 6.5万t;减排烟尘4.94万t。因此,采用太阳能热水器提供生活热水不仅经济效益显著,而且具有巨大的环保效益。

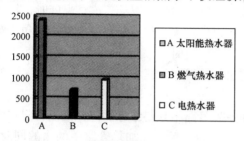

图5-52 三种热水器初投资对比图(单位:元)　　图5-53 三种热水器年运行费用对比图(单位:元)

4. 太阳能热水系统技术相关问题分析

在太阳能热水系统设计和运行过程中,应遵循节水节能、经济实用、安全简便、便于计量的原则。冬季,由于太阳能热水系统不可避免地有部件暴露在室外,因此,必须做好防冻工作;夏季,太阳辐照强度大,太阳能热水系统中的热水温度可能过高,发生汽化,不利于系统运行,因此,应做好防过热工作。

(1) 太阳能热水系统中的防冻问题

太阳能热水系统中的集热器及其置于室外的管路,在严冬季节常常因积存在其中的水结冰膨胀而损坏,尤其是高纬度寒冷地区,因此必须从技术上考虑太阳能热水系统的防冻措施。

1) 选用防冻的太阳能集热器

如果直接选用具有防冻功能的集热器,就可以避免对集热器在冬季被冻坏的担忧。热管式真空集热器和内插热管的全玻璃真空集热器都属于具有防冻功能的集热器,因为被加热的水不直接进入真空管内,真空管的玻璃罩管不接触水,再加上热管本身的工质容量又少,即使在零下几十摄氏度的环境中,真空管也不会被冻坏。

热管平板集热器也具有防冻功能,其与普通平板集热器的不同之处在于吸热板的排管位置上用热管代替,以低沸点、低凝固点介质作为热管的工质,因而吸热板不会被冻坏。但由于其价格较昂贵,目前还未普遍采用。

2) 采用防冻液的间接式系统

间接式系统就是在太阳能热水系统中设置换热器,集热器与换热器的热侧组成一回路,使用低凝固点的防冻液作为传热工质,从而实现系统的防冻。

在自然循环系统中,尽管集热侧环路使用了防冻液,但蓄热水箱位于室外,系统的补冷水箱与供热水管也部分设在室外,为了防止这些部件中的水结冰,除了采取有效的保温措施外,在太阳能热水系统使用完毕之后应及时排空管路中的热水。

3) 采用自动落水的回流系统

在强制循环的单回路系统中,一般采用温差控制循环水泵的运行,蓄热水箱通常置于底层或地下室。在有足够的太阳辐射时,温差控制器开启循环水泵,集热器可以正常运行;夜晚或阴天,温差控制器关闭循环水泵,这时集热器和管路中的水由于重力作用全部回流到蓄热水箱中,避免因集热器和管路中的水结冰而损坏。这种防冻系统简单可靠,不需要增设其他设备,但系统中的循环水泵要有较高的扬程。

4) 蓄热水箱热水自动循环防冻

在强制循环的单回路系统中,在集热器吸热体的下部或室外环境温度最低处的管路上埋设温度传感元件,接至控制器。当集热器内或室外管路中的水温接近冻结温度时,控制器打开电源,启动集热器侧循环水泵,将蓄热水箱内的热水送往集热器,使集热器和管路中的水温升高。当集热器或管路中的水温升高到某设定值时,水泵停止运行。这种防冻方法需要消耗一定的电能,适用于偶尔发生冰冻现象的非严寒地区。

5) 室外管路上敷设自限式电热带

在自然循环或强制循环的单回路系统中,在室外管路中最易结冰的部分敷设自限式电热带,并在电热带附近接入一个热敏电阻。当电热带通电后,在加热管路中的水的同时,使热敏电阻温度升高,其电阻也随之增加,当电阻升高到某个数值时,电路自动中断,电热带亦停止加热。这样无数次重复,既防止了室外管路被冻坏,又防止了电热带温度过高引起危险。

(2) 太阳能热水系统运行过程中的过热问题

由于太阳能资源的最大缺点是能源密度小、稳定性差,太阳能热水系统经常发生季节性的故障。太阳能辐射量随季节的不同,呈正弦曲线分布,最大值出现在夏季。某些单位,如学校的寒暑假、酒店入住率很小等夏季热水用水量持续降低,甚至不使用热水,造成太阳能集热水箱内的温度持续升高,甚至长期处于沸腾状态。根据太阳能热水系统自身的结构和系统的运行原理,对工质的温度有一定的要求(太阳能集热器工质的最佳温度在30~60℃),如果超出极限温度的时间过长,往往导致管路发生气堵、真空管炸裂等故障,严重影响太阳能热水系统的正常运行,为用户带来不必要的麻烦。

如何解决太阳能热水系统过热问题时,首先要清楚用户的用水情况,估计过热可能出现的时间,在设计过程中,增加过热保护措施。

1) 增加水箱容积

设计过程中,根据集热器的配比以及用水量的变化情况,确定容积合适的保温水箱,再根据过热的时间和出现过热期间内当地的辐照量等参数,适当加大保温水箱的容积。这种方式的优点在于将过多的热量转化为可使用的热水储存起来,既保护了设备又提高了设备的利用率,投资小。但其适用性差,仅可解决部分过热问题,适用于过热时间不长或者间歇性过热的场合。由于水箱容积增加,导致水箱表面积增大,造成热损增加,系统效率下降,因此不能无限制地增加水箱容积。

2) 增加散热设备

在太阳能热水系统长期处于过热状态时,应在系统中安装合适的散热设备。当集热水箱中的水温高于90℃(该温度可适当调整)时,启动散热设备进行降温。散热设备在太阳能热水系统中的应用方式有散热器和冷却塔两种形式。

在太阳能热水系统中安装风冷式散热器(过热保护器)。当水箱中的温度超过 T_1、太阳能集热器的温度超过 T_2 时,常开电磁阀关闭,将散热器(太阳能过热保护器)串联在集热系统中,进行风冷散热;当水箱的水温低于 T_3 或集热系统中的温度低于 T_4 时,打开电磁阀,如此反复运行可保证系统的安全,原理如图 5-54 所示。

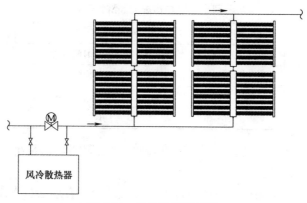

图 5-54 系统运行原理图

冷却塔是利用水和空气的接触，通过蒸发作用来散去热量的一种设备。基本原理是：干燥（低焓值）的空气经过风机的抽动后，自进风网处进入冷却塔内，饱和蒸汽分压力大的高温水分子向压力低的空气流动，湿热（高焓值）的水自播水系统洒入塔内。当水滴和空气接触时，一方面由于空气与水的直接传热，另一方面由于水蒸气表面和空气之间存在压力差，在压力的作用下产生蒸发现象，将水中的热量带走即蒸发传热，从而达到降温的目的。

3）采用遮阳装置

遮阳装置有手动和自动之分。手动遮阳是最简单、最经济的一种解决过热的方式。由于将集热器遮住，集热器就接触不到阳光，不再吸热并产生热量，系统温度也就不再升高。遮阳材料很多，可采用纸壳、纸箱、各种布料等。但由于是手工操作，所以效率低，使用麻烦，需要上楼操作，危险性很大。

自动遮阳帘是利用电机的动力带动卷管上的卷绳器转动，使面料随着卷绳器内牵引绳的卷取而收放，从而达到遮阳的目的。该装置的优点是可以自动控制，效率高、安全、智能化程度高，可以采用手动开关、遥控、风光雨温控制及智能化控制方式，并能被任何楼宇自动化控制系统兼容，充分融合到现代建筑的先进理念中。但其价格较昂贵，考虑到经济性，不适宜在太阳能系统中大规模使用。其原理如图 5-55 所示。

不同类型过热措施的经济性分析如表 5-14 所示。综合考虑经济性和安全性等多方面因素，在太阳能热水系统过热问题上最合适的解决方案是通过散热

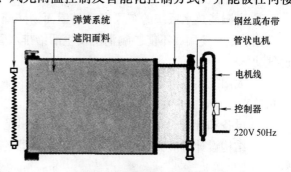

图 5-55 自动遮阳帘原理图

器或冷却塔的方式降温，室外有较大空间时推荐采用冷却塔方式，其他情况采用散热器方式。

(3) 太阳能热水系统与建筑一体化设计

节能和环保已是当今世界各国建筑业的两大主题，太阳能与建筑结合已成为经济和社会可持续性发展的必然趋势。然而迄今为止，太阳能界和建筑界对"太阳能热水系统与建

不同类型过热措施的经济性分析　　　　　　　　表 5-14

采取方式	费用(元/m²)	适用范围	备　注
增加水箱容积	可以忽略	过热时间短暂	
控制水箱中的水温	可以忽略	过热时间短暂	浪费水资源
增加散热设备	13.5～20	任何过热情况	
采用遮阳装置	200～360	任何过热情况	

筑结合"尚未给出严格的定义。但根据现有经验,"太阳能热水系统与建筑结合"至少应当包括以下 4 个基本含义:

在外观上,实现太阳能热水系统—建筑的完美结合,合理摆放太阳能集热器,无论在屋顶或立面墙上都要使太阳能集热器成为建筑的一部分,实现两者的协调与统一;

在结构上,妥善解决太阳能集热器的安装问题,确保建筑物的承重、防水等功能不受影响,还要充分考虑太阳能集热器抵御强风、暴雪、冰雹等的能力;

在管路布局上,合理布置太阳能循环管路以及冷热水供应管路,尽量减少热水管路的长度,建筑物中要事先留出所有管路的通口;

在系统运行上,要求系统可靠、稳定、安全,易于安装、检修、维护,合理解决太阳能与辅助能源的匹配,尽可能实现系统的智能化和自动化。

然而,目前太阳能热水器产品的结构形式过于单一,不能满足建筑的设计要求,以及太阳能热水系统的设计安装与建筑的设计施工相脱节的问题,太阳能热水系统与建筑的一体化过程中存在种种问题。

1) 不同类型屋顶的设计与安装问题

太阳能热水系统的平屋顶安装,是目前最常见的安装方式。系统设计和安装时应充分考虑以下因素:

① 应考虑屋面荷载和结构梁的分布情况,屋面正南方向有无建筑物的遮挡,水源和电源的配置情况等问题;

② 太阳能热水系统的布置应满足屋面消防疏散的要求,不能占据消防通道和阻碍消防设施的正常使用,不能影响消防及生活给排水管道的维修保养,不能影响排水管的屋面透气功能;

③ 太阳能集热器安装应根据系统所要求的集热器数量、排列方式以及集热器与地面倾角等来进行,并应尽量朝正南方位布置;

④ 设备和管道的布置应合理有序,并留出足够的维修保养通道;

⑤ 结构设计时应充分考虑到太阳能热水器的静荷载,一般为 0.50～1.00kN/m² (含管道、支架等)。

建筑师们常常把建筑物的屋顶设计成坡屋顶,给太阳能热水器设计和安装带来一定的困难。为使太阳能热水器与建筑立面的关系和谐统一,设计时应尽可能满足太阳能集热器的安装要求,建筑物坡屋面应尽量朝正南方位布置,实在不行时,可偏东西向布置。坡屋面的坡度应尽量做到等于太阳能集热器与地面倾角。在坡屋面上安装太阳能热水器时,可以采用依附式和嵌入式安装（见图 5-56 和图 5-57）,其蓄热水箱、循环管网及控制线路等均可设置在斜屋顶下部的隐蔽空间内,建筑设计时应充分考虑其安装位置,各种预埋件安装应与土建施工同步进行,这样就可以从根本上避免太阳能热水器因后置安装所带来的一些问题。

图 5-56 太阳能集热器依附式安装

图 5-57 太阳能集热器嵌入式安装

2) 高层住宅中的设计和安装问题

在高层建筑中采用单机太阳能热水器存在着许多弊端,如需要较大面积的管井来布置管道;由于各户太阳能系统混杂在一起,给管理和维护带来很大的困难,不利于一体化设计;管线过长,造价高,供热水效果差;高层建筑屋面面积有限,太阳能集热器和蓄热水箱的摆放受限制。因此,在高层建筑中,应采用集中式或半集中式太阳能热水系统。

对高层建筑中太阳能热水系统的应用,可采用分户安装与集体安装相结合的原则,并采用高效能热泵作辅助加热,以改善太阳能的低密度、间歇性和不稳定性等缺点,满足"全天候供热"的要求,大大地减少太阳能集热器面积和蓄热水箱的容积。其设计方案(见图 5-58)如下:

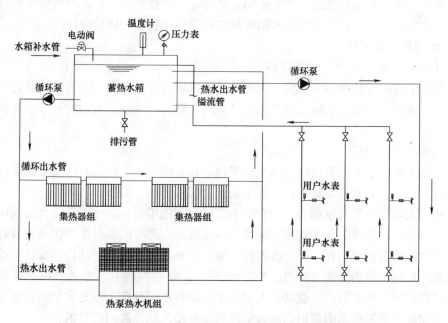

图 5-58 太阳能集中热水系统工作原理图

① 在屋面设置太阳能一次加热系统。一次加热系统由太阳集热器组、热水管、蓄热水箱和自动控制柜等组成。系统对大楼用水进行集中加热后,通过管道系统分配到各用

户，各户安装热水表进行计量。设计时利用屋面可以利用的地方设置系统的蓄热水箱和集热器等，辅助加热可采用高效能空气源热泵系统。太阳能一次加热系统保障了没有南面阳台的住户的热水供应。

② 南面住户设置太阳能二次加热系统。屋面太阳能热水系统一次加热的热水，通过热水表后进入用户太阳能热水系统，经二次加热后即可使用。二次加热系统由太阳集热器、热水管、蓄热水箱（带电加热）等组成。太阳集热器安装在各户自己的南阳台外拦板上或直接安装在空调机的外拦板上。集热器与蓄热水箱连接的管道可直接埋设在楼板垫层中，施工时在地面预留管槽。为了有利于一体化设计，住户太阳能热水系统设计时应尽量选用新颖、高效和智能型产品，集热器的色调和造型应尽量满足建筑立面的要求。

3) 系统的安全问题

为保证太阳能热水系统的安全性，设计时建筑、结构、给水排水及电气各专业应密切配合；结构荷载计算中，应包括太阳能热水系统的全部荷重，一般要求屋顶静荷载不小于 $1.50 kN/m^2$。设备安装时应按要求先捣制混凝土基础并预埋固定件，蓄热水箱应安装在承重墩上，承重墩应做在结构梁上，太阳能集热器应牢固地固定在建筑主体结构上。除此之外，太阳能热水系统还应满足抗风、防冻抗冻、防渗漏等技术要求。

除了上述探讨的方法外，太阳能热水系统与建筑一体化设计还有许多其他的处理方法，但要真正解决好太阳能集热系统与建筑的结合问题，还有待于太阳能设备厂家与建筑设计人员共同努力，不断研制出新型太阳能热水器，使太阳能集热器可直接作为建筑构件广泛应用于建筑设计中。同时要求各专业应相互配合，针对建筑物的形体要求和使用功能，选择适当的产品和安装工艺，使太阳能热水器与建筑的造型和风格真正融为一体，做到既美观又实用，并在系统的控制上采用先进的电子自控系统，使太阳能热水系统更加智能化和人性化，从真正意义上实现太阳能热水系统与建筑的一体化设计。

5.2.3 太阳能采暖系统

1. 太阳能采暖系统的定义及分类

太阳能采暖的建筑称为太阳房。太阳能采暖系统可分为两类，一类为被动式，另一类为主动式。被动式太阳能采暖系统又称为被动式太阳房；主动式太阳能采暖系统又称为主动式太阳房。

(1) 被动式太阳房

被动式太阳房是不用机械动力而在建筑物本身采取一定措施后利用太阳能进行采暖的房屋，以区别于需要其他设备和动力的主动式太阳房。

被动式太阳房不用机械动力，即它既不需要太阳能集热器，也不需要水泵或风机等机械设备，只是通过建筑朝向和周围环境的合理布置、内部空间和外部形体的巧妙处理以及建筑材料和结构的恰到选择，通过改善窗、墙、屋顶等建筑物本身的构造及材料的热工性能，以及自然热交换的方式（对流、传导和辐射），使建筑物在冬季能集取、储存和分配太阳能，以达到采暖的目的。被动式太阳房不仅能在不同程度上满足建筑物在冬季采暖的需求，也能在夏季遮蔽太阳辐射，散逸室内热量，使之达到降温的目的。

若按太阳能利用方式分类，被动太阳房主要可分为以下几种类型：

1) 直接受益式：太阳辐射穿过太阳房的透明材料后，直接进入室内的采暖方式，其原理如图 5-59 所示。

2) 集热蓄热墙式：太阳辐射透过透明材料后，投射在集热（蓄热）墙的吸热面上，加热夹层中的空气（墙体），再通过空气（墙体）的对流（热传导、辐射）向室内传递热量的采暖方式，如图 5-60 所示。集热蓄热墙体可分为实体式集热蓄热墙、花格式集热蓄热墙、水墙式集热蓄热墙、相变材料集热蓄热墙、快速集热蓄热墙等。

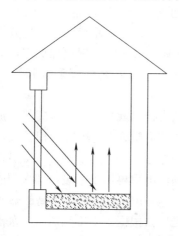

图 5-59 直接受益式被动太阳房原理图

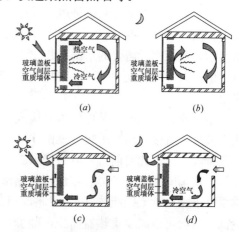

图 5-60 集热蓄热墙式被动太阳房原理图
(a) 冬季白天；(b) 冬季夜间；(c) 夏季白天；
(d) 夏季夜间

3) 附加阳光间：在太阳房的房屋主体南面附加一个玻璃温室的采暖方式。其原理与集热墙式太阳房类似，热量通过隔墙上的开口，由空气带入主体房间，但玻璃面积较大，散热较多，如图 5-61 所示。

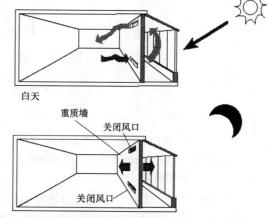

图 5-61 附加阳光间式被动太阳房原理图

4) 屋顶池式：吸收太阳辐射能的物质是水，采暖季白天水吸收太阳辐射能温度升高，蓄存热量，夜间通过导热传入室内，同时池水表面盖上隔热盖，避免热量散失。

5) 卵石床蓄热式：空气在集热器被加热后，在热压驱动下流过卵石床，并存储热量。非日照阶段，由卵石床向室内供热。

6) 组合式：由上述两种或更多种类型组合而成的采暖方式。

被动式太阳房虽然构造简单，造价低廉，维护管理方便，但其室内温度波动较大，舒适度差，在夜晚、室外温度较低或连续阴天时需要辅助热源来维持室温。在实际工作中，需要结合建筑设计综合多种太阳房的特点进行一体化设计。

(2) 主动式太阳房

主动式太阳能采暖系统是以一种能控制的方式，通过太阳能集热器、蓄热器、管道、风机和循环泵等设备来收集、储存和输配太阳能转换而得的热量，系统中的各部分均可控制而达到建筑物所需要的室温。相比于被动式太阳能采暖，其供热工况更加稳定，但投资费用也增大，系统更加复杂。随着经济和社会的发展，主动式太阳能采暖开始大规模应用。

主动式太阳能采暖又可分为直接式和间接式。所谓直接式就是由太阳能集热器加热的热水或空气直接被用来采暖（见图5-62）。由于直接式采暖需要的集热器面积较大，系统初投资较大，因此目前太阳能直接采暖的应用范围也只限于别墅型建筑或3~4层以下的建筑。所谓间接式就是集热器加热的热水通过热泵提高温度后再用于采暖，即太阳能辅助热泵（下文简称太阳能热泵）。因此，相对直接式而言，其所需的集热器提高的热水温度更低，从而可以减少集热器面积，减少初投资，易于推广。根据太阳集热器与热泵蒸发器的组合形式，太阳能热泵系统可分为直膨式和非直膨式。

在直膨式太阳能辅助热泵系统中，制冷剂在太阳能集热器中吸收太阳辐射能后直接蒸发，形成低温低压的制冷剂蒸气，直膨式因此而得名（见图5-63）。该系统中的太阳能集热器在收集太阳能的同时又起着蒸发器的作用，故称之为太阳能集热/蒸发器。该系统由太阳能集热/蒸发器、压缩机、热力膨胀阀、冷凝水箱等主要部件组成。其工作原理与空气源热泵基本相同，只是前者的蒸发器做成了太阳能集热/蒸发器的形式。

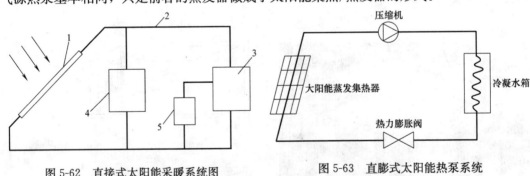

图5-62 直接式太阳能采暖系统图
1—太阳能集热器；2—供热管道；3—散热设备；
4—储热器；5—辅助热源

图5-63 直膨式太阳能热泵系统

从热泵的角度考虑，太阳辐射能使得热泵可以在高于环境温度的工况下运行，提高了热泵的 COP 值；从太阳能集热器的角度考虑，集热器内的工质氟利昂在相对较低的温度下发生相变，提高了太阳能系统集热器效率。

典型的直膨式太阳能热泵一般由高效平板集热器组、压缩机、冷凝器、节流设备和管道附件构成。这种系统极具小型化和商品化发展潜力，但是由于太阳能辐射条件受地理纬度、季节转换、昼夜更替及各种复杂气象因素的影响而随时处于变化中，而工况的不稳定必将导致系统性能的波动。因此，考虑到不同太阳能辐射强度条件下，集热器的变化负荷与定负荷压缩机之间的不匹配的问题，系统中一般需要使用变频压缩机和电子膨胀阀。

考虑到制冷剂的充注量和泄漏问题，直膨式太阳能热泵一般适用于小型供热系统，如户用热水器和供热空调系统。

直膨式太阳能热泵的集热/蒸发器的工作压力较高，一般在 0.47～0.59MPa 左右，而且制冷系统的管路较长，沿程阻力较大，制冷剂充灌量大，易发生泄漏，因此有必要优化制冷管道系统。而非直膨式太能热泵系统集热器吸收的太阳能和周围环境的热量通过一个高效表面式换热器将热量传递给制冷系统的蒸发器。这样节省了制冷剂管道，提高了制冷系统的集成度。同时考虑到太阳能的间歇性和不均匀性，且系统中太阳能集热器与热泵蒸发器分立，往往在集热器与蒸发器之间设置蓄热水箱，使系统运行更加稳定。

非直膨式系统具有形式多样、布置灵活、应用范围广等优点，适合于集中采暖、空调和供热水系统，易于与建筑一体化。如果能够将系统整体设计与建筑设计有机结合起来，并提高智能化自动控制水平，将使该系统获得更好的使用效果。

根据太阳能集热循环与热泵循环的不同连接形式，非直膨式太阳能辅助热泵可分为串联式、并联式和混合式三种基本形式，分别如图 5-64～图 5-66 所示。

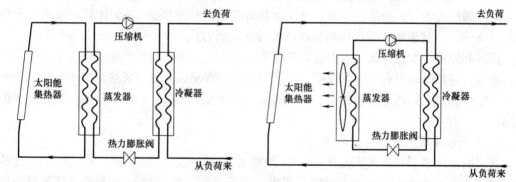

图 5-64　串联式非直膨式太阳能热泵原理示意图　　图 5-65　并联式非直膨式太阳能热泵原理示意图

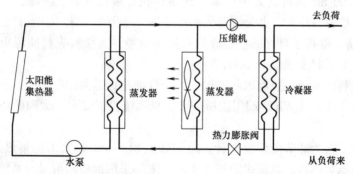

图 5-66　混合式非直膨式太阳能热泵系统原理示意图

2. 太阳能采暖系统的适用性分析

中国气候大体可分为严寒、寒冷、夏热冬冷、夏热冬暖、温和五大热工地区。其中东北、华北和西北（简称三北地区）累计年日平均温度低于或等于5℃的天数一般都在 90 天以上，最长的达 211 天（满洲里），这些地区历年来习惯称之为采暖地区，其总面积约占国土面积的 70%。

我国的太阳能资源极为丰富，采暖地区的太阳能年辐射总量大于 $4200MJ/m^2$，优于大部分欧洲国家，北欧、中欧主要城市的太阳能年辐射总量仅相当于我国的四类地区——

四川、贵州（小于 4200MJ/m²）。这为太阳能采暖的使用创造了必要的前提。

由于被动式太阳房是通过合理确定建筑朝向和布局，以使更多的太阳辐射进入室内，这就要求建筑物与建筑物之间保持足够的距离，至少应满足互不遮挡，然而在城市空间有限，不适宜只采用被动式太阳房，相对而言更适合主动式采暖，配合以被动式采暖可以降低采暖负荷，减少辅助能源的投入。而在广大农村和大、中城市的郊区，其人口密度较低，有足够的条件合理确定建筑朝向和布局，以获得最多的太阳能用于室内采暖。再加之被动式太阳房的初投资低，主动式太阳房系统复杂，需要运行维护，初投资和运行费用较前者高。所以，被动式太阳房在农村有更为广泛的市场，而主动式太阳房辅以被动式采暖在城市的发展更为有利。

在被动式太阳房中，由于直接受益式、集热蓄热墙式、附加阳光间式以及组合式结构相对简单、施工方便，其施工技术能够被现有的建造者所掌握，我国农村现有的建造施工水平能够基本满足建设需要，而且投资相对少，所以在我国采暖地区应用比较现实。据统计，至 2000 年底全国已累计建成各种类型的太阳房建筑面积约 1000m²，主要分布在"三北"地区的广大农村。如果每平方米建筑面积每年节约标准煤按 20kg 计算，每年可节约标准煤 20 万 t，这说明太阳房市场具有巨大的开发潜力。

在西部经济欠发达地区，太阳能资源较丰富，应以被动利用太阳能建筑为主，加强集热、蓄热、导热等材料和技术的应用。经济发达的沿海地区，夏季炎热、冬季阴冷，应积极扩大综合利用太阳能建筑新技术，并应实施太阳能被动采暖、制冷、防潮、隔热技术的应用。

3. 太阳能采暖系统经济性分析

我国的太阳能利用技术研究开发始于 20 世纪 70 年代末，1977 年，甘肃民勤县建成了我国第一栋被动式和主动式太阳能采暖房。之后，在海拔 4500m 以上的西藏阿里地区设计建造了近 10 万 m² 的各式太阳能采暖建筑；在甘肃、青海、新疆、宁夏、内蒙古等地设计也兴建了校舍、住宅、办公楼等太阳能建筑几十万平方米，在农村已安装了 750 万 m² 的被动太阳房，取得了良好的社会效益和经济效益，为缓解农村能源短缺，改善农村生态环境和农民生活起了积极的作用。

针对太阳能利用系统，目前国际通用的经济性能指标是太阳能热价，其定义是：太阳能系统每节省（替代）1kWh 终端用能所需要的总系统投资成本。太阳能热价越低，系统的经济性越好。

某工程围护结构为非节能建筑设计，总采暖面积 640m²；太阳能集热系统采用 U 形管式真空管太阳能集热器，总集热面积 164m²；末端采用地板辐射采暖系统，供水温度不高于 45℃，300L 电锅炉辅助加热。该系统用于冬季采暖、全年热水，全年综合节能约 103664kWh。考虑集热系统工作寿命不同时，非节能建筑和 50% 节能建筑全年综合利用系统的太阳能热价如表 5-15 所示。

不同条件下系统的太阳能热价 表 5-15

集热系统寿命(年)	非节能建筑太阳能热价(元/kWh)	50%节能建筑太阳能热价(元/kWh)
10	0.39	0.20
15	0.27	0.14

目前我国太阳能并网光伏发电的成本约为 2.3 元/kWh。由此可见，以太阳能热价计，太阳能采暖的成本远低于太阳能光伏发电，应用推广的经济性良好。

4. 被动式太阳房相关问题分析

被动式太阳能采暖形式与主动式相比，前者可就地取材，节约投资；除太阳能之外，不需要外界其他动力能源，更适合我国现有的具体国情。因此，现在我国的太阳能建筑中，绝大部分仍采用被动式采暖形式。

(1) 被动式太阳房设计应注意的问题

被动式太阳房设计要求在适应自然环境的同时尽可能地利用自然环境的潜能，在设计过程中需要全面分析室外气象条件、建筑结构形式和相应的控制方法对利用效果的影响，同时综合考虑冬季采暖和夏季通风降温的可能，并协调两者的矛盾。例如，冬季采暖需要尽可能引入太阳能辐射热，而夏季则必须遮挡太阳能辐射，以降低室内冷负荷。一般而言，被动式太阳能建筑设计由以下 3 个步骤组成：

1) 掌握地区气候特点，明确应当控制的气候因素；
2) 研究控制每种气候因素的技术方法；
3) 结合建筑设计，提出太阳能被动式利用方案，并综合各种方案进行可行性分析，各种可能的技术路线如图 5-67 所示；
4) 结合室外气候特点，确定全年运行条件下的整体控制和使用策略。

被动式太阳房设计中应遵循以下 4 项基本原则：建筑物具有一个非常有效的绝热外壳；南向设有足够数量的集热表面；室内布置尽可能多的蓄热体；主要采暖房间紧靠集热表面和蓄热体布置，将次要的、非采暖房间布置在北面和东西两侧。

被动式太阳房的设计重点要考虑采暖、保温、节能三要素。在遵循以上原则的前提下，主要应注意以下 4 点：

1) 建筑方位和朝向

太阳房的位置直接影响太阳能的有效利用，并关系到太阳房性能的好坏。在确定太阳房方位和朝向时，应注意以下问题：

① 应满足冬季能获取辐射热量多，热损失最少，夏季尽可能减少太阳直接照射的要求。整栋建筑最好正南朝向，如果受地形或其他因素影响而不得以偏东或偏西时，其方位角一般不可超过 15°。主要居室放在南向，使冬季早见阳光，夏季下午早离西晒，避免东西朝向。

② 注意环境和风向。避免自然风的通路或风口；丘陵地区避开风的顶部和底部气流低温部位。

③ 从节能的角度考虑，必须使建筑物的外围护面积最小。太阳房呈沿东西伸展的矩形平面较合理，以尽力降低热损失。根据条件和功能要求，平面短边和长边之比取 1∶1.5～1∶4 之间。三开间的做成一层为宜，四开间以上的做成二层为宜。房屋净高不低于 2.8m，进深在满足使用的条件下不宜太大，取不超过层高 2.5 倍时可获得比较满意的节能率。

2) 对流孔

在一般情况下，建造集热墙式太阳房需在集热墙外加设玻璃窗，墙体与玻璃窗间距为 80～120mm，并且在墙体上开设对流孔，以便空气在墙体两侧对流，开孔面积一般取集

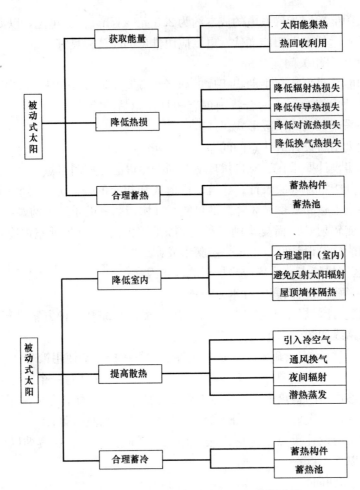

图 5-67 太阳能被动式利用方案的技术路线

热墙面积的 1%～3%。为了防止夜间冷空气内侵，开孔内侧需加设挡板。如果不开设对流孔，可利用热传导的原理向室内传热。

3）阳光调节

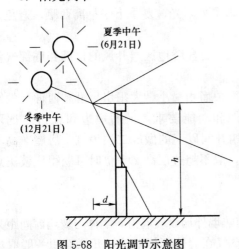

图 5-68 阳光调节示意图

对于太阳能采暖住房，为了避免夏季阳光直射室内，又不影响冬季采暖效果，需进行阳光调节。一个简单的办法是设遮光檐，配合屋檐使用（见图 5-68）。遮光檐伸出宽度应考虑满足冬、夏季的需要，寒冷地区首先满足冬季南向集热面不被遮挡，夏季较热地区应重视遮阳。其具体大小随当地的太阳高度角和房屋窗户的高度而定。

4）墙体及门窗保温

从热力学角度来看，墙体的作用主要是集热、蓄热和保温。从表 5-16 中可以看出，墙体材料的蓄热性能越好，其导热性能也越好，则其保温性能就越差。反之，墙体材料的保温性能越好，则其蓄热性能就越差。因此，墙体材料的选择要根据其主要用途来定。普通墙体主要起保温作用，应选用导热系数小的材料，考虑到墙体的承重，一般采用复合保温墙，即在墙中间或内表面附加一层保温材料。对于集热墙来说，主要是集热和蓄热，应选蓄热性能好的材料，以储存更多的热能。为了增强集热墙的吸热能力，可增刷吸热涂料，一般来说，以黑色为最好，但从美观角度上考虑，墨绿色或棕红色更好，易于被人们接受，它们的吸热能力只比黑色低5%。

墙体材料的导热蓄热性能　　表 5-16

材　料	导热系数[W/(m·K)]	蓄热系数[W/(m²·K)]
普通砖砌体	0.76	9.86
土坯墙	0.70	9.19
混凝土	1.50	15.36

门窗是建筑热损失较大的部位，因此太阳房的出入口应设防冷风措施，如设置门斗。但应注意门斗不要直通室温要求较高的主要房间，而应通向室温要求不高的辅助房间或过道。设在南向时，不要采用凸出建筑的外门斗，以免遮挡墙面上的阳光。太阳房非集热面朝向（东、西、北）的开窗，在满足采光要求的前提下，应限制窗面积，并加设保温窗帘。

(2) 被动式太阳房发展中存在的问题

经过多年的工程实践，已经积累了不少被动式太阳房方面的经验，但其发展过程中仍存在很多问题。

1) 整体上缺乏太阳能行业与建筑行业的相互配合。当前，太阳能与建筑相结合已成为太阳能界和建筑界互动的新潮，但如何在建筑这个载体上更加合理、充分地利用太阳能资源，使太阳能产品能够规范地与建筑相结合，已成为业内人士探讨的话题和需要研究的课题。由于整体上缺乏太阳能行业与建筑行业的相互配合，太阳能热水器、太阳能光伏发电置于建筑物之上，增加了建筑的负荷和造价，使太阳能技术孤立于建筑功能、结构、美学等因素之外，影响了太阳能建筑一体化的进程。

2) 集热构件的工厂化、标准化、规模化。被动式太阳能集热墙的推广利用已经历了近三十年的发展历程，积累了一定的经验，但也存在很多问题，集热构件的工厂化、标准化、规模化生产一直没有被突破，是影响太阳能建筑推广的主要原因。

3) 太阳房新型建筑材料尚待进一步开发。新型建筑材料的研究与发展制约了太阳房的推广。目前我国建材市场上较少看到非常适合太阳能建筑的新型保温、蓄热等水平高又价格低廉的建筑材料。

4) 太阳能建筑施工及施工质量问题。太阳能建筑施工相对比较复杂，施工质量的好坏严重影响它的集热效果，也因此影响了它的推广利用。

5) 政策扶持力度不够。政策扶持力度不够，没有一个奖惩分明的有效政策，虽然媒体等积极推广宣传，但太阳能建筑的一次性投入成本相对较高，国家财政应采取相应的奖励措施，通过经济手段的介入，提高建设单位推广使用太阳能建筑的热情和积极性。

5. 太阳能热泵系统相关问题分析

(1) 太阳能采暖系统中辅助热源的选择

太阳能热泵具有诸多优势，但太阳辐射热量有季节、昼夜的变化规律，同时还受阴晴云雨等随机因素的强烈影响。故太阳辐射热量具有很大的不可靠性。在我国北方，冬季以热负荷为主的地区，利用太阳能热泵采暖，应适当考虑采用辅助热源。

1) 以低谷电作为辅助热源

低谷电是指城市用电低峰时的负荷，电价为正常电价的一半。近几年来，随着用电负荷的逐渐增大，低谷电与高峰负荷之间的峰谷差越来越大，导致电网调峰问题日益突出。长此下去，不仅直接影响电网的安全稳定运行，还会增加发、供电成本，降低供电可靠性，提高用电费用。另一方面，在春秋季节和夜间，大约有40%左右的电力资源处于闲置状态，严重影响了电网的安全运行和电力企业的经济效益。

在现有的各种采暖方式中，电采暖是最洁净的采暖方式之一，同时在环境改善、运行安全、操作便利、社会效益等方面优势突出，而且利用低谷电优惠电价采暖，其经济性将进一步改善，其采暖运营成本不高于集中供热的运营成本。因此，目前很多城市如北京、天津等都积极鼓励大力发展低谷电采暖。

低谷电的电价优惠时间一般在24：00到次日8：00，而这个时段正是太阳能利用最弱的阶段。在这个时段利用低谷电采暖，不仅符合国家现行的能源政策，利于电网的经济安全运行，而且和太阳能联合运行，可以减少太阳能蓄热装置，减少设备初投资，有利于太阳能热泵利用的推广应用。

由此可见，低谷电和太阳能热泵联合运营，不仅能够弥补太阳能热泵采暖的不足，解决其较大的间歇性和不稳定性，而且两者的联合运行是一种比较合理的方式，可以互相取长补短，发挥各自的优势，弥补太阳能单一热泵的不足，起到建筑节能效果。

采用太阳能热泵—低谷电采暖系统进行采暖时，应充分考虑各地采暖期的太阳能可利用情况，合理匹配太阳能与低谷电承担的热负荷。同时还应充分考虑太阳能建筑一体化，合理设置太阳能集热器表面积；还需考虑太阳能集热器与太阳日照的夹角，以充分利用太阳能资源。

2) 以土壤源热泵作为辅助热源

太阳能-土壤源热泵是以太阳能和土壤热为复合热源的热泵系统，是太阳能和土壤热综合利用的一种形式（见图5-69）。

太阳能集热器和埋地盘管的组合，具有很大的灵活性，弥补了单独地源热泵的不足，一年四季都可以利用，提高了装置的利用系数。冬季采暖运行时，当太阳能集热器所提供的热量能满足建筑物的用热需要时，可以由太阳能集热器直接将热量供给采暖系统或用太阳能热泵采暖；当集热器提供的热量富余时，可用蓄热器储存起来，供夜间或阴雨天使用；当集热器供给的热量不足建筑物的用热量时，则太阳能热泵供热不足的时间由土壤源热泵或蓄热装置补充。太阳能热泵装置与采暖季节需热率不一致的缺点，正是土壤源热泵的优点；而对土壤源热泵来说，由于太阳能热泵的加入，则可实现间歇运行，使土壤温度场得到一定程度的恢复，从而提高了土壤源热泵的性能系数。太阳能-土壤源热泵系统的运行工况即反映了这两种热源间能量的匹配关系。太阳能-土壤源热泵系统因其节能和环保的优势，是一具有发展前景的能源利用方式。

3) 以空气源热泵作为辅助热源

空气源热泵作为辅助热源只需在原来的系统中增加一个室外空气换热器即可（见图

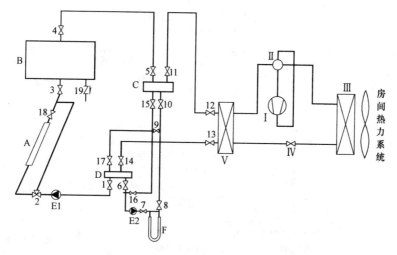

图 5-69 太阳能-土壤源热泵系统原理图

A—太阳能集热器；B—蓄热水箱；C(D)—分(集)水器；E1, E2—循环水泵；F—地下埋管换热器；Ⅰ—压缩机；Ⅱ—四通换向阀；Ⅲ—冷凝（蒸发）器；Ⅳ—节流阀；Ⅴ—蒸发（冷凝）器；2—三通阀；19—止回阀；1,3~18—截止阀

5-70)，增加的初投资很小。如果室外气温过低，空气源热泵会出现结霜等问题，使得系统的性能下降，采暖效果通常不能得到保障，因此该种方式在冬季相对较暖和的地方是比较适宜的，而在冬季比较寒冷的地区不宜采用。

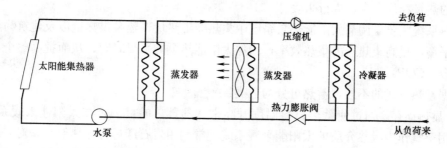

图 5-70 太阳能-空气源热泵耦合采暖系统

此外，根据有关规范和标准，太阳能采暖可以是1台燃油、燃气或燃煤锅炉，也可以与热力管网相连，以热力站的蒸汽或热水作为辅助热源。在设计中选择锅炉时要注意效率高和体积小，还要采取消烟除尘的措施，否则使用锅炉会污染集热器表面，减少太阳能的收集。

在农村建设的太阳能采暖项目，由于城市热网及燃气管线不易到达，油、电价格又较高，因此，辅助能源的应用类型多为生物质燃料。如北京平谷区挂甲峪村，辅助热源用生物质锅炉提供，采用生物质压块成型设备，把当地的果木修剪枝条粉碎后压缩成燃料棒或燃料块，作为生物质锅炉燃料。

对于实际的太阳能采暖工程来说，选择何种辅助热源应根据具体实际情况选择最合适的方式，各种辅助热源优缺点对比见表5-17。在电力充足及经济条件允许的情况下，用电加热最为简便，可优先考虑。

各种辅助热源优缺点对比　　　　　　　　　　　　　　　表 5-17

辅助热源种类	优　　点	缺　　点	适 用 条 件
燃油锅炉、燃气锅炉	启动快、污染小；便于自动控制；效果好，可靠性高	消耗一次能源，降低了整个系统的节能环保性能；燃油、燃气锅炉需单独设置，增加了系统的初投资	燃油、燃气充足的地区
空气源热泵	增加的初投资小	可能会出现结霜等问题，使得系统的性能下降，采暖效果通常不能得到保障	冬季相对较暖和的地方
土壤源热泵	土壤的温度变化较空气的温度变化有滞后和衰减；土壤的热容量较大	需要钻井，增加的初投资较高	各类地区均适用
低谷电	电加热最为简便；增加的初投资较少	虽然降低了运行费用，但实质上不节能	电力充足的地区

(2) 太阳能热泵系统中的蓄热问题

太阳能热泵系统充分利用了自然能源、节能、无污染、系统 COP 值高、系统简单，但是太阳能的间歇性、不稳定性以及波动性也必然决定了太阳能热泵系统运行的不稳定性。所以，要利用太阳能还必须解决太阳能的间隙性和不可靠性问题。在太阳能热泵系统中设置蓄热装置，是解决上述问题最有效的方法之一。当太阳辐射强、系统获得的热量充裕时，把多余的热量存储在蓄热装置中；当系统获得的太阳能少、供热量不足时，就可以把储存的热量释放出来，进行采暖。

蓄热系统主要是调节太阳能热泵系统中集热器集热量、热泵供热量以及建筑物热负荷之间的平衡，提高集热器的集热效率，增加太阳能热泵的采暖时间，从而提高整个系统的性能系数（COP）。

根据蓄热方式的不同，蓄热可分为三类：

1) 显热储存。通过使蓄热材料温度升高来达到蓄热的目的。在太阳能采暖系统中，对于采用空气作为吸热介质的太阳能采暖系统通常利用岩石床进行显热储存，对采用水作为吸热介质的太阳能采暖系统则选用水进行显热储存。由于显热存储热量有限，一般显热储存装置体积较大，不但增加系统成本，而且占用较大的空间，不利于整个太阳能热泵系统的小型化。

2) 潜热储存。利用蓄热材料发生相变来储存热量，即相变蓄热。由于相变的潜热比显热大得多，因此潜热储存有更高的储能密度，从而可减小蓄热装置规模，使太阳能热泵系统更加紧凑。通常潜热储存都是利用固体-液体相变蓄热。

3) 化学能储存。利用某些物质在可逆化学反应中的吸热和放热过程来达到热能的储存和提取。这是一种高能量密度的储存方法，但在应用上还存在不少技术上的困难，目前尚难实际应用。

显热蓄热原理简单，技术成熟，但有蓄能密度低和温度波动幅度大等缺点；而利用相变潜热蓄热，则具有蓄能密度高、所需材料的体积和重量较小，且在蓄热和取热的过程中温度波动幅度小的特点，是当前研究的热点。

目前太阳采暖系统中常用的相变蓄热材料有水合盐类和石蜡，其中水合盐类主要有：

$CaCl_2 \cdot 6H_2O$（熔点 29～30℃）、$Na_2SO_4 \cdot 10H_2O$（熔点 31～32.4℃）、$Na_2CO_3 \cdot 10H_2O$（熔点 36℃）、$Ca(NO_3)_2 \cdot H_2O$（熔点 39.8～42.2℃）、$Na_2S_2O_3 \cdot 5H_2O$（熔点 49℃）、$Na_2HPO_4 \cdot 10H_2O$（熔点 29～30℃）；石蜡是石油炼制的副产品，通常由原油的蜡馏分中分离而得，熔点为 52～70℃。在实际工程中选择何种相变材料，应根据集热器出口温度来确定。

随着太阳能利用技术的发展，对蓄热技术的要求越来越高，就相变材料在太阳能热泵中的应用而言，今后在以下方面还需做进一步的研究：根据太阳能热泵系统的优化特性分析结果，寻找和研制具有合适热物性的相变材料；研制高效的潜热蓄热换热装置；通过理论和实验的方式研究相变材料熔化时自然对流对传热效果的影响。

(3) 太阳能热泵系统中各部件的匹配问题

太阳能热泵系统中主要存在太阳能集热器与热泵的匹配问题，如果热泵选择过小，则不能满足室内采暖需求；如果热泵选择过大，则会出现大马拉小车的现象，不仅会增加初投资，而且热泵在低效率区运行，能量利用率不高，从而影响整个系统的性能。

在非直膨式太阳能热泵系统中，集热器效率受集热器进口水温度影响，而该水温度可近似认为是蓄热水箱底部热水的温度，其与蓄热水箱容积有关，因此，集热器效率的高低与系统中蓄热水箱的容积有关，即集热器与蓄热水箱容积是否匹配将直接影响集热器效率，进而影响整个系统的效率。有关研究表明，随着水箱容积的增加一开始集热性能和热泵 COP 都迅速增加，之后变化缓慢，而集热面积对集热性能和热泵 COP 的影响却正好相反，即集热面积越大，导致集热性能下降。同时，蓄热水箱中的热水作为热泵的热源，因此蓄热水箱温度即是水源热泵的蒸发温度，当蓄热水箱温度升高时，蒸发温度升高，水源热泵的效率增大，但是此时太阳能集热器进出口温度也升高了，从而使得太阳能集热器效率下降。所以，必须确定合理的蓄热水箱容积，以保证其温度在一较合适的范围内波动，使得水源热泵和太阳能集热器都能高效率地工作，从而获得较高的系统效率。研究表明，单位集热面积所匹配的水箱容积约为 75～125L。为了合理确定集热器、蓄热水箱、热泵型号，提高系统效率，可采用利用相关软件对各部件进行模拟计算。

直膨式太阳能热泵采暖系统的热力性能受压缩机转速、太阳辐射强度、集热器面积、蓄热水箱容积的影响，而且保证太阳能集热器（蒸发器）负荷与压缩机容量之间的匹配关系非常重要。在其他条件一定的情况下，太阳能集热器的容量和压缩机的容量是否匹配直接影响系统的工作性能。由于系统通常在非设计工况下运行，按设计工况确定的太阳能集热器面积与压缩机的容量往往不匹配。因此在系统设计时，对于结构参数一定的直膨式太阳能辅助热泵系统，就采用变频压缩机，通过改变压缩机容量来解决非设计工况下的不匹配问题；对于定转速的压缩机，则采用调节范围很大的电子膨胀阀来实现循环流量的自动调节。

(4) 太阳能热泵采暖系统有待解决的问题

利用热泵与太阳能设备、蓄热机构相连接，不仅能够节约高位能，而且可以保护环境。目前，我国对太阳能热泵供热水系统的研究基本处于试验研究阶段，仅有一些太阳能热泵采暖的示范性工程，在其发展和应用还存在着一些问题。

1) 性能可靠性。各种类型的太阳能热泵性能都有待提高，要合理确定各部件之间的匹配关系以达到投资运行最佳效益；要将系统设计与建筑设计结合起来，既要考虑系统性能又要考虑建筑美观；要实行智能化控制，这需要各个专业的人相互配合。实现各种能量的优化配置，确定太阳能集热器面积、蓄热水箱容积、建筑面积之间的最佳匹配关系，才能使太阳能热泵采暖、供冷技术具有更强的竞争力，产生更大的社会效益。

2）能耗方面。在太阳能热泵采暖系统中，利用热泵可以有效提高太阳能的利用率和系统的可靠性。但热泵长期运行时，存在能耗较高的问题。因此，进一步提高太阳能集热器的性能，增强蓄热装置的蓄热能力，使系统在没有热泵的情况下也能满足采暖需求，将大大降低系统的能耗，必然会提高系统的竞争力，促进其应用和发展。

3）投资经济性。如果要保证较高的太阳能依存率，将导致设备初投资过高，在很多情况下不得不降低太阳能依存率。虽然节能效果非常明显，但因太阳能本身的不稳定性，致使系统投资较高，使用效果并不理想。因此，太阳能不宜作为采暖系统的主要热源。

4）公众对这一技术缺乏足够的了解和认识。目前，在我国制约太阳能热泵应用的主要障碍是系统初投资较高以及政府、建筑设计人员和公众对这一技术缺乏足够的了解和认识。通过政府部门、科研机构和工程技术人员的共同努力，借鉴国外的成功经验，我国太阳能热泵将得到较快的推广和发展。

5.2.4 太阳能空调系统

随着我国国民经济的发展和人们生活水平的提高，空调已成为人们日常生活中的一部分，给能源、电力和环境带来很大的压力。据统计，在酒店、办公楼、医院等一般民用建筑物中，空调耗能占总耗能的50%以上，空调已成为一个耗能的大户。在保证热舒适的前提下，如何降低空调能耗逐渐成为人们关注的焦点。随着太阳能热利用技术的发展，太阳能制冷空调技术也开始崭露头角，为减少空调能耗提供了一条新途径。

1. 太阳能空调系统的特点及分类

太阳能空调作为一种新兴、清洁、耗能较低的空调系统，与常规空调相比，具有以下三大明显的优点：

（1）太阳能空调的季节适应性好，系统制冷能力随着太阳辐射能的增加而增大，而这正好与夏季人们对空调的迫切要求一致；

（2）传统的压缩式制冷机以氟利昂为介质，它对大气层有极大的破坏作用，而太阳能空调制冷剂以无毒、无害的水或溴化锂为介质，对保护环境十分有利；

（3）太阳能空调系统可以将夏季制冷、冬季采暖和其他季节提供热水结合起来，显著地提高了太阳能系统的利用率和经济性。

太阳能驱动制冷的主要方式根据不同的能量转换方式主要有以下两种：一是先实现光—电转换，再以电力制冷；二是进行光—热转换，再以热能制冷。

（1）太阳能光电转换制冷

它是利用光伏转换装置将太阳能转化成电能后，再用于驱动半导体制冷系统或常规压缩式制冷系统实现制冷的方法。这种制冷过程是首先利用光伏转换装置将太阳能转换为电能，制冷的过程是常规压缩式制冷。其优点是可采用技术成熟且效率高的压缩式制冷技术便可以方便地获取冷量。其关键是光电转换技术，必须采用光电转换接受器，即光电池，它的工作原理是光伏效应。但目前的太阳能电池等光电转化设备转化率低，而采用蒸汽机驱动，由于能量在机械上的消耗，因而其性能较低；由于转化效率较低，所以要达到一定的功率，就要增大设备。另外，太阳能电池成本较高，太阳能光电转换制冷系统的成本昂贵。因此，太阳能光电转换制冷技术很难推广应用。

(2) 太阳能光热转换制冷

太阳能光热转换制冷，首先是将太阳能转换成热能，再利用热能作为外界补偿来实现制冷目的。光—热转换实现制冷主要从以下几个方向进行，即太阳能吸收式制冷、太阳能吸附式制冷、太阳能除湿制冷和太阳能蒸汽喷射式制冷。在相同的制冷功率下，太阳能光热转换制冷系统的成本要比太阳能光电转换制冷系统的成本低得多。因此，目前的太阳能空调系统通常以太阳能光热转换制冷为主。

由于受到技术和材料成本的限制，太阳能利用的规模效应显著。太阳能空调系统具有所需太阳能采集板面积较大、一次投入较高的特点，不适于家居和小型单位的使用，大型单位、写字楼、商场安装则可以分摊使用成本，具有显著的规模效益。

在太阳能光热转换制冷中，太阳能吸收式制冷实用化程度最大，本书主要介绍此种太阳能空调系统。

2. 太阳能吸收式空调系统

(1) 太阳能吸收式空调系统的原理及特点

常规的吸收式空调系统主要包括吸收式制冷机、空调箱（或风机盘管）、锅炉等几部分，而太阳能吸收式空调系统是在此基础上再增加太阳能集热器、蓄热水箱和自动控制系统。太阳能吸收式制冷的原理如图 5-71 所示。

太阳能吸收式空调系统最常规的配置是：采用平板或热管型真空管集热器来收集太阳能，用来驱动单效、双效或双级吸收式制冷机，工质主要采用 $LiBr-H_2O$，当太阳能不足时，可采用燃油或燃煤锅炉来进行辅助加热。该系统的工作原理是利用太阳能集热器采集

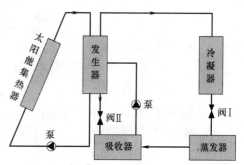

图 5-71 太阳能吸收式空调原理图

热量加热热水，再以热水加热发生器中的溶液产生制冷剂蒸气，制冷剂经过冷却、冷凝和节流降压，在蒸发器中由液体汽化吸热实现制冷，之后制冷剂蒸气被吸收器中的吸收溶液吸收，吸收完成后再由泵加压将含有制冷剂的溶液送入发生器进行加热蒸发，完成一个制冷循环。

太阳能吸收式空调在太阳能空调系统中 COP 相对较高，性能也很稳定，在太阳能空调系列中应用最为广泛，其中太阳能溴化锂吸收式制冷机已广泛应用在大型空调领域。

对于吸收式太阳能空调系统，虽然其与常规空调比，具有季节性适应好，利于环保，同一套系统可实现夏季制冷、冬季采暖和全年热水供应，因而大大提高了系统的利用率和经济性等优点，但其成本较高，且目前应用的产品大都是大型的制冷机，只适用于单位的中央空调。

(2) 太阳能吸收式空调系统匹配设计方法

太阳能制冷系统从功能上可分为三部分，其中包括太阳能集热子系统、热驱动制冷子系统以及空调末端子系统。其中，太阳能集热子系统与热驱动制冷子系统之间的匹配设计是系统设计的核心内容。这主要涉及到太阳能集热面积的确定、制冷形式的选择以及蓄热

水箱容积的确定。

1) 太阳能集热系统集热器面积的确定

在系统集热器面积计算的时候，应考虑以下因素：建筑可以提供的安装集热器的面积；所设定的太阳能保证率确定；保证按照该面积配置的集热器所采集的热量能够被充分利用。按照太阳能集热系统传热类型分为两种计算方法。

① 直接式太阳能集热系统集热面积

集热面积可根据太阳能制冷系统的设计耗热量、太阳辐照量、集热效率等确定，可按下式计算：

$$A_c = \frac{(Q_1 T_1 + Q_2 T_2 + Q_3 T_3) \cdot f}{J_T \eta_{cd}(1-\eta_L)} \tag{5-32}$$

式中 A_c——直接式系统太阳能集热器总面积，m^2；

T_1——初始加热时间，s；

T_2——系统运行时间，s；

T_3——T_1、T_2之和，s；

Q_1——初始加热量，W；

$$Q_1 = \frac{C_p \rho V(t_{set} - t_o)}{T_1} \tag{5-33}$$

式中 V——蓄热水箱体积，m^3；

t_{set}——制冷机组开机设定温度，℃；

t_o——蓄热水箱初始温度，℃；

T_1——设计初始加热时间，s。

Q_2——制冷机组循环耗热量，W；

$$Q_2 = \frac{Q_{ref}}{COP} \tag{5-34}$$

式中 Q_{ref}——设计冷负荷，W

Q_3——蓄热水箱热损失，W；

$$Q_3 = U_{tank} F(t_{tank} - t_a) \tag{5-35}$$

式中 U_{tank}——蓄热水箱热损系数，$W/(m^2 \cdot ℃)$；

F——蓄热水箱表面积，m^2；

t_{tank}——蓄热水箱水温，℃；

t_a——环境温度，℃。

f——太阳能保证率；根据当太阳辐照强度和经济情况确定；

J_T——当地集热器总面积上的年平均日或月平均日太阳辐照量，J/m^2，一般取7月份为设计月，具体计算根据当地集热器采光面上的月平均日辐照量进行计算；

η_{cd}——集热器平均集热效率；在太阳能制冷系统中，太阳能集热系统一般均在高温下运行，相对太阳能热水系统，此时太阳能集热效率较低，因此，集热器平均集热效率应根据集热器产品的实际测试结果而定；

η_L——管路热损失率。

② 间接式系统太阳能集热器总面积

间接式系统太阳能集热器总面积可按下式计算：

$$A_{IN} = A_c \cdot \left(1 + \frac{F_R U_L \cdot A_c}{U_{hx} \cdot A_{hx}}\right) \tag{5-36}$$

式中 A_{IN}——间接式系统太阳能集热器总面积，m^2；

$F_R U_L$——集热器总热损系数，$W/(m^2 \cdot ℃)$；

U_{hx}——换热器传热系数，$W/(m^2 \cdot ℃)$；

A_{hx}——间接系统换热器换热面积，m^2。

③ 系统太阳能保证率的确定

对应于空调设计冷负荷，设定由太阳能驱动制冷机组提供的冷负荷比率，即为太阳能制冷系统的太阳能保证率。该值是确定太阳能集热面积的一个关键因素，也是影响太阳能制冷系统经济性能的重要参数。实际选用的太阳能保证率与系统使用期内的太阳辐射量、气候条件、系统热性能、用户使用空调系统的规律和特点、空调设计冷负荷、系统成本等因素有关。

鉴于目前太阳能制冷技术的局限性，该项技术的应用以公共建筑为主，并且以白天使用空调系统为主。对于我国大部分地区，尤其是处在太阳能资源Ⅰ类、Ⅱ类以及Ⅲ类的地区，夏季太阳辐射较强，太阳能资源较为丰富，建议太阳能制冷系统太阳能保证率取50%～70%。

在实际工程中，太阳能制冷系统往往和冬季采暖以及热水供应相结合，太阳能保证率应综合考虑冬季采暖热负荷以及生活热水负荷，并应结合投资规模，进行技术经济比较后确定。对于预期投资规模较大，冬季采暖热负荷较大的系统，可取偏大值；对于预期投资规模较小，冬季采暖热负荷较小的系统，可取偏小值。

2) 太阳能制冷系统选型以及容量确定

目前常用的吸收式制冷机有两种：一种是氨吸收式制冷机，其工质对为氨-水溶液，氨为制冷剂，水为吸收剂，其制冷温度在-45～1℃范围内，多用作工艺生产过程的冷源；另一种是溴化锂吸收式制冷机，以溴化锂为吸收剂，水为制冷剂，其制冷温度只能在0℃以上，可用于制取空调用冷水或工艺用冷却水。

从经济性和适用性角度，制冷机组应与市场上普遍存在的太阳能集热器相匹配。制冷机组的热驱动温度一般在70～90℃之间。因此，在选择太阳能集热器时，要求其损失集热效率曲线较平滑，斜率较小，且在70～90℃之间可保持较高的瞬时集热效率。

大中型太阳能制冷系统一般选用温水型单效或两级溴化锂吸收式制冷机组，其特点是以低温热水为驱动热源，耗电量少，噪声以及振动小。

3) 太阳能制冷系统蓄热水箱的确定

在太阳能制冷系统中，蓄热水箱是非常必要的，它同时连接太阳能集热系统以及制冷机组的热驱动系统，可以起到缓冲作用，使热量输出尽可能均匀。太阳能制冷系统中，蓄热水箱的容积可按照80～200kg/m²选取。蓄热水箱应当采取很好的保温措施，否则会严重影响太阳能空调系统的性能。

蓄热水箱设计时，考虑到不同用途和系统需要，有多种设计方式，常见的设计方案有：①设置一个不做分层结构的普通蓄热水箱；②设置一个分层蓄热水箱；③设置两个蓄热水箱（分别设计为不同的工作温度范围）；④设置大小两个蓄热水箱（小水箱用于系统快速启动，大水箱用于系统正常工作后进一步储存热能）；⑤设置具有跨季蓄能作用的储能水池。

(3) 太阳能吸收式空调系统性能优化措施

要提高太阳能空调的性能，需对吸收式制冷机与集热器进行分析。由于溴化锂溶液在密闭容器中的压力与溶液的温度、浓度三者相互制约，如何协调溶液的浓度、压力与温度是提高太阳能吸收式空调系统性能的关键。下面以两级吸收式太阳能空调为例讨论如何提高其系统性能。

在传统的两级系统中，发生器的出口溶液即吸收器的进口溶液，低压发生器的发生压力即高压吸收器的压力。由图 5-72 和图 5-73 可知，降低发生溶液的浓度与发生压力有利于系统整体性能的提高，而对于吸收器则不利于系统整体性能的提高。如何协调溶液的浓度与压力之间的关系是提高系统整体性能的关键，可以通过建立计算机仿真程序，得出最优的溶液浓度与压力值，从而提高系统的整体性能。

另一方面，在两级吸收式循环的基础上，构建适合太阳能空调的新型制冷循环方式。针对两级吸收式循环的特点，低压级的溶液浓度比高压级的高，可以通过低压级与高压级的溶液进行混合，发生到一定的浓度，再将溶液分流，一部分进入高压吸收器吸收，另一部分继续进入低压发生器。在相同的热源温度与冷凝条件下，增加了高压吸收器的溶液浓度，可以降低高压吸收器的压力，即降低了低压发生器的压力，从而降低发生器中所需要的热源温度，提高了集热器的效率，达到提高热源可利用温差的目的，减小热水的循环泵功；同时可以提高制冷循环的溶液放气范围，提高制冷系统的制冷系数。

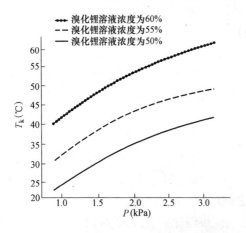

图 5-72　冷凝极限温度 T_k 与压力的关系

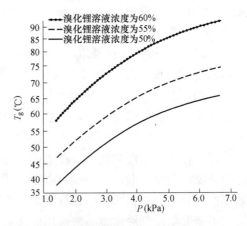

图 5-73　发生温度 T_g 与压力的关系

影响太阳能吸收式空调整体性能的另一个重要因素就是集热器的进出口温度，其值直接影响集热器的集热效率与吸收式制冷机的制冷效率。从图 5-74 中可以看出，随着集热器出口温度的增加，制冷机的制冷系数是增加的，但是集热器的集热效率是降低的，太阳能空调系统的整体性能是受二者相互作用的影响，确定最佳的集热器出口温度有利于提高太阳能空调的整体性能。从图 5-75 可知，太阳能空调整体效率 η 随着集热器出口温度的增加先提高，然后到达一峰值，再降低当集热器出口温度在 77℃ 左右时，太阳能两级空调系统的整体效率最高。

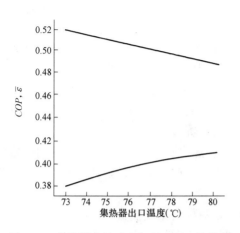

图 5-74 集热器出口温度与 ε，COP 的关系

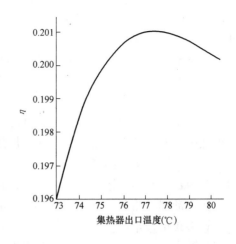

图 5-75 集热器出口温度与 η 的关系

3. 太阳能空调与供热综合系统

(1) 太阳能空调与供热综合系统原理

太阳能空调可以显著减少常规能源的消耗，大幅度降低运行费用，但由于太阳集热器在整个太阳能空调系统成本中占有较高的比例，造成太阳能空调系统的初始投资偏高，在全年的应用时间一般都只有几个月，单纯的太阳能空调系统显然是不经济的。然而，一些太阳能空调系统（譬如太阳能吸收式空调系统）除了可以在夏季提供制冷空调还可以在冬季提供采暖以及全年提供生活热水，同一套太阳能系统可以兼有空调、采暖和热水多项功能，这就大大提高了太阳能系统的利用率，从这个意义上说，太阳能空调系统也可以具有较好的经济性。太阳能空调与供热综合系统原理图如 5-76 所示。

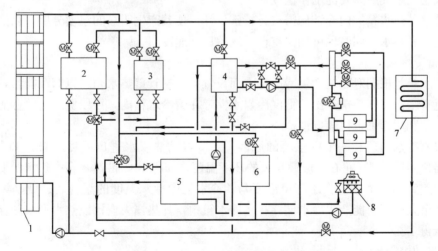

图 5-76 太阳能空调与供热综合系统
1—太阳能集热器；2—大蓄热水箱；3—小蓄热水箱；4—蓄冷水箱；5—吸收式制冷机；
6—辅助燃油锅炉；7—生活用热水箱；8—冷却塔；9—末端设备

采用太阳能为热源的太阳能空调，室内冷负荷随室外温度的变化而变化，但是冷负荷具有一定的滞后性，所以当室外阳光最为强烈、室外气温最高时、室内所需制冷量不是最大的，室内最大冷负荷一般要滞后一小段时间。这就为太阳能集热器加热热水提供了时间，所以该套系统是可行的。

夏季，首先将太阳能集热器加热的热水储存到蓄热水箱中，当热水温度达到一定值时，就由蓄热水箱向制冷机提供所需要的热媒水；从制冷机出来的热水温度已经降低，流回蓄热水箱，然后再由太阳能集热器加热成高温热媒水；制冷机产生的冷媒水首先储存到蓄冷水箱中，由蓄冷水箱向空调提供冷量，以达到空调的目的。当太阳辐射能不足以提供高温热媒水时，则启动辅助热源（电加热炉、燃油锅炉等）。

冬季，同样将太阳能集热器加热的热水储存到蓄热水箱中，当热水温度达到一定值时，就由蓄热水箱直接向空调箱提供采暖热水。当太阳辐射能提供的热量不能够满足要求时，则启动辅助热源（电加热炉、燃油锅炉等）。

该系统可全年提供生活用热水。要实现该功能，只要将太阳能集热器加热的热水流经生活用热水箱中的换热器，就可将水箱中的存水加热，以向用户提供热水。

(2) 太阳能空调与供热综合系统中的关键技术分析

1) 蓄热水箱的设置

为了保证系统运行的稳定性，使制冷机的进口热水温度不受太阳辐照度瞬时变化的直接影响，从太阳能集热器出来的热水不能直接进入制冷机，而是首先进入蓄热水箱，再由蓄热水箱向制冷机供热。同时，根据太阳辐照度在一天内变化的特点，蓄热水箱还可以把太阳辐射能高峰时暂时用不了的能量以热水的形式储存起来，以备后用。

太阳能空调与供热综合系统与一般太阳能空调系统的不同之处在于设置了大、小两个蓄热水箱。大蓄热水箱主要用来储存多余的热能；小蓄热水箱主要用来保证系统的快速启动，使每天早晨经集热器加热的热水温度，在夏季尽快达到制冷机所需要的运行温度，在冬季尽快达到采暖所需要的工作温度。

另外，蓄热水箱的内部结构需进行特殊设计，使其产生明显的温度分层，以便最大限度地利用高温热水，同时也可加快空调系统的启动速度。

2) 蓄冷水箱

蓄冷水箱是根据对建筑物供冷的特点而设置的。尽管蓄热水箱可以储存能量，但它的能力毕竟有限。将制冷机产出的低温冷媒水储存在蓄冷水箱内，可以更多地储存能量，而且低温冷水利用起来也比较方便。

设置蓄冷水箱还有一个更重要的原因。制冷机的热媒水进口温度一般是80℃左右，冷媒水出口温度是7℃左右。假设夏天的环境温度是35℃，则蓄热水箱中热水温度与环境温度的温差为45℃，明显大于环境温度与蓄冷水箱中冷水温度的温差。这就是说，将接收到的多余太阳辐射能产生冷水储存在蓄冷水箱中，其热损失要比以热水形式储存在蓄热水箱中低得多。

3) 自动控制系统

太阳能空调供热综合系统的特点就是用太阳能部分地替代常规能源以达到空调、供热及提供生活热水的目的。因此，太阳能系统的启动、太阳能的储存以及太阳能与常规能源之间的切换等都显得尤为重要。系统既有蓄热水箱又有蓄冷水箱，既有大水箱又有小水箱，在不同工况下，使用不同的水箱，走不同的管路。这些功能必须由一套安全可靠、功能齐全的自动控制系统来完成。

太阳能空调供热综合系统中的自动控制系统应按以下 5 种不同运行工况进行设计：夏季有制冷要求、夏季无制冷要求、冬季有供热要求、冬季无供热要求以及全年提供生活热水。

控制系统还应具有太阳能空调供热系统的防过热和防冻结功能。夏季，在太阳能辐射充足，而用户冷量需求较少时，当蓄热水箱内的水温已达到 94℃，且蓄冷水箱内的水温已达到 7℃时，制冷机停止运行，为了防止系统过热，出现汽化，控制系统应能自动切换相应的阀门，让热水流经生活用热水箱，以降低太阳能系统的温度。冬季，当太阳能系统管路内的水温降低到 0℃左右时，就会面临冻结的危险。为了防止系统冻结，采用了温度控制法，即在系统管路的最低温度处设置一个温度传感器。一旦此处温度低到 4℃，控制系统就能自动开启太阳能循环水泵，使蓄热水箱中的热水流入管路，从而可避免管路的冻结。

4. 太阳能空调技术的发展趋势

太阳能热水器的经济性问题，市场已经作了很好的说明。太阳能空调与供热综合应用建立在太阳能热水器应用的基础上，可充分利用夏天的太阳能。增加的投资是制冷机部分，而这部分的投资在常规空调方面也是需要的。因此，太阳能空调与热水相结合，有很好的经济性。

太阳能制冷空调的关键技术已经成熟：在太阳能集热器方面，真空管集热器、平板集热器都已经在市场上推广应用；在制冷机方面，溴化锂吸收式制冷机在 20 世纪 90 年代就大量地进入了市场，低温热水型两级吸收式溴化锂制冷机的热源温度只需 60℃以上，特别适合于太阳能的利用；在系统方面，已经积累了丰富的经验。因此，太阳能空调应用在技术上是可行的。但是其在推广过程中需要解决以下几方面的问题：

（1）设备小型化。从目前研制的太阳能空调产品来看，大多数产品都是大型机组，只适用于大型中央空调系统和集中供热系统，应用面较小，因此加快小型机、家用机的研发，对太阳能空调的推广有着重要的意义。

（2）提高太阳能设备转化效率。太阳能空调制冷系统的效能在很大程度上取决于太阳能转化设备的效能，现在市场上的太阳能集热器及光电转化设备效率较低，与太阳能空调制冷系统所要求的效能不匹配，也使得太阳能空调的推广受到了制约。同时，太阳能设备效率的提高也可为小型化创造条件。

（3）降低成本。太阳能空调虽然节能，节省运行费用，但是由于太阳能集热器等设备造价高，初投资大，超出一般单位、个人的承受能力。因此，降低太阳能集热器等设备成本，是单位、个人使用太阳能空调制冷系统的关键。

（4）与清洁能源及蓄冷技术相结合。太阳能受昼夜及气候影响较大，为了消除这种限制，就必须与其他技术结合，以增加其运行的稳定性与持续性。如与蓄冷技术结合，把有太阳时的多余冷量储存起来，以供没有太阳的时候使用。也可与地源或水源热泵技术相结合，增加太阳能空调制冷系统的稳定性。

5.3 热能梯级利用系统

5.3.1 梯级利用系统原理

关于能量梯级利用一词的理解，《中国大百科全书》的定义是：能源梯级利用（energy cascade use）是能源合理利用的一种方式。不管是一次能源还是余能资源，均按其品位逐级加以利用。例如，在热电联产系统中，高、中温蒸汽先用来发电（或用于生产工艺），低温余热用来向住宅供热。所谓能量品位的高低，是用它可转换为机械功的大小来度量。由于热能不可能全部转换为机械功，因而与机械能、电能相比，其品位较低。热功转换效率与温度高低有关，高温热能的品位高于低温热能。一切不可逆过程均朝着降低能量品位的方向进行。能源的梯级利用可以提高整个系统的能源利用效率，是节能的重要措施。

而对于梯级利用系统的应用方法，由吴仲华教授主编的《能的梯级利用与燃气轮机总能系统》一书中，从能量转化的基本定律出发，阐述热能的梯级利用与品位概念和基于能的梯级利用的总能系统。总能系统是通过系统集成，把各种热力过程有机地整合在一起，同时满足各种热工功能需求的能量系统，系统集成理论对总能系统的设计优化、新系统开拓以及应用发展等都是至关重要的，而其本质特征在于不同热力循环和用能（供能）系统的有机整合与集成。基于"温度对口、梯级利用"原理集成的热力系统为热工领域的总能系统。但要特别指出的是，总能系统不是多个循环或系统的简单叠加，而是基于能的梯级利用原理集成的一体化系统。

5.3.2 主要工质梯级利用概述

在热能传输系统中，由于传输工质的不同，其系统形式也会不同。在供能系统中，其主要的工质形式为烟气热能及地热水两种，而针对两者的热能梯级利用方式也有所不同，但其目的都是"温度对口、能质匹配"，使各系统达到高能高用、低能低用、提高系统效率的目的。

1. 烟气热能的梯级利用

（1）烟气热能利用的原则

1）燃料的燃烧尽可能在高温下进行。温度越高，得到的烟气所具有的㶲值越大。燃料种类很多，不但它们的发热量有很大差别，而且绝热（理论）燃烧温度也不同。因此，在利用燃烧产物的热能时，从㶲的观点，它的使用价值不仅要看热能的数量，还有看它的㶲值。而燃烧产物的㶲值与绝热燃烧温度有关。

因此，在评价燃料时，仅从热值考虑是不够全面的，应考虑燃料在质量的差异，并应根据不同设备对燃料能质要求的不同，合理地加以利用。在能源管理中，应根据对实际利用的燃烧产物的能级要求，选择所需的燃料。

2）尽量减小㶲损失。由于㶲损失是由各种不可逆过程所造成的。因此，在利用烟气热能的场合，应设法减小各类不可逆损失，包括减小传热温差，避免节流和摩擦等。

在烟气热能的利用过程中，不同的生产工艺以及生活消费对热能的质量有不同的要求。要使热能得到合理利用，就必须根据用户需要，按质提供热能，不仅在数量上要满足，而且在质量上要匹配，从而达到热尽其用。如果把高质量热能用于只需低质量热能的场合，必然是"大材小用"，造成了不必要的㶲值浪费。

3）尽可能采用总能系统的概念。总能系统的主要含义为：按照能量品位的高低进行梯级利用，安排好功、热（冷）与工质内能等多种能量之间的配合关系与转换利用，不仅要着眼于提高单一的设备或工艺的能源利用率，而且要全面考虑热力、动态、控制、经济、环保等多因素，对提高㶲效率所带来的经济效益进行综合分析比较，从而得到比较合理的能量利用率，进而取得最佳的总效果。

如何正确评价一个烟气热能利用方案是否合理是一项复杂的工作，它往往不单纯是一个技术问题，需要综合考虑许多因素。不仅要明确减少㶲损失的理论依据，而且要考虑技术上是否有实现的可能。如果有实现的可能，就要进一步研究需要哪些物质条件，付出多少代价，然后确定能量利用方案。

(2) 烟气利用形式

1) 高温烟气热能的利用

人类最早利用的热能就是通过燃烧燃料来获得的。自工业革命以来，人们对动力的需求日益增大。目前，通过化石燃料获取热能，再将热能转化为动力。锅炉、燃气轮机、内燃机等即为工业生产及日常生活中直接或间接获得动力的主要装置。

① 锅炉：是一种将燃料燃烧，使其中的化学能转变为热能，并将此热能传递给水或其他工质，使水变为具有一定压力和温度的蒸汽或热水的设备。火力发电厂生产的电能就需要经过几次能量的转换过程，即先由锅炉将燃料燃烧释放的化学能通过受热面使水受热、蒸发、过热，转变为蒸汽的热能；再由汽轮机将蒸汽的热能转变为高速旋转的机械能，然后由汽轮机带动发电机将机械能转变为源源不断的电能。

② 燃气轮机：一种以气体为工质的将热能转变为机械能的热力发动机。作为一种动力装置，其平均吸热温度较高（一般为1100～1200℃），但其排气温度也很高，在450～650℃左右，这就有大量的热能随着高温燃气排入大气，即有大量的热损失，因此热效率不高。而在蒸汽动力循环中，由于受金属材料机械性能的限制，蒸汽轮机的进气温度不会太高，通常为500℃左右，其循环的平均放热温度却很低。如果将燃气循环结合起来，首先利用燃烧产生的高温烟气推动燃气轮机直接做功，做完功后的高温废气再作为余热锅炉的热源用以加热水产生的蒸汽，再由蒸汽推动汽轮机对外做功。

③ 内燃机：是燃料在机械内部进行燃烧，并将燃料释放出来的热能转换成机械能的一种动力装置。往复活塞式内燃机最为常用，其主要的优点是体积小、热效率高、操作简便等，广泛的应用在工程机械、小型发电装置等领域。

2) 中温烟气热能的利用

中温烟气所携带的热能作为一种余热资源在许多工厂中都大量存在着，其主要的余热利用方式为：热利用及动力利用。直接利用热能供生产或生活需要最为简单、经济。但是，由于受地区供需平衡等种种具体条件的限制，热能往往不能得到充分利用。若余热的品位较高、量也较大，将它转换成使用方便、运送灵活的电能也并非是不可能的。

① 余热锅炉：以各种工业生产过程中所产生的余热（烟气余热、可燃废气余热等）为热源，吸取其热量后产生一定压力和温度的蒸汽或热水的换热设备，对提高能源利用率、节约燃料消耗起着十分重要的作用。

② 制冷机：从低于环境温度的物体中吸取热量并将其转移给环境介质的过程为制冷过程。它的实现是依靠消耗机械功、电磁能、热能等形式的能量为代价的，而实现这一过程的设备则称为制冷机，能够利用中温燃气热能的常用制冷机为吸收式制冷机。可以以中温烟气为动力源，实现夏季制冷和冬季采暖使烟气余热能够常年应用。

③ 热交换器：

气-气热交换器：烟气能量可以通过气-气热交换器传递给空气，设置空气预热器是回收工业炉烟气余热最简单、最有效的方法。由助燃空气或燃料将热量又带回到炉内，可以起到直接节约燃料的目的。同时，预热后的空气可以提高炉内的燃烧温度，有利于锅炉燃用低热值的燃料，提高燃烧速度。此外，空气预热器的系统简单，操作方便。负荷变化而引起余热量变化时，由于所需的空气量也将变化，所以能自动地相互适应，保持预热温度基本不变。因此常作为一种优先考虑的余热回收方式。

气-液热交换器：烟气利用方面最常用的气-液热交换器就是锅炉设备中使用的省煤器。省煤器是利用锅炉尾部烟气的热量来加热给水的一种热交换设备。

3）低温烟气热能的利用

工业生产中的许多排烟，虽然排烟温度比较低，但数量很大，如果直接排入大气难免造成浪费，且容易造成环境污染。如何利用这部分热能成为一大难题，"热管技术"与"热泵技术"恰恰解决了这一难题。

① 热管：最为有效的传热元件之一，它能够将大量热量通过其很小的截面积进行远距离的传输而不需要外加动力。其使用原理基于蒸发-冷凝循环原理，其中毛细芯结构材料的作用如同泵一样，它将冷凝流体送回热输入端，由废热使热管的液体工质蒸发，潜热随蒸汽送至热管的冷端，冷凝后释放出潜热。然后，冷凝的液体再由毛细芯结构送回到热端。我国已相继开发出了热管气-气换热器、热管余热锅炉、高温热管蒸汽发生器、高温热管热风炉等各类热管产品。

② 热泵："热泵"是一种能使热量从低温物体转移到高温物体的能量利用装置。恰当地运用热泵可以把那些不能直接利用的低温热能变为有用的热能，从而提高了热能利用率，节约大量燃料。热泵可以回收烟气废热，更可以回收自然环境（如空气和水）和其他低温热源（如地下热水、低温太阳热）中的低品位热能，是一种新型的高效利用地温能源的节能技术。现已在采暖、空调、干燥（如木材、谷物、茶叶等）、烘干（如棉毛、纸张等）、食品除湿、电机绕组无负荷时防潮、加热水和制冰等方面得到日益广泛的应用。

2. 地热水热能的梯级利用

地热能是来自地球深处的可再生热能，它起于地球的熔融岩浆和放射性物质的衰变，地下水深处的循环和来自极深处的岩浆侵入到地壳后，把热量从地下深处带至近地表层。地热能的储量比人们所利用的能量总量还要多，大部分集中分布在构造板块边缘一带。地热能不但是无污染的清洁能源，而且如果热量提取速度不超过补充的速度，那么热能还是可再生的。地热分高温、中温和低温三类。高于150℃，以蒸汽形式存在的，属高温地热；90～150℃，以水和蒸汽的混合物等形式存在的，属中温地热；高于25℃、低于90℃，以温水、温热水、热水等形式存在的，属低温地热。"高温地热适合发电，中温地热可发电，也可用于房屋采暖，低温地热则可用于洗浴、医疗，也可以用于采暖以及温室种植、水产养殖等"。我国中西部的大部分地区地热资源丰富，类型齐全，分布广泛，且多为中低温；高温地热资源仅分布在藏南、滇西和川西地区。建议按不同温度开展地热资源的梯级利用，即按照因地制宜，物尽其用的原则，发挥资源优势，减少浪费，提高地热利用率。

地热资源是一种应用广泛的清洁能源。地热能利用包括发电和热利用两种方式。在过去短短的几十年时间里，地热能的开发已经表现出强大的生命力。随着全球日益严峻的能源危机和环保压力，可再生能源的开发日益受人瞩目，地热能在未来能源结构中的地位必将越来越突出。

(1) 高温地热水热能的利用

1) 地热发电技术介绍

地热发电技术是利用150℃以上的高温地热发电，包括闪蒸系统和双循环系统两种。地热发电至今已有近百年的历史了，新西兰、菲律宾、美国、日本等国都先后投入到地热发电的大潮中，其中美国地热发电的装机容量居世界首位。在美国，大部分的地热发电机组都集中在盖瑟斯地热电站。盖瑟斯地热电站位于加利福尼亚州旧金山以北约20km的索诺马地区。1920年，在该地区发现温泉群、喷气孔等热显示，1958年投入多个地热井和多台汽轮发电机组，至1985年，该电站装机容量已达到1361MW。20世纪70年代初，在国家科委的支持下，中国各地涌现出大量地热电站。

现在开发的地热资源主要是蒸汽型和热水型两类，因此，地热发电也分为两大类。地热蒸汽发电有一次蒸汽法和二次蒸汽法两种。

一次蒸汽法直接利用地下的干饱和（或稍具过热度）蒸汽，或者利用从汽、水混合物中分离出来的蒸汽发电。二次蒸汽法有两种含义：一种是不直接利用比较脏的天然蒸汽（一次蒸汽），而是让它通过换热器汽化洁净水，再利用洁净蒸汽（二次蒸汽）发电；第二种含义是将从第一次汽水分离出来的高温热水进行减压扩容生产二次蒸汽，压力仍高于当地大气压力，和一次蒸汽分别进入汽轮机发电。

2) 地热发电循环形式

① 干蒸汽发电系统：地热干蒸汽发电已经运行了一百多年了，它是最早应用的地热发电方式。1904年7月4日，意大利的Piero Ginori Conti在拉德瑞罗（Larderello）地热田第一次利用地热蒸汽进行发电试验。该系统设计功率仅为15kW，点亮了5盏试验用灯泡，成为世界上地热发电的先驱者。目前该电站的装机容量已达548000kW。科学家们一致认为，当初这座电站虽然只能点亮5盏电灯，却开创了地热发电的历史。

地热干蒸汽发电系统最为简单，经济性高，来自地热井的高温蒸汽只要经井口分离装置分离掉蒸汽中所含的固体杂质就可通入汽轮机作功发电，排汽经冷凝后排放。系统所需仅为地热干蒸汽、输送—冷凝—回灌管道和简单的蒸汽清洁装置，主要有背压式和凝汽式两种发电系统。从经济上考虑，地热干蒸汽发电要150℃以上的高温地热资源。但由于干蒸汽地热资源十分有限，且多存于较深的地层，开采技术难度大，故发展受到限制。

② 闪蒸发电系统：地热生产井口来的高压地热水，进入闪蒸器减压后，其相应的饱和温度降至热水温度以下，压力降低部分热水会汽化沸腾并"闪蒸"成蒸汽送至汽轮发电机组作功发电。这种一次闪蒸系统，热利用率仅为3%左右。若将一级闪蒸器出口蒸汽引入汽轮机前几级作功，一级闪蒸器后的地热水进入二级闪蒸器，经二级闪蒸后引入汽轮机中间某一级膨胀作功，此为两级闪蒸地热发电，其热利用率可达6%左右。闪蒸循环地热电站系统形式简单，操作、维修容易；但设备体积大，效率较低，容易腐蚀结垢。由于发电系统直接以地下热水闪蒸蒸汽为工质，因而对于地下热水的温度、矿化度以及不凝气体

含量等有较高的要求。

到目前为止,全球应用最普遍的地热电站是闪蒸地热电站,美国45%的地热电站是采用闪蒸发电方式。我国西藏羊八井地热电站,采用两级闪蒸发电系统。尽管发电利用的地热水温度仅为145℃,但羊八井地热田在我国算是中高温型,但在世界地热发电中,其压力和温度都比较低,而且热水中含有大量的碳酸钙和其他矿物质,结垢和防腐问题比较大。

③ 双工质循环系统:由于全球绝大多数的地热资源属于中低温热储,因此在不久的将来,中低温地热发电技术的研究和地热电站的装机容量将在地热发电中占有很大的份额。当地热参数较高(温度在150℃以上)时,采用前面所述的闪蒸发电系统经济性较好。但温度较低时,闪蒸发电就很困难,这种情况适宜采用双工质循环发电方式。

双工质循环系统(也称中间介质法)是低温地热资源发电系统的最佳选择之一。温度较低的地热水流经热源换热器,将地热水具有的热能传给另一种低沸点的工作流体(如异丁烷、异戊烷、氟利昂等),低沸点物质被加热后沸腾产生蒸汽,进入汽轮机作功,排汽在冷凝器中冷凝成液体,经工质循环泵回到蒸发器被加热,循环使用。地热水放热后从热源换热器排出加以综合利用,或回注入地层进行储热。常见的双循环发电循环有两种:有机朗肯循环(Organic Rankine Cycle,OCR)和卡林纳循环(Kalina Cycle,KC)。

双循环系统的优点是设备紧凑,理论上效率较高,能够更充分利用地下热水的热量,降低发电地热水消耗率;地热水加热低沸点物质在热源换热器中进行,两者只换热不直接接触。缺点是增加了投资和系统运行的复杂性,技术难度大,操作维修水平要求较高。该系统特别适合于含盐量大、腐蚀性强和不凝结气体含量高的地热资源。发展双循环系统的关键是开发高效热交换器。

④ 联合循环发电系统:为了高效利用以地热蒸汽为主的地热资源,研究人员提出地热联合循环发电(Geothermal Combined Cycle Plant)的概念,即地热蒸汽经过汽水分离器,流经并驱动背压式汽轮机发电;作功后的地热蒸汽的乏汽在壳管式换热器内换热,使有机工质蒸发,驱动双工质系统的汽轮机发电。由于联合循环发电系统进行二次作功,充分利用了地热流体的热能,既提高了发电效率,又将以往经过一次发电后的排放尾水进行再利用,大大节约了资源。该机组目前已经在一些国家安装运行,经济和环境效益都很好。在1989年,地热联合循环发电首次在冰岛一个背压式地热蒸汽电站设计并应用;在1992年,在夏威夷30MW的地热电站得到应用;随后,在菲律宾125MW的地热电站、新西兰60MW的地热电站都进行了联合循环发电。

⑤ 增强型地热系统:增强型地热系统(Enhanced Geothermal System,EGS)或工程型地热系统(Engineered Geothermal System,EGS),俗称干热岩(Hot Dry Rock,HDR)技术。在这种高温岩体中,通常只有热,没有裂隙或孔隙,没有渗透性,没有地热流体,所以需进行井下压裂,在高温岩体中造出人造裂隙,使地下岩石的渗透性提高,实现从其中一眼注水井注入冷水,从另一眼生产井中产出高温流体。

EGS的概念是20世纪70年代由美国洛斯阿拉莫斯国家实验室(Los Alamos National Laboratories)首次提出,并率先在新墨西哥州芬顿希尔验证了干热岩技术,试验证明了可以实现从1.5万英尺的深处提取能源的可能性。注入地壳深处的水在岩石层里流动,其温度可上升到 200℃ 以上。但是试验过程中，由于注入深层岩石层的水造成岩石层滑动，引起地面震动，该计划于 2000 年终止。2006 年 1 月 22 日，麻省理工学院（MIT）的一份名为《The Future of Geothermal Energy》的研究报告引起了美国能源部的震惊。这份由 MIT 的 Jefferson Tester 博士主持、18 位能源、地质学等研究领域的跨学科专家小组在这份历时 3 年时间完成地热能源研究报告，建议美国大力发展地热资源，替代目前的化石燃料，从而为满足未来电力需求找到新的突破口。同时预测，美国在未来 15 年的时间里，投资 1 千万美元（相当于一座火力发电的投资成本）用于建设 EGS 系统即可以提供 100GWe 的发电能力，相当于目前美国年总用电量的 10%。

研究人员认为，大规模地热发电的前景是取决于如何开发利用地热储量大的干热岩资源。由于 EGS 系统是潜力巨大的本土化资源，不像现在开发的水热型高温地热那样受地域限制，而且该清洁能源导致的环境影响最小，该技术的商业化可望在 10~15 年内实现。在法国、澳大利亚、日本、德国、美国和瑞典等国家都在进行 EGS 系统的研究和测试。其中，世界上最大的 EGS 商用发电系统正在澳大利亚的 Cooper 盆地建设，设计采用 Kalina 双工质循环系统，装机容量为 250~500MW。

3）地热发电系统的热经济性研究

热经济性（或㶲经济学）分析方法可以有效地对能源系统进行性能评价和热力学分析。为了明确地热发电系统中具体的能耗情况和能耗部位，改进和提高热力系统的能效，研究人员采用㶲经济学理论对地热电站循环系统进行㶲分析和㶲耗散的相关研究。1996 年，Bettagli 和 Bidini 根据地热流体的流动特性，建立了地热水"从地热井口、经过地热发电站、一直到冷凝后地热尾水回灌至热储层"的完整地热流体输送管道系统的节点模拟程序，对位于意大利 Tuscany 的 Larderello-Farinello-Valle Secolo 地热电站系统的地热流体管网进行了㶲经济学分析评价。模拟结果给出了沿输送管道的㶲损失分布，且管网的㶲损失远远低于地热提取系统的㶲损失。对该电站进行㶲分析结果显示，主要的㶲损失集中在汽轮机、低压冷凝器和冷却塔，因此为了提高系统的整体性能，主要针对以上这些㶲损较大的部件进行技术改进和设计优化。

Dipippo 根据热力学第二定律对低温地热双循环电站进行了性能评价。结果显示，即使对于低温和低焓地热流体，双循环电站系统运行时具有很高的热力学第二定律效率（或㶲效率）；比㶲值为 200kJ/kg 及以下的地热流体在一定的地热电站可以获得 40% 以上的㶲效率。提高系统㶲效率的关键环节在于换热器的设计，即换热过程中要减小㶲损失。同时要采用低温冷却水，允许采用直流系统进行废热排放。Kanoglu M. 对两级双循环地热电站进行了㶲分析，并利用㶲流图对整个电站的㶲耗散进行了例证。Cerci 采用㶲分析方法，根据实际电站运行数据对土耳其 Denizli 一级闪蒸地热电站进行了评价，计算了大型地热电站区域地热流体的㶲值，采用㶲流图例证了从地热井口到蒸汽乏汽过程中的㶲耗散。

为了提高地热的能源利用率，人们对地热资源的利用不再仅限于单一的发电利用，研究人员采用热电联产或冷热电三联供等方式，对地热资源进行梯级开发和综合利用。1999 年，Kanoglu M. 对美国几处典型的地热资源和内华达州已经建成的地热电站进行了经济性分析和系统性能研究。对其中一处典型地热资源的经济性分析表明，采用冷热电三联供可以提供 3 倍于地热发电的收益；对已建成的 27MW 空冷双循环地热电站进行了冷/热联供系统改造设计，该系统可以满足工业区的全部供热需求和 40% 的制冷需求，每年的潜在收益是 1404 万美元。Kontoleontos 等对利用 65℃地热资源的双循环地热发电系统和利用 120~150℃地热资源的热电联产系统进行了分析，并对系统性能分别进行了优化。

(2) 中、低温地热水热能的利用

从广义概念上讲，地热供热包括地热水直接供热、地热水间接供热以及利用浅层地热的地源热泵供热系统。本章节的规划研究和性能分析，特指传统意义上的地热水供热。用于采暖的地热水温度一般在 60℃以上，也有采用 50~60℃的；温度在 50℃以下的地热资源很少采用。其中，直接供热方式是将地热水直接送入供热系统，其对地热水的水质要求高，不得对供热管道系统产生腐蚀和结垢，一般为矿化度比较低的地热水；间接供热方式是使地热水通过热交换器将热转换给供热系统。开采具有腐蚀性和易产生结垢的地热水供热，一般采用间接供热方式。地热水供热的利用率取决于地热水的温度及其供热后排放水温度，地热水温度越高，供热后的排水温度越低，则其供热的利用率越高。

地热区域供热是资金密集型系统，主要的投资成本是初投资费用，包括开凿生产井、回灌井费用、地下钻孔费用和各种输送泵、管道、输配管网、监控设备、调峰站和蓄热罐等设备费用。系统正常的运行费用相对于常规供热系统比较低，只有泵耗、系统维护和控制管理费用。估计系统初始费用的关键因素是热负荷密度，或者热用户的热量需求分区情况。由于供热输配管网价格比较高，如果供热需求密度较高，则决定了地热区域供热具有经济可行性。在气候许可或用户需要的情况下，也可以进行地热供热和制冷的联合运行，从而获得更多的经济效益。供热/制冷联合循环的地热利用系统比单独供热模式的载荷系数要高一些，而且单位地热资源的能源价值将随之提升。

1) 地热供热方式的选择

① 地热直接供热（直供式）系统：是指地热水直接进入用户供热系统，在散热器内放出热量，水温降大约为 10~15℃，然后回灌或地面排放。这种供热方式设计结构简单，如图 5-77 所示。由于直供式系统是将地热水直接送入采暖用户终端散热器，系统具有初投资少、地热水热量利用较充分等优点；但需要考虑水的腐蚀性对管道的影响，由于地热中微量的硫化氢和氨都会腐蚀铜合金材料，腐蚀严重增加了系统的维修工作，设备、管道

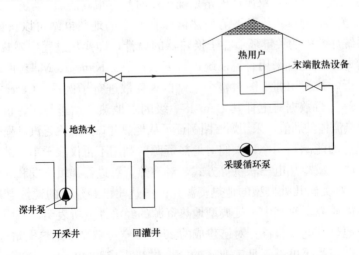

图 5-77　地热直接供热（直供式）系统图

甚至被破坏。通常在地热水进入热用户之前，根据水质条件可以增设除砂器；为调节进入热用户的热水温度，可以增设供热调峰装置和混水器等。

② 地热间接供热（间供式）系统：间供式系统与直供式系统最大区别在于有无中间换热器，如图5-78所示。间供式系统的地热水不直接通过热用户散热器，而是通过换热站（板式换热器）将热量传递给供热管网循环水，温度降低后的地热水回灌或排放掉。由于地热水不经过供热管网，热用户使用的是与换热站进行热交换后的循环水，因此可有效防止散热器和金属管道的腐蚀。

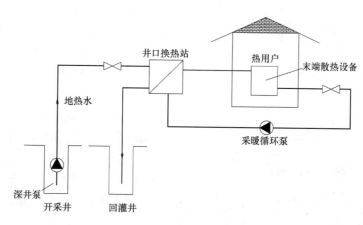

图 5-78 地热间接供热（间供式）系统

地热直供式和间供式的优缺点比较如表5-18所示。

直供式和间供式的优缺点   表 5-18

地热供暖方式	优点	缺点	地热水质要求
直供式	系统简单； 节省投资； 热量利用充分	井泵扬程高,运行费高； 地热水可能对系统造成腐蚀或结垢； 系统水力稳定性差,易造成水力平衡	无腐蚀性或腐蚀性很小
间供式	系统水力稳定性好； 长期运行稳定可靠	有较小的传热温差损失； 增加换热器的投资	适用于任何水质

2) 地热供热调峰的设计

在我国北方大部分地区，地热供热系统的井口出水温度要低于锅炉系统的调峰设计温度，如东北地区为95℃。即使地热井出水温度高于锅炉的设计温度，由于地热水是开口系统的恒温热源特征，若不设置调峰系统，地热水的供热能力将会受到很大限制；若设置调峰系统，可更加合理、有效地利用地热，供热面积将会大大提高，这无疑会提高地热供热与其他供热方式在经济上的竞争能力。

① 调峰方案的选择

在地热与调峰热源配合运行的系统中，调峰方式按照多热源联网运行的方式。即在采暖期，地热作为基本热源首先投入运行，随气温的变化，若基本热源满负荷后，调峰热源投入使用，与基本热源共同在热力网中供热的运行方式。换言之，地热作为基本热源在运行期间保持满负荷，调峰热源承担随气温变化而增减的负荷，这样还可以保证地热利用率。

地热供热系统调峰所用的热源可以有多种，如用燃煤、燃油、燃气锅炉或热泵取热等。各种调峰措施的投资和运行费会有差异，可根据技术经济方法来计算地热加调峰措施的供热成本，寻求供热成本最低的方案。一般规律是：调峰的年度费用高，调峰占的比例就应小些；反之，调峰年度费用低的，调峰比例就可大些。在选择以何种方式作为供热调峰热源时，除经济性外，还要考虑环境因素、能源来源是否有保证等。

目前，地热区域供热系统通常采用在换热站二次网侧设置燃气调峰锅炉的供热系统，如图 5-79 所示。该系统具有以下特点：

(a) 地热资源承担基本负荷；

(b) 基本负荷不随室外气温的变化而变化，运行时能够保持在高效率下工作；

(c) 一次网承担的负荷减小，可减小管径，节约一次网的初投资；

(d) 由分布于二次网末端的调峰热源根据各自的具体要求，补足不足部

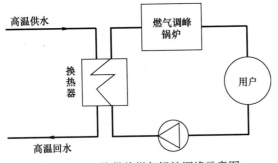

图 5-79 地热供热燃气锅炉调峰示意图

分，实现按照各自的需求供热，这样供热系统的调节就不再是目前以流量调节为主，而是直接对热量进行调节；

(e) 天然气属于清洁能源，对环境污染小。对于不同地区由于受地理位置、气温变化的影响，热负荷的变化情况不尽相同。如何确定由地热供热系统承担的基本热负荷与燃气调峰锅炉提供的调峰负荷之间的适当比例，是需要进一步研究的问题。同时，由于增加燃气锅炉，换热站的设备投资费用将增大，供热系统运行燃料费也将产生变化，需要进行经济分析。

② 调峰负荷确定的方法

在确定地热供热系统中辅助热源的调峰热负荷时，首先要根据水质、供热规模等因素，决定是采用直供式系统还是间供式系统。对于直接式供热系统，调峰热源负荷的计算通常假设地热水的排放温度，选择散热器形式和面积，即根据地热水的进出口温差，确定地热水的可供热量，不足部分即为调峰热负荷。但若采用这种方法，会对间接式地热供热系统的调峰负荷估算带来较大误差，除非选用较大负荷的调峰装置，否则调峰负荷会估计过小。此外，虽然该确定方法比较简单，但若通过散热器的进出水温差较大，室内散热器的温差应采用对数平均计算，比采用算术平均温差设计更为合理。确定基本负荷与调峰负荷的负荷比，应以技术经济比较为依据。在各种地热供热系统中，可因地制宜地选用最经济、最合理的调峰方式和负荷比例。在选择不同的地热系统并确定调峰手段等一系列问题时，应给出该系统的年负荷运行曲线，以帮助确定最佳运行方式。

③ 调峰负荷确定的步骤

地热调峰方案主要有热泵、锅炉（燃气或燃煤）、电加热等几种形式，锅炉和电加热属于高品位能源消耗，设计过程可只考虑调峰热负荷，而与调峰温度无关，尽管地热热泵消耗一部分电能，但调峰热负荷总量也是与室外温度有关系的。对于间接式供热系统，首

先选择供热系统布置方案；根据经济性分析，确定供热负荷；选择地热水与循环水质量流量；设计换热站的换热器形式和传热面积，终端散热器的形式和传热面积；供热管网各节点处的水力和热力计算；最后确定最佳供热负荷设计点与调峰方案。

5.3.3 梯级利用系统主要形式

1. 梯级利用系统组合形式介绍

（1）"联合循环的梯级利用"。对于联合循环系统来说，一般高品位（高温）的热能首先在高温热力循环（如燃气轮机）中作功，而中、低品位（中、低温）的排热和系统中其他余热与废热回收后，再在中、低温热力循环（如汽轮机）中实现热功转换，然后利用系统流程和参数的综合优化，使各循环实现合理的优化匹配，减小系统不可逆损失，从而获得总能系统性能最优运行。

（2）"热（或冷）功联产的梯级利用"。对于热功或冷热电联产系统集成时，则侧重于按照热能品位的高低对口进行梯级利用，从系统层面安排好功、热或冷与工质内能等各种能量之间的配合关系与转换使用，以便在实现多种热功能目标时达到最合理用能。

（3）"高效利用系统中低温热能的梯级利用"。对于蒸汽燃气轮机循环（STIG）和湿空气透平循环（HAT）等系统，系统集成的侧重点在于通过热能梯级利用来高效利用系统中各种中低温余热与废热。

2. 不同热力循环联合的热能梯级利用

若将具有不同工作温度区间的热机循环，按"温度对口、梯级利用"的原则联合起来、互为补充，就可以大大提高整体循环效率。联合循环中系统整合原则是：按照热能品位的高低进行梯级利用，安排好不同循环的热能对口利用及其各种能量之间的配合关系与转换使用，在系统的层面上综合利用好各级能量，从而获得更好的联合循环系统性能。另外，联合循环系统可以在常规联合循环的基础上后置更低温热力循环或逆向制冷循环，即所谓的正逆向耦合循环动力系统。它是通过吸收式制冷逆向循环，利用各种废热或余热，把正向循环进口工质温度或循环放热平均温度降低，来提高循环性能。下面对几种常规的联合循环系统集成时热能的梯级利用情况进行分析。

（1）余热锅炉型联合循环

燃气轮机依据热能的梯级利用原理集成为余热锅炉型联合循环后（见图 5-80 所示），使系统的性能大幅度提高。其所有燃料都从燃气轮机顶循环输入，燃料燃烧释放热能，在尽可能高的循环初温条件下，先由燃气轮机循环实现高温、高效的热功转换功能，然后回收燃气排热产生过热蒸汽，再由汽轮机循环在尽可能低的循环放热条件下实现中低温的热功转换功能。当燃气轮机排气充分利用时，底部循环的出功应为最大。底循环效率主要取决于 3 个因素，首先是顶部和底部循环的平均传热温差，这取决于传热技术、传热元件及投资的综合考虑；其次是余热锅炉排烟温度，理论上排烟温度越低越好，但需考虑燃料含硫量对尾部换热器腐蚀的影响，不能太低；最后是底循环工质性质、循环流程与参数的优化。

为了能清楚而简单地得出基于梯级利用的联合循环性能相对于燃气轮机循环性能参数提升值，可以将燃气轮机部分与汽轮机部分都设想为理想循环（见图 5-81），即气态工质是理想气体，燃气侧与蒸汽侧的压缩与膨胀过程 1-2、3-4、6-7、8-9 都是等熵过程，而它们的加热与冷却过程 2-3、4-5、9-6、7-8 则都是等压过程，都没有压力损失与流量变化；所有的传热过程都是无热阻的，忽略水泵的压缩功，同时蒸汽冷却过程 7-8 的两端正好都在饱和线上，亦即 $T_1=T_5=T_7=T_8$、$T_4=T_6$。

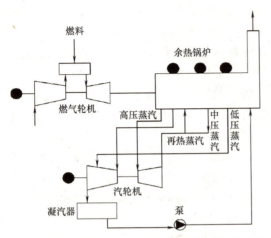
图 5-80 无补燃的余热锅炉型联合循环系统示意图

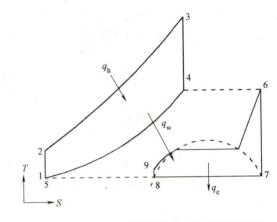
图 5-81 无补燃的余热锅炉型联合循环 T-S 图

余热锅炉型联合循环通过串联方式使热能得到了梯级利用，从而提升了系统的作功能力或有效输出。

(2) 排气全燃型联合循环

排气全燃型联合循环是一个利用燃气轮机排气作为锅炉热风、以蒸汽循环为主串联集成的热力循环，其中大部分燃料从锅炉加入，产生中等品位过热蒸汽驱动汽轮机。它充分回收顶循环的中低温排气余热，以节省送风机高品位电功和锅炉空气加热能耗，即通过蒸汽循环和燃气循环的联合途径以实现部分输入燃料的能量梯级利用。

排气全燃型联合循环是以朗肯循环为基础，顶置串联布雷顿循环，以便部分改变前者对高品位热能不作为的状况，使其更好地体现热能梯级利用原则。若输入系统中燃气侧循环的能量份额比例加大，也就是增大输入循环热能的平均品位，增大热能梯级利用份额，使得联合循环总体上能量梯级利用状况得以改善，从而使系统的功率增益和效率增益都得以提高。但是实际应用时，排气全燃型联合循环的燃气侧循环的能量份额常常比较小，即加入燃气循环能量比例小，能量的梯级利用原则没有充分体现，可视为改进了的汽轮机循环，循环性能改善相对小些，效率增值也只有 5% 左右。

(3) 给水加热型联合循环

给水加热型联合循环是一种利用燃气轮机排热加热锅炉给水、并以蒸汽循环为主串联集成的热力循环，其中大部分燃料从锅炉加入，产生中等品位过热蒸汽驱动汽轮机。系统集成的主要环节是把燃气轮机的排气用于加热蒸汽循环给水，即利用排热以节约原来蒸汽循环中抽汽加热阶段的抽汽。由于锅炉给水所需的加热量有限，使输入燃气轮机的燃料量比输入锅炉的燃料量小得多。故从系统集成的角度看，加入燃气循环能量份额更小，能量的梯级利用原则体现得更不充分，循环性能改善更小。给水加热型联合循环多用于现有汽轮机电站的技术更新改造。

3. 不同用能系统整合的热能梯级利用

从热能梯级利用角度看，不同用能系统主要是指热工领域联产系统，即是指具有两种以上热工功能（发电、供热以及制冷等）的热力系统，主要有功热并供和冷热电联产两种类型。功热并供联产是指机或联合循环输出机械功（电）的同时还生产工艺用热和生活用热。多数热用户所需温度并不高，往往可以用输出功的热机余热来满足。这样，高温段产功，低温段供热，合乎工程热力学梯级利用能的原则。因为相对于生产等量的功（电）和热而言，热电分产时：一方面，产热系统用于生产热的燃料燃烧后产生的燃烧产物的高温区段可用能没有被充分利用，而直接去产生较低温度的蒸汽或热水，可用能损失很大；另一方面，发电系统工质发电后的可利用余热没有合理利用而损失掉。而冷热电联产也是运用能量梯级利用原则，把制冷、供热及发电过程有机结合在一起的能源利用系统。热电联供系统（CHP）是一种基于热能梯级利用概念将供热与发电过程有机结合在一起的总能系统。

大量的热电联产系统实例的研究结果表明：(1) 从热电联供系统能量转换的特点及基本规律看，联供系统集成的关键在于热能的梯级利用，如若更好地实现中低温热能的合理利用，性能更佳。(2) 联供系统的性能主要取决于动力系统设计与集成。与传统单一功能的简单循环系统相比，联产系统是一种复杂的多变量能量供应系统，它的热力学性能不仅与各子系统的具体形式和性能参数有关，更为重要的是还取决于系统构成流程形式以及各子系统间的热力参数匹配情况，系统集成时体现能的梯级利用原理的充分性与系统性能特性密切相关。(3) 各种形式功热并供有其相适应的功热比范围。余热锅炉式燃气轮机功热并供的理想最佳功热比在 0.5～1 之间，最佳功热比值附近总的效益特性变化不大，这时能更好地体现热能梯级利用原则，以便能获得更好的系统性能。

4. 中低温热能的梯级利用

根据热力学原理，任何热力循环中热转功的最大值都受制于理想的卡诺循环效率，工质的温度越低，高效热转功就越困难。与高温热源情况相比，中低温热源热功转换效率很低，系统集成就困难得多。为此，需要开拓各种有效利用中低温热能的热力循环和技术，而其关键点仍然是热能梯级利用问题。STIG 和 HAT 循环都是高效转换利用系统中的中低温热能的热力循环，下面以这两个典型循环为例，分析系统中低温热能的梯级利用情况。

STIG 循环（见图 5-82）采用注蒸汽技术来有效回收燃气轮机的中低温排热，以增加透平工质流量和相对减少工质压缩耗功，是热力循环中体现热能梯级利用的系统集成思路，以实现高效利用各种中低温余热的重要途径。

HAT 循环（见图 5-83）是一种采用湿化技术的 Bray-ton 回热循环，系统集成时采用许多有效手段来利用系统中各种中低温余热与废热用于工质湿化和加热湿空气，从而节约输入循环的燃料、提高循环效率。

5.3.4 梯级利用系统经济分析举例

1. 某小区地热——热泵供热系统

该小区现有地热井 6 口，3 抽 2 灌、1 备用；单井出水量为 2000 m^3/d；出水温度为 68℃；回灌温度要求控制在 25～15℃。以集中燃气锅炉房为辅助热源，供回水温度分别为 130℃、75℃，供热单价为 0.275 元/kWh。

其主要末端形式（包括住宅）均采用热水地板辐射采暖系统；配套低层裙房采用散热器采暖系统；每户住宅均设有专供洗浴用的生活热水系统。小区采暖总热负荷为

24000kW,其中住宅高区系统8000kW,低区系统14000kW,裙房散热器系统2000kW。住宅地板采暖供/回水温度为50/40℃;散热器采暖系统供/回水温度为60/40℃。根据供水压力不同,分低区、中区、高区3个系统。设计最高日用水量约为1500m³。生活热水供水温度为55℃。现在运行日用水量约为100m³。表5-19为不同形式供热量下各采暖末端对照表,其系统如图5-84所示。

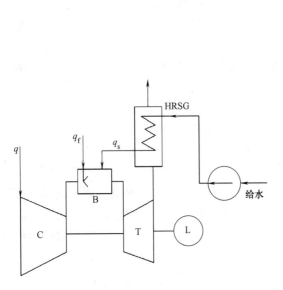

图5-82 注蒸汽燃气轮机循环(STIG)
C—压气机;B—燃烧室;T—燃气透平;
HRSG—余热锅炉;L—负荷

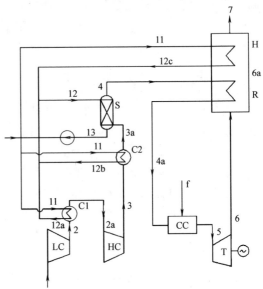

图5-83 HAT循环热力系统示意图
LC—低压压气机;HC—高压压气机;CC—燃烧室;
C1—中冷器;C2—后冷器;S—湿化器;R—回热器;H—热水器;T—HAT透平;f—燃料

采暖量分配汇总　　　　　　　　　　　　　　　　表5-19

系统形式	地热水直接供热能力(kW)	地热—热泵供热能力(kW)	辅助热源(kW)	合计(kW)
底层裙房散热器采暖	1044		1956	3000
住宅高区地板辐射采暖	2958	0	5042	8000
住宅低区地板辐射采暖		5992	8008	14000
生活热水系统	0	0	3313	3313
合计	4002	5992	18319	28313
分配比例	14.1	21.2	64.7	100

根据系统运行情况、初投资等条件可以进行初步的回收年限计算及综合热价计算,其详细的计算结果如表5-20所示。

地热梯级利用系统热价构成与计算　　　　　　　　表5-20

名称		打井	热泵站及管网	热泵站土建	合计
	初投资(万元)	4000	2500	1000	
折旧费	年折旧(万元/年)	100	125	20	245
	采暖季总负荷(kWh)	4518.5			
	折合热价(元/kWh)	0.0542			

续表

名称		打井	热泵站及管网	热泵站土建	合计
	回收年限(年)	40	20	50	
运行费	年运行费(万元/年)		361.8		
	采暖季总负荷(kWh)		4518.5		
	折合热价(元/kWh)		0.0801		
综合热价(元/kWh)			0.134		

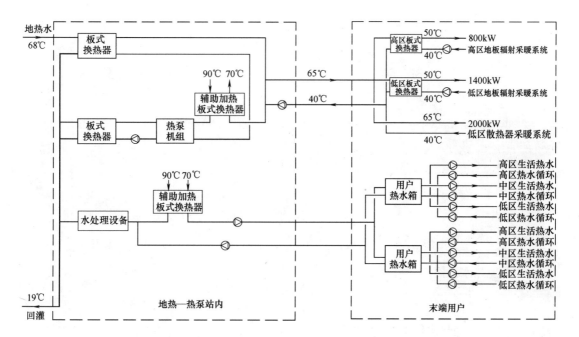

图 5-84 采暖系统图

2. 某大学学院办公楼

该办公楼的建筑面积为 10000m²，采暖设计热负荷为 280kW，采用风机盘管作为采暖末端，供/回水温度为 60/40℃。现设计以下两种采暖方案：

方案一：现采用的地热梯级利用采暖系统，其原理如图 5-85 所示。

方案二：一次性把地热水温度降至地热水回灌温度 17℃，均采用热泵供热的系统，其系统原理如图 5-86 所示。

地热梯级利用采暖系统的综合性技术评价指标包括系统的总效率 η 和地热水的热能利用率 ξ。

(1) 地热梯级利用采暖系统的总效率 η

$$\eta = \frac{Q_1 + Q_2}{\sum N} \quad (5\text{-}37)$$

式中 η——地热采暖系统总效率

Q_1——直接利用部分地热供热量，kW；

Q_2——间接利用部分地热供热量，kW；

$$\sum N = N_1 + N_2 + N_3 + N_4 \tag{5-38}$$

式中 N_1——地热水系统水泵的输入功率总和,包括地热井潜水泵和地热水管道泵,kW;

N_2——直接利用部分各级水系统水泵的输入功率总和,kW;

N_3——间接利用部分各级水系统热泵的输入功率总和,kW;

N_4——间接利用部分各级水系统水泵的输入功率总和,包括热泵的水源侧水泵和负荷侧水泵,kW。

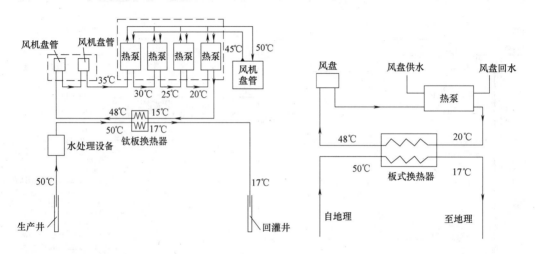

图 5-85　方案一原理图　　　　图 5-86　方案二原理图

(2) 地热水的热能利用率 ξ

$$\xi = \frac{(T_{01} - T_{02})}{(T_{01} - T_{ave})} \tag{5-39}$$

式中 T_{01}——地热水供水温度,℃;

T_{02}——地热水回灌温度,℃;

T_{ave}——北京地区全年平均气温,11.9℃。

经计算,两种方案的技术经济性能如表 5-21 所示。

两种方案的技术经济性能　　　　表 5-21

	单位	方案一	方案二
采暖设计热负荷	kW	280	280
地热水供/回水温度	℃	50/17	50/17
地热水量	L/s	2.13	1.63
热泵台数	台	4	7
热泵 COP		4.6~5.5	4.6
地热系统总效率		6.17	3.7
地热水利用系数		0.8	0.8
热泵初投资	万元	24	42
产生 1kWh 热所需费用	元	0.07	0.12
运行费用	元/(m²·采暖季)	12.7	21.8

由表 5-21 可知，方案二与方案一相比，在设计工况下，方案一的地热系统总效率为 6.17，在非设计工况下，其地热系统总效率会更高。方案二中，热泵的水源侧入口温度为 21.5℃时，其 COP 值为 4.6。如果计入各个水循环的水泵等设备耗电量，其地热系统总效率仅约为 3.7，远低于地热方案一的地热系统总效率。因此，采用了梯级利用方案后，使系统的技术性能得到大大的提升。

在经济性方面，与方案一采用梯级利用的系统相比，方案二需增加 3 台热泵以及与之配套的负荷侧循环水泵，大大增加了初投资。当然，方案二中由于热泵为并联方式运行，可以通过选用较大型号的热泵以减少设备投资，但与方案一相比，设备投资仍有较大的增加。此外，方案二的运行费用为 21.8 元/(m^2·采暖季)，远远高于梯级利用系统的运行费用 12.7 元/(m^2·采暖季)。

因此，无论是从系统的技术性能还是从系统的经济性能分析，采用地热梯级利用采暖系统都远远优于一次性把地热水温降至地热水回灌温度 17℃的热泵供热系统，这就是要推广采用地热梯级利用采暖系统的主要原因。

5.3.5 梯级利用系统适用性分析

1. 地热水梯级利用原则

地热水梯级利用时，应遵循以下原则：

（1）考虑适用于采暖、洗浴、游泳、医疗、农业温室、水产养殖、景观用水等。

（2）地热水梯级利用的原则是最大限度地利用地热水热能，尽可能减少尾水排放或采用尾水回灌，并在满足使用要求的前提下保持热能、水量守恒。

（3）将洗浴用水、泳池用水、养殖用水、农业灌溉和景观用水等作为地热水的最终应用。地热水梯级利用时，应考虑地热水的不同条件，如水量大小、温度高低、水质好坏，同时还要考虑到用户的不同应用条件，如用水量、用水方式、供热负荷等，再结合相关的配套技术，包括低温辐射采暖技术、热泵对尾水热能提取利用技术、新型板式换热等技术，最后通过环保、暖通、给排水、电气自动化等多学科多专业相结合进行工程化实践。

2. 地热梯级利用的地域适用性分析

我国大部分地区地热资源丰富，类型齐全，分布广泛。高温地热资源（温度高于 150℃）分布在藏南、滇西和川西地区，中低温地热资源（温度介于 25～150℃之间）主要分布于华北平原、汾渭盆地、松辽平原、淮河盆地、苏北盆地、江汉盆地、四川盆地、银川平原、河套平原、准噶尔盆地等地区，以及分布于东南沿海地区和胶东、辽东半岛。据初步估算，全国仅 2000m 以浅的主要沉积盆地储存的地热能量就达 73161×10^{20} J，相当 2500 亿 t 标准煤，地热水可开采资源量为每年 68 亿 m^3，所含热能量为 963×10^{15} J，折合每年 3284 万 t 标准煤的发热量。

在藏南、滇西和川西地区，高温地热资源主要用于发电。20 世纪 70 年代后期，我国开始利用高温地热资源发电，先后在西藏羊八井、郎久建工业性地热发电站，总装机容量 28.18MW。其中羊八井地热热电站装机容量 25.18MW，利用每年 $1.095 \times 10^7 m^3$ 流量、温度为 130～170℃的水汽，实际发电稳定在 18.5MW，约占拉萨电网全年供电量的 40%，冬季超过 60%。为了提高地热水利用率，温度较高的地热尾水可用于淋浴用水、高温疗养池、游泳池等。

对于中低温地热水，用途主要有采暖、游泳池、洗浴、养殖等，不同的采暖方式以及地热其他用途的常用供水温度、回水温度如表 5-22 所示。

不同采暖终端设备要求的设计温度和运行温度　　　　　　表 5-22

热用户终端		设计标准(℃)		实际运行温度(℃)	
		供水温度	回水温度	供水温度	回水温度
散热器	中国	95	70	75～60	60～50
风机盘管机组	中国	60	50	60～45	50～38
地板采暖		55～40	50～30	50～35	45～25
淋浴用水		42	—	42	—
高温疗养池	美国、冰岛	40			
游泳池		28～26	26～24	28～26	26～24
水源热泵水源侧（蒸发器侧）	深井地热水	35～30	30～15	35～20	
	普通水源	21	16	21	16
	浅井水	21～10	16～5	21～10	16～5
	土壤源	>0	>−4	—	—
融雪路用地热水	国外	35～20	—		

从表 5-22 中可以看出，从上至下的不同地热用户供、回水温度基本上形成一个逐渐梯级降低的趋势，这就为地热能的梯级利用提供了可能。对温度在 60℃ 以上的地热水，先行供热，并严格控制排放水温度；温度为 40～50℃ 的地热水，则以地板采暖、理疗、浴疗为主；温度为 25～40℃ 的地热水，按健身项目进行开发。

在冬季需要采暖的华北地区，在钻井深度在 2000m 范围内，地热水温度一般在 70～100℃，经水处理或板式换热器，可直接用于散热器采暖。当水温下降到 60℃ 以下时，仍可继续用于采暖，但需采用地板辐射或风机盘管作为采暖末端。当温度下降到不能满足地板辐射或风机盘管采暖需求时，可结合热泵系统，进一步降低地源水水温，一般应保证回灌地源水水温不高于 20℃。

地热梯级利用不仅能提高单井供热能力和地热资源利用率，而且可以降低地热水的排放温度，从而有效地节约和保护地热资源，提高经济效益，避免热污染和环境污染，充分发挥资源效能。在实际工程中，应按不同温度开展地热资源的梯级利用，遵循因地制宜、物尽其用的原则，发挥资源优势，减少浪费，提高地热利用率。

3. 地热水梯级利用系统中适用的采暖末端

地热水梯级利用首先考虑利用热能采暖（或热能的提取利用），根据水质、水温等条件和配套采暖技术可选择直接或间接供热方式，配套的采暖技术有散热器采暖、地板辐射采暖和风机盘管采暖技术。

一般地热水经处理后，散热器和地板辐射采暖可采用直供方式，风机盘管采暖采用间接供热方式，直供时需要考虑地热水中的 Cl^- 和 H_2S 对设备和管路的腐蚀性。采用散热器作为采暖末端时，设计工况下的供/回水温度为 95/70℃。散热器是以对流换热为主的，当供回水温度每下降 5℃ 时，散热器面积就需要增加 12%，才能满足采暖需求。因此，散热器不适用于低温热水采暖系统。若要降低供回水温度，则需要大大增加散热器面积，但即使这样，供水温度也不应低于60℃。然而，地板辐射采暖的供水温度一般在40～60℃，风机盘管采暖的供水温度一般不超过60℃，供回水温差一般为5～10℃，这正好与地热水温度吻合。因此，在地热水梯级利用采暖系统中，一级系统中供水温度高于60℃，可考虑采用散热器作为采暖末端；二级及以后的系统中，供水温度低于60℃，且满足地板采暖和风机盘管采暖要求水温时，则采用地板辐射和风机盘管作为采暖末端。当供水温度不能满足地板辐射或风机盘管采暖水温要求时，可通过热泵技术将地热尾水温度降到10℃左右，以大幅度提高地热水资源的利用率和单口地热井的供热面积。

在地热水梯级利用系统中，散热器、地板辐射和风机盘管3种采暖方式可以并存，也可串联形成梯级采暖，亦可并串联交叉（见图5-87），具体选择何种形式，应根据当地地热水的水量、温度、采暖热负荷、用水量和现场条件确定。

5.3.6 技术展望

地热能梯级利用技术作为一种替代型可再生能源供能形式，在我国具

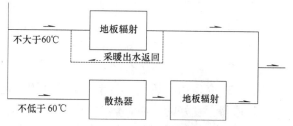

图 5-87 采暖末端并串联交叉连接

有广阔的发展和应用前景，然而目前仅处于起步阶段，对相关的中低温发电和供热的循环性能、地热利用的关键技术的研究还不够深入，需要能源学科和地质类学科科研人员共同研究、逐步加以解决。为今后的地热能梯级利用系统的科研、设计和应用提供技术参考。

（1）深入研究双循环地热发电系统中主要换热器的结构和选型对系统性能的影响，同时筛选出适应不同地热温度范围的低沸点循环工质，为我国今后进行相关理论研究和试验示范电站的设计提供技术平台。

（2）选择合适的地热发电/供热梯级利用实例系统，根据系统的具体设计参数完善热经济学模型，实现对所设计梯级利用系统技术经济性的全面分析和判定。

（3）改进地热梯级供热系统能效分析平台，在所运行系统的一些重要部位增加测试仪表和自动控制装置，全面掌握和评价整个供热系统的运行状况，为进一步推广地热能梯级供热技术在既有建筑供能系统升级改造中发挥重要作用提供技术保障。

（4）优化梯级利用各级数间供能分配比例、技术参数指标等。

5.4 余热、废热回收再利用系统

5.4.1 余热资源概述

余热资源丰富而且普遍存在于各行业生产中，特别是在钢铁、石油、化工、建材、轻工和食品等行业的生产过程中都存在着丰富的余热资源，被认为是继煤、石油、天然气和水力之后的第五大常规能源，因此充分利用余热作为热源进行城市集中供热，是建筑高效供能的主要内容之一。

能量有品位的高低，而余能是属于低品位的能，可从它转化为高品位能、直接利用时的难易程度、作用大小来区分其品位的高低。用温度高低来评价热能品位是一种比较简单

和直观的方法。

余热资源是指在目前条件下有可能回收和重复利用而尚未回收利用的那部分能量。它不仅取决于能量本身的品位，还取决于生产发展情况和科学技术水平。也就是说，利用这些能量在技术上应是可行的，在经济上也必须是合理的。

1. 余热资源的分类

按照余热资源的来源不同可划分为6类：

(1) 烟气的余热。这种余热数量大、分布广，主要分布在冶金、化工、建材、机械、电力等行业。例如冶金炉、加热炉、工业窑炉、燃料气化装置等，都有大量烟气排出。通常将烟气引入余热锅炉，产生蒸汽后送往热网供热。余热锅炉的形式有火管锅炉、自然循环和强制循环的水管锅炉。由于余热锅炉前的燃烧设备工况不甚稳定，烟气中含尘量大，因而要求锅炉的金属材料对于热负荷或烟气温度的突然变化具有较好的适应性，并能耐含尘烟气的冲刷和腐蚀。余热利用的经济性，通常随烟气量的增大而提高。烟气量少时，即使初温很高，也不一定经济合理。

(2) 冷却介质的余热。一些钢铁企业利用焦化厂初冷循环水余热，进行较大范围的集中供热，取得了良好的效果。焦炉产生的荒煤气经列管式初冷器被水冷却，冷却水升温至 50~55℃，用作热网循环水。例如鞍山、本溪等城市利用这种余热供热的建筑面积都已超过 120 万 m^2。炼铁高炉的冲渣水和泡渣水等工业余热，近年来也被利用于城市供热。高炉渣是炼铁过程的产物，可采用炉前水力冲渣或渣罐泡渣等方法处理。冲渣水或泡渣水吸热以后，可作循环水供热，一般用以满足本厂及住宅区的生活用热。这种废蒸汽量的波动较大，需要时可采用蓄热器进行负荷调节。

(3) 热电厂循环水的余热。目前成熟的技术方法有两个：一个方法是适当降低凝汽器真空度，提高乏汽温度，从而使循环水可直接通过热网供热，这就是通常所说的汽轮机组低真空运行；另一个是采用热泵技术从循环水中提取低位热量用于供热。

(4) 可燃废气、废料和废液的余热。生产过程的排气、排液和排渣中，往往含有可燃成分。这种余热约占余热资源总量的8%。如转炉废气、炼油厂催化裂化再生废气，炭黑反应炉尾气等。

(5) 废汽、废水余热。这是一种低品位蒸汽及冷凝水余热，凡是使用蒸汽和热水的企业都有这种余热，这部分包括蒸汽动力机械的排汽和各种用汽设备的排汽，在化工、食品等工业中由蒸发、浓缩等过程中产生的二次蒸汽，还有蒸汽的冷凝水以及锅炉的排污水以及各种生产和生活的废热水。废水的余热占余热资源的 10%~16%。

(6) 化学反应余热。这种余热主要存在于化工行业，是一种不用燃料而生产的热能，它占余热总量的10%以下。例如硫酸制造行业利用焚硫炉或硫铁矿石沸腾炉产生的化学反应热，使炉内温度达 850~1000℃，可用于余热锅炉产生蒸汽，约可回收60%。

2. 余热热能的量与质

由热力学第一定律知，能量在不同形式之间可以相互转换，且总能是守恒的。但是有序能可以无条件地、完全地转换为无序能，无序能则不能自动地、完全地转换为有序能。这表现出能量在"质量"上是存在差别的，能量的"质量"（或称能量的品质或级位）用㶲来衡量。㶲是在环境条件下能量中转变为有用功的那部分能量。

从㶲的定义可以看出，能量的品位表征了能量转变为功的能力和技术上的可用程度，当一种能量无法转化成其他形式的能量时，它也就失去了利用的价值。

热能属于不可完全转换的中级能，因此当涉及热能的转换过程时，如果仅仅从能量在数量上的守恒关系分析，往往会掩盖热能在质量上的差异。对于余热热能而言，温度越高，其作功能力越强，故而温度高的余热热能比温度低的余热热能具有较高的品质或较高级位。

回收余热，需确定余热的品位及可回收性，应从量和质两个方面全面综合地进行分析。

3. 余热资源的可回收性

只有达到一定品位和一定数量的余热才是可回收的。用于采暖要在50~70℃以上，用于制冷则应在80~90℃以上。此外，希望余热量在时间分布上是稳定的，并有同样稳定的热负荷；在空间分布上是集中的，并位于用户附近。还希望余热载体不含有害杂质。要求回收余热行为对原有生产设备和自身设备不产生不良影响等。具备所有这些条件的余热源是最理想的，却几乎是不存在的。因为既然成为余热总是由于有某些原因难以回收利用才会被抛弃的。所以，回收余热不可避免地会遇到这样或那样的困难。这些困难包括：余热的品位低，数量和参数不稳定，载体含有害物质，以及与生产工艺要求和所在现场条件有关的问题等。尤其是余热量的不稳定，供与需在时间上的不一致是回收余热的共同难题。由于生产过程多种多样，所产生的余热当然会具有各自的特点和条件，回收时的难点也各不相同。在对某一项余热作是否应当回收以及如何回收的决策前，必须对其特性作充分调研，进行具体分析与恰当地估计。

5.4.2 余热回收利用的原理及原则

根据热力学第一定律和第二定律，能量合理利用的原则，就是要求能量系统中能量在数量上保持平衡，在质量上合理匹配。

余能的利用方式有两种：一种可以当热源使用，如通过燃烧器、换热器等设备来预热空气、烘干产品，生产热水或蒸汽，进行制冷或供热等；另一种是动力利用，即把余能通过动力机械转化为机械功，带动转动机械，或带动发电机转换为电力。各种余能利用的基本方式如表 5-23 所示。

余热利用总的原则是：根据余热资源的数量和品位以及用户的需求，尽量做到能级的匹配，在符合技术原则的条件下，选择适宜的系统和设备，使余热发挥最大的效果。余热回收的难易程度及其回收的价值与余热的温度高低、热量大小、物质形态有关。根据先易后难，效益大的优先的原则进行回收。其中，以数量大的高温气体的热回收最为容易，效益也大。

主要余热利用方式 表 5-23

余热种类	形态	回收方式	回收产物	余热用途
产品、炉渣的显热	固体载热	固—汽换热器、固—水换热器	热风、蒸汽、热水	供热、干燥、采暖、发电、动力、制冷
锅炉、窑炉、发电机的排气	气体余热	空气预热器、热管换热器、热泵、余热锅炉	蒸汽、热风、热水	内部循环、干燥、供热、发电、动力、采暖、制冷、海水淡化

续表

余热种类	形态	回收方式	回收产物	余热用途
工艺过程冷却水	液体余热	换热器、热泵、蒸汽发生器	热水、蒸汽	锅炉给水、供暖、采暖、制冷
副产可燃气体	化学潜热	余热锅炉	燃料、蒸汽、热水	发电、动力、供热、采暖、制冷
工艺过程的余压	余压能	水轮机、燃气轮机		发电、动力

5.4.3 余热回收再利用技术

1. 烟气余热回收技术

（1）烟气余热回收概况

1）烟气余热回收方式

对烟气的热能梯级利用大多集中在工业领域，在建筑领域应用范围较少。方便起见，本节对烟气回收用于建筑供热进行简单介绍，以锅炉为例。

锅炉烟气余热回收系统在结构上可分为整体式和分离式两种。

① 整体式的余热回收锅炉

整体式的特点是在锅炉的结构设计上充分考虑烟气余热的回收，锅炉在结构上配备预热空气及烟气余热回收的装置。通常整体式锅炉的燃烧器功率明显与一般锅炉不同，并要求炉体采用耐腐蚀的换热面材料，因此锅炉本体成本高于常规锅炉。整体式烟气余热回收系统锅炉即为一般所说的整体型冷凝锅炉。

② 分离式余热回收装置

分离式的特点是：常规锅炉＋烟气余热回收装置。为设计者选择和设计烟气余热回收装置提供了较为灵活的空间。烟气余热回收装置一般可分为直接接触换热器和间接换热器。

直接接触换热器采用水喷淋的方式与烟气直接接触进行热质交换。此方式的热能回收率高，同时吸收了烟气中的大量有害物质。但是，此方式回收的水质变性，使用受到限制。此种余热回收产生的热水在一般民用采暖锅炉内难于利用，因此，采暖锅炉一般不采用此种方式。

间接换热时因燃天然气锅炉的烟气中水蒸气含量多，烟气中的水蒸气在冷凝过程中放出大量汽化潜热，使得燃气锅炉所采用的冷凝式余热回收器效果比传统的燃煤锅炉所采用省煤器效率要高，因此间接换热器又称为烟气冷凝热能回收装置，如图5-88所示。

2）使用方式

在蒸汽锅炉设计中使用冷凝热能回收装置，有两种连接方式：

① 冷凝热能回收装置与锅炉串联，换热器进水连接锅炉给水泵出口，换热器出水口连接锅炉进水口，用烟气预热锅炉给水。

② 冷凝热能回收装置与软水水箱或凝水水箱连接，使用独立循环系统，用烟气余热加热软水水箱或凝水水箱中的水。

在热水锅炉设计中使用冷凝热能回收装置，有3种连接方式：

① 冷凝热能回收装置与锅炉串联，换热器进水口连接锅炉循环泵出口，换热器出水

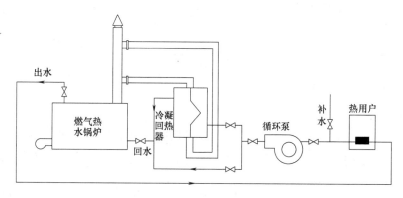

图 5-88　烟气热冷凝回收系统原理图

连接锅炉进水口。

② 冷凝热能回收装置与软水水箱连接，使用独立循环系统。

③ 冷凝热能回收装置与锅炉串联，回收换热器进水口连接锅炉出水口，换热器出水口连接用热设备。

(2) 烟气余热回收技术的适用性分析

1) 从排烟温度分析适用性。在实际应用中，余热回收利用有一定的难度，这是因为若排烟温度低，锅炉尾部受热面中烟气与工质的传热温差减小，传热面积增大，在有限空间布置的管多而密，造成烟气流阻大，引风机动力消耗大、金属消耗和设备初投资增多。

2) 从烟气成分分析适用性。一般情况下，排烟温度每升高 15~20℃，锅炉热效率大约降低 1%；反之，排烟温度每降低 15~20℃，锅炉热效率大约升高 1%。在实际应用当中，排烟温度过低会使低温受热面的壁温低于酸露点，引起受热面金属的严重腐蚀，危及锅炉运行安全。当烟气中有较高含量的 SO_2 和 NOx 时，由于冷凝式换热器中的出口烟气温度很低，烟气中的 SO_2 和 NOx 必然会凝结形成具有腐蚀性的酸液，换热器材料需用耐腐蚀材料如不锈钢、铜等。

(3) 烟气余热回收技术的经济性分析

以配套 2.7MW 蒸汽锅炉而言，设备总造价含安装费等约为 4.6 万元，设备保修 3 年以上。目前市场上煤低位热值为 23000kJ/kg，煤价不低于 400 元/t，每燃烧 1 吨煤可节约 98kg，其经济效益为 39.2 元，一般情况下增加动力费用 5 元，则净效益为 33.2 元/t 煤，其投资回收期为锅炉使用 1386t 煤的生产时间。满负荷运行时，日耗煤量不低于 20t，投资回收期仅为 70d，经济效益显著，节能意义重大。

(4) 烟气余热回收的若干问题探讨

1) 换热器的设计加工

① 对锅炉正常运行的影响问题：为防止换热器对烟气流动阻力太大而影响锅炉正常运行，在充分考虑换热管的阻力影响后，将换热器截面积扩大。

② 换热器的清灰问题：考虑换热表面集灰的清理问题，换热器可做成可拆卸型，以便于定期对换热面进行清理，清理方法可采用水冲洗等。

③ 换热器加工时还要考虑排烟阻力大小、换热面的热膨胀以及系统的定压补水问题。换热器内的热媒可以采用空气、导热油或水，系统可以加工为封闭式或开放式，即被加热

端可采用表面式换热或直接混合式换热。

2) 水质控制

由于水箱侧为直接混合换热，需要防止换热管内结垢。同时，加热水又是供洗浴用水，不能为纯软化水，因而系统采用高效硅磷晶阻垢器阻垢，不但能防止水结垢，还能防止水对系统管路设备的氧化腐蚀。

3) 引风机

在烟气余热回收设备运行中，最好不用引风机和微开引风机，降低运行成本。因此，建议热管式余热回收设备要优化设计、降低阻力。降低运行成本，达到最大的节能效益。

2. 电厂循环水供热技术

循环冷却水带走的这部分热量对电厂来说完全是废热，一般通过冷却塔直接排放到环境中。将循环水中的热量回收利用，无疑将会使电厂的热效率得到显著提高，同时可以减少冷却水蒸发量，节省宝贵的水资源，并减少向环境的热量和水汽排放。

由于正常情况下循环水的温度比较低（冬季一般为 20～35℃），达不到直接供热的要求，要用其供热，必须想办法适当提高其温度。提高循环水温度的方法有两种：一种方法是采用热泵技术将其温度提升；另一种是降低排汽缸真空度，提高乏汽温度，用排汽加热循环冷却水作为热网热水，或将凝汽器作为热网的一级加热器，这就是通常所说的汽轮机组低真空运行。

(1) 电厂循环水源热泵供热系统

利用电厂循环冷却水作为热泵低位热源进行供热的基本形式如图 5-89 所示，来自凝汽器的循环水一部分送入冷却塔，完成正常的冷却循环，另一部分被送入热泵的蒸发器，作为热泵的低位热源，这部分冷却水在热泵蒸发器放热降温后返回到凝汽器入口或循环水池中，与流经冷却塔的冷却水汇合，再被送入凝汽器吸热升温。可以看出，该系统仅以热泵蒸发器完成了对一部分循环水的冷却作用，不会对发电厂原热力系统产生任何不利影响。但是由于热泵冷凝器的加热温度有限，一般不高于 70℃，故这种热回收系统可用于地板辐射采暖和风机盘管采暖中；对于温度要求较高的散热器采暖，该系统只能用于热网回水的预热。

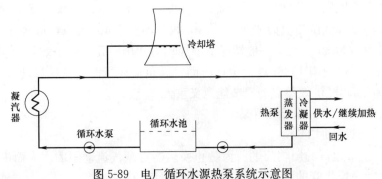

图 5-89 电厂循环水源热泵系统示意图

(2) 低真空运行供热系统

凝汽式汽轮机改造为低真空运行循环水供热后，其原则性热力系统如图 5-90 所示，由图可见：当凝汽式汽轮机改造为低真空运行循环水供热后，凝汽器成为热水供热系统的基本加热器，原来的循环冷却水变成了采暖热媒，被热网循环水泵输送到热网系统中进行闭式循环，通过用户散热设备为用户直接供热，从而完成了在凝汽器中获得热量，在热用户中释放热量的循环过程，有效地利用了汽轮机排汽所释放的汽化潜热。当需要更高温度时，则在尖峰加热器中继续加热到所需要的温度。尖峰加热器所用的蒸汽直接来自锅炉，经减压降温装置后进入尖峰加热器中。

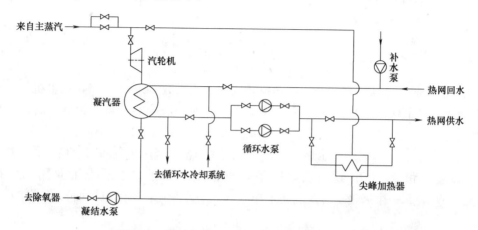

图 5-90 凝汽式汽轮机低真空运行的热力系统图

低真空运行后，经热网向用户供热，从而回收了排汽凝结热，尽管由于真空提高后，在同样进汽量下，与纯凝工况相比，发电量少了，而且汽轮机相对内效率也有所降低，但由于减少了热力循环中的冷源损失，使装置的热效率仍会有很大程度的提高。

（3）电厂循环水供热系统适用性分析

火力发电厂包括纯凝汽式发电厂和热电厂，因此以下部分统称为电厂循环水供热。凝汽式火力发电厂只生产和供给电能，而热电厂在生产电能的过程中利用汽轮机排汽或从汽轮机中间抽出一部分蒸汽用来供热，实现电能和热能的联合生产和供给。实际上，由于凝汽发电厂一般离市区较远，考虑到管网的建设费用和循环水输送费用，适合于利用循环水大面积供热的场合可能并不多，而热电厂一般均建在城市内部和边缘，利用循环水进行供热可能更具有现实意义。

（4）电厂循环水供热系统经济性分析

从热源端来说，循环水源热泵供热方式热电厂不必扩容，额外增加的投资很少，因此与其他供热方式相比相当于省去了热源建设费用。

从用户端来说，循环水源热泵一般可以做到一机两用，即冬季制热、夏季制冷，因此在需要夏季空调的场合，热泵系统已包括了空调设备的投资，系统总投资低于单独的采暖系统和单独的空调系统（比如夏季采用冷水机组制冷，冬季采用城市集中供热或锅炉房供热）之和。

提到利用电厂循环水作热泵低位热源供热，大家首先想到的是循环水的输送费用和管网的巨大投资。实际上循环水可利用的温差在20℃左右，而区域锅炉房供热或城市集中供热二次网的供回水温差一般在25℃左右，考虑到循环水输送热量加上热泵耗能量才是热泵供热量，因此实际上在相同供热量下，循环水管网与区域热水网的水流量相当，甚至还要小一些，而循环水温度较低，对保温要求很低或不需要保温，因此其单位管线长度的初投资远低于区域热水网的初投资。

由于各种供热方式的初投资和收益涉及因素较多,难以简单地采用统一标准进行比较,必须结合具体项目进行详细分析。

以某热电厂为例,过去热电厂汽轮发电机组的一次能源利用率即热能利用率较低,采用热泵回收余热后有所提高。

热能利用效率提高量:

$$\Delta K = \frac{Q_r \left(1 - \frac{1}{COP}\right)}{M(h_1 - h_4)} \tag{5-40}$$

将冷凝器放热量 $Q_r=16807\mathrm{kW}$,热泵装置的性能系数 $COP=3.84$,汽轮机的进气量 $M=120\mathrm{t/h}$,焓值代入,$\Delta K=12\%$,即由于采用热泵回收余热,从能源利用的角度提高了12%。

采暖收益:目前,建筑节能热指标在20~32W/m²,采用热泵回收余热以后,热电厂可新增采暖面积52.5万 m²,该地区采暖价格23元/m²,采暖季工业用电价格为0.78元/kWh,每一个采暖季可实现新增净收入224万余元,对热电厂而言经济效益非常可观。

通过热泵回收热电厂余热减少了热电厂向环境排放余热,仅一个采暖季(120d)就可实现减排 $5.2\times10^9\mathrm{kcal}$,环境效益非常显著。

3. 冷凝水回收技术

一般用汽设备利用的蒸汽热量,只不过是蒸汽的潜热,而蒸汽的显热,即冷凝水中的热量,几乎没有被利用。冷凝水的温度相当于工作蒸汽压力下的饱和温度,如果不加以回收利用,则相当于损失了热能。

在蒸汽供热系统中,用汽设备冷凝水的回收是一项重要的节能措施。蒸汽冷凝水主要包括两部分:管道沿程疏水和用户冷凝水,其中管道沿程疏水量占总量的10%左右。饱和蒸汽在输送过程中部分发生冷凝变成同温下的饱和冷凝水。一般来说,饱和冷凝水平均具有蒸汽热能的20%左右,回收冷凝水就回收了这部分热量,提高了蒸汽的热能利用率,节省了燃料。冷凝水的回收利用,经济意义很大,已经得到了工业企业节能工作的普遍重视,也已经取得了相当好的节能效果。

冷凝水的排放通常由蒸汽疏水器完成。在放走冷凝水的同时,疏水器又能防止蒸汽漏出,还可以使空气等不凝结气体从蒸汽设备或管道中排除。这样可以防止不凝结气体对用汽设备的内部腐蚀,及防止在受热面上形成导热系数较低的气膜。

(1) 凝结水回收系统原理及分类

凝结水回收装置实际上是一个系统,它包括换热器、疏水阀、疏水管路、集水箱(包括控制装置)、输送泵、受水器、闪蒸汽回收装置等。回收系统通常有开式和闭式两种,开式系统和大气相通,闭式系统是集水箱以及所有管路都处于恒定的压力下,系统是封闭的。下面就市场上几种常见的凝结水回收装置的特点加以说明。

1) 开式凝结水回收装置

① 汽压箱式凝结水回收装置(见图5-91)

从换热器排出的凝结水经疏水阀流入集水箱,在集水箱中汽水分离,降压闪蒸,蒸汽从箱上的排气管排入大气,因集气箱与大气相通,所以箱内压力为大气压力或稍大于大气

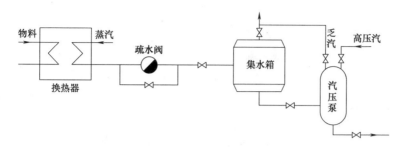

图 5-91 汽压箱回收系统图

压力,箱内水的温度稍高于100℃,水靠集水箱水位差排入气压泵,气压泵内有浮球阀,在水满时自动打开高压蒸汽阀,关闭进水阀,高压汽压入气压泵内,将凝结水压出;到低水位时,高压蒸汽阀关闭,放汽阀打开,进水打开,凝结水将乏汽挤出。水满以后再重复上述动作。

该装置适用于低温凝结水、小流量、低压力的情况。对于高温凝结水则热损失较大,对于需要将凝结水直接打入锅炉的情况,气压泵则无能为力,因为没有适用的高压蒸汽。

② 密闭式高温凝结水回收装置(见图5-92)

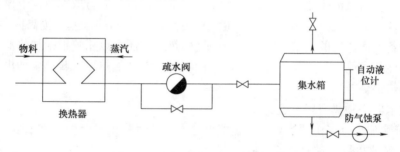

图 5-92 密闭式高凝结水回收系统

凝结水经疏水阀进入集水箱,汽水分离后蒸汽由排汽管排向大气,凝结水由防气蚀泵打出,防气蚀泵是通过将泵入口水加压来防止气蚀的。集水箱上装有自动水位计,控制水泵启停。由于集水箱与大气相通,密闭式凝结水回收装置实际上不能够实现密闭运行,箱内水的温度不会太高。由于该装置用泵输送,允许凝结水的流量和扬程都可以很大,凝结水的输送地点不受限制。

以上两种方式都不能实现凝结水的密闭运行,总有一部分闪蒸汽排到大气中,增加了凝结水损失、热量损失和热污染。

2) 闭式凝结水回收装置——热泵式凝结水回收装置(见图5-93)

这种新研制的利用热泵抽吸闪蒸汽技术的JCRS型无疏水阀的热泵式凝结水回收装置能够解决开式回收系统中闪蒸汽排空的问题,这套系统有一专门设计的蒸汽喷射式热泵,可以将闪蒸汽抽出,升压再利用,它有如下优点:

① 将闪蒸汽抽出可使集水箱中的压力降低,凝结水温下降;同时使回收畅通,有利于换热器工作。闪蒸汽加压就地利用比凝结后回锅炉减少了输送所消耗的能量,减少了锅炉的散热及排烟损失。

② 将闪蒸汽抽出再利用可降低对疏水阀的要求或者可取消疏水阀。从换热器漏出的

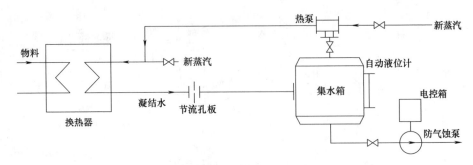

图 5-93 热泵式凝结水回收系统

闪蒸汽参数,经加压后再利用没有造成浪费,并且实现了封闭循环。

从换热器排出的凝结水,通过节流孔板进入集水箱,进行汽水分离,闪蒸。二次蒸汽进入蒸汽喷射式热泵升压升温,再进入换热器放热,集水箱中的凝结水由防气蚀泵打出。用孔板疏水阀代替其他形式的疏水阀,可减少疏水阀的维修工作量和更换周期,可比用热动力式或机械式疏水阀节省大量资金。该回收装置在实际运行中能取得明显的节能效益。

该系统要求有足够高压力的蒸汽用来引射闪蒸汽,从潜在能力上看大部分用汽企业具有这种能力,因为目前企业的锅炉都在设计压力以下运行,运行效率也低于设计效率,如果锅炉在设计压力下运行,利用锅炉新蒸汽和用汽设备之间的压差来提高闪蒸汽的压力,就能达到设备用汽压力的要求。如果生产中使用热水,还可以用喷射式加热器,将闪蒸汽抽出加热水使集水箱中的压力下降;还可以用喷射式混合加热器代替热泵抽出集水箱中闪蒸汽用于加热锅炉补水。

蒸汽疏水器必须具有以下能力和性质:

① 在排除疏水时要快开快闭,防止蒸汽逃逸;蒸汽漏失量应少于排水量的3%;

② 排放疏水的同时能排走空气;

③ 适用于较广的压力范围——压力变化不大时不应影响其排放能力或允许有较高的背压,利于排水和使冷凝水温度接近饱和温度;

④ 耐久、价廉、质轻、部件少,容易维修和检查其动作元件。

(2) 冷凝水的用途

冷凝水在供热上的应用主要是冷凝水作锅炉补水、冷凝水作低温热源。

1) 冷凝水作锅炉补水

凝结水是品质良好的锅炉给水,回收至锅炉房,既可节省大量水处理费用,又可减少锅炉的排污量及由此产生的热损失,使锅炉热效率提高2%~3%。开式回收系统的回收温度仅在70℃左右,加之与大气相通,有空气进入凝结水管道易引起管道腐蚀,所以目前一般采用闭式回收系统。

2) 冷凝水作低温热源

当企业利用热电厂供汽,由于回收管网太长等原因无法直接回收到锅炉房时,或当冷凝水水质受到二次污染,不能作锅炉补水时,可作为低温加热热源使用,其方式如下:

① 企业用于取暖热源:利用冷凝水的余热,根据供热负荷确定是否需要补充部分软水(或生水)作采暖循环用水,根据余热而确定供热面积,可节省集中供热费用。

② 用于直接热水用户:对于印染、纺织、橡胶、轮胎等企业,需要大量自用高温软

化热水,利用冷凝水,污染介质并不影响同行业加热的目的。

③ 间接换热热源:当冷凝水受到污染无法直接利用时,可考虑间接换热方式。如加热工艺用水,采暖循环水等非饮用水场合。

冷凝水作低温热源只适用于北方,且由于受季节性生产等因素的影响,只能实现短期利用,且只实现了部分热能的回收,而凝结水的能量回收实际上包括凝结水所含热能的回收、热蒸汽的有效利用、软化水的回收。所以冷凝水作低温热源利用率并不高,相比较而言冷凝水作锅炉补水更高一些。

总之,凝结水回收的原则是:通过凝结水回收系统中能量的综合利用,达到最经济的回收利用,保持整个蒸汽热力系统利用率最高,经济性最好。

(3) 冷凝水回收技术的适用性分析

1) 按管长选择回收利用方式

如果回收管网过长,冷凝水无法直接回收到锅炉房,受到二次污染,不能作锅炉补水,这时可考虑将其作为低温热源使用。其方式如下:利用冷凝水的余热,根据供热负荷确定是否需要补充部分软水或生水作采暖循环用水,根据采热量确定供暖面积,可节省集中供热费用。

2) 按地区选择回收利用方式

针对冷凝水,在北方一般是采用余热回收方式,通过换热器利用冷凝水的余热来加热自来水作为生活热水。这种利用方式比较简单,投资也较低,收回成本较快。

3) 按水质选择回收利用方式

冷凝回水水质不合格,冷凝水呈酸性,水中金属离子浓度超标,如果作为锅炉补水进入锅炉,就会在锅炉的传热面发生沉积,进而造成能量损失和腐蚀。如果要用作锅炉补水,必须要对冷凝水采取处理措施,一般采用闭式回收,消除外界空气的 O_2 和 CO_2 进入回收系统,其次要对冷凝水回水进行除铁处理。

对于冷凝水的回收利用方式,作为低温热源,只能实现部分热能的回收,而冷凝水的能量回收实际上包括冷凝水所含热能的回收、热蒸汽的有效利用、软化水的回收。所以,作为低温热源方式利用率并不高,提倡优先考虑回收作为锅炉补水。

(4) 冷凝水回收的经济性分析

凝结水回收装置的完善使回收系统的回收效率大大提高。但在回收方式的选择时也并非系统的回收效率越高越好,在系统达到回收目的的同时,还要考虑系统热经济的问题,也就是在考虑余热利用的同时,还要考虑初始的投入,即项目的技术经济比较。只有通过合理的技术经济比较,达到投入和回收的合理比值才是工程项目的优选方案。由于闭式回收系统的效率较高,环境污染少,往往被回收项目优先考虑和采用。

对于闭式凝结水回收系统,其总的投资主要有用汽设备疏水阀的改换或者增加;回收设备,如泵、集水箱、热交换器、扩容器等,以及管网及保温材料、技术服务、工程施工等费用。各项费用的累计构成全部工程投资,投资情况需要根据现场条件和项目的可行性分析来确定。回收项目的经济效益包括以下几个方面:

1) 由于采用闭式回收系统,系统封闭运行,使背压提高而减少的蒸汽漏汽量所产生的效益。

2) 凝结水回收节约的软化水的效益。

3) 凝结水回收温度的提高，使锅炉进水温度提高而节约的燃料所产生的效益。

此外，还有凝结水回收减少了蒸汽和凝结水的跑、冒、滴、漏和废水排放等引起的环境污染，从而带来良好的环境效益和社会效益。

显然，凝结水回收项目的效益和投资之间存在着一定关系，如何使项目在效益和投资之间达到一个较为优化的点，是凝结水回收项目要考虑的热经济问题。工程中通常采用投资回收年限法来确定项目的合理性和可行性。在综合考虑了凝结水回收项目的节能与经济问题后，回收系统的社会与经济效益往往是很显著的。

随着社会经济的发展，企业对节能和环保的要求越来越高，因为它直接影响到企业的生存，而且现在国家水资源紧张、贫乏，对企业取水和排污进行双向收费。对企业的凝结水进行回收利用，不但能节约能源、减少污染，而且能直接降低企业水费双向支出，降低企业的生产成本。由于蒸汽作为基础能量的广泛应用，随着凝结水回收技术的不断完善和回收设备的研制开发，凝结水的回收将会产生巨大的节能和经济效益。

(5) 冷凝水回收的若干问题探讨

1) 回收方式和设备的选择

对于不同的凝结水改造项目，选用何种回收方式和回收设备，是该项目能否达到投资目的的至关重要的一步。首先，要正确选择凝结水回收系统，必须准确地掌握回收系统的凝结水量和凝结水的排水量，若凝结水量计算不正确，便会使凝结水水管管径过大或过小。其次，要正确掌握换热器的用汽压力，它决定凝结水的压力和温度，这是选择凝结水回收系统的关键。因为回收系统采用何种方式、采用何种设备、如何布置管网、需不需要利用二次蒸汽、需不需要回收凝结水的全部热量等问题都与凝结水的压力和温度有关。第三，回收系统的疏水阀形式的选择、离锅炉房的远近也是回收系统应注意的问题，疏水阀选型不同，会影响凝结水被利用时的压力和温度，影响回收系统的漏汽及回收效果。

2) 水击和气蚀现象

汽水共存而产生的管路里的水击现象、疏水阀选型不当而产生的漏汽现象、普通水泵运行时产生的气蚀问题等，都会影响凝结水的有效利用。为了解决凝结水中的含汽问题和有效利用其能量，在管路里设置凝结水扩容箱，使凝结水闪蒸产生二次蒸汽，回收闪蒸蒸汽，从而达到能量的充分利用并解决管路中的水击问题。

为解决高温饱和凝结水的泵内气蚀问题，利用喷射增压原理，并在国内外先进技术的基础上，研制出高温饱和凝结水密闭回收装置，解决了离心泵在输送高温饱和凝结水时产生的气蚀问题，同时解决了喷射泵喷射增压过程中自身的气蚀问题，为回收系统充分利用凝结水中的热能，最大限度地回收凝结水，节约燃料和软化水，提高凝结水回收系统的经济性提供了可能。JCRS型无疏水阀的热泵式凝结水回收装置，利用蒸汽喷射式热泵，将闪蒸汽升压，回收利用，使可用蒸汽量大于锅炉的进汽量；并可使凝结水在闪蒸汽被吸走时温度降低，经防气蚀泵打回再利用，其节能效果也很显著。又如带自增压环加压装置的蒸汽回收压缩机，可将蒸汽及高温凝结水以高温方式直接压进锅炉，这种回收设备的回收热效率较高。

4. 中央空调废热回收技术

(1) 中央空调废热回收系统原理

5.4 余热、废热回收再利用系统

现代的大型建筑大都采用中央空调系统和全天热水供应系统，一般情况下，都由中央空调冷水机组提供冷源。

中央空调系统是由一连串的流体机械（如：压缩机、循环水泵、空调箱）和热交换器（如：蒸发器、冷凝器、风机盘管和散热材料）组合而成的。构成以下5大循环：室内空气循环；冷冻水循环；冷媒循环；冷却水循环；室外空气循环。在图5-95中分别用5个圆圈代表，圆圈内的名称就是系统的流体机械，亦即耗电元件，相邻圆圈相交的耦合部分就是系统的热交换器，每个圆圈的大小是指热负载的大小。

从图5-94中可知，室内空气循环负载最小，然后依次变大，到了室外空气循环负载达到最大，造成这种情形的原因是：1）因风（水）管的保温不良造成外来的负载进入系统；2）流体机械运行中产生的机械功转换成热能随着流体进入系统中而成为热负载。每个循环流体流量的多少可以影响该循环热负载与其上游循环热负载的差值。若能在5大循环的越上游处做节能工作，则每一循环所省下来的效益也就越大，亦即整个系统的节电效益会因多重节能而越大。

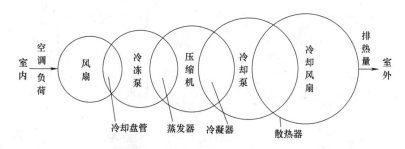

图 5-94 中央空调系统流程及热负载关系示意

中央空调冷水机组运行时，它向室内输送源源不断的冷气，同时也通过冷却水系统带出热量，最终通过冷却塔向室外排放大量的热气。一般情况下，制冷机组的排出冷凝热量为制冷量的1.15～1.3倍。如果把中央空调冷水机组运行时排放到大气中的废热进行回收，制出50℃左右的热水，供生活热水等使用，这样既不增加冷水机组的电耗，又节省了锅炉生产热水的燃油、气费用，还可以减少锅炉运行时向大气排放尾气造成的环境污染，是一举多得的好事。

对于排气温度较高的压缩机，其排气温度大约在58～65℃。对这样的冷水机组进行余热回收改造时，在冷水机组的压缩机与主冷凝器之间安装余热回收采集器（见图5-95）。用来吸收压缩机出口高温制冷剂的显热来加热自来水，用来制备生活热水。

在空调制冷中，冷却水温度一般为30～38℃，属低品位热能，要想充分回收需要采用热泵技术，如图5-96所示。

这套装置把热泵的蒸发器并接到制冷机冷却水回路上，比较适合在现有的空调冷却水系统中进行改造，控制也较容易实现。通过冷却塔风机的启停控制，冷却水回水温度<32℃。当冷却水回水温度升至33℃时，冷却塔风机开启；降至31℃时冷却塔风机关闭。通过电动三通调节阀控制冷却水流量与热泵蒸发器水流量的比例，使热泵蒸发器出水温度低于32℃，以保证制冷机的空调运行工况。由于制冷机在空调工况下运行，其冷凝温度有一下限值，压缩式制冷机一般不低于15℃。因此，热泵机组除自身控制外还应设有与

第 5 章　能量提升转换系统关键技术

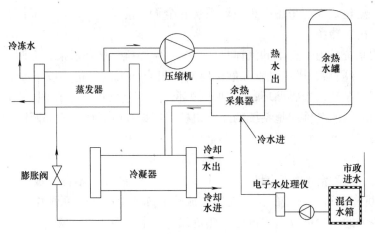

图 5-95　余热采集改造原理

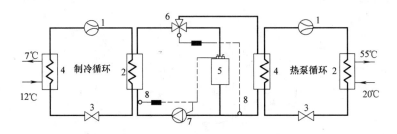

图 5-96　制冷机与热泵联合运行原理图
1—制冷压缩机；2—冷凝器；3—膨胀阀；4—蒸发器；5—冷却塔；
6—电动三通阀；7—水泵；8—强度传感器

制冷机联合运行的一些控制，热泵出水温度由热泵本身的控制恒定在 55℃，为保证制冷机与热泵的正常运转，设有水温过低、过热保护，当冷却水温度低至 20℃ 或热泵出水温度升至 60℃ 时，强制热泵停止运行。这样，在保证制冷工况运行的同时，由冷却塔的自动启停可实现制冷机冷却负荷与生活热水负荷的匹配。

(2) 中央空调废热回收技术的适用性分析

20 世纪 90 年代以来，许多新的建筑都采用中央空调作为空气调节装置，大部分设备是在这个时期以后安装使用的，距报废期还有相当长的时间（制冷机组的寿命一般为 30 年），国内制冷机组的大量更新期应在 2020 年以后，更换使用热回收一体化的制冷机组也要等待约 15 年。因此，在新建建筑及现有机组上推广使用中央空调余热利用技术市场潜力巨大。国内大部分地区在夏季均需要使用空调，特别是长江以南地区以及东南亚地区，空调制冷使用时间更长（6~12 个月），热回收的价值更高。

由于中央空调冷凝热回收一般都用来制备生活热水，所以该类技术适合应用于有大量及稳定热水需求的用户。星级宾馆、酒店一般都设有中央空调和 24h 热水供应，采用这项技术，可以使每个酒店每年节省燃油或燃气开支 30 万~200 万元。对于一些高档的写字楼，卫生用水一般都采用 36~50℃ 的热水，亦适合进行空调的废热回收。

(3) 中央空调废热回收技术的经济性分析

由于回收的是空调压缩机工作过程中排放的废热，所以其生产的热水是零能耗的。同时，由于部分余热回收利用，从而降低了冷凝温度，使空调主机负荷减少，配合使用泵组变频系统，降低了水泵和冷却塔的功率和能耗，使中央空调机组效率提高5%～10%。空调余热回收技术改造不仅省了主机的耗电量，同时也减少了主机的故障率，延长了主机的使用寿命。中央空调余热回收系统投资一般在1年左右可以回收。南宁某酒店（五星级）从1999年至2002年空调余热回收制备的生活热水占该酒店全年消耗的生活热水总量的65%以上。北海某大酒店（三星级）2000年12月9日完成空调热回收制备生活热水的改造，生活热水供应在进入夏季制冷期后基本不再消耗燃料，年接待客人的总燃料消耗量节约达50%。

桂林10余家星级酒店先后开展中央空调余热回收应用，在整个夏季空调主机运行期间（每年5～10月）回收空调主机余热制备热水就能保证整个酒店的生活热水使用，完全不用烧锅炉或用电制备生活热水。不同规模的酒店每年都能节省几万到近三十万元的燃料（柴油）费用，空调余热回收设备和安装费用可在1年左右收回。

据《新华每日电讯》2006年9月9日第006版题为"利用空调余热，南宁一酒店月省8万元"的报道，南宁沃顿国际大酒店应用空调余热回收技术后月省柴油20t，减少开支8万元。《深圳特区报》2006年7月8日第A07版报道了拥有350间客房、四星级的东华假日酒店应用空调余热回收技术年节省柴油13万L、电20万kWh，计82万元。

据有关资料统计，我国在北纬32°以南的14个省，仅宾馆、酒店等约有6万余家，若以空调运行时间为5个月以上的地区为统计条件则更多。这部分地区空调运行期较长，废热回收利用时间也较长，因此投资效益非常明显。根据原有系统的改造难度，投资回收期一般都在10～15个月之间（国家规定回收期不超过3年的为高效节能项目或高效节能产品）。

(4) 中央空调废热回收的若干问题探讨

1) 回收热水的温度

中央空调余热利用的载热介质均为水，其用途主要用于洗浴等，尽管其余热温度最高可达80℃以上，但因余热回收的热水一般不再做功，都是直接加以利用，故用第二定律的㶲效率评价其品位的高低已无太大意义。因此，其温度只要满足洗浴既可以了，没有追求过高温度的必要。根据用户的需要，按质提供热能，做到热能供应不仅在数量上满足，更应在质量上匹配，从而达到"热尽其用"。

若余热利用的热水管路温度过高，则对保温的要求也偏高，这会加大一次投资，使得操作运行的安全性降低。为了降低对环境的散热程度，最大限度地利用余热资源，也不易采取过高的介质温度。

综合以上因素，建议中央空调的余热洗浴用热水以55℃左右为宜。当然，不同的用户可以在此基础上略作调整，但调整幅度不宜过大，切忌回收温度越高越好的错误观念。

2) 结垢影响

由于余热回收介质用水一般都是直接加以利用的，这部分用水不要求进行水质处理，其水中Ca^{2+}、Mg^{2+}丰富，过高的温度会使管道内形成严重的结垢，大大降低换热器的效率，严重时还可能造成管路堵塞。即使是较低的温度，厂家亦应有反冲洗等措施，才能使余热回收设备长期正常运行。

5. 浴室废水余热回收技术

我国公共浴室排放的废热水的余热大多未加以利用就直接排入下水管道。据估算，每年由此造成的热损失达 1.664×10^{14} kJ，相当于 568 万 t 标准煤，如果按现价 400 元/t 计，可折合人民币 22.7 亿元，是一个惊人的数字。

公共浴室热水的使用具有用水量大和时间相对集中的特点。从规范设计要求以及人们洗浴习惯角度，洗浴热水温度一般为 40℃ 左右，使用后含有相当高热量的废水被排进排水管道。特别是在高校等公共浴室，这种浪费现象突出。据测量，浴室废水温度一般多在 32℃ 左右，如果能够对这部分废水余热进行回收并加以利用，不仅能够节约高校浴室运行费用，还可以减少燃料燃烧气体排放量，有利于环保。

(1) 浴室废水余热回收系统原理

由于浴室排水的实际温度并不是很高，即使采用换热器将浴室排水的余热回收，也很难加以利用，因此国内绝大多数公共浴室都直接将浴室排水排入下水管道，造成很大的浪费。近几年，水源热泵机组的研究及应用技术有了很大发展。基于利用水源热泵原理，建立一套浴室废水余热回收与利用系统，该套系统不仅能够将浴室废水余热进行回收，而且利用浴室排放废水与供应热水同步的特点，将回收热量及时用于加热供应的冷水。

洗浴与饮用水锅炉房（简称茶浴锅炉房）改造后的系统原理图如图 5-97 所示。

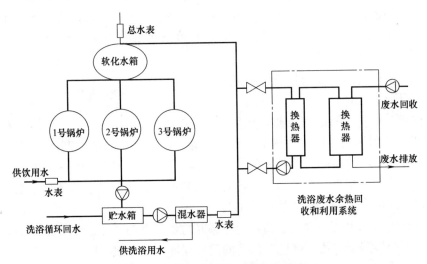

图 5-97 锅炉系统热水管道改造图

改造后增加了洗浴废水余热回收和利用系统，该系统首先将洗浴废水收集起来，然后将 30℃ 的废水处理到 15℃，再排入排水管道。同时，回收的热量将部分冷水从 15℃ 加热至 45℃，再经混水器与贮水箱来水混合，供应洗浴热水使用。

可以看出，该方案是在原热水系统的基础上增加了一套水源热泵系统，具有以下特点：1) 改造中，对原热水供应系统影响很小，因此改造费用极低；2) 两套系统既能够联合运行供应洗浴热水，也可以单独运行；3) 在洗浴时段后期，水源热泵系统可以独立运行供应热水。

(2) 浴室废水余热回收系统适用性分析

该方案特别适用于高校等使用热水量大、时间集中的场所，废热回收和利用效率以及系统的运行效率较高。

针对一些年代较久的浴室，排水管道难度比较大，会增加初投资，是否适合进行废水余热回收改造，应根据实际具体情况分析。

(3) 浴室废水余热回收系统技术经济性分析

以某学校在校学生5000人左右为例，按每人每次洗浴用水量80L计算，浴室开放时间为每天16：00～20：00，则排放废水量为20t/h。由此可知，全部用燃气锅炉供应热水的热量应该为698kW。

采用水源热泵回收和利用系统，废热回收和利用效率为70%，其回收和利用的热量为305kW，相应燃气燃料消耗量减少43.7%。

根据上述方案和计算分析，选用制热量为440kW的水源热泵机组，其电机功率为2×45kW。改造前后年运行费用（燃料费用和电费，不考虑水费和人员工资费用）的比较如表5-24所示。可以知道，洗浴锅炉房每年的运行费用可以节省11.1万元人民币。

考虑该系统初期投资为25万人民币（包括原系统管路改造、基建费用、机组投资等费用），整个废热回收与利用系统的回收期为27个月。由此可见，节能效果非常明显。

改造前后年运行费用比较（万元/a）　　　表5-24

	燃气锅炉	热泵	合计
改造前	36.3	0	36.3
改造后	18.64	6.48	25.12

5.4.4 余热回收再利用技术的发展趋势

在余热回收中，还存在一些亟待解决的问题。我国余热回收再利用虽取得一定进展，但水平还很低，主要表现在：

(1) 余热利用率低。我国现在的余热利用水平仅相当于前苏联20世纪80、90年代的水平，当时原苏联的余热利用率是：黑色冶金30.4%，有色冶金28%，石油炼制及石化54%，化工76.8%。

(2) 综合利用差。大部分余热仅利用一次，没有从高到低分级回收不同品位的余热分别供给不同用户，没能真正做到物尽其用。

(3) 中、低温余热多数未被利用。由于目前大量高温余热尚未被充分利用，因此，中、低温余热的利用没有被足够的重视，而未能进行积极的回收。

(4) 余热利用设备和系统不够完善，效率低下。有的余热利用设备性能较差，但仍在使用。有些余热利用设备虽本体性能较好，但因整个系统工程水平不高，如保温性能差、缺乏控制调节系统、未考虑综合利用等，致使设备性能降低，寿命缩短，回收效率低。

随着余热利用程度的提高，余热利用的难度也加大。今后大约占余热资源50%以上的中低温烟气余热，大量的、分散的小型钢铁厂、化肥厂、煤炉、油田的可燃气体，以及高温产品和炉渣余热的回收将成为余热利用的重点。利用这些余热的技术都较复杂，这就增加了今后余热回收的难度。

鉴于以上原因，今后工业炉余热利用的方向是：

(1) 余热利用的重点，总的说来仍应放在烟气、可燃气体、产品及炉渣的热量回收利用上。这三项余热，尚未被利用的余热量占总量的 65%。

(2) 强化中、低温余热的利用研究。

(3) 强调余热的优化利用。

(4) 重视余热回收设备的研制与生产。

5.5 分布式供能系统

5.5.1 分布式供能系统技术概述

1. 概念

广义的分布式能源系统（Distributed Energy System，DES）是一种从提高能源利用效率和降低污染物排放的角度出发，建立在能量梯级利用概念的基础上，通过能量梯级利用原理，使热工设备产生的具有高品位的蒸汽/燃气带动发电机发电或利用燃料电池技术供电，同时冬季利用热工设备的抽汽/排汽或尾气向用户供热，夏季利用余热吸收式制冷机向用户供冷以及全年提供卫生热水或其他用途的热能的一体化多联供能源系统。

2. 本质特征

分布式供能系统是基于一系列能源技术进步和能源结构调整的产物，是不同领域新技术革命的整合，是建立在自动控制系统、先进的材料技术、灵活的制造工艺等新技术的基础上，具有低污染排放、灵活方便、高可靠性和高效率的电能生产系统。

分布式供能系统的本质就是根据用户的能量需求特点，利用一系列满足环保要求、适合就地方式生产电能的发电系统、热电联产系统、多联产动力系统或多联供动力系统，以"按需供能"方式，在用户端实现能源的"梯级利用"，达到提高能源利用率，降低能源成本，减少污染，保护环境，提高供电的安全性、可靠性的目的，为用户提供更多选择，促进电力市场的健康发展。

分布式供能系统的主要特征包括以下 6 个方面：一是燃料的多元化；二是设备的小型、微型化；三是冷热电联产化；四是网络化；五是智能化控制和信息化管理；六是高标准的环保水平。而其中燃料的多元化，设备的小型、微型化，冷热电联产化和环保要求代表着能源技术发展的几个重要方向，即可再生能源的开发利用与分布式供能系统的广泛应用。

5.5.2 分布式供能系统的主要设备简介及分类

分布式供能系统主要由发动机、发电机、余热锅炉（或热交换器）和热驱动制冷机组成。有些系统还配有备用锅炉和蓄热装置。发动机带动发电机发电，同时排出废热，余热锅炉将这些废热转换成蒸汽或热水，直接供热或用于热驱动制冷机制冷。

1. 分布式供能系统的主要设备简介

分布式冷热电联产系统的多目标热力学优化理论与应用研究理论上，不同的发动机结合热驱动制冷设备可以组成不同形式的分布式冷热电联产系统，但实际应用中仅有几种组合最为常见，更多的新型设备和组合形式还在研究发展中，期望能克服自身技术上的缺陷或者过高的投资成本的问题。

在几个部分中，发动机具有最为重要的作用，是系统的关键部分，从某种程度上说，它决定着其他相关技术在系统中采用的可能性和有效性。此外，热驱动制冷技术与传统的电力制冷系统相比，极大地改变了能量转换系统中的能量利用方法。因此，在设计一个新系统前首先需要了解这些技术的优缺点和发展趋势，从中选取合适的技术与设备构成最优化的新系统。

(1) 发动机

1) 蒸汽轮机

汽轮机作为一种成熟的技术，具有极长的寿命，在合理操作和维护的情况下非常可靠。理论上，装备配套锅炉的汽轮机可以使用任何燃料来运行。然而，发电效率低、启动慢、部分负荷下性能较差等一些问题限制了它们的进一步应用。

2) 内燃机

内燃机是人们最熟悉和广泛使用的分布式电能生产设备，容量从几千瓦到几兆瓦。往复式内燃机有多种尺寸，技术成熟，具有快速启动性能和良好的操作可靠性，以及在部分负荷下运行的高效率都为用户提供了灵活的选择。内燃机在经济性、实用性方面得到广泛的认可，以热电联产形式出现的内燃发电装置在欧美地区被广泛使用。通过采用排气催化技术以及燃烧过程的控制技术，内燃机的污染物排放得到大幅度降低，能够满足环保要求。相对而言，它的振动较为严重，运动部件较多、维护周期短、维护费用较高。

3) 燃气轮机

燃气轮机是人们熟悉的发电设备，容量从几百千瓦到几百兆瓦，可用于联合循环和热电联产。通过使用干燃烧技术、水或蒸汽注入技术以及排气处理技术使污染物排放控制在非常低的水平。在分布式能量系统原动机中，燃气轮机发电效率要低于往复式内燃机，但维护成本是最低的，低的维护成本和高质量的余热利用特点使燃气轮机成为工业和商业领域热电联产系统的最佳选择。

4) 微型燃气轮机

微型燃气轮机是设计简单、结构紧凑、效率一般的发电设备。20世纪90年代以来，人们对微型燃气轮机产生了浓厚的兴趣，微型燃气轮机是小型、高速旋转的发电设备，由涡轮、压缩机和发电机组成，容量为 $25\sim300kW$。大多数微型燃气轮机是由一个高速燃气涡轮驱动与其连为一体的发电机，只有一个运动部件，采用空气轴承，不需要润滑油，噪声也较小。转速在 $50000\sim120000r/min$ 的范围内。与燃气轮机一样，微型燃气轮机可以燃用多种形式的燃料，它的污染物排放水平可以同大型燃气轮机相媲美，可采用空气冷却和空气轴承系统。但是目前微型燃气轮机初投资很高，并且发电效率较低，对环境条件的变化比较敏感。

5) 斯特林机

与传统内燃机相比，斯特林机是一种外燃设备。由于斯特林机是外部燃烧，容易控制燃烧过程，使废气排放少、噪声低、更高效。另外，它机械运动件极少，减少了噪声，降低了振级。但是，斯特林机技术目前的高成本也阻碍了推广。

6) 燃料电池

燃料电池是一种安静、紧凑、没有运动部件的发电设备，在利用氢和氧发电的同时为其他应用提供热能。燃料电池有多种形式，包括磷酸燃料电池（PAFC）、熔融碳酸盐燃料电池（MCFC）、固体氧化物燃料电池（SOFC）和质子交换薄膜燃料电池（PEM）。磷酸燃料电池（PAFC）是最早商业化的燃料电池产品，现已有近 200 台 200kW 的磷酸燃料电池在运行,熔融碳酸盐燃料电池(MCFC)、固体氧化物燃料电池(SOFC)目前正处于实验检测阶段,质子交换薄膜燃料电池(PEM)即将进入商业化。由于燃料电池的造价比较高,现在一般用于环保要求高的场合。

当前,只有磷酸燃料电池(PAFC)商业化,其他燃料电池正在检测阶段,而质子交换薄膜燃料电池(PEM)在家庭用的小型分布式能量系统方面,受到大量的关注。一般来说,燃料电池在不同负荷下都有很高的发电效率,这样污染物排放也很少。

不同原动机产生的废热分别处于不同的温度范围,同时,热驱动制冷设备也有适合自身的工作温度,表5-25中列出了原动机回收的余热量与热驱动制冷设备的最佳匹配方式。

原动机余热回收与匹配的热驱动制冷技术   表5-25

发动机	温 度	热驱动制冷技术
燃气轮机	约540℃	双效/三效吸收式制冷机
固体氧化物燃料电池	约480℃	双效/三效吸收式制冷机
微型燃气轮机	约320℃	双效/三效吸收式制冷机
磷酸燃料电池	约120℃	单效/双效吸收式制冷机
斯特林机(冷却水)	约90℃	单效吸收式制冷机,吸附式
内燃机(冷却水)	约80℃	单效吸收式制冷机,吸附式
质子交换膜燃料电池	约60℃	单效吸收式制冷机,吸附式

在发动机的选择上主要是燃气轮机和内燃机,两者在分布式供能系统中有各自的性能特点。燃气内燃机具有比燃气轮机更好的部分负荷特性,主要体现在燃气内燃机的余热利用效率随负荷率的降低而有所提高,而燃气轮机的余热利用效率随原动机负荷率的降低而降低;从㶲效率的角度看,在较高的负荷工况下,燃气轮机的㶲效率要高于燃气内燃机,而在低负荷运行工况下,燃气内燃机将优于燃气轮机。

(2)热驱动制冷机

1)吸收式制冷机

吸收式制冷机与压缩式电制冷机相似,电制冷机使用回转式设备来提高制冷剂蒸气的压力,而吸收式制冷机利用热能来压缩制冷剂蒸气到一个高压力。因此,吸收式制冷机几乎没有运动部件。

2)吸附式制冷机

吸附式制冷技术与传统的蒸汽压缩式系统需要的机械压缩装置不同,采用热能驱动的吸附床可以使驱动机械压缩机的输入功率节约多达90%。由于没有运动部件(除了阀门),吸附式系统相当简单,不需要润滑,几乎不需要维护。该系统的其他优点包括运行安静和模块化。此外,该系统可以使用任何热源,比如废热或可再生能源。

2. 按分布式供能系统的发动机分类

按分布式供能系统的发动机分类可分为4类:基于小型和微型燃气轮机的分布式供能系统,基于燃气内燃机的分布式供能系统,基于燃料电池的分布式供能系统和基于外燃发动机的分布式供能系统。

基于小型和微型燃气轮机的分布式供能系统中,空气在压气透平中被压缩成高温高压气体,然后进入燃烧室燃烧,产生温度极高的燃烧气体进入燃气透平带动发电机发电,同时排出高温烟气。与内燃机不同，通常高温烟气是燃气轮机唯一的废热来源，但一般燃气轮机的温度要比内燃机高，大约为700～900℃。微型燃气轮机烟气温度为300～400℃，排出的气体也可全部用于产生蒸汽。系统以回热循环工作，燃气做完功后经回热器放出部分热量给参加反应的空气，然后再通过换热器加热低温水或空气，被加热的水或空气供热用户使用。

基于燃气内燃机的分布式供能系统中，一般内燃机的废热利用来自两个部分，一部分来自高温烟气，温度大约为500～600℃，可直接排入余热锅炉用来产生蒸汽；另一部分来自内燃机缸套冷却水，温度大约为85～95℃，可直接用来进行热交换，产生热水。通过回收高温排烟，缸套冷却水，其有效能量利用率可高达88%。

基于燃料电池的分布式供能系统中，熔融碳酸盐燃料电池和固体氧化物燃料电池的排烟温度较高，这部分高温烟气可以直接供热用户使用，同时产生蒸汽与燃料重整反应生成氢气，进入燃料电池发电。

基于外燃发动机的分布式供能系统中，外燃机又称斯特林发动机，是外部加热的循环发动机。空气与天然气燃烧形成的高温烟气流经加热器、空气预热器和烟气换热器后排出；冷水经烟气换热器和冷却器加热后供热用户使用。

基于燃气内燃机的分布式供能系统和基于燃料电池的分布式供能系统分别如图5-98和图5-99所示。

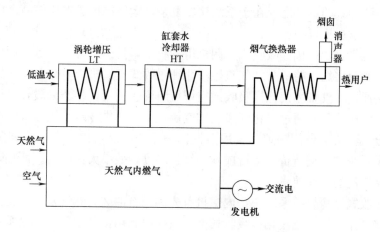

图5-98 燃气内燃机热电联产系统

3. 按分布式供能系统的组建形式分类

按分布式供能系统的组建形式可分为6类：锅炉—热交换器—吸收式制冷机系统，燃气轮机—余热锅炉—蒸汽溴化锂吸收式空调机组系统，燃气轮机—烟气直燃溴化锂吸收式空调机组系统，内燃机—吸收式空调机组系统，燃气轮机—余热锅炉—吸附式空调机组系统和与新能源相关的分布式供能系统。

锅炉—热交换器—吸收式制冷机系统中，首先将锅炉燃烧产生大量的蒸汽作为汽轮机的动力源，驱动发电机组进行发电，同时汽轮机的排汽或者部分抽汽通过热—水交换器，冬季采暖以及全年供应生活热水，夏季通过双效蒸汽溴化锂吸收制冷机制冷。

燃气轮机—余热锅炉—蒸汽溴化锂吸收式空调机组系统中，燃气轮机首先利用天然气做功发电，其尾气中的余热通过余热锅炉回收转换成蒸汽利用，冬季利用热交换器转换热

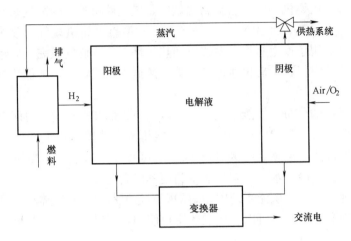

图 5-99 燃料电池热电联产系统

水采暖，夏季利用蒸汽溴化锂吸收式空调机组制冷以及全年进行生活热水的供应。另外，根据需要可备置一台小型蒸汽锅炉，以便在燃气轮机不运行期间提供采暖和制冷用蒸汽，以及安全备用。这是一个传统的技术解决方案，适合于蒸汽需求量较大、蒸汽品质要求较高的项目，例如医院等；还特别适合已经购买蒸汽锅炉和蒸汽溴化锂吸收式空调机的单位进行技术改造。该形式的不足之处在于系统比较复杂，运行维护成本比较高，由于增加了压力容器，安全要求也比较高。

燃气轮机—烟气直燃溴化锂吸收式空调机组系统中，是由燃气轮机首先利用天然气做功发电，所不同的是将燃气轮机与烟气直燃溴化锂吸收式空调机组直接对接，燃气轮机尾气中的余热直接通过烟气直燃溴化锂吸收式空调机组回收利用，冬季采暖，夏季制冷。在燃气轮机不运行时段，可以通过溴化锂吸收式空调机组直燃供冷暖。该形式将两个成熟的技术进行了整合，淘汰了余热锅炉和备用蒸汽锅炉系统，以及化学水系统和蒸汽泄排系统，大大降低了系统的工程造价、运行成本和维护难度，效率大大提高。而且，系统匹配更加合理，具有广泛的市场前景。

内燃机—吸收式制冷机组系统中，内燃机首先利用石油／天然气发电，将内燃机的尾气中的余热直接利用烟气直燃溴化锂吸收式空调机回收利用，冬季采暖，夏季制冷；内燃机缸套中冷却水通过热交换器为居民提供生活用热水。内燃机可以利用石油、天然气作为驱动能源，适用面广。

与新能源相关的分布式供能系统：
(1) 燃气轮机—太阳能辅助循环
当用户对制冷、供热需求的增加超过系统设计负荷时，在太阳能充足的地区，可以采用太阳能技术进行补充。一方面，系统规模将大大缩小，工程造价将大幅度降低；另一方面，增强了系统的灵活性。
(2) 太阳能（风能）—燃料电池联合循环
利用廉价的太阳能、风能来分解水中的氢和氧，并将其储存，在需要时利用氢氧还原反应取得电能，并回收水反复使用。这是一项非常值得推广的技术，一旦技术成熟，必将得到广泛的应用。

（3）燃料电池—小型燃气轮机联合循环

将燃料电池的制氢余气和反应不完全的氢、一氧化碳等可燃气体供给小型燃气轮机燃烧，利用小型燃气轮机的尾气余热提升燃料电池余热温度以扩大其利用途径（只有较高品质的热才能用于制冷），同时利用小型燃气轮机的进气系统，帮助提高燃料电池从空气中提取氧气的交换反应效率。

（4）小型燃气轮机三联产系统—植物大棚（工厂）联合循环

利用燃气动力装置排放的二氧化碳、水蒸气、少量氮氧化物和余热，促进植物的生长，达到零排放和全能量利用的效果。目前，荷兰已经积极推广了这一技术，收到了较好的效益。

另外，利用城市固体垃圾燃烧后的烟气作为溴化锂吸收式制冷机的热源。在固体垃圾燃烧后，烟气中含有大量的热量，将其中的有害成分除去后，通过余热锅炉进行废热回收，实现冷热电联产。

目前，我国在新能源的开发与利用方面刚刚起步，技术设备还不成熟。但是，世界能源状况预示了新能源在分布式能源系统中的开发与应用将成为社会可持续发展的主攻方向。

经过以上分析可以知道，分布式能源系统的组建方式多样。所以，目前无论是进行理论研究还是从事实际工程的建设，都要因地制宜，从当地的实际情况出发，走符合中国实际的能源道路，实行多种能源综合利用，只有这样才能取得显著的经济效益和社会效益。

燃气轮机—余热锅炉—蒸汽溴化锂吸收式空调机组系统和燃气轮机—余热锅炉—吸附式空调机组系统如图 5-100 和图 5-101 所示。

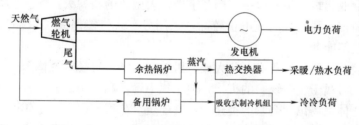

图 5-100　燃气轮机—余热锅炉—蒸汽溴化锂吸收式空调机组

5.5.3　分布式供能系统适用性分析

分布式供能这项技术在节能和环保方面具有巨大潜力，中国对这项技术的研究和应用非常重视。三联供技术的节能性已经从理论上得到充分论证，然而，在国内很多实际三联供系统未能达到预计效果，并有不少实际系统处于停用状态。为了避免这种情况再次出现，除了要对分布式供能系统合理设计外，还要分析该系统的适用性。

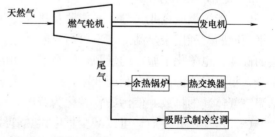

图 5-101　燃气轮机—余热锅炉—吸附式制冷空调

1. 从用能情况分析适用性

影响分布式供能系统应用的因素很多，除了天然气和电的市场价格外，建筑的用能情况是主要的因素。由于国内目前对于分布式供能系统"并网不上网"的政策，建筑物内的电、热及冷负荷的比例及其同步特性就成为此系统实用性的关键。对于这种系统的应用选择，应遵守以下原则：

(1) 选择热电比适中的用户，热电比不宜过小，也不宜超过 3.5:1，否则经济性差。热电比过小，会造成烟气余热得不到充分利用，从而导致整个系统的能源利用率下降，经济性和节能性都难以得到保障；热电比过大，相当于系统主要用来供热、制冷，违背了分布式供能的能量梯级利用原理，高品位的能没有用来发电，而冷热价又相对便宜，从而经济性也较差。

(2) 选择冷热负荷稳定的用户。需求侧冷热负荷的稳定性对分布式能源系统运行的经济性和设备初投资回收期有显著影响。冷热负荷比额定负荷的减少会大大增长分布式供能系统设备初投资回收期。既造成了能量浪费，又大大削弱了分布式供能系统比普通发电、制冷和供热方案的优势。

(3) 要保证全年运行小时，选择有持续性负荷需求的用户。通常认为系统全年运行的最大小时数在 3500~4000h 以上才能够比较适合采用这种系统。

2. 从建筑类型分析适用性

从用能情况的适用性分析，分布式供能系统适用于同时具有电力和制冷、热能需求，且需求较为稳定的场所，适合大力发展分布式供能系统的建筑类型。包括：

(1) 新建的多功能建筑群，这类建筑群适合区域供热和制冷，不同类型的建筑在用电、用冷和用热时间上具有一定的互补性，负荷相对比较稳定，因此可以有效降低系统的投资并提高系统的年利用效率，有利于缩短系统投资期。

(2) 大型商业建筑，主要包括高档写字楼、大型商场和高级宾馆。这类建筑单位面积电、冷、热负荷都较高；且商业电价较高，采用分布式供能系统可以提高能源的利用效率，有效降低建筑能耗。

(3) 大型公共建筑，如政府办公大楼、医院、大学、机场以及休闲中心等，这类建筑负荷比较集中，且属于一个统一的机构，便于集中管理和控制。

而对于一些体育场馆、会堂等类建筑，其建筑负荷很不稳定，全年运行的最大小时数一般不高于 1500h，增量回收年限都在 10 年以上，所以该类建筑不适用该套系统。

3. 从用户类型分析适用性

(1) 能源供应企业。分布式能源及热电冷联产可以全年运行，稳定了天然气的用气峰谷平衡问题。利用余热制冷，不再需要电空调，平衡了电网供电峰谷问题，减少了对臭氧层的破坏，也美化了城市的景观，提高了电网的供电安全和设备利用效率。利用余热采暖制冷，提高了能源的综合利用效率，降低了成本，免除了供热的亏损；减少了污染物（包括温室气体）的排放，使污染物转化为资源。

(2) 房地产开发商。可以减少集中供热管线、热水锅炉和供电增容费的投资，节约的钱可以发展中央空调系统，提高房子的增值性和卖点。设备运行后还有很好的利润。

(3) 政府。相应减少或避免了市政配套工程的资金投入、拆迁、土地占用和规划矛盾、天然气的合理使用等棘手问题，以及相应的堵塞交通、施工污染等间接问题。

(4) 用户。电价、燃气价等能源价格对热电冷联供系统的经济性也是非常明显的。在一些电价高的场合，如商场、办公建筑等，是利用热电冷联供的理想场合，而对于电价相对低廉的住宅等，往往是不适合采用这种系统的。

随着分布式发电供能技术的发展、环境保护政策的实施、配电侧竞争的电力市场的出现，以及智能电网战略的推进等，具有效率高、运行灵活、类型多样等优点的分散电源必将高度融入环境关注度日益增大的电源和电网规划，成为未来智能配电网不可或缺的一个组成部分。

4. 从地区分析适用性

由于分布式能源系统的初投资比较大，且燃料价格较高；同时要有比较稳定的冷、热、电用户，主要是第三产业和住宅用户；要求具有环保性能较好的特点等，所以，它在我国比较适合应用的地区显然是经济比较发达的地区。从地域分布来说，主要是珠江三角洲、长江三角洲、京津及环渤海地区等。这些地方是我国现在经济高速发展的黄金宝地，也是应该"先环保起来"的地区，而且经济上也确是有可能适宜使用分布式能源系统的地方。另外，分布式能源系统既然是"分布"，也就是说与大电厂、大电网不一样，不是由一小批经验丰富的技术人员集中运行管理，而是分散式运行管理，这就要求使用区域的总体科技文化水平和素养较高。分布式能源系统是能源利用的一个新的发展方向，但在可预见的较长一段时间内，大电厂与大电网仍是我国电力供应的主流。

5. 从其他方面分析适用性

分布式供能方式具有可进行遥控和监测区域电力质量和性能，输电损失少，运行安全可靠，并可按需要方便、灵活地利用燃气透平排气热量实现热电联产或热、电、冷三联产，提高能源利用率的优点。所以对于无法架设电网并且天然气资源丰富的西部等边远地区或分散的用户，对供电安全稳定性要求较高的医院、银行等特殊用户以及能源需求较为多样化的用户，分布式供能方式具有很大的优势。

5.5.4 分布式供能系统经济性分析

决定热电冷联供经济性的主要参数包括系统的发电效率、余热利用效率、系统增量投资、供热最大利用小时数和供冷最大利用小时数、机组装机容量以及燃气价格和电价等。除了燃气价格外，这些参数都与热、电和冷动态负荷、系统配置和运行方式等有关。热电冷联供系统的运行成本包括两部分，即初投资和运行费。

初投资就是批发系统的增量投资，它受机组形式（内燃机、燃气轮机还是燃料电池等）、容量和年最大利用小时数等影响。燃料电池明显投资高于其他形式，在小容量下燃气轮机比内燃机昂贵，而大容量下（如 1 万 kW 以上）燃机轮机在投资上更具有优势。年最大利用小时数主要影响系统的投资折旧。年最大利用小时数越大，投资折旧就越小，运行成本就越低。增量回收年限随最大利用小时数的变化系统如图 5-102 所示，设定冬夏最大利用小时数之比为 2：1，系统总效率（发电效率和余热利用效率之和）为 80%。可以看出，随着最大利用小时数的增加，系统的经济性提高非常明显。对于发电效率为 30% 的热电冷联供系统而言，最大利用小时数在 3500h 以上，其增量回收年限才能低于 4 年。对于一些体育场馆、会堂等类建筑，其全年运行的最大小时数一般不高于 1500h，增量回收年限都在 10 年以上，这是不经济的。因此，建筑物的使用功能，会影响系统运行时间，进而对热电冷联供系统经济性产生重要影响。

燃料费是运行费的主要构成部分，燃料费的大小取决于系统发电效率和余热利用效率以及电价等。显然，发电效率和余热利用效率越高，系统运行成本越低，增量回收年限就

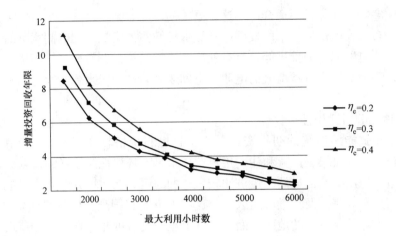

图 5-102 经济性随最大利用小时数的变化

会越少,如图 5-103 所示。因此,对系统进行合理配置,选取发电效率高的动力设备,从运行方式上和系统配置上,充分回收余热以提高系统总效,是提高经济性的有效手段。

电价、燃气价等能源价格对热电冷联供系统的经济性也是非常明显的,如图 5-104 所示(发电效率 30%,总效率 80%)。在一些电价高的场合,如商场、办公建筑等,是利用热电冷联供的理想场合,而对于电价相对低廉的住宅等,其系统经济性就会差很多。

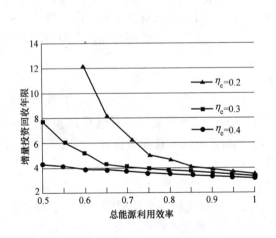

图 5-103 经济性随效率的变化

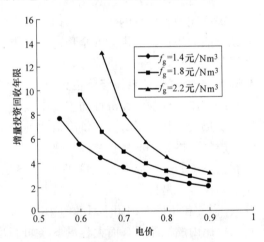

图 5-104 经济性随能源价格的变化

对于设备容量而言,它对系统经济性的影响是综合的。设备容量越大,发电效率越高,单位容量的投资也会相应降低,这对提高系统经济性是有益的。但是对于某个用户而言,系统容量越大,设备年最大利用小时数越低,或者说设备利用率越低,会导致增量投资回收年限的增加。因此,存在着一个合理的容量配置,使得热电冷联供系统的经济性最好。

5.5.5 发展分布式供能系统若干问题探讨

1. 设备装置

我国发展分布式热电联供起步较晚,市场还处于培育期,国内已经建成的分布式热电联供项目中使用的设备全部是进口设备。进口设备的技术先进、成套性好、可靠性高，但是交货期长、价格高，往往又会带来售后服务和维护成本高等问题。国内的某些设备如燃气内燃机，在总体技术和制造上具备条件，但在应用技术方面还缺乏基本的参数，需要进一步完善。这是目前最需要全力突破的瓶颈，也是我国分布式供能系统装备业发展的机遇。

2. 设计思路

从技术的应用角度看，分布式热电冷联供系统在工程实践中的主要问题是如何平衡用户的用电负荷和冷热负荷。因为分布式热电冷联供系统是多能源生产系统，在输出电能的同时生产热能或冷能，满足用户的两种或三种需求，但是在工程实际中常常面临以下几个问题：首先，"以热定电"、"以电定热"的设计思想过于落后。由于热、电、冷负荷的强烈时间相关性和同步性问题，以及不同地域、不同类型用户热电冷负荷需求及其比值的差异性，以平均负荷为基准的"以热定电"、"以电定热"的设计思想已不能满足现实的需求，以设计和满负荷效率来评价系统优劣、以一种类型的设计方案来满足不同电热冷负荷的组合的做法已失去价值。其次，系统不是孤立地存在，除了自身的优化，分布式供能系统还必须与用户需求、应用环境很好的协调。燃料价格、负荷特性、税费、投资、运行维护、电价等的变化都会影响优化的方案、规模容量、主机选型以及相应的运行策略。

3. 运行方式

冷热电联供系统优化运行的研究针对全年变化的冷热电负荷，在上述冷热电联供系统最佳配置的基础上，提出合理的运行模式和运行方案，是一个十分复杂的研究课题。其中还包括冷热电联供系统协调控制研究。由于一天中不同时段的电价以及电力、热冷负荷的变化，实现合理的热电联产系统的运行方式以达到最佳的经济效益，不对系统进行优化控制是不行的。为此，需要开发出一套将热电联产系统和供热冷系统作为一个整体的优化协调热电冷联产控制系统。

4. 现有电力管制问题

现有有关电站的法令、政策及管理办法不适应分布式供能发展所引发的问题。管理办法所禁止的上网、不合理的备用和附加费用、输送和配电税收限制、独立系统的操作要求等都属于这一范围，其核心是电力并网的接入问题。并入电网的分布式能源系统必须满足电网运行的兼容性要求。这些要求主要涉及发电品质、输配电的安全、计量及控制等一系列问题，其核心是维护电网系统的可靠性和安全性。这些问题不解决，会使分布式能源的潜在用户望而生畏。

5.6 天然冷源系统

天然冷源是指在自然界中存在、不需要通过人工制冷可获得的、低于外界空气温度的冷源，例如天然冰、地道风、地下水等。显然，天然冷源具有投资省、耗能低的优点。使用天然冷源，可以节省制冷过程，因而很少消耗电能，运行费用低、操作安全可靠和管理方便等。以下主要介绍利用天然冷源的冷却塔免费供冷技术。

5.6.1 蒸发冷却技术简介

1. 蒸发冷却技术的原理与分类

蒸发冷却是利用自然环境中未饱和空气的干球温度和湿球温度差来制取冷量的。当不饱和空气与制冷剂（水）接触时，制冷剂会蒸发吸热，从而使其与空气的温度都下降。蒸发冷却按照工作原理主要分为直接蒸发冷却（DEC）和间接蒸发冷却（IEC）两种形式。

(1) 直接蒸发冷却

直接蒸发冷却是利用循环水在填料中与空气直接接触来制取冷量的，由于填料中水膜表面的水蒸气分压力高于空气中的水蒸气分压力，这种自然的压力差成为水蒸发的动力。水吸收空气的显热使空气降温，与此同时，蒸发所产生的水蒸气又回到空气中，从而空气被加湿，在忽略液体热时，整个过程的空气焓值近似不变，空气变化过程沿等焓线方向，如图 5-105 中的过程线 1-2 所示。理论上，空气通过直接蒸发冷却可以达到的最低温度为入口空气状态的湿球温度。

直接蒸发冷却结构简单，很容易实现，但它有两个明显的缺点：1) 空气被冷却时也被加湿，因而直接蒸发冷却在对空气湿度要求较高的场合不宜使用；2) 空气只能降低干球温度，湿球温度近似不变，因而在舒适性空调中，当室外空气的湿球温度较高时其也不能单独采用。

(2) 间接蒸发冷却

间接蒸发冷却的空气分为一次空气和二次空气，分别走不同的通道。被处理空气即一次空气与水分别在换热面的两侧，二次空气则掠过水的表面，加快水的蒸发，水蒸气被二次空气带走，结果一次空气温度下降，二次空气被加湿，由于一次空气与水并非直接接触，因而空气被冷却时含湿量不会增加。由于采用循环水，因而可以近似认为水温保持不变，整个过程中，水充当传热媒介，吸收一次空气的显热，以潜热的形式传给二次空气，最终被二次空气带走。当一次空气的露点温度低于二次空气湿球温度时，一次空气发生等湿冷却过程。间接蒸发冷却的等湿冷却过程如图 5-105 中的过程线 1-3 所示。理论上，间接蒸发冷却可以达到的最低温度为入口空气的露点温度。

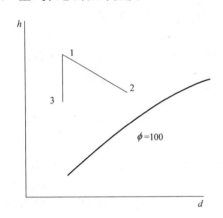

图 5-105　蒸发冷却空气处理过程

(3) 冷却塔

冷却塔是工业和空调制冷行业中经常用到的设备，其利用的是蒸发冷却原理，通过水和空气的接触来散去工业或制冷空调中产生的废热，从而使水达到降温的目的。按工作原理，冷却塔也是蒸发冷却的一种具体实现形式。

2. 蒸发冷却技术应用的现状与存在的问题

(1) 蒸发冷却空调系统的应用现状

蒸发冷却技术目前在国内外都得到了广泛的应用，并收到了良好的效果。蒸发冷却技术主要有以下三方面的应用：

1) 在干热地区直接应用于蒸发冷却空调系统形式。目前常用的系统形式有直接蒸发冷却 DEC (direct evaporative cooling) 的一级系统、间接蒸发冷却 IEC (indirect evaporative cooling) 与直接蒸发冷却相结合的二级系统及两级间接蒸发与直接蒸发冷却相结合的三级系统。目前，蒸发冷却技术的在我国西北地区，尤其是新疆地区的宾馆、办公楼、餐饮、娱乐、体育馆、影剧院等公共与民用建筑以及一些工业建筑中已广泛应用。有文献显示，在需要大通风量的工业场合，用一级的直接蒸发冷却空调与传统的机械制冷空调相比，在干燥地区其运行费用最高可节省80%，而且还对新风有净化作用；间接蒸发冷却与直接蒸发冷却相结合的二级系统可节能30%，可满足夏季大部分时间的空调舒适度要求；三级系统比两级系统的使用范围更广。当湿球温度低于18℃时，三级系统甚至可以完全替代传统机械制冷，用于室内设计温度低或湿负荷较大的空调场所。另有文献介绍了三级蒸发冷却空调系统在新疆地区3个空调工程中应用的情况，对三级蒸发冷却空调实际应用的不同形式作了说明，并给出了测试数据和分析结果。

2）在非干燥地区的预冷新风的应用。对于潮湿地区，受到气候环境的制约，蒸发冷却技术不能直接用于空气调节，但其照样有用武之地，如直接蒸发冷却预冷新风，可以提高风冷冷水机组的性能系数，提高制冷量，降低功率，有效地改善了风冷冷水机组的性能。还有间接蒸发冷却与常规空调系统结合构建的全热回收型复合系统，利用间接蒸发冷却预冷新风，可以对室内排风进行全热回收，比传统的空-空换热器的显热回收更加有效。另外，在室外有较低湿球温度的地方，蒸发冷却与机械制冷相结合往往比只使用机械制冷更经济。

3）在非干燥地区的溶液除湿空调系统的应用。蒸发冷却技术与液体除湿技术结合组成溶液除湿空调系统的基本原理是利用盐溶液先对空气进行除湿处理，同时除湿过程不断被冷却，以达到移去空气中潜热的目的，然后再对除湿后的干燥空气进行蒸发冷却处理，使空气达到空调房间所需的温湿度要求，满足舒适性送风条件。这种空调方式可以利用太阳能、工业余热、废热等低品位能源，使除湿后的稀溶液再生，耗电量大约只有机械制冷系统的1/3，使能源实现梯级利用，具有明显的节能效果。

尽管蒸发冷却技术有广阔的应用前景，但是除了地区气候差异的限制是其应用中不可改变的问题外，大部分现在实际使用的蒸发冷却空调系统都还存在着风道占用空间大，不灵活，对于大空间场合效果较好，不利于小房间空调要求的实现及分别控制等问题。

本节主要是介绍关于天然冷源的节能技术，因此重点介绍目前工程上应用较广、效益较好、技术较成熟的冷却塔免费供冷技术。对于蒸发冷却的其他技术，已经有专门书籍介绍，本书不再赘述。

(2) 冷却塔免费供冷技术

冷却塔免费供冷就是在常规空调水系统的基础上增设部分管路和设备，当室外湿球温度低到某个值以下时，关闭制冷机组，用流经冷却塔的循环冷却水直接或间接向空调系统供冷，来满足建筑空调所需的冷负荷。简单来说，冷却塔免费供冷技术就是在合适的情况下用冷却塔来代替制冷机供冷的一项技术。

利用冷却塔实行免费供冷能够节约制冷机的耗电量，同时节约了用户的运行费用，在电力供应十分紧张的情况下，冷却塔供冷技术具有很好的应用前景。特别是在要求全年供冷或供冷时间长的建筑物中，使用冷却塔免费供冷有很大的节能效果。

冷却塔免费供冷技术因其显著的经济性而日益得到人们的广泛关注，是近年来国外发展较快的一项技术，并已成为国外空调设备厂家推荐的系统形式。

5.6.2 冷却水侧"免费"供冷（冷却塔供冷）的定义

随着我国城市建设的发展，大型建筑、高层建筑、超高层建筑的数量迅速增加，建筑物围护结构性能的改善和室内照明、设备发热量的增大，使得这类建筑存在着较大面积的内区（无外围结构和传热负荷）。目前很多进深较大的建筑物均区分内、外区；内区中有人员、照明设备的散热，并常有电脑和其他具有高显热电气设备（如传真机、复印机等）散热形成冷负荷，因此内区往往需要全年供冷以维持舒适的室内环境温度。对于除夏季外仍需供冷的建筑物来说，可以在过渡季节和冬季利用室外的自然冷源来实现对室内的供冷，避免开启制冷机组以节省空调系统的耗电量。

2005年实施的《公共建筑节能标准》第5.4.13条明确提出，一些冬季或过渡季节需要供冷的建筑，当室外条件许可时，采用冷却塔直接提供空调冷水的方式。这就引出了冷却水侧免费供冷技术。

所谓冷却水侧免费供冷是指在原有常规空调水系统的基础上增设部分管路和设备，当室外空气湿球温度达到一定条件时，可以关闭水冷式制冷机组，以流经冷却塔的循环冷却水直接或间接向空调系统供冷，提供建筑空调所需要的冷负荷。该系统被西方学者和研究人员称为"Water-Side Free Cooling，WSFC"或"Tower Cooling"。

可以说冷却塔供冷并不是绝对意义上的免费，因为利用冷却塔产生低温冷却水供入空调系统末端，仍需要消耗风机、水泵等部件运行所需的电能；但其避免了开启制冷机组所产生的相对较大的能耗，因此可以相对地将冷却塔供冷视为"免费"的供冷形式。

在我国，越来越多的建筑要求空调系统全年供冷，诸如大型超市、商场、办公建筑、具有高显热的大中型计算机房等都符合采用冷却塔供冷技术的条件。这为冷却塔供冷技术在我国的应用与推广提供了机遇。

5.6.3 冷却水侧免费供冷（冷却塔供冷）的分类

冷却塔是利用部分冷却水蒸发吸热来降低冷却水温的，它的出口水温由建筑冷负荷以及室外空气湿球温度决定。对于一种结构已确定的冷却塔而言，冷却水理论上能降低到的极限温度为当时室外空气的湿球温度。随着过渡季及冬季的到来，室外湿球温度下降，冷却塔出口水温也随之降低。与此同时，建筑室内的冷负荷以及湿负荷也随着室外气温的下降而减少，相应的，需要空调系统来除去的热量和湿量也随之减少。这样适当地提高冷冻水温，尽管其除湿能力会下降，但应该能够满足室内的舒适性要求。若此时由冷却塔处的冷却水出口温度与空调末端所需的冷冻水温相吻合或接近时，利用温度较低的空气，由冷却塔产生低温冷却水来代替供入建筑物内空调末端的冷冻水便有其可行性和节能潜力了。该系统的宗旨就是要最大限度地缩短制冷机的运行时间，使之在适当的气候环境和建筑负荷条件下，能代替制冷机工作，成为"免费"的冷源。

冷却塔供冷系统按照冷却水供往末端设备的方式主要可分为直接供冷系统和间接供冷系统；按照冷却水的来源设备形式则主要可以分为制冷剂自然流动循环方式、开式冷却塔加过滤器形式、开式冷却塔加热交换器和封闭式冷却形式。这两种分类有一定的内在联系，其中直接供冷系统可以包括开式冷却塔加过滤器的形式和封闭式冷却形式；而间接供冷系统一般可以认为等同于开式冷却塔加热交换器的形式。以下就第二种分类方式对冷却塔供冷的分类作一个详细的介绍。

1. 制冷剂自然流动循环方式

这种方式是基于在制冷循环中制冷剂流向最低温度点的原则,如图 5-106 所示。

在过渡季或冬季,大气温度降低,当冷却塔出水温度低于冷冻水温时,冷凝器和蒸发器之间的阀门被打开,由于制冷机组中冷凝器内的制冷剂压力比蒸发器内的压力低,这种压差使蒸发器内制冷剂蒸气流向冷凝器,在冷凝器内液化,液态的制冷剂又靠重力流回蒸发器,此时压缩机不工作。只要蒸发器和冷凝器间存在适当的压差,制冷剂的流动以及随之而来的"自然冷却"就能持续。

由于这种方式的换热仅局限于制冷剂的相变,它所能提供的自然冷却量较小,通常不超过冷水机组制冷量的 25%,并且对室外温度的要求高,要求室外湿球温度不高于 4.5℃ (冷却塔出水温度不高于 7℃,一般为 5℃),才可以实现制冷剂自然循环。这使得一年中只有很短一段时间可以利用此系统,且所能提供的冷量较少,从而影响了其使用范围。此系统较适用于冬季长而寒冷的地区,内区负荷相对冷机容量较小(不超过 25%)的建筑物。

2. 开式冷却塔加过滤器形式(直接供冷系统)

如图 5-107 所示,开式冷却塔加过滤器的形式是通过简单的旁通管路将冷却水和冷冻水环路连通,从而使开式冷却塔制得的冷却水直接代替冷冻水送入空调系统末端设备。

由于开式冷却塔中的水流与室外空气接触换热,易被污染,进而造成系中管路腐蚀、结垢和阻塞,通过在冷却塔和管路之间设置过滤装置,以保证系统的清洁。

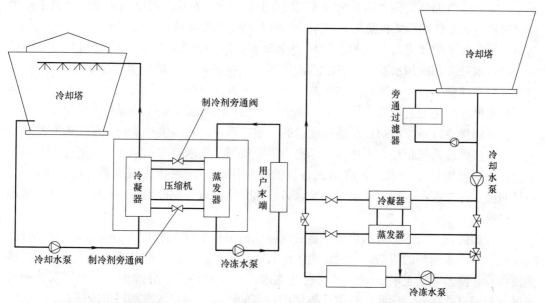

图 5-106 制冷剂自然流动循环冷却方式系统简图　　图 5-107 开式冷却塔加过滤器形式的系统简图

冷却水过滤的方式可以分为全流量过滤和部分流量(旁通)过滤。全流量过滤是指使将流出开式冷却塔的冷却水全部通过过滤器,达到净化目的。全流量过滤的清洁效果虽然较好,但所设置的过滤器配置较大,使初投资增加,还会提高原有冷却水循环的阻力,影响循环过程。而部分流量(旁通)过滤的方式是在冷却塔出水口设备旁通管路,设置过滤器对大约相当于总冷却水流量的 5%~10% 不断进行过滤,其效果要优于全流量过滤方式，因为这样对循环阻力不会造成大的波动，过滤器的配置参数也可以相应缩小，同时也能有效地控制冷却水的清洁程度达到系统正常安全运行的标准和要求。因此，旁通过滤的方式在实际工程中应用比较广。

从节约能耗的角度来讲，这种系统效果最好。开式冷却塔加过滤器系统在应用时对室外湿球温度的要求并没有像制冷剂自然流动循环冷却方式那样低；同时相比开式冷却塔加换热器的方式，由于不需要通过中间换热过程将冷却水的冷量传递给冷冻水，基本不存在中间换热损失，冷却水的冷量能直接被空调系统的末端设备利用，供冷时间相比间接供冷方式要长。

但是，由于冷冻水循环是一个封闭的循环，冷冻水一般不会受到外界污染，而在开式冷却塔系统中，冷却水会与外界空气接触换热，可能会受到一定程度的污染，即使经过过滤之后仍会比冷冻水"脏"。当冷却水和冷冻水两个水环路相混合，较清洁的冷冻水被开式系统中相对较"脏"的冷却水污染，可能会使系统中管道腐蚀、结垢并造成盘管堵塞。

此外，在开式系统中，利用原有冷却水泵在冷季供冷，可能会由于扬程不够则无法实现，势必需再配置新的水泵；同时，还存在当停泵时会出现系统倒空和冷却塔溢水问题，为此，还需要设置防止系统倒空的自动阀门。冷却泵扬程高于冷冻水系统时亦需校核水泵性能是否匹配。原冷冻水系统膨胀水箱必须隔开。总之，在设计这类水系统时，要考虑转换供冷模式后，水泵的流量和压头与管路系统的匹配问题。

3. 开式冷却塔加热交换器形式（间接供冷系统）

开式冷却塔加热交换器的系统形式如图 5-108 所示，在原有的空调系统中增设了一个热交换器（通常使用板式换热器）与制冷机组并联，从冷却塔来的冷却水通过板式换热器与封闭的冷冻水循环进行热交换。这样，冷却水循环与冷冻水循环是两个相互独立的循环，冷冻水系统和冷却水系统是隔离的，并不直接接触，从而避免了冷冻水管路被污染、腐蚀和堵塞问题。在冷却塔间接供冷系统中多采用板式换热器，是因为板式换热器在中温低压的水循环中是最适用的，体积小、换热能力强，能够最小程度地减小换热温差。

但是间接供冷系统的缺点就是对能量的利用效率不如直接供冷系统，存在中间换热损失，与直接供冷系统相比，要达到同样室内供冷效果，要求冷却水温度应该更低一些，一般情况下两者相差约 1~2℃，亦即该系统的可利用时间比直接式供冷系统可能稍短些。而且间接供冷时需要运行两套水泵系统，另外热交换器以及相应的阀门和控制系统也增加了初投资。

尽管如此，开式冷却塔加热交换器的间接供冷形式的优势仍旧十分明显，如前所述，它保证了冷冻水循环的清洁。同时，由于板式换热器可以实现小温差换热（采用适当的换热面积后，温差可低至 1℃），虽然它将冷冻水、冷却水环路一分隔为二，仍能保证较大程度地利用自然冷却。因此，目前业界使用较多的是这一类型的冷却塔供冷形式。

值得注意的是，相对常规的空调系统而言，利用开式冷却塔和板式换热器进行间接免费供冷的形式中，常规空调工况下制冷机组的冷凝器与冷却塔间接供冷时换热器的冷冻水侧（一次侧）的阻力、常规空调工况下制冷机组的蒸发器与冷却塔间接供冷时换热器冷却水侧（二次侧）的阻力可能不同，对此需进行复核，以确定在常规空调系统中使用正常的冷却水泵和冷冻水泵性能是否需要在冷却塔间接供冷时进行调整。

此外，对于多台/套冷水机组加冷却塔的供冷系统，还可考虑采用制冷机组供冷和冷

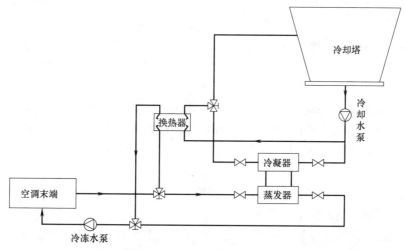

图 5-108　开式冷却塔加热交换器形式（间接供冷系统）的系统简图

却塔间接供冷两种模式混合工作的办法，根据室外空气参数和建筑物冷负荷的变化，选用不同的制冷机供冷量和冷却塔供冷量的组合，来调节供水温度，挖掘系统节能潜力。这也是目前工程上采用较多的一种系统形式。

4. 封闭式冷却塔形式（直接供冷系统）

封闭式冷却塔直接供冷的形式与开式直接供冷系统的原理非常相似，它也是用从冷却塔流出的冷却水直接代替冷冻水进入空调末端进行供冷。所不同的只是冷却塔改为封闭式，如图 5-109 所示。

封闭式冷却塔是一种新型的冷却设备，流经冷却塔的冷却水始终在冷却盘管内流动，通过盘管壁与外界空气进行换热，不与外界空气接触，与冷却水的主要污染源即外界空气实现了隔离，能保持冷却水水质洁净。此外，它还具有节能、节水、对环境的适应能力强、可用于冷却高温水、噪声低、安全、外形美观等优点。

由于封闭式冷却塔利用间接蒸发冷却（冷却水通过盘管壁与外界空气换热）原理降温，冷却塔的换热效果要受到影响，在同样的冷却水进水温度和室外空气温度下，封闭式冷却塔的出水温度高于开式冷却塔，冷却效率不如开式冷却塔，进而会影响冷却塔供冷时数，影响节能效益。

此外，封闭式冷却塔通常由国外进口，价格比开式冷却塔高出很多。如果对高层建筑采用此方式，冷却水与冷冻水系统连通后，封闭式冷却塔及其管路的承压可能增大很

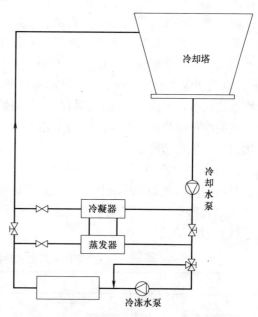

图 5-109　封闭式冷却塔形式的系统简图

多，这也会影响系统的初投资。这些都是采用封闭式冷却塔所需考虑的问题。

5.6.4 冷却水侧免费供冷（冷却塔供冷）的适用性分析

冷却塔供冷技术是间接利用自然冷源进行供冷的空调系统节能技术。实际应用中也有一些适用条件的限制。其中有空调系统外部的一些因素，如室外干、湿球温度等一些气象参数，建筑类型以及建筑物全年（尤其在过渡季和冬季）的负荷特性；还有空调系统自身的一些条件，比如空调末端的形式，冷却塔、水泵等设备的性能等。只有当满足这些条件时，在过渡季节才可以考虑通过阀门、管路的切换使系统正确转换入冷却塔供冷模式，才能保证系统运行的稳定可靠，满足过渡季节和冬季的供冷要求，更好地发挥其节能潜力和效益。

1. 冷却塔供冷适用的建筑类型及其负荷特性

（1）冷却塔供冷适用的建筑类型

冷却塔供冷技术适用于需全年供冷或是在过渡季节仍有较大内区冷负荷的建筑。这类建筑通常包括大型办公建筑、大型购物场所、具有高显热散热的特殊功能房间如计算机房、程控交换机房等或是兼具上述这些功能的综合性建筑。其共同点都是建筑面积和空调面积较大、有较大面积比例的内区，并在过渡季或全年有冷负荷。

（2）适用于冷却塔供冷的建筑负荷特性

对于建筑面积较大的建筑楼层，在进行空调负荷计算时，可被分隔出两个区域：一类为靠近外围护结构的区域或房间，其全年的室内温度受室外气象参数的影响而波动，夏季产生空调冷负荷，需要供冷，而冬季则为热负荷，需要供热，通常称其为空调外区；另一类是建筑内部会出现许多完全没有外围护结构的房间和区域，由于空气的热传导和空气对流渗透范围有限，经由外围护结构引起的负荷变化影响不到这一区域或是影响作用已经很小，而该区域往往人员密集，灯光及设备负荷大，负荷全年较稳定，全年需要送冷风，均为空调冷负荷。该负荷基本不受外部气象条件的影响，这就是一般认为的空调内区。

在我国，结合建筑围护结构的取材与热工特性以及气候条件，一般认为，进深超过6m的建筑就应考虑在空调系统设计和运行时区分内、外区不同的负荷特点。对于现代综合性建筑而言，其内区的人员、灯光，尤其是大量配备的个人计算机设备散热较大，使得该区域的冷负荷是很可观的。有很多相关资料指出，内、外区的区分范围，推荐取值是以距离建筑外围护结构4~6m为界限。

2. 冷却塔供冷适用的空调系统末端形式

目前国内兴建的各种现代综合办公建筑和酒店中采用最多的空调末端方式是风机盘管加新风方式和全空气系统结合的方式。全空气系统和风机盘管加新风的运行区域的功能是有所区别的（见表5-26）。

不同末端形式运行区域功能比较　　　　　　　　　　　表5-26

末端形式	运行区域功能	运行区域占空调面积的比例
全空气	裙房大空间、购物区、餐厅、大堂	20%~60%
FCU+新风	塔楼标准层、客房、办公	40%~80%

在过渡季节和冬季，全空气系统可以利用直接引入室外温度较低的新风来处理室内的冷负荷，这也是一种避免开启制冷机组的"免费"供冷。但是所引入室外新风的状态点是

变化的，如果不经过处理，对于那些需要有较稳定温、湿度的房间不是十分适用。例如，净化空调系统、计算机房和程控机房以及大部分的工艺厂房车间，若其使用的是全空气系统，就不适用于直接引入室外新风的方式来供冷。此外，对于定风量的全空气系统，在过渡季节和冬季，当外区面积较大时，会统一对空气作加热处理以配合外区采暖，不能为内区供冷。而风机盘管加新风的空调系统末端，虽然也有新风管路，但其可引入的新风量是有限的，在过渡季和冬季可能无法满足室内冷负荷的需求。同时，由于新风系统是兼顾内外区的，在过渡季节和冬季，一般新风会作加热处理以配合外区采暖，不能为内区供冷。此时，就可以考虑利用冷却塔供冷的方式作为另一种"免费"供冷形式。

近年来，辐射供冷方式逐渐兴起，相应产生的末端供冷方式包括冷却辐射顶板（chilled ceiling panel）加新风系统、冷却梁（chilled beam）加新风系统等，这种主要以辐射方式换热的末端形式主要承担室内显热负荷，由处理过的新风消除室内湿负荷，其舒适性高。同时，若要满足相同的室内设计参数，通过辐射顶板或冷却梁的冷冻水温度可以比风机盘管等常用末端设备高 3~4℃，这就为在过渡季节利用冷却塔供冷提供了可利用的优势，其切换温度可以更高，从而使冷却塔供冷时数更长，节能效益更显著。

总体来说，对于无法利用加大新风量来进行供冷的空调末端系统，如风机盘管加新风空调系统、净化空调系统、计算房空调系统、冷却顶板加新风空调系统等，都可以在过渡季节和冬季设法利用冷却塔供冷方式来供冷。

3. 冷却塔供冷适用的室外气象条件

(1) 室外气象参数

建筑物空调系统所涉及最主要的室外气象参数是室外干球温度、相对湿度和湿球温度。室外干球温度、相对湿度和湿球温度是计算建筑物冷负荷的重要参数，其变化直接影响和改变室内得热量，从而进一步引起空调冷负荷的变化。同时，室外干球温度和相对湿度也对空调系统末端和新风系统送风状态的选择和处理有重要作用。

室外湿球温度是空调系统中热湿处理设备的重要运行参数。以冷却塔为例，冷却塔对冷却水的降温作用既存在显热交换也有潜热交换，它的出口水温在很大程度上是由室外空气湿球温度决定的。当然，室外风速以及冷却水的流量、其携带的来自空调负荷侧的热量也对其出口水温有一定影响。对于一种结构已确定的冷却塔而言，在一定的流量下，冷却水理论上能降低到的极限温度为当时室外空气的湿球温度。随着过渡季及冬季的到来，室外气温逐步下降，相对湿度降低，室外湿球温度也下降，从而冷却塔出口水温也随之降低。

(2) 冷却塔供冷的切换温度

在冷却塔供冷时，冷却塔内的冷却水与室外空气换热，使冷却水的温度降至符合冷却塔供冷要求的温度，发挥冷却水的冷量对室内进行降温，这要求冷却塔是在室外湿球温度小于某个温度值或是达到某个温度范围时才能开始作为替代制冷机组的冷源。这便引出了冷却塔供冷切换温度这一概念，也就是空调系统从常规的制冷机组供冷形式切换到冷却塔供冷模式时的室外空气湿球温度。切换温度体现了室外气象参数对冷却塔供冷系统使用的限制条件。

切换温度的取值并不是一个固定值，它对于冷却塔供冷系统的使用而言一个可变的限制条件：不同地区不同的气候条件、不同的冷却塔供冷系统类型（直接或间接供冷）、不同的冷却塔性能参数、末端供冷温度的变化、室内设定的温、湿度要求，都会对切换温度造成影响，使冷却塔供冷在实际应用时选取的切换温度有所不同。

切换温度与冷却塔的形式和性能有关。一般情况下，闭式冷却塔不如开式冷却塔换热效率高，故对于相同的建筑空调负荷，运用闭式冷却塔供冷时，切换温度会低于使用开式冷却塔时的切换温度。而对开式冷却塔而言，若运用于直接供冷系统，则不存在板式换热器作为中间媒介使冷冻水和冷却水进行换热，故其切换温度比间接供冷系统高。此外，在相同的室外气象条件下，可以通过调节冷却塔风机的运行状态，取得不同的冷却塔出水温度，反之，若对于相同的出水温度要求，在不同的室外湿球温度下，冷却塔也可通过风机调节来满足水温要求。这样，冷却塔供冷的切换温度对于同一型号的冷却塔也是可变的。

那么，如何确定冷却塔供冷的切换温度呢？在实际的冷却塔供冷系统的设计和运行时，一般都需要先确定过渡季节和冬季时室内需要依赖空调系统去除的冷负荷，进而选取适当的冷冻水供水温度，根据所需冷冻水的温度再确定冷却水的温度，最后再根据所需冷却水的温度，依照冷却塔的处理能力确定冷却塔供冷的切换温度。

在此，首先对这一切换温度给出一个大致的范围：一般情况下，在夏季空调末端的冷冻水供水设计温度为7℃，而在过渡季节，当室内冷负荷减小时，此温度可以适当提高至10~15℃。对于冷却塔直接供冷系统而言，这一温度就可作为所要求的冷却水温；而对于间接供冷系统，还需增加一个板式换热器的换热温差，一般取1~3℃，那么冷却塔间接供冷系统中开式冷却塔就需要将冷却水处理至7~14℃。相同的冷却塔在不同的室外湿球温度时，所达到的"冷幅"是不同的，而不同的冷却塔在相同的室外湿球温度时，其"冷幅"也是不同的，可以说湿球温度是决定冷却塔"冷幅"的重要因素，而现在又需要根据冷却塔的冷幅来决定适用冷却塔供冷的室外湿球温度——切换温度，这个取值过程比较复杂。大致确定切换温度的最大值的范围，当过渡季节室外湿球温度在5~10℃时，冷却塔的冷幅大致在3~10℃之间。所谓冷幅（approach）是指冷却塔出水温度和进口处的空气湿球温度的差值，也有文献称其为"冷幅高"。

式（5-41）表达了切换温度的确定通式：

$$T_{EX} = T_{CS} - \Delta k_{EX} - \Delta T_{approach} \tag{5-41}$$

式中　T_{EX}——冷却塔供冷的切换温度，℃；

T_{CS}——末端冷冻水的供水温度，冷却塔供冷时可取10~15℃；

Δk_{EX}——板式换热器的换热温差，对于闭式冷却塔或开式冷却塔直接供冷时，该值为0，而对于间接冷却塔供冷时取1~3℃；

$T_{approach}$——冷却塔的冷幅，取3~10℃。

这样，对于间接冷却塔供冷系统，根据公式中各值的取值范围，可以将冷却塔供冷的切换温度以湿球温度5~10℃作为上限，也就是说，当室外湿球温度达到10℃或以下时，利用冷却塔和板式换热器间接供冷便成为可能；而对于直接供冷系统，切换温度还可以升高1~3℃，即可以取8~13℃作为切换温度。这就是适用冷却塔供冷的重要室外气象条件之一。

需要强调的是，这一切换温度上限并不是绝对的，针对不同的系统形式、空调负荷情况等因素，系统的设计人员和运行管理人员可以根据不同的变化对此温度进行调整，以使供冷模式的切换更为安全可靠，能够满足过渡季节的供冷需求，同时尽量最大限度地节省系统能耗。

5.6.5 冷却塔免费供冷的系统设置形式及经济性

冷却塔免费供冷系统按冷却水是否直接送入空调末端设备可划分为两大类：间接供冷系统及直接供冷系统。有文献提出了利用闭式冷却塔直接供冷的经济性分析，并指出约2年内可以收回投资。从某品牌冷却塔厂家了解到，一般开式冷却塔的价格约350元/(t·h)(冷却水流量)，而闭式冷却塔的价格约2000元/(t·h)以上，即闭式冷却塔价格是开式冷却塔的5倍左右。从投资角度考虑，在舒适性空调工程设计中，采用冷水机组+闭式冷却塔的组合非常罕见，而且闭式冷却塔+开式冷却塔联合使用的方法还涉及到复杂的控制切换问题。节能应同时考虑经济性，在没有实际工程证明闭式冷却塔直接供冷的投资回收期合理的情况下，舒适性空调工程中的冷却塔供冷形式宜采取开式冷却塔（采用冷水机组已配的冷却塔）+板式换热器的方式（相同冷量对应的开式冷却塔+板式换热器的初投资不会超过闭式冷却塔价格的一半）。

与其他换热器相比，板式换热器具有换热效率高、结构紧凑等特点。其投资回收期简单分析如下：某品牌的板式换热器价格约为1200元/m^2，冷热水侧温差按1℃计算，传热系数按6000W/(m^2·℃)，可换算得出1kW换热量（即冬季供冷量）需增加的设备初投资约200元，另外板式换热器所接管道阀门及自控等以设备投资的50%估算，这样系统增加的初投资约为300元/kW。如果冷水机组部分负荷的$COP=4.8$，则1kW供冷量所耗电量为0.21kW。设电价为0.7元/(kWh)，1kW供冷量的初投资回收时间约为T，则1kW换热量增加的初投资（板式换热器及接管道阀门等）=所节省的冷水机组耗电量×电价×初投资回收时间，即$300=0.21\times0.7T$，计算可得$T=2041h$。

根据上海地区的室外空气湿球温度年频率统计表：空气湿球温度≤7℃的时间为2379h，空气湿球温度≤6℃的时间为2080h。这样，如果能在室外空气湿球温度≤6℃时实现冷却塔供冷，建筑功能为高级酒店（使用四管制水系统）和电脑机房时，空调系统24h运行，所节省的压缩机耗电费用可以在1年内收回系统所增加的初投资。对于办公、商场的空调系统（日运行时间为8~10h），估计可以在2年左右收回。

5.6.6 冷却塔免费供冷技术应注意的若干问题

1. 冷却塔免费供冷与冷水机组供冷切换问题

当冷却塔免费供冷工况切换至冷水机组供冷工况时（由于室外湿球温度升高而使冷却水温升高，以至于冷却塔免费供冷量小于内区冷负荷时），冷却水温仍然较低（板式换热器的热侧是空调冷水，一般需10℃空调供水才能消除内区冷负荷，考虑板式换热器冷、热两侧温差，冷却水侧进水温度应在10℃以下），由于此时冷却水管路中无发热量，无法使用旁通方式将冷却水温提高到合适的温度，如果没有达到最低冷却水温的要求，可能就要利用冷却塔的水加热器将冷却水温提高后才能安全地切换至制冷机供冷工况（开启制冷机）。因此，所选用的冷水机组对低温冷却水的适应性也是冷却塔供冷系统中至关重要的问题。

一些工程的设计采用了控制措施（如板式换热器串联在冷水机组前等来防止制冷机冷却水进水温度过低，不去分析工程实际是否可行，其操作就会过于复杂），从实际使用的简便安全着想，有必要考虑冷水机组对低温冷却水的适应性（低温冷却水运行工况对机组COP值提高也有好处）。按照有关厂家的样本，一些离心式及螺杆式冷水机组可稳定适应12.8℃的低温冷却水。这也应作为冷却塔供冷系统相关设备选用的必要条件。

2. 冷却塔供冷运行工况和系统设计应避免的问题

(1) 开式冷却塔加板式换热器的免费供冷冷却水系统的水处理问题

由于开式冷却塔直接与空气接触,空气中的灰尘容易进入冷却水系统中,而板式换热器的间隙较小,容易堵塞。冷却水系统必须满足《工业循环冷却水处理设计规范》要求,该规范规定,换热设备为板式换热器时的相应悬浮物控制指标不高于10mg/L。这样就必须采用化学加药、定期监测管理、在夏季及时清洗板式换热器的方式才能避免板式换热器堵塞问题。在目前使用开式冷却塔加板式换热器的冷却水免费供冷系统项目中均发现,因板式热换器未得到清洗而使换热量有逐年下降的趋势。

(2) 开式冷却塔加板式换热器免费供冷时的冷却水系统对其他水冷整体式空气调节器等设备的影响

在规模较大的公共建筑中,因建筑外立面等原因无法采用风冷式空调机等,常常有一些用户的电脑机房需用水冷整体式空气调节器进行冷却,如果考虑系统设置简单,设计人员会将此类设备并入大楼冷水机组的冷却水系统中,使用同一组冷却塔。按照实际工程的使用情况,免费供冷时的冷却水温度会与其他水冷设备的冷却水温度相矛盾,按照《采暖通风与空气调节设计规范》第7.7.2条的规定:空气调节用冷水机组和水冷整体式空气调节器的冷却水温,应按下列要求确定:

1) 冷水机组的冷却水进口温度不宜高于33℃。

2) 冷却水进口最低温度应按冷水机组的要求确定:电动压缩式冷水机组不宜低于15.5℃;溴化锂吸收式冷水机组不宜低于24℃;冷却水系统,尤其是全年运行的冷却水系统,宜对冷却水的供水温度采取调节措施。

而免费供冷工况时冷却水的温度在10~13℃以下,所以冷却塔免费供冷的冷却水系统不能用于常年使用、有恒定水温要求的水冷设备。

5.7 复合能源系统

在一种能源获得不稳定或者存在某些缺陷的时候,通常与其他形式能源相结合,互相补充以发挥各自的优势,实现"节烟"的同时进行更为高效稳定的供能,这也是"低烟供能系统"的设计理念。

典型的复合能源系统基本上分为三种形式:常规能源复合系统、可再生能源复合系统和常规+可再生能源复合系统。本节将针对这三种形式一一进行介绍。

5.7.1 常规能源复合系统

目前,我国集中供热系统的能源效率较低,不到60%,而供热发达国家却能达到80%左右的水平,造成我国供热效率低下的主要原因为:虽然大型热电联产和区域燃煤锅炉房的设计热效率可以达到80%以上,但是由于热源经常随外部负荷的变化进行调整,大部分时间处于部分负荷运行状态,以至于热源热效率偏低。解决这种问题的方法是:对热负荷高峰期进行调峰。

1. 系统简介

在城市集中供热系统中,为使热电厂取得最佳经济效益,应对热电厂的供热能力进行综合分析，正确地选择供热机组的形式及容量，确定供热方案。热化系数 α 是衡量热电厂经济性的宏观指标，一般地，α 控制在 $0.5\sim0.8$ 的范围内，这就说明热电厂只负责 $50\%\sim80\%$ 的热量供给热用户，其余的则要靠小型燃气调峰锅炉辅助供给，这种组合形式就是热电厂+小型燃气调峰锅炉复合能源系统。这种供热系统有以下 3 个优越性：

（1）电力部门从经济上考虑，愿意多发电，少抽高压气或直供新蒸汽。调峰负荷由外部解决，降低了热化系数，可使热电厂供热负荷平稳，可较长时间满负荷运行，有利于热电厂的经济运行。

（2）解决了热电厂建设滞后于建筑区建设的矛盾。保留一些已建成的区域锅炉房，调节供热高峰负荷，可降低热电厂的建设投资。

（3）设置外置区域锅炉房，对整个供热系统更有保障。热电厂主热源一旦出现事故，可由外置区域锅炉房部分供热，既起调峰作用，也有备用作用。

2. 系统的连接方式

（1）一级网设置调峰锅炉

热电厂和调峰锅炉房可以有多种连接方式，当调峰热源设置在一次网时，其连接运行方式应依据调峰热源位置、主热源的热媒参数以及系统的调节方式等因素来确定。常见的有 3 种连接方式，即串联连接、并联连接和切断运行。

1）串联连接

热负荷高峰期，主热源出口的供水通过调峰热源再加热提高水温后送往外网热用户。其运行方式相当于定流量变水温运行，调峰热源一般设在热网首端。其连接方式的原理图如图 5-110 所示。

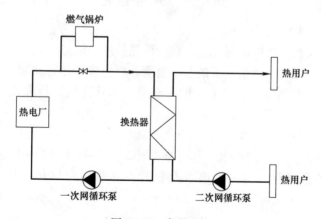

图 5-110 串联连接

2）并联连接

热负荷高峰期，调峰热源供出的热水与主热源供水混合，同时送往外网用户。该运行方式相当于分阶段变流量质调节运行。调峰热源位置仍以热网前部靠近热源端为宜。这种连接方式的供热原理图如图 5-111 所示。

3）切断运行

热负荷高峰期，把调峰热源连同其供热范围内的用户一起与主干线切断而自成体系。

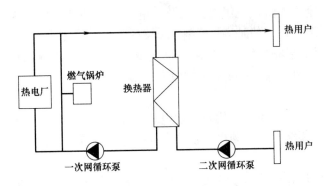

图 5-111　并联连接

从而减少了基本热源的热负荷,这种运行方式是锅炉房作为调峰热源时经常采用的方式,其供热原理图如图 5-112 所示。

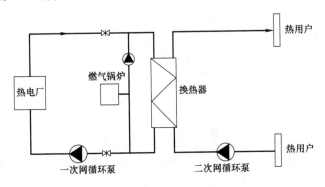

图 5-112　切断运行连接

(2) 二级网设置调峰锅炉

当调峰热源设置在二次网侧时,这种联合供热技术是以热电联产生产的热量通过集中供热一级网送到各热力站,承担采暖的基础负荷,再在各个热力站通过燃气锅炉对二次侧热水进一步加热,补充热量,满足末端的采暖要求。其连接运行方式也有两种:串联和并联。

1) 串联连接

在串联系统中,换热站的出水一部分被循环泵送到调峰锅炉中继续受热升温,另一部分流经调峰锅炉旁通管,与锅炉出水混合后再向热用户供热,其连接图如图 5-113 所示。

2) 并联连接

并联系统中,换热站的出水与调峰锅炉出水混合后向热用户供热。对末端热用户来说,该运行方式相当于对其进行供热质调节,其连接图如图 5-114 所示。

3. 系统主要参数

集中供热系统由于向许多不同的热用户供给热能,所以其供热范围较为广泛。由于热用户所需要的载热质种类和参数不一定完全一样,因此必须选择与热用户要求相适应的供热系统形式,才能满足用户对载热质品种及参数的要求。

(1) 同时使用系数 k

5.7 复合能源系统

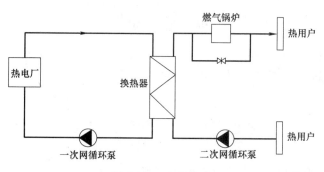

图 5-113 串联连接

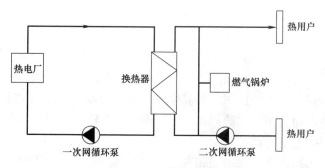

图 5-114 并联连接

在集中供热区域内,许多热用户或热设备不可能同时出现最大负荷。因此,在计算供热区域的最大热负荷时,必须考虑各热用户(或各用热设备)的同时使用系数。同时使用系数是指全部热用户(或用热设备)运行时实际的最大热负荷与各热用户(或各用热设备)最大热负荷总和的比值,即:

$$k = \frac{区域内全部用热设备实际最大负荷}{用热设备最大负荷总和} (h) \tag{5-42}$$

(2) 最大热负荷利用小时数 H_1

计算小时段内累计的热负荷总量相对于该时段内最大热负荷下的运行小时数,在数值上等于计算小时段内累计的热负荷总量与该时段内最大热负荷之比,即:

$$H_1 = \frac{计算时段内累计热负荷总和}{该时段内最大热负荷值}(h) \tag{5-43}$$

(3) 汽轮机年供热利用小时数 H_2

汽轮机年供热利用小时数是指汽轮机年累计供热量与同时间汽轮机小时额定供热量(扣除自用汽)之比,即:

$$H_2 = \frac{汽轮机年累计供热量}{汽轮机小时额定供热量(除自用汽)}(h) \tag{5-44}$$

(4) 发电设备年利用小时数 H_3

发电设备年利用小时数是指供热机组年发电量与供热机组额定功率之比,即:

$$H_3 = \frac{\text{供热机组的年发电量}}{\text{供热机组额定功率}}(h) \tag{5-45}$$

（5）热化系数 α

热化系数是指热电联产的最大小时供热量（扣除自用汽）占供热区域内最大热负荷的比例，即：

$$\alpha = \frac{\text{热电厂的最大小时供热量(除自用汽)}}{\text{供热区域内最大热负荷}} \tag{5-46}$$

热化系数反映了在供热区域范围内的热电联产供热情况，应进行优化选择，确定最佳热化系数。

4. 调节方式

（1）一次热网的调节方法

一次网的调节实质是各个热力站一次流量的调节，按照国外的做法，各个热力站按照室外温度实现气候补偿即可。我国的热源与热网供需匹配情况与国外不同，经常出现供热量不足的现象，若各个热力站按照室外温度进行气候补偿就必然存在争抢供热量的问题，造成不利环路不热，而我国的供热原则是尽可能让所有用户享受同等的供热待遇，因此一次网调节的主要目的是平衡调节。

考虑到各个热力站换热器选型面积和运行工况的差异性，考虑到二次网循环水量的差异性，不能简单地将按照供热负荷计算的一次流量作为一次网的平衡依据。对于小型单热源枝状网，平衡调节完成后不必频繁调节，一般可以手工实现。而对于大型或特大型热网，应该采用计算机全网自动平衡调节技术。计算机全网自动平衡调节技术要求各个热力站的运行工况实时采集到监控中心，监控中心能够实时调节各个热力站的电动调节阀门，这样做一般投资较大且实施较难，考虑到在多热源热网中存在一些大型分支，每个分支中的热力站的运行工况存在一致等比失调的规律，可以将各大型分支作为一个热力站进行总体平衡。分支内各个热力站的平衡调节，可以手工完成，调好后一般就不需再调节了。宏观上看，热网可以合理简化，经过简化的热网，需要实时监控的规模会大幅度减小，便于实现计算机全网平衡调节技术。

（2）热力站调节方法

只进行平衡调节不能完成气候补偿，不能有效利用热网的蓄热作用，不能最大限度地实现节能。热力站还应完成如下调节功能：

1) 供热量气候补偿；
2) 二次网循环水量气候补偿；
3) 太阳辐射能量的利用；
4) 夜间降低室内温度的节能利用。

热力站实现供热量气候补偿的方法是采用自动控制技术，不可能靠人工实现。电动调节阀的安装位置不同，气候补偿功能对热网运行工况的影响也不同。采用一次网安装电动调节阀进行气候补偿会破坏一次网的平衡调节，但对于不参与全网平衡的主干网上的热力站气候补偿功能可以采用控制一次网电动调节阀实现。热力站供热量的气候补偿功能一般可以通过调节与换热器旁通的电动调节蝶阀，改变二次网通过换热器的水量，实现供热量的调节。这种调节不改变整个二次网的总体循环水量，也不改变一次网的水力工况，属于无干扰调节方法。二次网最佳循环水量随着室外温度的变化而变化，随室外温度的降低而增大，反之减小。通过测算，有效利用这一规律采用变频调速技术可以节约50%以上的电能，具有较好的投资回报率。按照不同规模的热力站投资回收期也不同，一般热力站规模越大，投资回收期越短，按照不同的投资回收期和设备使用寿命、维护成本等可以确定热力站采用变频调速技术的最小规模。我国的供热站规模一般较大，采用变频调速技术一般都是经济的。

5. 系统的节能潜力与经济性分析

(1) 系统的节能潜力

现有的无调峰热源集中供热系统把末端热用户的设计热负荷作为计算热源容量的主要依据。我国室外采暖计算温度采用的是历年平均不保证5天的日平均温度，实际运行中采暖期低于此温度的时间段非常短。而机组热效率和实际供热量有关，只有在额定供热量时机组效率及热效率才能达到最高，如果机组实际供热量过低或过高都会降低运行效率。例如，北京地区的标准年气象资料表明，北京市采暖期内室外气温低于当地采暖室外计算温度的时间不足50h，仅占整个采暖时间的1.5%，也就是说将近98%的时间热源一直在较低效率下运行，浪费了大量能源；如果采用调峰集中供热系统，假设按燃气调峰锅炉负担20%的热负荷计算，机组负荷能达到额定供热量的时间大约为700h，占整个采暖时间的21%，节能效果非常明显。

图5-115为系统的供回水温变化流程图，从电厂出来到换热站的蒸汽温度为110℃，属于低温蒸汽，进入调峰锅炉前水温为60℃左右，采暖首末期间热负荷不大时直接送至热用户散热器，几乎没有温差热损失；调峰锅炉运行后，也只是将其提高至70℃左右。整个采暖流程中，温差热损失都很小，即㶲损失很小。

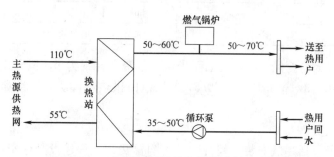

图5-115 二级网侧调峰系统的供回水温示意图

(2) 系统的经济性分析

热网+燃气调峰锅炉房复合能源形式的经济费用包括初投资和运行费用。其中初投资又包括燃气调峰锅炉房初投资、一次网初投资和热力站初投资。

1) 初投资分析

① 燃气调峰锅炉房初投资（f_{tf}）

燃气调峰锅炉房初投资由设备费、建造费和安装费三部分组成。调峰热源的初投资应根据具体方案、设备进行预算，本书参考了某燃气锅炉厂家的设备报价和建造、安装指标，可根据具体方案调整。

(a) 设备费:

根据表 5-27 中的数据,将设备费看成是设备型号的函数,把两者拟合成二次多项式,为:$y=0.051x^2+6.795x+13.951$,式中 x 的取值由调峰锅炉的设计热负荷 Q'_{tf} 决定,因此也和设计调峰系数 θ' 有关,理论上只要采取最合理的调峰系数就能最大限度达到节能目的。

(b) 建造费:1000 元/m²;

(c) 安装费:130 元/m²。

其中,燃气调峰锅炉房建筑面积指标如表 5-28 所示(参考《锅炉房实用设计手册》)。

不同型号燃气锅炉费用表　　　　　　　　　　　　　　　表 5-27

设备型号(MW)	4.2MW	7MW	10.5MW	14MW
设备费(万元)	42.8	65.5	89.6	119.5

燃气调峰锅炉房建筑面积指标　　　　　　　　　　　　　表 5-28

设备配置	4.2MW(3 台)	7MW(2 台)
建筑面积(m²)	880	1040

② 换热站初投资(f_{re})

热力站初投资包括建筑安装工程费和设备购置费。

本书采用的热水热力站造价估算指标如表 5-29 所示(参考《市政工程投资估算指标》第八册 HGZ 47.108.2007)。

热水热力站(板式换热器)造价估算指标　　　　　　　　表 5-29

供热规模(万 m²)	5	10	15	20	25	30
建筑安装工程费(万元)	35	41	46	50	55	62
设备购置费(万元)	40	55	66	82	91	112
合计(万元)	75	96	112	132	146	174

将供热规模视为自变量 x,安装工程费和设备费合计视为 y,拟合成二次多项式,则函数式为:$y=0.0193x^2+3.125x+60.5$,x 的值由供热规模决定,也和主热源承担的热负荷 Q'_{jb} 有关。

③ 一次网初投资(f_{yi})

一次网初投资包括建筑安装工程费、设备购置费、工程建设其他费用和基本预备费。本书采用的一次网估算指标如表 5-30 所示(参考《市政工程投资估算指标》第八册 HGZ47-108—2007)。

直接敷设、间接连接热水网指标　　　　　　　　　　　　表 5-30

供热规模(万 m²)	100	200	300	400
建筑安装工程费(万元)	4646.2	6696.6	8418.1	10961.7
设备购置费(万元)	547.1	923.1	1301.5	1821.1
其他费用(万元)	519.3	761.9	971.9	1278.2
基本预备费(万元)	457.1	670.5	855.3	1124.8
合计(万元)	6169.7	9052.1	11546.9	15185.8

将供热规模视为自变量 x，安装工程费等费用合计视为 y，拟合成二次多项式，则函数式为：$y=0.0189x^2+20.087x+4048.5$，$x$ 的值由供热规模决定，和主热源承担的热负荷 Q'_{jb} 有关。

2）运行费用分析

① 燃料费（f_1）

$$f_1=b_h\times Z_g\times Q_{a2}+b_h\times Q_{a1}\times Z_y \tag{5-47}$$

式中 f_1——燃料费，元；

b_h——热能生产燃料耗率，kg/GJ 或 m³/GJ；

Q_{a2}——调峰热源年耗热量，GJ；

Q_{a1}——主热源年耗热量，GJ；

Z_y——燃煤价格，元/kg；

Z_g——天然气价格，元/m³。

② 水费（f_2）

$$f_2=G_{mu}\times Z_w\times Q_a \tag{5-48}$$

式中 f_2——水费，元；

G_{mu}——补给水量指标，取 $G_{mu}=0.5\sim0.7$ kg/GJ（参考《锅炉房实用设计手册》）；

Q_a——热源年总供热量，GJ；

Z_w——水价，元/kg。

③ 材料费（f_3）

$$f_3=1.15f'_2 \tag{5-49}$$

式中 f_3——材料费，元；

f'_2——水费，元/GJ。

④ 电费（f_4）

$$f_4=e_h\times Z_d\times Q_a \tag{5-50}$$

式中 f_4——电费，元；

e_h——热能生产耗电率，取 $7\sim8$ kWh/GJ（参考《锅炉房实用设计手册》）；

Q_a——热源年总供热量，GJ；

Z_d——电价，元/kWh。

⑤ 工资福利费（f_5）

$f_5=$人年均工资值×人员定额(1+福利系数)(1+劳保统筹系数)×Q_a/设备月运行小时数

人年均工资值单位为元/(人·月)，在计算时可采用 1500 元/(人·月)，人员定额单位为人/GJ，在计算中可采用 1 人/GJ；福利系数可按 14% 计算，劳保统筹系数可按 17% 计算（参考《锅炉房实用设计手册》）。所以，f_5 的表达式可以写成：

$$f_5=18000\times1.14Q_a\times1.17/\tau_y \tag{5-51}$$

式中 f_5——工资福利费，元；

Q_a——热源年总供热量，GJ；

τ_y——设备月运行小时数，h。

⑥ 大修费（f_6）

$f_6=$固定资产原值×大修率×Q_a/设备年运行小时数

固定资产原值可按锅炉房建设投资来计算，单位是元/GJ，在计算中可采用 10～12 万元/GJ；大修率可按 2.5％计算；锅炉设备的年运行小时数，在计算中采用实际锅炉年运行小时数（参考《锅炉房实用设计手册》）。所以，f_6 的表达式可以写成：

$$f_6=(10\sim12)Q_a\times 0.025/\tau_n \tag{5-52}$$

式中　f_6——大修费，元；

　　　Q_a——热源年总供热量，GJ；

　　　τ_n——设备年运行小时数，h。

6. 运行中常见问题及对策

(1) 设备的安全运行

换热站里的汽-水换热器在蒸汽与一级管网回水进行换热时，若蒸汽流量较大，而热水流量较小时，很容易使水侧出现汽化进而发生水击现象，严重时造成设备损毁甚至人员伤亡。因此，汽、水流量的匹配问题应作为安全运行的关注重点。由于新建燃气锅炉房设备未与原电厂的设备建立连锁保护，而且锅炉运行操作人员无法直接监测循环泵等设备的运行状态，只能通过电话与总控室联系，相互了解设备运行情况。但是，一旦循环泵停运，且此时运行操作人员疏忽，后果将不堪设想。因此，在锅炉房增设欠压保护及锅炉流量监控仪器，并加强组织、协调和管理，确保锅炉的安全运行。

(2) 一级管网的流量控制

无调峰集中供热系统增加燃气调峰锅炉后，总控室无法监测一级管网总流量，只能监测各汽-水换热器总流量。因此，只能通过计算换热器及调峰锅炉的流量之和确认一级管网总流量。为保证一级管网总流量，必须先要确定开启设备的最少数量，并考虑热负荷变化以及设备供热能力、运行安全、匹配设备开启数量等。

(3) 热网补水

凝结水是不可多得的水资源，与普通自来水相比，不但纯净而且温度较高，采用凝结水作为补水既可节约水处理费用，又可提高供热质量。因此，采用凝结水作为一级管网补水，并在换热站设置软化水设备及容量相应的软化水箱。由于各二级热力站采用一级管网向二级管网补水方式，因此一级管网的补水量较大，而换热站软化水设备能力有限，若一级管网突然停运，则不能维持二级管网的补水量。而且只有当一级管网达到一定静压时，循环泵才能开启，换热器才能投入运行。因此，一级管网一旦出现问题，且错过处理时机，重新启动一级管网的过程将比较繁琐且时间较长。因此，除非一级管网循环泵的双电源同时断电，否则决不允许停止运行。

(4) 补水定压

主热源和调峰热源联网运行时，热源分布在热网的不同位置，存在水力汇交点。当各个热源的运行工况发生变化时，水力汇交点将移动，热网的压力分布和流量分布也将随之变化，而且单热源枝状网运行时的水力工况变化的一致性和等比例原则在多热源联网运行时不再适用由于各个热源之间的相互作用，联网后的水力工况与各个热源独立运行的水力工况会有很大的变化。通过对多热源联网运行进行水力工况模拟分析，计算出水力交汇点的位置、热网的压力和流量分布、各个热源循环水泵的运行工况和耗电量、各个补水点处的压力分布。由于一个热网中只能有一个定压点，多热源联网运行的热网，由于考虑到有可能要独立运行，每个热源处都会设置自己的补水定压点。在多热源联网运行时，一般主热源的回水压力最低,而其他辅热源的回水压力比它们单独运行时要高。因此,补水定压点一般应该设置在主热源的回水管道上,当主热源定压点压力恒定后,其他辅热源原有的单独运行时的补水定压点只能作为补水点。

(5) 运行管理

换热站里的汽-水换热器如果与调峰锅炉并联运行,安全生产尤为重要,特别是汽-水换热器,必须杜绝水击等事故出现。为杜绝事故的发生,要加强组织管理,强化统一调度,统一协调热力站的运行和调峰锅炉房管理,并建立整套运行管理体系,主要有以下几方面:

1) 有针对性地重新审核制定运行管理记录报表,建立报表填、报、送、审的程序。

2) 建立运行管理人员、维修人员、生产资料供应单位等的联系网络和联系方式,保证汽、水、电和燃煤的供应,确保故障设备维修及时,形成整体管理网络和大事报告机制。

3) 修改完善热网运行操作规程,制定周密的运行实施和应急事故处理方案。

4) 针对设备现状和运行特点,进一步完善设备及管网巡视、门禁等管理制度。

5) 有针对性地对运行管理及操作人员提前进行业务技术管理培训。实现责任到位,指令畅通,反馈问题准确,处理问题及时,确保供热生产正常有序进行。

7. 系统注意事项

(1) 热力站的建设应合理

热力站的数量与规模一般应通过技术经济比较确定,并综合考虑下列因素:供热半径为0.5~3km时,热力站供热区域内的建筑高度差不宜过大,以便于选择同一种连接方式。热力站位置应尽量靠近供热区域的中心或热负荷最集中区的中心。供热机组的选型应根据供热负荷总量(应减去自用汽量)进行确定。

(2) 应注意热负荷分配的平衡性

在城市供热的热负荷分配时,应合理计算各供热小区的实际热负荷量,如供热面积较大时,应采取分区供热方式,优点是:

1) 可以使各区得以按照热用户的实际情况进行合理分配热负荷;

2) 便于设计时能够根据各区热负荷分配情况进行合理、经济地选择供热管道尺寸和供热设备型号;

3) 在某一区域出现故障后进行隔离检修时不至于影响其他区域供热;

4) 避免供热区域过大时影响到距热源较远位置的供热质量。

(3) 在管道设计时应根据热负荷情况合理计算管线的比摩阻

单位长度的沿程阻力称为比摩阻,一般情况下,经济比摩阻:室内采暖为60~120Pa/m,80Pa/m左右最佳;室外采暖为30~70Pa/m,50Pa/m左右最佳。合理的比摩阻数值对管道选型、布置具有决定意义。

(4) 在设备、管道选型时应充分考虑到整个供热小区建筑物的高度差

在供热区域划分时应尽量考虑将高度基本相同的建筑物分在同一区域内,以便于设备选型。如在某一个供热区域内建筑物间存在较高的高度差时,应通过计算后在高层建筑物的供热管路上加设合适的增压设备,这样才能保证供热区域内热循环的平衡与稳定。

(5) 合理选择定压补水点

为保证整个循环水系统压力的稳定,防止压力出现较大的波动现象。必须在循环水量减少时进行补水,以确保整个水网系统的水量充足与循环稳定。利用补水泵定压系统是目前工程中使用最为普遍的一种定压补水方式。定压补水点一般选择在回水管定压是比较有效的(最好位于循环泵的入口点)。如分区供热,建议在每区均设立一个定压补水点,这样可以保证各区补水互相独立、互不影响。

(6) 充分回收好凝结水

凝结水是良好的锅炉补给水,其水质好,而且还具有一定热量。因为蒸汽在各种用汽设备中放出汽化潜热后,变为近乎同温同压下的饱和凝结水。由于蒸汽的使用压力大于大气压力,所以凝结水所具有的热量可达蒸汽全热量的20%~30%,温度越高,凝结水具有的热量就越多,占蒸汽总热量的比例也就越大。充分、保质地回收凝结水,在节能降耗方面具有重大意义。为保证回收的凝结水的质量,建议采取闭式回收系统。优点是:系统处于恒定的正压下,系统是封闭的,凝结水所具有的能量大部分通过回收设备直接回收到锅炉,凝结水的回收温度仅在管网部分降低。由于封闭,水质有保证,减少了凝结水回收后在进锅炉前的水处理费用,而且设备的工作寿命长。

5.7.2 可再生能源复合系统

1. 太阳能—地下水源热泵复合系统

地下水源热泵是利用浅层地下水作为热泵的低温热源。冬季由于地下水温度稳定且比室外空气温度高,所以地下水源热泵效率远高于空气源热泵系统。但由于地下水源热泵的长年运行,尤其是在热负荷大于冷负荷的北方地区,如地下水渗流不理想,地下水温度会随着运行年限的增加而下降,当地下水温下降到一定程度时,会造成热泵机组的效率偏低。同时,由于蒸发器地源供回水均温较低,同样使得机组内冷剂温度较低,这种情况下运行热泵机组极有可能因为蒸发器一侧温度太低而停机保护。此外,如室外井群设计不好,容易发生相邻井群的"冷贯通",进而导致抽水温度的进一步降低。因此,需要在地下水源侧加入辅助加热,以提高蒸发器的入口水温,保证系统长期运行的安全性。

根据集热系统是否封闭,该复合系统可分为以下形式。

一种是非封闭式太阳能集热系统,其系统原理如图5-116所示。

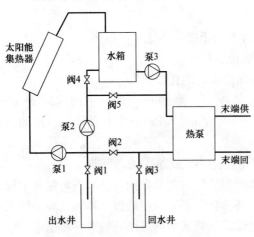

图5-116 非封闭式集热系统原理图

该系统的运行工况如下:

(1) 集热器内水的进出口温差大于接通基准温度,水箱水温高于热泵机组正常运行时的最低入口水温。此时系统为太阳能热泵系统,如图5-116所示,从水箱流出的水进入热泵降温后,再进入集热器吸热升温,然后流入水箱。

(2) 集热器内水的进出口温差低于切断基准温度,但水箱水温高于热泵机组正常运行时的最低入口水温。此时集热器停止集热,从水箱流出的水进入热泵降温后,直接流入回水井。在这一阶段,水箱中的水不断减少，水箱的平均温度不变。

（3）集热器内水的进出口温差低于切断基准温度，且水箱无水或水温低于热泵机组正常运行时的最低入口水温。此时的系统为地下水源热泵系统。从出水井抽出的水进入热泵降温后，直接流入回水井。

该系统最大的缺点是集热系统是非封闭的，其工质水与地下水是串通的，当地下水质不好时，会严重影响集热器的使用寿命，而且在寒冷地区，集热器由于没有防冻措施而容易被冻坏。而太阳能与水源热泵复合的另一种形式集热系统自身封闭（见图5-117），采用防冻液作为工质，通过换热器将热量传递给即将进入蒸发器的地下水，提升地下水温度，从而蒸发器侧温度提高，有利于提高热泵系统的 COP。该系统可以冬季供热，夏季供冷，全年提供生活热水。

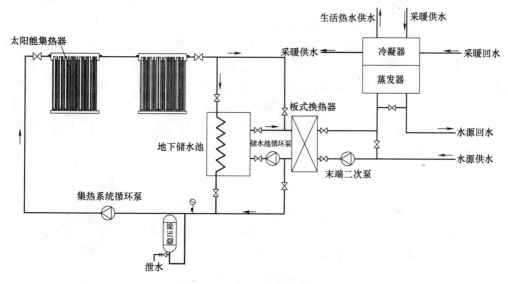

图 5-117 封闭式集热系统原理图

集热系统封闭的复合系统的另一个优点是太阳能集热系统通过板式换热器系统与原系统采用并联连接的形式，其并联板式换热器一侧加装二次循环水泵，这样就会在不影响热泵系统的基础上实现机组进水温度提升。

2. 太阳能—土壤源热泵复合系统

地源热泵可分为地下水式、地表水式、地埋管式（土壤源）三种形式，由于地下水式、地表水式的应用技术已经成熟，近年来地埋管式以其可靠性及长期的稳定性成为国内外（如美国、欧洲）专家理论研究和试验研究的重点。但由于地源热泵还存在一定的局限性，如：土壤导热系数较小，热交换强度小，需要较大的换热面积，将受到实际应用场地的限制，投资较大，也增加了施工的难度；特别是热泵长期连续从土壤取热（或蓄热），会使土壤的温度场长期得不到有效恢复，从而造成土壤温度不断降低（或升高），这不仅降低了热泵机组的 COP 值，同时由于蒸发温度与冷凝温度的变化而使热泵运行工况不稳定。

我国总面积的 2/3 以上，年日照时间大于 2000h，最高可达 2800~3300h，处于太阳能利用的有利区域。因此，我国太阳能的利用具有巨大的空间，发展前景非常乐观。

但太阳能还存在一定的局限性，如太阳辐射受昼夜、季节、纬度和海拔高度等自然条件的限制和阴雨天气等随机因素的影响，存在较大的间歇性及不稳定性。因此，单独的太阳能热泵系统需要的集热器面积较大，且运行不稳定，若要长期的运行必须设置辅助热源。

若土壤源热泵与太阳能结合，既可以克服热泵长期连续从土壤取热（或蓄热）使土壤的温度场长期得不到有效恢复，从而造成土壤温度不断降低（或升高）的局限性，又可以克服太阳辐射受昼夜、季节、纬度和海拔高度等自然条件的限制和阴雨天气等随机因素的影响的局限性。

太阳能—土壤源热泵供热空调系统是一种使用可再生能源的高效节能、环保型的系统，有着明显的优点：(1) 采用太阳能集热器辅助热泵供热时，机组的蒸发温度提高，使得热泵压缩机的耗电量减少，节省运行费用；(2) 在冬季运行时由于蒸发温度提高，使得用户侧出水或空气出口温度上升，舒适性提高；(3) 对于我国北方主要以热负荷为主的地区，在系统设计时，土壤源热泵系统可以按照夏季工况进行设计，从而减小了地下换热器的容量，减少了地源热泵地下部分的投资；(4) 由于太阳能的辅助供热作用，可以实现系统向地下排热与取热的平衡，从而使得地下温度场保持稳定的变化，机组运行工况稳定；(5) 整个系统可一机多用，既可采暖、空调，还可供生活热水。

太阳能—土壤源热泵复合供热系统有并联和串联两种方式，其原理图如图 5-118、图 5-119 所示。

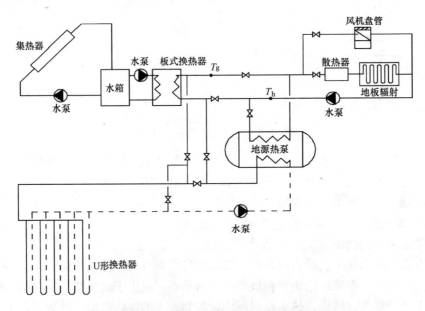

图 5-118　太阳能—土壤热泵系统并联供热方式

在并联运行模式中，热泵机组地源侧循环水通过分水器分流后，同时进入埋管换热器和太阳能集热器，然后再汇合在一起进入热泵机组。介质的分流比例可以通过分流装置智能调节，如果日照条件较好，则可增大太阳能集热器管路的流量，从而减轻地下土壤的供热负荷，保证系统在长时间运行工况下有较好的运行效率；如果光照较弱，则可以减少甚至完全关闭太阳能集热器管路的流量，增大埋管换热器的取热量，以保证建筑热负荷的需

5.7 复合能源系统

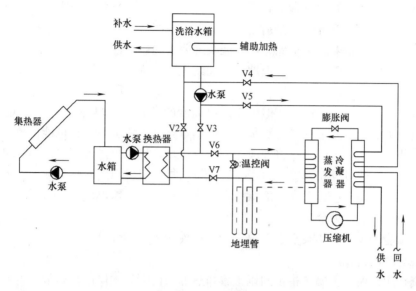

图 5-119 太阳能—土壤热泵系统串联供热方式

要。但在该运行模式下,太阳能系统能否直接供热,直接影响到系统的循环水量,进而影响热泵机组的可靠性。当 T_g 低于 50℃时,太阳能不能被直接利用,只能去加热土壤,提高热泵机组蒸发器侧的温度。而在串联模式下,当 T_g 低于 50℃,而高于 40℃时,可以与地源热泵机组串联运行,充分提高地源热泵机组的 COP 值。由此可见,太阳能—土壤源热泵的串联模式优于并联模式,可充分利用太阳能。

在串联模式中,从蒸发器出来的回水首先经过地下埋管,升温后再通过板式换热器获得太阳能集热器的热量,进一步提高温度后进入蒸发器,从而提高热泵机组的性能。

无论是并联模式还是串联模式,由于太阳能集热器只能作为热源使用,无法实现制冷运行,因此系统的运行模式和冬季采暖工况完全不同。在制冷循环中包含两套循环系统:(1)载冷剂循环:地热换热器中的载冷剂将热泵冷凝器释放出的热量排入土壤中,载冷剂温度降低后回到热泵冷凝器中;(2)制冷剂循环:热泵中的制冷剂将蒸发器中的热量转移到冷凝器中。经过两套循环系统,达到制冷的目的。此时,太阳能集热器的主要功能是将整个夏季富余的太阳热能通过埋管换热器储存在地下土壤中,以供冬季使用。为了不影响地源热泵的制冷效率,一种方式是地源热泵和太阳能集热器的交错运行;另一种方式是把一定数量的埋管换热器分配给太阳能集热器,专门用来给土壤蓄热,其余的埋管换热器配合热泵系统的制冷运行。后者的优点在于不用给太阳能集热器配备蓄热水箱,可降低系统成本,并减少水箱蓄热过程中的热量损失。

3. 太阳能—土壤源热泵复合系统适用性分析

(1) 太阳能—土壤源热泵复合系统在冷热负荷不平衡地区的适用性

在我国北方地区,全年的采暖热负荷一般都大于空调冷负荷,如果单独使用地源热泵作为采暖空调冷热源,长期运行之后,土壤会产生冷堆积,地下水温度下降,从而影响地源热泵的效率和运行的安全性和稳定性。因此,需要在地源热泵系统中加入一定的辅助热源,而北方地区太阳能资源较丰富,为太阳能作为地源热泵的辅助热源创造了条件。

在冷热负荷不平衡的北方地区，采用该复合系统充分利用了太阳能分担一部分热负荷，减小了土壤承担冷热负荷的差别，使土壤在自身调节作用下，能够平衡冷热负荷，达到温度场在运行周期始末的基本稳定，保证系统运行的连续性。

为了充分利用太阳能，必须合理地设置辅助热源的位置。系统中，太阳能作为地源热泵的辅助热源，可以设置在埋管出口段，也可设在埋管进口段。设在埋管进口段，可以消除埋管进口介质温度过低的情况，但由于进口温度的升高，使得与地下土壤换热量减少，对于利用地下土壤热量较不利。特别是太阳能热量充足的情况下，有可能使得埋管进口温度大于埋管井边界土壤温度，这将变成先向土壤放热，然后再进入制热的热泵机组，不利于提高系统性能。若设置在埋管出口段，首先可以提高蒸发温度，降低换热温差，最终提高性能系数，并且埋管进口温度也能保持在适当的温度，土壤温度不会过低。因此，换热器设置在埋管出口段较为合适。

(2) 太阳能—土壤源热泵复合系统不同运行模式的适用性分析

1) 昼夜交替运行

昼夜交替运行模式主要是指夜间以土壤作热源，白天以太阳能作热源，并在此期间让埋管周围土壤温度自然恢复，其出发点在于及时恢复土壤温度以提高热泵的运行效率。

昼夜交替运行时，由于有了日间这段恢复时间，因此埋管壁温能够得到较大程度的恢复，其恢复率达87%~90%，从而有效地改善了夜间地源热泵运行性能。交替运行模式对于昼夜均需采暖的建筑是一种可供选择的较好的运行模式，具体的昼夜运行时间分配视情况而异，可根据土壤温度恢复率，通过建立交替运行埋管传热及土壤温度恢复率模型计算或试验来确定。

2) 太阳能—U形埋管补热交替运行

考虑到地源热泵经过一段时间运行后埋管附近土壤温度较低，特别易于吸收并储存太阳能，为此提出了太阳能—U形埋管补热交替运行模式。日间运行地源热泵，并在此期间利用蓄热水箱进行太阳能蓄热，夜间休息时热泵停止运行，并利用蓄热水箱通过U形埋管进行太阳能补热，强制土壤温度恢复的运行方式。这样一方面可及时提高土壤温度，另一方面也可将日间富余的太阳能储存于土壤中，从而可提高下一周期地源热泵的运行性能。这对于只需日间（如办公建筑）或夜间（如居住建筑）采暖的建筑，是一种很好的选择模式。因此，在实际运行中，根据建筑的负荷特性，通过合理调节补热率与补热时间可以最大限度地发挥交替运行时太阳能与地热能的综合利用效率。

在确定太阳能—地源热泵复合系统采用何种运行模式时，应考虑建筑物的负荷特性、采暖时间要求和当地太阳辐照强度，在保证室内满意的热舒适的前提条件下，充分利用太阳能和地热能，提高其综合利用率。

4. 太阳能—地源热泵复合系统节能与经济性分析

结合某厂家样本，在冷凝器侧进、出水温度（45/50℃）一定的情况下，不同的蒸发器进水温度对机组COP值的影响，如图5-120所示。

冬季，在无太阳能作为辅助热源的情况下，地源热泵系统长期运行后，蒸发器侧的温度在0℃左右，机组的COP值仅为2.5；而在有太阳能作为辅助热源的情况下，地源热泵机组蒸发器侧的温度可以在20℃以上，机组的COP值在4.5以上，使得热泵压缩机的耗电量减少，可节省运行费用。而且太阳能系统和地源热泵系统联合运行后，能极大地提高

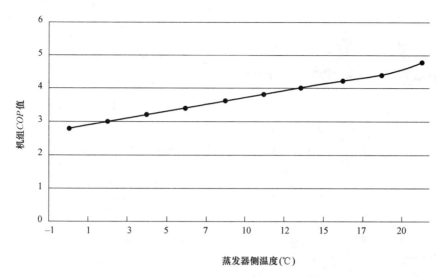

图 5-120　蒸发器水温度对机组 COP 值的影响图

系统对可再生能源的利用率。因此，太阳能辅助地源热泵联合供热（制冷）系统是一种性能良好、经济可行且无污染的技术，将成为今后发展的方向。

5.7.3　可再生能源与常规能源复合系统

可再生能源与常规能源复合系统，主要有地源热泵与常规能源复合系统、太阳能与常规能源复合系统等几种形式。限于篇幅，本节主要对太阳能—常规能源复合系统进行简单介绍。其他复合形式，本书将不再介绍。

1. 太阳能—常规能源复合供能系统原理及特点

下面以燃煤锅炉为例，讨论太阳能—常规能源复合供能系统的相关问题。

太阳能—常规能源复合供能系统有两种形式：一种是以太阳能为辅助能源，以散热器作为采暖末端，供/回水温度为 95/70℃。用太阳能来预热采暖回水，提高采暖回水温度，以减少燃煤锅炉的耗煤量，系统原理图如图 5-121 所示。非采暖季，由太阳能提供生活热水，同时将多余热量储于地下蓄热水箱，进行季节蓄热，以备采暖季使用；采暖季，采暖回水经太阳能集热器预热后，进入燃煤锅炉再加热到 95℃，供给采暖用户。

另一种供热方式是燃煤锅炉作为太阳能地板辐射采暖的辅助热源，采暖供水温度一般为 40～60℃，供回水温差为 10℃，其系统原理图如图 5-122 所示。太阳能集热系统可全年提供生活热水，非采暖季时，将多余的热量储于地下蓄热水池，用于冬季采暖；采暖季，在太阳辐射充足时，由太阳能直接供热，并将多余的热量储于地下蓄热水池，阴天或夜间，首先由地下蓄热水池进行供热，当其不能满足要求时启动燃煤锅炉，辅助太阳能供热。

对比以上两种采暖方式，显而易见的是，燃煤锅炉辅助太阳能地板辐射采暖系统更节能、更经济，更环保。常规能源（燃煤锅炉）辅助太阳能地板辐射采暖系统具有以下特点：

（1）太阳能能流密度低，系统需要较大的集热面积，从而提高了系统的初投资；但系统运行时，仅有水泵需要消耗电能，系统运行费用低。

（2）太阳能随天气、季节等变化，具有很强的不稳定性，因此系统中必须设置蓄热设

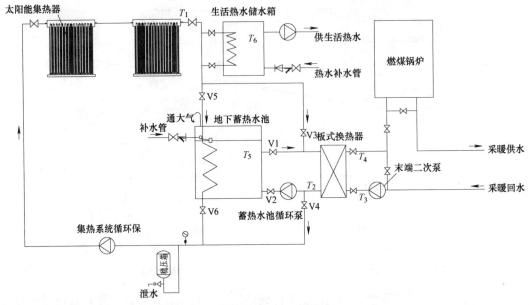

图 5-121 太阳能—常规能源复合供能系统原理图（一）

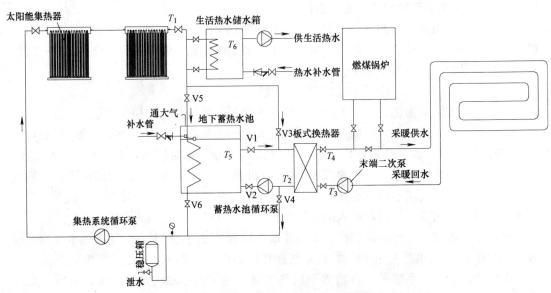

图 5-122 太阳能—常规能源复合供能系统原理图（二）

备和辅助热源，以保证系统运行的稳定性和可靠性。

(3) 地下蓄热水池中的水和供热工质（一般为水）均是通过换热器与太阳能集热器进行热量交换的，因此太阳能集热系统是封闭运行的，其工质可采用防冻液，以免严冬季节太阳能集热系统被冻坏。

(4) 系统末端采用地板辐射采暖，由于辐射换热效果优于对流换热，一方面降低了采暖供水温度，另一方面地板辐射采暖符合"暖人先暖足"的中医理论，有利于人体健康，同时也提高了室内的舒适性。

(5) 系统结构简单，运行维护方便。

(6) 系统优先以太阳能作为采暖热源，减少了常规能源的消耗量，在取得良好经济效益的同时，减少了二氧化碳、二氧化硫等气体的排放，也具有良好的环境效益和社会效益。

2. 太阳能—常规能源复合供能系统适用性分析

目前，太阳能供热系统主要有太阳能＋锅炉（天然气、燃煤、燃油锅炉）、太阳能＋电采暖、太阳能＋蒸汽集中供热和太阳能＋热泵四种不同辅助热源方式。

采用太阳能＋热泵和太阳能＋蒸汽集中供热两种辅助热源方式的太阳能供热系统的综合能源价格较低。集中供热系统的蒸汽是经过汽轮机发电以后的乏汽，利用这种蒸汽供热符合能源梯级利用和温度对口的节能原理。太阳能＋蒸汽集中供热适用于供热区域有蒸汽发电厂的地区。

太阳能＋锅炉（天然气、燃油锅炉）供热启动快、污染小，便于自动控制，效果好、可靠性高。但复合供能系统消耗一次能源，降低了整个系统的节能环保性能，而且燃油、燃气锅炉需单独设置，增加了系统的初投资，适用于燃油、燃气充足的地区。

采用太阳能＋电辅助热源方式的太阳能系统的综合能源价格最高，用电能或天然气等高品质能直接制备低品质的热能不符合节能原理。但电加热最为简便，增加的初投资较少，在电力充足、经济条件允许的情况下可采用电力作为太阳能采暖系统的辅助能源。

太阳能与热泵复合供能系统的适用性上文已有陈述，在此就不赘述了。

3. 太阳能—常规能源复合供能系统的经济性分析

内蒙古某小区采暖面积为 22 万 m^2，采暖热源为 30t 燃煤锅炉，供/回水温度为 95/50℃，采暖年耗煤量为 8000t。当地政府对其进行节能改造，在原有的热力系统中加入太阳能集热系统，太阳能集热器面积为 $7000m^2$，蓄热水池容积为 $3500m^3$。用太阳能集热系统预热采暖回水，提高进入锅炉的回水温度，从而减少一次能源（煤）的消耗量。经节能改造后，采暖系统在整个采暖季的节能量可由式（5-53）进行计算：

$$\Delta Q_{save} = A_c J_T \eta_{cd}(1-\eta_L) \tag{5-53}$$

式中 ΔQ_{save}——太阳能供热采暖系统的年节能量，MJ；

A_c——集热器的面积，m^2；

J_T——当地采暖期在集热器安装倾斜面上的年平均日太阳辐照量，MJ/m^2；

η_{cd}——系统使用期集热器的平均集热效率；

η_L——贮水箱和管路的热损失率。

$$\Delta Q_{save}(供) = 7000 \times 17.42 \times 180 \times 0.55 \times (1-0.10) = 10864854 MJ$$

$$\Delta Q_{save}(蓄) = 3500 \times 4.2 \times (70-10) = 882000 MJ$$

$$\Delta Q_{save} = 11746854 MJ$$

相当于节省热值为 7000kcal/kg 的标准煤 400t，即：

$$m_{save} = \frac{\Delta Q_{save}}{H} = \frac{11746854}{7000 \times 4.2} = 400t \text{ 标准煤}$$

按照标准煤价格为 1000 元/t 计算，每个采暖季可节约 40 万元。

如果非采暖季能充分应用太阳能集热系统提供生活热水，则整个非采暖季可节省标准煤约 650t，按照标准煤价格为 1000 元/t 计算，每个非采暖季可节约 65 万元。全年可节约 105 万元。

改造后的复合系统，太阳能集热采暖系统运行费用包括水泵运行所需电费和系统维护运行费用，按当地电价 0.47 元/kWh 计算，太阳能集热采暖系统中水泵运行所需电费为 9.2 万元，系统运行维护费用为 0.8 万元，共计 10 万元。

原有热力系统经节能改造后，每年可节省运行费用为 40+65-10=95 万元。

由此可见，太阳能与常规能源组成的复合系统节能效益较为显著。

第6章 能量输配系统关键技术

输配系统作为"低㶲供能系统"重要部分,应是建筑节能中尤其是大型公共建筑节能中潜力最大的部分。

由于目前设计和设备选择的粗糙,我国建筑内的风机、水泵绝大多数的运行效率远远无法达到最大额定工况效率。如何通过调节改变风机、水泵工作状况,使其与已有管网相匹配,从而在高效工作点工作,是对风机、水泵和管网技术的挑战。其次,如何实现管网系统的低阻运行以及开发高效节能泵也是该领域重点研究的对象。

6.1 输配理论研究

6.1.1 水泵与管网间的匹配特性研究

1. 管网特性曲线

如图 6-1 所示的管路,根据能量方程,流量从管路进口 1-1 到出口 2-2 所需的能量 P_e 可用下式表示:

$$P_e = \left(P_2 + \frac{\rho_2 v_2^2}{2} + \rho g Z_2\right) - \left(P_1 + \frac{\rho_1 v_1^2}{2} + \rho g Z_1\right) + \Delta P \tag{6-1}$$

当两断面的动压差与其他项相比,比较小的情况下,可忽略此项,则有:

$$P_e = (P_2 + \rho g Z_2) - (P_1 + \rho g Z_1) + \Delta P = P_{st} + SQ^2 \tag{6-2}$$

式中 P_{st}——管路出入口两端的压力差,Pa;

ΔP——阻力引起的压力损失,$\Delta P = SQ^2$,S 是管网的总阻抗,Q 是指流量。

式(6-2)表明了管网中流体流动所需要的能量与流量之间的关系,将这一关系用坐标形式表示,描绘成曲线,就是管网特性曲线,如图 6-2 所示。

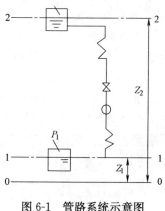

图 6-1 管路系统示意图

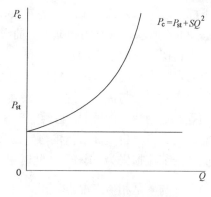

图 6-2 管网特性曲线图

2. 泵特性曲线与管网特性曲线的匹配

将泵运行曲线中的 Q-H 曲线与其介入管网系统的流量—阻力特性曲线,用相同的比

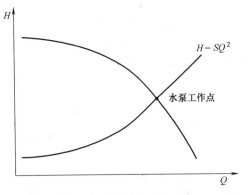

图 6-3 水泵的工作状态点

例尺、相同的单位绘在同一直线坐标图上，两条曲线的交点，即为该水泵在该管网系统中的运行工况点，或称工作状态点。在这一点上，水泵提供的流量和压头与管网在该流量下的阻力相一致，达到了相互匹配的稳定运行工况，如图 6-3 所示。其中水泵的特性曲线一般生产厂家会予以提供。

3. 水泵的变频特性曲线

变频调速器是一种静止频率转换器，可将配电电网 50Hz 恒定频率的交流电转换成频率任意可调交流电，作为交流电机的驱动电源，实现对交流电机的调速。

根据电机学原理，交流电机的同步转速，即旋转磁场的转速为：$n_1 = 60 f_1 / n_p$，n_1 是同步转速，f_1 是定子电压频率，n_p 是电机极对数。

由上式可知，改变交流电机的供电频率就可以改变其同步转速差，实现调速。

水泵特性具有相似性，当两种流体满足几何相似、运动相似和动力相似时，水泵的转速、流量、扬程和功率之间存在如下关系：

$$\frac{n_1}{n_0} = \frac{Q_1}{Q_0} \tag{6-3}$$

$$\left(\frac{n_1}{n_0}\right)^2 = \frac{H_1}{H_0} \tag{6-4}$$

$$\left(\frac{n_1}{n_0}\right)^3 = \frac{N_1}{N_0} \tag{6-5}$$

式中 n_1，n_0——水泵转速，r/min；
  Q_1，Q_0——水泵流量，m³/h；
  H_1，H_0——水泵扬程，m；
  N_1，N_0——水泵功率，kW。

下标 0 表示水泵额定工况下的参数；下标 1 表示 n_1 转速下的参数。

如图 6-4 所示，水泵的相似工况曲线是经过坐标原点 O 的抛物线①和②。根据相似理论，对于相似工况曲线上的水泵参数（流量，扬程，功率）服从相似定律，因此抛物线①和②上的点具有相同的效率，即①和②为等效率曲线。

等效率曲线①与额定转速 n_0 和转速 n_1 时水泵的 H-Q 曲线分别交于点 c 和点 b，两点效率相等。管网特性曲线 A_0 与额定转速 n_0 时水泵的 H-Q 曲线的交点 a，即是泵与管网匹配的额定工况点，也是无节流的额定工况点，此时水泵流量为 Q_a。当系统所需流量为 Q_c 时，阀门的节流损失为 $H_c - H_d$。此时可将水泵的转速降到 n_1，d 点为运行工况点。曲线②上的点 d 与 e 是相似工况点，由式（6-3）可得：$\frac{n_1}{n_0} = \frac{Q_d}{Q_e}$，假设调速比 $\lambda = \frac{n_1}{n_0} = \frac{Q_d}{Q_e}$，水泵的性能曲线公式即性能参数（如扬程、效率等）与流量间的函数关系可以通过式（6-6）表示：

$$y = aQ^2 + bQ + c \tag{6-6}$$

式中 y——水泵的性能参数,如扬程 H,效率 η 等。

水泵变频后的特性曲线公式为:

$$H=aQ^2+b\lambda Q+c\lambda^2 \tag{6-7}$$

式中 λ——水泵的变速比,即目标流量所对应的转速与原转速的比值。

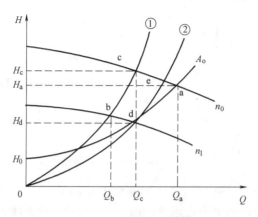

图 6-4 水泵调速特性曲线图

水泵调速特性曲线是研究水泵变频调节技术的理论基础,描述了水泵变频调节的基本原理,对于水泵的调节控制起着重要的作用,关于水泵变频调节技术的控制及节能性分析将在 6.2 节进行详细介绍。

6.1.2 输配形式及运行调节理论

1. 输配形式介绍

空调系统的输配形式按循环动力分,可分为重力循环系统和机械循环系统;按水流路径分,可分为同程式和异程式;按流量变化分,可分为定流量和变流量系统;按水泵设置分,可分为单式泵和复式泵系统。

重力循环系统是靠水的密度差进行循环的,机械循环系统是靠机械能进行循环。前者的动力小,常用于单幢建筑;后者常用于比较大而复杂的建筑中。

同程式水系统除了供回水之外还有一根同程管,可以分为垂直同程和水平同程。通常情况下,如果水平管或垂直管较长或者取水点较多时宜采用同程式,这样各个机组的环路总管长基本相等,各环路水阻力基本相等,系统水力稳定性好,流量分配基本均匀。异程式水系统投资少,但是当并联阻抗相差太大时,水量分配调节较困难。而建筑层数少或系统较小及取水点较少时,可以采用异程式,或者各个支管上安装流量调节阀以平衡阻力时也可以采用异程式。

定流量水系统中的循环水量保持定值,负荷变化时通过改变供回水温度进行调节,但因水流量不变,输送能耗始终为最大值;变流量系统的供回水温度保持不变,负荷变化时通过改变供水量进行调节,输送能耗根据负荷变化而变化。

在节能减排的大背景下,对空调系统的节能性有了较高水平的要求,变流量系统可以较大程度地节省输送能耗,所以,一次泵变流量系统和二次泵变流量系统成为目前较为常用的输配形式。

一次泵变流量系统:机组蒸发器侧流量随负荷侧流量的变化而改变,从而最大限度地降低水泵能耗,如图 6-5 所示。一次泵变流量系统机组和水泵台数可以不用一一对应,由此通过加大冷水机组蒸发器的流量,可充分利用机组的超额负荷量,且不必开启另一台机组及相应的水泵,从而减少了并联机组和冷却水泵的全年运行时数和能耗。

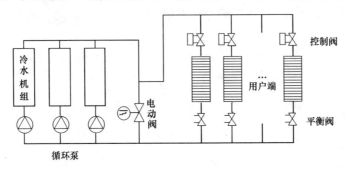

图 6-5 一次泵变流量系统结构图

二次泵变流量系统:在机组蒸发器侧流量恒定的前提下,把传统的一次泵分解为两级,它包括冷源侧和负荷侧两个水环路,如图 6-6 所示。该系统可实现按负荷变化调节流量,能节省输配能耗。其最大特点在于冷源侧一次泵的流量不变,二次泵则能根据末端负荷的需求调节流量,对于适应负荷变化能力较弱的一些机组产品来说,保证流过蒸发器的流量不变是很重要的,只有这样才能防止蒸发器发生结冰事故,确保机组出水稳定。

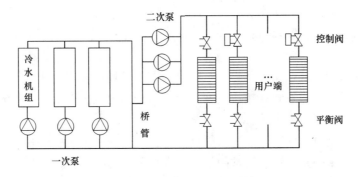

图 6-6 二次泵变流量系统结构图

2. 管网系统的优化设计

管网优化设计的设计原则:保证管网的水力平衡;避免大流量小温差;贯彻节能设计理念。

(1) 保证管网的水力平衡

根据系统的实际情况(空调系统的大小、系统管道的长短、系统取水点的多少等)来判断水系统是采用同程式还是异程式,对压差相差悬殊的高阻力环路应设置二次循环泵,防止选用高扬程的总循环水泵,同时各支管最好安装平衡阀。如果管道竖井空间充足且总高度大于 30m 时,管道竖向宜采用同程式。关于管网的水力平衡方法将在接下来的章节中进行详细介绍。

(2) 避免大流量小温差

目前实际工程中空调冷冻水系统的供、回水温差较难达到 5℃,仅为 2~3℃。清华大学自 1996 年以来对国内一些大型集中空调进行调查与测试,发现绝大部分冷冻水的供、回水温差在 1.5～3℃ 之间。而国内设计规范中，供、回水温差为 5～10℃，一般为 5℃。

"大温差设计"是相对冷冻水供、回水温差取 5℃（夏季 7℃供水、12℃回水）而言的，显而易见，水系统供、回水温差采用大温差设计时，其水循环量将相应减少，这样水泵耗电量也相应减少。另外流量减小了，设计管径就会减小，从而节省了初投资。由此可见，这种设计比较符合经济性和节能性的要求，但也应注意到如下问题：

1) 在既有建筑空调节能改造中，采用"大温差小流量"改造技术，即温差由 5℃ 变为 6～10℃，此时在原有系统管径不变的情况下，系统流量与温差的一次方成反比，系统阻力损失与温差的二次方成反比，若忽略改造后水泵效率和电机效率的变化，冷冻水泵耗功率与温差的三次方成反比。因此，无论是采取更换水泵还是改为变频水泵，其系统均会收到显著的节能效果。但对于新建建筑设计中采用"大温差设计"，可以按"小流量"选择小管径，从而节省初投资。

2) 冷冻水温差的增大会使风机盘管的冷量和除湿能力降低，由于风机盘管的排数比较少，其影响程度比表冷器（4、6、8 排）更大些。但若采取降低冷冻水的供水温度（如由 7℃冷冻水改为 5℃冷冻水）时，风机盘管的冷量和除湿能力会有所增加。因此，适当降低冷冻水初温，可以部分地抵消增大供、回水温差带来的影响。

(3) 贯彻节能设计理念

在空调系统中，首先在选择空调主机的时候，应选择制冷系数高的制冷机组，对大冷量的空调系统，一般选 2～3 台为宜，并且根据能量调节的范围（一般在 20%～100%），考虑机组容量大小的搭配，以适应部分负荷运行时的调节。

当系统采用一、二次泵复式循环时，在负荷侧的泵应采用台数和变频相结合的调节方式；水系尽可能减少弯头和管道的长度；尽量采用根据负荷变化而变化的变流量的水循环方式，以及新工艺、新材料的运用等，以实现节能设计的原则。

3. 输配系统的运行调节

系统各用户流量按照负荷的大小实现均匀调配后，其作用是使系统各用户平均室温达到一致，但还不能保证用户室温在整个调节过程中都满足设计室温的要求，所以为了使用户室温达到设计室温的要求，必须在整个调节期随着室外的气温变化随时进行供水温度、流量的调节，这种调节就是系统的运行调节。

集中系统的运行调节方法主要分为质调节、量调节、间歇调节以及分阶段改变流量的质调节。

质调节是指在调节中只改变系统的供回水温度，而系统的循环水量保持不变的调节方式。

对于直接采暖系统而言，质调节的计算公式如下：

$$t_g = t_n + 0.5(t'_g + t'_h - 2t_n)Q^{(1/b)} + 0.5(t'_g - t'_h)Q \tag{6-8}$$

$$t_h = t_n + 0.5(t'_g + t'_h - 2t_n)Q^{(1/b)} - 0.5(t'_g - t'_h)Q \tag{6-9}$$

式中 t_n——采暖室内温度；
t'_g——热用户设计供水温度；
t'_h——热用户设计回水温度；
Q——相对采暖热负荷比；
b——由散热器确定形式确定的常数。

质调节只需要在热源处改变系统供水温度,运行管理简便,管网循环水量保持不变。因此,热用户的循环水量保持不变,管网水力工况稳定,是采用最为广泛的调节方式,但其本身也存在一定的不足之处,由于整个调节期的管网循环水量长期保持不变,所以耗能较多,运行费用较高。

量调节是指调节时只改变循环水量而保持供水温度不变的调节方式。集中调节的相对循环流量及回水温度的计算公式为:

$$G = \frac{t'_g - t'_h}{t'_g - t_h} Q \tag{6-10}$$

$$t_h = 2t_n - t'_g + (t'_g + t'_h - 2t_n) Q(\frac{1}{1+b}) \tag{6-11}$$

量调节的最大优点就是节省水泵耗电量,但是由于系统水力工况变化,在实际运行中不能对所供热的各个建筑物等比例进行流量变化,又由于流量减少降低回水温度,故容易出现水力失调现象。

分阶段改变流量的质调节需要按室外温度高低分为几个阶段,在室外温度较低的阶段中保持较大的流量,而在室外温度较高的阶段中保持较小的流量,在每一阶段内管网的循环水量总保持不变,按改变管网供水温度的质调节进行调节,这种调节方式是质调节和量调节的结合,分别吸取了两种调节方式的优点,又克服了两者的不足,这种调节方式较为普遍。

间歇调节是指在室外温度较高的供热初期和末期,不改变供热管网的循环水量和供水温度,只减小每天供热的小时数,这种调节方式属于一种辅助调节措施。

4. 管网的水力平衡调节

管网系统的流体在流动过程中,由于种种原因使某管段的流量分配不符合设计值,就会引起水力失调,由于管网系统一般是多个循环环路并联在一起的,各管路水力工况相互影响,系统中一个管路流量发生变化就会引起其他管段的流量发生变化。水力失调的同时还会引起管网压力分布发生变化,进而影响整个管网输配系统的正常运行,故管网的水力平衡调节十分重要。

管网的水力失调分为静态水力失调和动态水力失调。

静态水力失调是指由于设计、施工、设备材料等方面存在的限制条件导致系统管道特性阻力数比值与设计要求的管道特性阻力数比值不一致,从而使系统各用户的实际流量与设计流量不一致引起的水力失调。静态水力失调是稳定的、根本性的,是系统本身所固有的,是暖通空调系统中水力失调的重要因素。

当系统中所有末端设备的温度控制阀均处于全开的位置,所有动态水力平衡设备也都设定在设计参数位置时,所有末端设备的流量均能达到设计值,则可认为系统达到静态水力平衡。

动态水力失调是指系统在实际运行过程中,当某些末端设备的阀门开度改变引起流量变化时,系统的压力产生波动,其他末端的流量随之发生改变、偏离末端要求流量而引起的水力失调。动态水力失调是动态的、变化的,它不是系统本身所固有的,是在系统运行过程中产生的。

对于变流量系统来说,除了必须达到静态水力平衡外,还必须较好地实现动态水力平衡。即在系统运行过程中,各个末端设备的流量均能达到随瞬时负荷改变的瞬时要求流量；而且各个末端设备的流量只随负荷的变化而变化，而不受其他因素的影响。

静态水力失调可以采用静态平衡阀来消除，即通过改变静态平衡阀阀芯与阀座的间隙（开度），改变节流面积及阀门的阻力，从而达到调节流量的目的。静态平衡阀安装在各个支路上，通过设定其阻力来消除作用压差的余量。当各支路的流量平衡后，一般不再改变平衡阀的开度，此时各支路和各管段的阻抗分布也就确定下来了。

动态水力平衡设备主要是动态平衡阀，一般指流量控制阀和动态压差控制阀。

流量控制阀是通过改变平衡阀阀芯的过流面积来适应阀门前后的变化，从而达到控制流量的目的。流量控制阀的实质是一个局部阻力可以变化的节流元件。流量控制阀具有在一定的压力范围内限制空调末端设备的最大流量、自动恒定流量的特点。在管网系统中，流量平衡阀只能起到限制最大流量的作用，动态流量平衡阀一直开大，直到开到最大时流量平衡阀就不再具有恒定流量的作用了，也就不具有消除系统动态水力失衡的作用了。流量控制阀的实质是运行中的定流量，变阻力系数，变阻力元件。

动态压差调节阀是用压差作用来调节阀门的开度，利用阀芯的压降变化来弥补管路阻力的变化，从而使在工况变化时能保持压差基本不变。它的原理是在一定的流量范围内，可以有效地控制被控系统的压差恒定，即当系统的压差增大时，通过阀门的自动关小动作来保证被控系统压差恒定；反之，当压差减小时，阀门自动开大，压差仍保持恒定。故当其他支路调节阀改变时，通过压差平衡阀，此支路的压差仍可以维持恒定，此支路二通阀的开度仍维持原样，从而保证了支路的动态平衡。

下面针对不同的空调系统进行相应的水力平衡分析。

（1）定流量系统分析

定流量水力平衡系统是暖通空调设计中常见的水力系统，在运行过程中系统各处的流量基本保持不变。常用的主要有以下3种形式：

1）完全定流量系统

完全定流量系统是指系统中不含任何动态阀门，系统在初调试完成后阀门开度无需作任何变动，系统各处流量始终保持恒定。完全定流量系统主要适用于末端设备无需通过流量来进行调节的系统，如末端风机盘管采用三速开关调节风速和采用变风量空气处理机组的空调系统等。完全定流量系统只存在静态水力失调，不存在动态水力失调，因此只需在相关部位安装静态水力平衡设备即可。通常在系统机房集水器上安装水力平衡阀；对于空调水系统，可以在建筑物各层水平回水管上安装水力平衡阀。

2）单管串联（带旁通管）采暖系统

单管串联采暖系统包括垂直双管水平单管串联系统以及垂直单管系统等。这种系统主管的流量基本不变，因此是定流量系统。以前者为例来说明实现系统水力平衡的方式。这种系统主要存在静态水力失调，在水平分支管上由于三通或二通温控阀的调节作用而存在一定的动态水力失调。因此只需在相关部位增设相关的水力平衡设备即可使系统保持水力平衡。具体如下：

① 在系统机房集水器上安装水力平衡阀；

② 在立管回水管上设水力平衡阀；

③ 在水平分支管上安装流量调节器保证各分支环路流量恒定（既可在本分支环路内部管道特性变化时保持流量恒定，也可在其他环路流量变化时避免受其干扰）。

3) 末端设备带三通调节阀的空调系统

系统各分支环路的流量基本不变，是定流量系统。这种系统主要存在静态水力失调，在末端管路上也存在一定的动态水力失调。因此只需在相应部位增加相应的水力平衡设备即可使系统保持水力平衡。具体措施是将流量调节器安装在末端设备（风机盘管或空气处理机组）水管上即可。

(2) 变流量系统分析

随着人们对系统质量的要求以及节能意识的不断提高，变流量系统在暖通空调工程中占据越来越重要的位置。变流量系统在运行过程中各分支环路的流量是随着负荷的变化而变化的。

由于暖通空调工程在一年运行的大部分时间均处于部分负荷运行工况，因此变流量系统大部分时间系统流量都是低于设计流量的。这种系统是实时、高效、节能的。

变流量系统一般既存在静态水力失调，也存在动态水力失调，因此必须采取相应的水力平衡措施来实现系统的水力平衡。

静态水力平衡一般使用静态平衡阀来实现，平衡阀门的工作原理在上节已经做了介绍，在此就不再说明了。在这里仅就变流量系统的动态水力平衡方法进行介绍。

1) 自力式压差调节阀方式

如图 6-7 所示，在分集水器旁通管上设压差调节器 PV 调节分集水器压差，当某一分支环路流量变化时，由于压差调节器的调节作用，使分集水器压差 ΔP 保持不变。这样，其余分支环路的流量并不随之发生变化，从而使系统实现动态水力平衡。

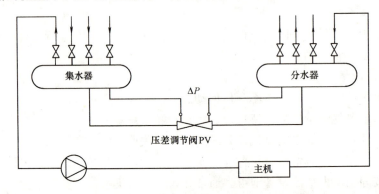

图 6-7 带自力式压差调节器的变流量水力平衡调节

2) 电动调节阀方式

电动调节阀方式可以分为电动二通阀和电动三通合（分）流调节阀方式，以电动二通阀方式为例：如图 6-8 所示，从分集水器上采集压力信号 P_1、P_2 输入压差变送器，压差变送器输出 4～20mA 标准电流信号到调节计，通过与调节计上设定压差相比较，输出 4～20mA 控制信号到电动调节阀控制其动作，通过调节电动调节阀改变旁通水量从而保证分集水器压差 ΔP 恒定到设计压差，这时分集水器上任一分支回路流量变化时对其他回路不产生影响，系统实现动态水力平衡。

3) 水泵调频方式

如图 6-9 所示，从分集水器上采集压力信号 P_1、P_2 输入到压差变送器，压差变送器

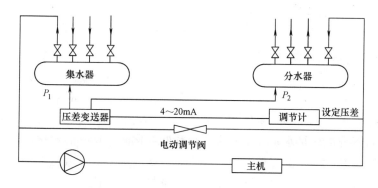

图 6-8 带电动调节阀的变流量水力平衡调节

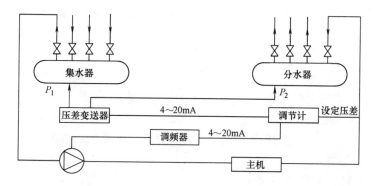

图 6-9 带调频水泵的变流量水力平衡调节

输出 4～20mA 标准电流信号到调节计，与调节计设定压差比较后输出 4～20mA 控制信号到调频器，通过调频器输出已调频的电压信号到水泵，控制水泵转速改变水流量，从而保证分集水器压差与设定压差保持一致，使系统达到动态水力平衡。

6.1.3 相变功能性热流体简介

近年来，随着材料科学的迅速发展，出现了一种相变功能性热流体，清华大学在这方面进行了深入的研究。

相变功能性热流体是由相变材料微粒和单相传热流体水混合构成的一种多相流体，分为相变乳状液和相变微胶囊悬浮液两种。

相变乳化液是通过机械及添加乳化剂的方法将相变材料直接分散在水中形成的乳液。与普通单相传热流体相比，由于相变材料固液相变过程中吸收或释放潜热，因此在其相变温度段，该类多相混合流体具有很大的相变比热，且由于相变微粒对流体流动和传热的影响，可明显增大传热流体与流道壁面间的传热能力，是一种集增大热输送能力和强化传热能力于一身的新颖材料。清华大学张寅平教授在功能性热流体方面的研究颇为资深，在相变功能性热流体的应用基础研究方面取得了一系列有价值的研究成果。适于空调冷却系统的功能性热流体主要为烷烃材料十四烷，十四烷的相变温度是 5.8℃，溶解热为 226kJ/kg，同时无毒、不腐蚀、不吸湿、成本又低，是最接近空调运行要求的相变材料。

相变功能性热流体因为其高效传热的特性，可大幅度提高传热性能，减小换热器面积，降低流体流量，进而降低换热系统的能耗，故而在暖通空调和换热器领域具有较为广阔的应用前景。

6.2 水泵变频技术

6.2.1 水泵变频调节的意义

传统的空调用水泵,是按照空调系统在最不利工况时所需要的最大负荷选取的,且在定流量下运行,而空调绝大部分时间内以部分负荷状态运行,此时对应的水泵却在满负荷运行,造成能量的损失,很多水泵处在"大流量、低效率、高功耗"的运行工况。理想的空调水系统运行工况应该是水量随空调系统负荷的变化而作相应的变化,采用变频调速技术是一种降低空调系统能耗的有效途径。对空调系统的水泵变频改造工程表明:对空调水系统水泵进行变频节能改造,可以使系统节省大量的水泵电耗,并且对冷水机组的功率几乎没有影响,不会对冷水机组、水泵产生不利影响。对于冷水机组蒸发器可变流量、冷冻水系统水力平衡较好、水泵配置过大以及空调负荷变化范围较大的冷冻水系统,采用变频技术还有以下优点:

(1) 减少初投资,降低运行成本;
(2) 实现冬夏共用水泵;
(3) 延长设备的使用寿命;
(4) 降低水泵及电机噪声。

基于水泵变频技术具有上述诸多优点,所以对于水泵变频技术的研究就具有很重要的意义。

6.2.2 水泵变频技术的节能原理

对于空调水系统来说,传统的水泵调节水量是依靠末端的调节阀门进行流量的调节,它们的调节原理是靠增加系统的阻力,以消耗水泵提供的多余压头,达到减少流量的目的,所以这些调节阀的调节作用是以消耗水泵运行能耗为代价的,并没能实现完全意义上的节能。目前暖通空调工程中越来越多地使用自动控制系统,为实现自控,许多阀门使用电动阀门,其费用常常占到自控系统总费用的40%以上。为改变这种系统的构成方式,减少使用这些既耗能又昂贵的阀门,就需要考虑其他流量调节方式,即水泵变频技术。下面就针对阀门调节和水泵变频调节的原理进行能耗的对比分析,以此了解水泵变频技术的节能意义。

在第6.1节中描述水泵变频特性曲线时已经介绍了根据水泵的相似性理论,水泵的转速、流量、扬程和功率之间的关系,在此基础上来分析水泵变频节能是怎样实现的。

如图6-10所示,在系统原有水量的条件下,水泵的工作点为A点。若采用阀门调节就需要将水泵出口的阀门关小,从而引起管路的总阻力特性系数增大,管路特性曲线变陡,使水泵的工作状态点从A点沿曲线A_1变化到A'点,流量减小到Q'_A,扬程增大到H'_A;水泵的功率为工作点下曲线围成的面积。可以看到,使用调节阀门时虽然水量减少,但因水泵扬程增加,并且效率降低,水泵的输入功率变化不大,因而其节能效果相当有限。而采取变频调节改变水泵的转速,则效果截然不同。如图6-10中A点所对应的流量是系统设计最大流量。当空调负荷减小时,流量也相应减小,即A'、A''点所对应的流量。当采用变频调速运行时,保持阀门的开度不变,也就是管路的水力特性曲线不变,通过改变水泵的转速达到调节流量的目的,降低水泵的转速,将改变水泵的性能曲线,使其与管路阻力特性曲线相交于A''点,A''即为水泵变频下的工作点。由于水泵的流量与转速

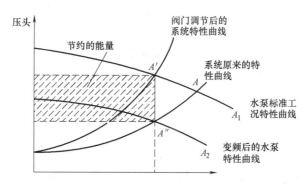

图 6-10 水泵变频节能原理图

成正比关系,而水泵的输入功率与转速成立方比关系。当水泵流量为原来的 75% 时,水泵消耗功率仅为原来的 42%,节约 58%。而用阀门调节时,仅节约 5% 左右的能量。故使用水泵变频技术,节能效果显著。

6.2.3 水泵变频技术的控制方式

1. 水泵变频控制方式分类

水泵变频技术的核心关键在于采用合理的变频控制方式,变流量系统中水泵的控制方法包括流量控制法、温差控制法和压差控制法。

流量控制方法是根据系统用户实际需水量的变化来调节水泵运行频率以提供相应流量使之达到平衡。利用流量作为变频水泵的控制信号,相对于其他控制方式而言,提高了水泵的可变扬程,可使系统的运行更加节能,也避免了多台水泵并联特性曲线平缓引起的压差控制问题。准确的流量信息也能使一次环路保持正常、合理的运行,避免旁通管中流量过大的运行情况,同时控制人员能够随时准确了解系统的实际负荷情况。从流量的角度而言,流量控制是可行的。但对于用户支路较多而复杂的空调水系统,其可能不能保证各支路的压差要求,并且其水力稳定性较差。

压差控制方式的原理为:部分负荷下室内温控器根据室内温度的变化来改变电动调节阀的开度,从而引起供回水管压差的变化,压差传感器将这一信号传送给变频器,与设定值进行比较,从而控制水泵的转速。压差控制方式分为近端压差控制法、总干管压差控制法和定末端压差控制,其中定末端压差控制最为常用,控制末端(最不利)环路压差保持恒定的控制方法称为末端压差控制。此控制方法的做法是:根据空调水系统中处于最不利环路中空调设备前后的静压差,控制冷热水循环泵的转速,使此静压差始终稳定在设定值附近(见图 6-11)。

温差控制的原理为:当空调负荷减小时,供回水温差减小,系统通过温差传感器将这一信号传递给变频器,控制水泵减速运行,减少水流量,使温差增大到传感器的温差设定值,反之控制水泵增速运行,使温差减小到传感器的温差设定值(见图 6-12)。

2. 水泵变频控制方式的比较

下面分别从既有建筑的变频改造和运行能耗两个方面对水泵的变频控制方式进行比较。

基于对既有建筑空调的变频改造的角度来说,温差控制为主的控制方式最为适合。温差控制方式无需在各支路增加电动二通调节阀,又能保证系统运行的可靠性。各支路并没有采用自主调节的电动二通阀门,阀门的开度还是根据初调节决定的。这样经过改造后的

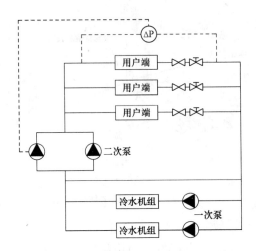

图 6-11 末端最不利环路定压差控制系统图

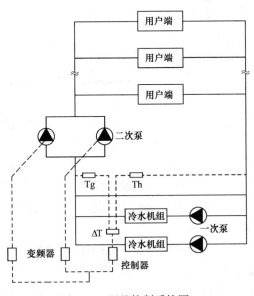

图 6-12 温差控制系统图

变流量系统,在泵进行调速时,流量还是按照原先的比例进行分配。绝大多数情况下,各个房间的负荷急剧变化的情况很少出现,可以近似认为是相似工况,所以按照过去比例分配流量是可行的。

采用这种控制方式将定流量系统改造为变流量系统有以下优点:

(1) 改造费用低。可利用原有阀门,节省电动二通阀的费用,更重要的是没有改变管路的原有特性。在经过校核计算冷冻机最小流量的前提下,设定泵的转速的最小频率,不需要增加二次泵。

(2) 施工难度低。不需要对系统进行大的改造,全部改造在机房内就可完成。

(3) 运行管理和维修保养相对简便。

由于系统的运行不可避免地要受控制方式的影响,控制方式不同时,水泵变频运行的性能、能耗等也会有差别。

采用定末端压差控制的变频水泵的扬程、能耗的计算公式为：
$$H = SQ^2 + \sum S_i Q_i^2 + C \tag{6-12}$$

式（6-12）是定压差控制的管网特性曲线，此时水泵的输入功率比可以表示为：

$$\frac{N}{N_0} = \frac{\eta_0 Q(H_c + SQ^2 + \sum_{i=1}^{n} S_i Q_i'^2)}{\eta Q_0 H_0} = \frac{CQ^* + (H_1 + H_2)Q^{*3}}{\eta} \frac{\eta_0}{H_0} \tag{6-13}$$

故，水泵的输入功率为：

$$N = \frac{CQ^* + (H_1 + H_2)Q^{*3}}{\eta} \frac{\eta_0 N_0}{H_0} \tag{6-14}$$

式中　下标为 0 的均表示额定工况下；

N——变频水泵总输入功率，kW；

C——控制泵转速的设定值（定压差常数），m；在定压差控制中，$H_c = C$；

$Q^* = Q/Q_0$——无量纲变流量比；

H_c——末端盘管和调节阀的压力损失，m；$H_1 = SQ^2$，机房内管路及设备的压力损失，m；$H_2 = \sum_{i=1}^{n} S_i Q_i^2$，最不利环路（不含末端盘管和调节阀）的压力损失，m；

η——综合效率，$\eta = \eta_{VFD} \eta_m \eta_p$；

η_{VFD}——变频器效率；

η_m——电动机效率；

η_p——水泵效率。

定末端压差控制的水泵输入功率与 Q^* 和 $H_c/(H_1 + H_2)$ 有关。其中 $H_c/(H_1 + H_2)$ 越大，水泵输入功率越大，其比值与具体工程的管网布置和设备选择有关。

模拟计算发现，当水流量（或空调负荷）减少到一定程度时，定压差能耗在总能耗中开始占据主导地位。当流量减小时，定压差能耗变化的速度较慢，这就在一定程度上限制了变频泵节能潜力的发挥。虽然定压差控制对系统的节能有一定影响，但是可以较好地控制变频水泵的运行，可以确保系统在不同负荷及不同负荷分配情况下的稳定运行。无论负荷在各楼层中如何变化，如果控制阀设置得当，系统所需的流量与扬程总能得到正确的控制，控制系统简洁又可靠、方便、实用。

该控制方式的另一个优点是变频泵的控制与冷水机组的控制可以分别独立进行而不致产生冲突，可以通过水量的变化将泵的变频节能与冷水机组的能量调节很好地结合起来，较好地满足运行稳定与节能的要求。但是由于平坦特性的水泵对压力的变化不敏感，对于控制精度要求比较高或同时运行的并联泵台数较多时，采用这一方法要慎重；而对于控制精度要求不高或同时运行的并联泵的台数少的场合，只要能适当避免大的振荡出现，在舒适性空调中还是可以接受的。

定温差控制是根据冷负荷的变化直接对水泵变频（管网中的阀门开度保持不变），管网阻抗 S 近似为常数，水泵的工作点将沿着同一条管网特性曲线变化，该管网特性曲线为：

$$H = H_c + SQ^2 + \sum_{i=1}^{n} S_i Q_i'^2 = S'Q^2 \tag{6-15}$$

式中，S' 为定值。此时，变频水泵输入功率比可以表示为：

$$\frac{N}{N_0} = \frac{\eta_0 Q(H_c + SQ^2 + \sum_{i=1}^{n} S_i Q_i'^2)}{\eta Q_0 H_0} = \frac{Q^{*3}}{\eta}\eta_0 \tag{6-16}$$

水泵的输入功率为：

$$N = \frac{Q^{*3}}{\eta} N_0 \eta_0 \tag{6-17}$$

式中　　N——变频水泵总输入功率，kW；

$Q^* = Q/Q_0$——无量纲变流量比；

　　　　η——综合效率，$\eta = \eta_{VFD}\eta_m\eta_p$，而 η_{VFD} 是变频器效率，η_m 是电动机效率，η_p 是水泵效率。

由此可见，定温差控制的水泵输入功率仅与 Q^* 有关。

在温差控制方式中，应该注意与冷水机组协调的问题。冷水机组的制冷量会根据空调负荷的大小在一定范围内进行自动调节，制冷量调节范围较大，且冷水机组对冷冻水温度的调节作用很强。经过冷水机组的调节后，水泵变频控制器检测到的回水温度或供回水温差没有明显变化，也就是在小温差的运行环境下，水泵的转速就不会发生改变，对水泵而言并没有节能效果，系统的节能只能通过冷水机组的能量调节来实现，这与冷冻水泵的定速运行并无区别——这也可能是一些变频调速系统没有好的节能效果的原因。

整体来说，压差控制方式节能效果要优于温差控制方式。

3. 水泵变频控制方式的新思路——变压差控制

变压差控制是研究的一个重要的新思路。变压差控制的具体做法为：（1）任何时候所有的阀门开启度都小于 90%，此状态连续保持 10min，把压差设定值减少 10%；（2）任何时候所有的阀门开启度都大于 95%，此状态连续保持 8min，则压差设定值增加 10%。

采用变压差控制能最大限度地降低压差设定值，从而减少阀门的节流损失，具有更好的节能效果，但需复杂的控制系统和相应的控制算法。

而在相关文献中也有指出，由于不同支路上调节阀的选型不同，同时考虑到控制的稳定性和可调性，各支路对调节阀全开的定义是不同的，如有的调节阀开度达到 75% 就认为全开，因此变压差控制不但要检测各支路的阀门开度，还要对阀门开度值进行逻辑判断，并根据要求的保证率采取一定的控制算法来控制压差设定值的变化；此外，变压差控制方式需要设置较多的传感器，且控制过程较为复杂，日后的维护保养工作较重，适合于各空调支路上压差各不相同且需要精确控制的场合，也适用于传感器以及变频控制装置在整个空调系统中的初投资比例较小的场合。实际工程中，应从节能效果、系统运行的稳定性、初投资及日后的维修管理各方面来全面分析确定其可行性，否则就显得大材小用。总之，变压差控制方式的研究和改进还需要业内人士的进一步努力。

6.2.4　水泵变频技术的适用性分析

变频调速用在空调水泵上能否节能有一定的条件，并不是所有的空调系统变频调速运行都可以节能。例如某个用户，其系统在设计时就根据冬、夏和过渡季节的负荷变化，选用了大小不同的冷水机组，匹配了相应的冷冻水泵和冷却水泵等设备，而且设备的额定负荷与实际需要相差不多，系统绝大多数时间在接近各自设计负荷下运行。此类系统在冷冻水泵上装变频器，结果变频器的频率绝大多数情况会接近 50Hz，节能效果不明显。只有当系统中水泵的配置过大，大于实际需要过多（如使用性质发生变化）；空调负荷变化范围较大（如综合性商场顾客多、节假日负荷大）；水泵的流量和扬程与负荷变化相差较大（如设计中仅根据面积估算指标确定房间冷负荷和风量，造成水泵选型及配备台数不能满足负荷变化规律）等；上述情况配置变频器变频调速，运行节能效果才显著。

此外，在变流量系统中，根据水泵设置的不同分为一次泵变流量和二次泵变流量，那么相应的来分别看一下变频技术在二者中的应用。

一次泵变流量系统选择蒸发器侧可变流量的冷水机组，且蒸发器侧的流量随负荷侧流量的变化而改变，从而最大限度地降低水泵的能耗。冷冻水泵采用变频调节，旁通管上设有压差控制阀。最小流量由流量计或压差传感器测得，当系统水量降低到单台冷水机组的最小允许流量时，旁通管旁通一部分水量，使冷水机组维持在安全流量下运行。冷水机组和水泵不必一一对应，它们的启停也分别独立控制，系统的加机控制原理是控制机组的出水温度或压缩机运行电流，而减机控制原理是以负荷为依据，通过运行电流比来控制，使空调系统随建筑物负荷的变化及时调整供冷量，从而在保证用户舒适性的前提下，达到节能目的。

二次泵变流量系统是在冷水机组蒸发器侧流量恒定的前提下，把传统的一次泵分解为两级，用旁通管将冷冻水系统分为冷源侧和负荷侧两个水环路，即一次环路和二次环路。一次环路由冷水机组、一次泵、供水总管和旁通管组成，而二次环路由二次泵、空调末端设备、供回水管路、旁通管组成。旁通管的作用是使一次环路定流量运行，旁通管上设置流量开关和流量计，前者用来检查水流方向和控制冷水机组与水泵的启停；后者用来检测管内流量。

一次环路的配置宜与冷水机组对应，采取"一泵对一机"的方式。在冷水机组的进口（或出口）管道上设置电动蝶阀。对于不运行的机组，应将电动蝶阀关闭，避免冷冻水进入该机组。

二次环路按变流量运行。二次泵的配置不必与一次泵的配置相对应，二次泵的台数可多于冷水机组数，有利于适应负荷的变化。二次泵可以并联运行，向各分区用户供冷冻水；由于到各用户的分支管路阻力不同，导致对二次泵的扬程要求不同，也可以将二次泵分开配置，运行就会变得更灵活，更加节能。

在空调二次泵系统中，二级泵环路变流量运行可通过水泵变频技术来实现，在空调系统部分负荷运行时大大降低二级水泵输送能耗。根据空调末端设备实际需要调节水泵转速进行变流量供水。

一次泵变流量和二次泵变流量系统的对比分析如表 6-1 所示。

一次泵变流量系统与二次泵变流量系统的比较　　　　表 6-1

项　目	一次泵变流量系统	二次泵变流量系统
一次泵	水泵与机组运行相互独立；根据全程压力降，选择水泵扬程；一次泵变流量运行，系统全程节能	水泵与机组运行相对应，连动控制；根据一次侧水系统压力降选择水泵扬程，水泵扬程相对较小，一次泵定流量运行，不节能
二次泵	无	根据二次测水系统压力降选择水泵扬程；二次泵变流量运行，系统部分节能

续表

项　目	一次泵变流量系统	二次泵变流量系统
冷水机组	蒸发器流量可变	蒸发器流量恒定
变频装置	一次泵配置,功率较大	二次泵配置,功率较小
平衡阀/旁通管	最大单台冷水机组的最小流量;有控制阀	最大单台冷水机组的设计流量;无控制阀
流量测量	蒸发器压差换算;冷水机组回水干管流量	旁通流量负荷侧回水干管流量
加减机依据	二次测供水温度或机组运行电流	二次测供水温度或空调负荷计算
初投资	小,取消了二次水泵组与相应零配件、减震器、电力输配线及控制等,但这种节省中有相当一部分要被一次泵变频调速驱动器的较高价钱和旁通阀及附带控制的费用所抵消	大
机房面积	小,一套水泵	大,需要两套水泵
运行费用	小,比二次泵变流量系统省6%～12%,比一次泵定流量系统省20%～30%	大

尽管一次泵变流量系统的优点很多,但其旁通控制与冷水机组分级启停控制的复杂性和可能出现的故障乃是其目前公认的两个缺点。

具体实际工程中选用哪种系统要根据表6-1中二者的特点进行合理的选择。

6.2.5　水泵变频技术的经济性分析

空调系统经济效益分析,实质上是对空调系统一次性初投资和空调系统全年运行费用的分析研究,使其在满足所有内部和外部限制的条件下,经济效益最佳,即投资和运行费用两方面的综合经济效果最好,系统相应的折算费用最小。

1. 水泵运行费用的计算

由于在定流量系统中水泵运行能耗比较容易计算,当输配系统以变流量运行时,水泵运行费用通常下降到小于下面计算值的50%。

水泵的运行费用:

$$C_{pt} = P_c t C_w / 1000 \tag{6-18}$$

式中　t——水泵运行时间,h;

C_w——每kWh的电价;

P_c——水泵的运行能耗,$P_c = H \cdot q \cdot 9.81/(3600 \cdot \eta_p \eta_m)$,其中 η_p 是水泵效率 η_m 是电机效率,H 是水泵压头,mH_2O。

水泵的真实运行费用:

(1) 供热（以制热锅炉为例）

1) 电动机的能量损失 $= (1 - \eta_m) P_c t C_w / 1000$;

2) 其余功率（$\eta_m P_c$）在水中转换成热量,因此不算损失,该能量的费用 $= \eta_m P_c t C_w / 1000$;

3) 如果该能量由锅炉提供,则费用为 $\eta_m P_c t C_f / (1000 \cdot 12 \cdot \eta_b)$

式中　C_f——每升燃料的价格（每升燃油热值按12kWh计算）;

η_b——锅炉的季节效率。

$$\text{真实的水泵运行费用} = 1) + 2) - 3) = C_{pt}\left(1 - \frac{C_f \eta_m}{12 C_w \eta_b}\right) \tag{6-19}$$

(2) 供冷

1) 电动机的能量损失 $= (1 - \eta_m) P_c t C_w / 1000$;

2) 其余功率在水中转换成热量，该能量的费用＝$\eta_m P_c t C_w/1000$；

3) 冷水机组侧的费用为：$\eta_m P_c t C_w/(1000 \cdot COP)$。

真实的水泵运行费用＝1)＋2)＋3)＝$C_{pt}\left(1+\dfrac{\eta_m}{COP}\right)$ \hfill (6-20)

2. 水泵运行费用占系统季节能耗费用的比例

系统最大热量输出＝$1.16 \cdot q \cdot \Delta T_c$；

季节平均负荷＝$1.16 \cdot q \cdot S_c \cdot \Delta T_c$。

式中 S_c——系统平均负荷与最大设计负荷之比。

(1) 供热

供热费用＝$1.16 \cdot t \cdot q \cdot Sc \cdot \Delta T_c^* C_f/(12 \cdot 1000 \cdot \eta_b)$

水泵真实输送费用占系统季节能耗费用的百分比：

$$C_{pr\%}=\dfrac{H}{\Delta T_c}\dfrac{0.235}{S_c \eta_p}\left(\dfrac{12 C_w \eta_b}{C_f \eta_m}-1\right) \tag{6-21}$$

(2) 供冷

供冷费用＝$1.16 \cdot t \cdot q \cdot Sc \cdot \Delta T_c \cdot C_w/(COP \cdot 1000)$

水泵真实输送费用占系统季节能耗费用的百分数：

$$C_{pr\%}=\dfrac{H}{\Delta T_c}\dfrac{0.235}{S_c \eta_p \eta_m}(COP+\eta_m) \tag{6-22}$$

3. 水泵输送费用与能耗费用的对比

供热时，房间温度每高于所需温度1K将引起能耗增加，此增加量可用下式进行估算：

$$S=\dfrac{100}{S_c(t_{ic}-t_{ec}-ai)}\times 100\% \tag{6-23}$$

式中 t_{ic}——房间设计温度；

t_{ec}——室外设计温度；

ai——内部得热影响温度；

S_c——季节平均供热量与最大需热量之比；

S——房间温度升高引起的能耗增加量。

供冷时，
$$S=\dfrac{100}{S_c(t_{ic}-t_{ec}+ai)} \tag{6-24}$$

故，当 $S_c=0.4$，$t_{ec}=5$℃，$t_{ic}=26$℃ 以及 $ai=4$K 时，可得 $S=10\%$，相当于输配系统中水泵的输送能量。所以只要是能降低水泵的输送能耗的措施都应该给予采用。

由上述内容可知，当水泵采用变频调速手段后，其在初投资上增加了需要增加变频器、电缆等附属设备的费用，但由于其运行费用大约节约50%，故大约只需1年左右的时间，便可回收由于采用变频调速技术而增加的这部分初投资，因此采用水泵变频调节技术是合理的，节能效益十分可观，符合长远的经济性的。

6.3 水泵节能技术

6.3.1 水泵节能的意义

泵是国家要求节能的机电产品之一，多次抽样调查的结果表明，我国泵所消耗的电能约为全国发电量的 20% 左右。有关资料显示，国内泵的实际运行效率普遍比发达国家低 10%～30%。原因主要有两个：一是国产泵的效率多数比工业发达国家同类产品低 5%～10%；二是泵选型不当及调节方式不合理等。提高泵自身的效率，难度很大，代价也很大，对于广大的泵使用者与管理者来说，更是无能为力。全部采用高效进口泵，成本太高，不现实，也没有必要。立足于国产泵效率较低的现状，提高国产泵的运行效率，这是我们能做到的，也是应该做到的。这方面的节能潜力巨大，应引起足够的重视。

6.3.2 水泵的能效

为了表示输入的轴功率被流体利用的程度，可以采用泵的全效率来计量泵的能效。

$$\eta = P_e/P \tag{6-25}$$

式中　η——泵的全效率；
　　　P_e——有效功率，kW；
　　　P——轴功率，指原动机传递给泵轴上的功率，即输入功率，kW。

有效功率指的是在单位时间内通过泵的流体所获得的总能量，可用式（6-26）表示：

$$P_e = \frac{\rho g q_v H}{1000} \tag{6-26}$$

式中　q_v——泵输送液体的流量，m^3/s；
　　　H——泵给予液体的扬程，m。

由于流体流经泵或风机时存在机内损失，因此其有效功率必然低于外加于机轴上的轴功率，泵的机内损失包括机械损失、容积损失和流动水力损失（详见后文分析），泵的总效率等于机械效率、容积效率和流动效率三者的乘积。因此，要提高泵的效率，就必须在设计、制造、运行及检修等方面减少机械损失、容积损失和流动损失。

6.3.3 泵系统能耗分析

目前使用的水泵应用于汽车领域、农业领域、矿山领域、建筑领域等。在最近几年内，中央空调制冷设备在大型办公室、宾馆、酒楼、会议厅等公共场所和冷库、厂房被广泛采用，但上述中央空调制冷设备在上述场合使用过程中，容易使中央空调系统中的水泵出现"大流量小温差"问题和设备匹配不合理现象，所述设备匹配不合理容易导致效率低。总体上来说，泵系统高能耗的主要原因有以下几点：

(1) 为了降低初投资，所选用的泵质量低，水泵及电机的本身设计效率偏低，制造工艺落后；

(2) 系统设计选型偏差大，致使水泵严重偏离最佳工况点运行，运行效率比额定效率低得多；

(3) 管路系统设计、施工不合理，"大马拉小车"，有较大裕量，造成局部阻力偏高，增加了扬程损耗；

(4) 管路系统渗漏、水流旁通，增加了流量损失；

(5) 输送管路的设计和安装不合理，管路阻力大，运行能耗大；

(6) 水泵经常变工况运行，管路水力不平衡，只能采取阀门或闸板调节流量，增加了节流损失；

(7) 系统不能根据工艺实际需要科学调度，增加了功率损耗；

(8) 运行维护管理不当，泵经常带病工作，浪费了能源，未及时更换备件，增加了内部泄露损耗。

6.3.4 泵节能的途径

提高泵、机组运行效率，这是最直观的节能，是泵节能工作的重要内容，但并不是泵节能工作的全部内容。泵节能的含义有狭义和广义之分，狭义的泵节能就是前面提到的，而广义的泵节能是由泵所引起的可能发生的费用都可视为节能。例如环境保护方面，泄漏是有密封的泵不可避免的事，如果外泄漏，泄漏废液就会污染环境；泵噪声也是重要的污染源之一。因为处理泄漏和噪声都需要投资和附加能源消耗，所以环境保护应属泵节能的范畴。又如每次泵出现故障都有可能造成被迫停产进行故障处理，倘若振动导致泵的损坏，发生故障和事故，将会使人、财、物等遭受巨大损失。显然，提高泵的可靠性和使用寿命亦是泵的节能内容之一。总之，泵节能是一个系统工程，研发单位侧重它的寿命、效率，使用单位侧重于它的功率、扬程，只要省电就行，因此说泵节能是需要多个部门合作才能实现系统工程。

总体上说，泵的节能措施有：采用高效节电水泵，淘汰低效老式水泵；因为泵的轴功率与其转速的三次方成正比，采用调速装置调节流量；正确选择电动机的功率，防止"大马拉小车"；减少管道阻力等。

泵节能的途径主要包括泵本身节能、系统节能、运行节能、管理节能4个方面。泵本身节能是前提，系统节能是关键，运行、管理节能是最终体现。几个方面密切相关，互为因果。

1. 泵本身节能

向用户提供高效、可靠、好用的产品是制造厂的职责。高效即泵本身效率高。高与低是相对的，现在执行的国家标准上规定的效率只是先进值并不是最高值，高效就是效率要达到或超过这些标准规定值。水泵效率一般在65%～90%，大型泵可达90%以上。要提高泵的效率，就要减少泵内的损失，即减少水力损失、容积损失和机械损失。

（1）减少机械损失

机械损失（用功率ΔP_m表示）包括：轴与轴封、轴与轴承及叶轮圆盘摩擦所损失的功率。机械损失功率的大小，用机械效率η_m来衡量。机械效率等于轴功率克服机械损失后所剩余的功率（即流动功率P_h）与轴功率P_{sh}之比：

$$\eta_m = \frac{P_{sh} - \Delta P_m}{P_{sh}} = \frac{P_h}{P_{sh}} \tag{6-27}$$

机械损失是水流在叶轮入口及出口处的撞击涡流损失，是叶轮在泵体内的液流中旋转时，叶轮盖板外侧与液体产生摩擦，泵轴转动时轴和轴封、轴承产生摩擦，因而消耗的一部分能量。降低叶轮圆盘摩擦损失的措施有：降低叶轮与壳体内侧表面的粗糙度；叶轮与壳体间的间隙不要太大，间隙大，回流损失大，反之回流损失小。因此，在水泵实际运行中应尽力提高泵的效率。尽量减少在水泵把能量传给水的过程中存在着的各项能量损失，即从设计上就要十分重视叶轮入口和出口的设计，并需要通过模型试验进行复核和优化，减少水流在叶轮入口和出口处的撞击涡流损失，并尽可能地减少由于泵轴转动所产生的摩擦损失。

（2）减少容积损失

容积损失是指水在流经水泵后所漏损的流量，包括从口环间隙、水泵填料密封和叶轮平衡孔等处所流失的水量。容积损失亦称泄漏损失，用功率 ΔP_v 表示。

泵的容积损失主要发生在以下几个部位：叶轮入口与外壳之间的间隙处、多级泵的级间间隙处、平衡轴向力装置与外壳之间的间隙处以及轴封间隙处等。但主要是在叶轮入口与外壳之间、平衡装置与外壳之间的容积损失 q。

容积损失的大小用容积效率 η_V 来衡量。容积效率为考虑容积损失后的功率与未考虑容积损失前的功率之比：

$$\eta_v = \frac{P'}{P_h} = \frac{\rho g q_v H_T}{\rho g q_{vT} H_T} = \frac{q_v}{q_{vT}} = \frac{q_v}{q_v + q} \tag{6-28}$$

可见，容积损失的实质是使实际流量小于理论流量。容积效率与比转速有关。一般来说，在吸入口径相等的情况下，比转速大的泵，其容积效率比较高；在比转速相等的情况下，流量大的泵，容积效率比较高。

对给定的泵，要降低漏损量，关键在于控制密封环与叶轮间的运转间隙量，确保水泵的密封可靠。要减少容积损失，除了保证安装质量外，水泵在密封方面的设计也很重要。

（3）减少水力损失

流动损失是指当泵工作时，由于流动着的流体和流道壁面发生摩擦、流道的集合形状改变使流体运动速度的大小和方向发生变化而产生的旋涡，以及当偏离设计工况时产生的冲击等所造成的损失。

流动损失的大小用流动效率 η_h 来衡量。流动效率等于考虑流动损失后的功率（即有效功率）与未考虑流动损失前的功率之比，即：

$$\eta_h = \frac{\Delta P_{sh} - \Delta P_m - \Delta P_v - \Delta P_h}{P_{sh} - \Delta P_m - \Delta P_v} = \frac{\rho g q_v H}{\rho g q_v H_T} = \frac{H}{H + h_w} = \frac{p}{p_T} \tag{6-29}$$

由式（6-29）可知，流动损失的实质是使扬程下降。

在提高水泵的效率中，其中以水力损失最为关键。在泵结构选定之后，可以认为机械损失和容积损失基本不变，因此泵本身节能重点应放在减少泵内水力损失上，主要采取以下对策：1）选用优秀的水力模型；2）采用先进的水力设计方法；3）减少过流部件的粗糙度；4）合理选择缝隙处零件的材料，提高抗咬合和耐磨性，适当减少间隙值，减少容积损失。水力损失的大小取决于过流部件的形状尺寸、壁面光洁度和泵的工作情况。水力模型决定了过流部件的形状尺寸。因此，水泵模型的选择是决定水力损失大小的最重要的因素；在模型选择上，务求所选水泵的额定流量、扬程与装置实际需要的流量、扬程相近，以减少扬程的浪费，并可提高水泵的运行效率。提高水泵壁面光洁度需要在水泵选用的材质、加工工艺、基础部件（轴封件和密封件）等方面加以改善和提高。要注意合理调节工况和加强维护管理，使水泵经常在高效率状态下工作，还应充分考虑泵联合工作时的情形，尽量使水泵在各种工况下都保持高效，达到保证输水、灌溉、节约能源、降低成本和提高经济效益的目的。

2. 泵系统节能

泵与管路及其附件构成了一个系统，泵的运行效率不仅与泵本身的性能有关，还与整个系统的性能密切相关。要提高泵的运行效率就必须站在系统的角度上，做到系统各组成（件）的匹配是最佳的、最合理的，也就是做到选型最大限度地合理。

（1）合理选型

目前，很多高效泵在远离最佳工况点运行，能耗大、装置效率低，从某种意义上说这是由选用泵的安全余量过大导致的。

例如，某台化工用泵，工艺流程实际需要是：$Q=20\sim25m^3/h$，$H=30\sim32m$，选泵部门考虑到系统结垢导致管路阻力增加，系统中可能有泄漏，泵长期使用性能降低等因素，各加大10%，结果按30%的安全裕量，提出选泵的性能参数是：$Q=32.5m^3/h$，$H=41.6m$。选用定型产品，实际选为IH80-65-200，该泵的性能参数为：$Q=50m^3/h$，$H=50m$，配带动力15kW。而实际工艺流程要求，选用IH65-50-160，其性能参数为：$Q=25m^3/h$，$H=32m$，配带动力5.5kW。可见，由于选型不合理使得配带动力几乎增加了2倍。像这样的选型还算是比较接近的，还有不少选型使人无法自圆其说。

泵在选型过程中经过的部门越多，安全裕量就留得越大，不仅造成很大浪费，有的甚至无法正常工作。

(2) 正确确定泵的几何安装高度

选泵时，一定要使泵的气蚀性能满足使用要求，即使泵的气蚀性能满足装置或系统所能提供的汽蚀余量值。具体来说就是正确确定泵的几何安装高度。对某一台泵来说，尽管其性能可以满足使用要求，但是如果几何安装高度不合适，由于气蚀的原因，会限制流量的增加，从而导致性能达不到设计要求。因此，正确地确定泵的几何安装高度是保证泵在设计工况下工作时不发生气蚀的重要条件。

在实际工作中，人们只注意流量、扬程，往往忽视了泵的气蚀性能。有的安装人员对泵的理论性能不甚了解，不会也从不去计算泵的允许安装高度，只按照过去的经验去确定泵的安装高度；还有的安装人员认为泵的扬程越大，安装高度就越大；或者由于对吸入管路系统阻力损失估计不足、介质的温度波动估计不足、吸入池液面水位变化估计不足等原因，使得泵处于潜在气蚀状态下运行，造成泵的损坏较快，或者发生气蚀，不能工作。

综上所述，泵系统的节能途径有以下几点：通过优化水泵水利设计和结构设计及提高制造精度来提高泵本身的效率；通过优化配套电机及传动装置的设计来提高电机及传动装置本身的效率；通过水泵、电机、传动装置、调速装置、管网和用水设备匹配的优化设计来提高装置效率；通过对水泵系统运行的科学调度来提高系统的运行效率，如图6-13所示。

因此，研究各种系统的泵的选用规范和计算方法是放在广大用户和泵行业面前最大的节能课题，这方面的节能潜力比提高泵本身效率的潜力大许多倍。必须重视泵的选型工作，提高选泵水平，并使之规范化。

3. 泵运行节能

节能的泵系统是实现运行节能不可缺少的必要条件，但并不能说建立了节能的泵系统就能实现泵的运行节能。这是因为泵在实际工作中，由于工艺流程的变化或者其本身就是为调节工艺参数而设置的，泵就要适时进行调节。此外，对于不节能但工况稳定的泵系统也可通过调节实现节能。在调节中要注意能量回收或减少能量消耗，建议采用调速以及切割叶轮外径的方法，使泵和电机仍处于高效工况下工作。

(1) 节流调节

节流调节就是在管路入口（泵的出口）装置节流阀，通过改变阀门的开度进行调节，是一种广为使用的调节方式。节流调节的实质是改变管路的阻力，改变管路特性曲线的陡

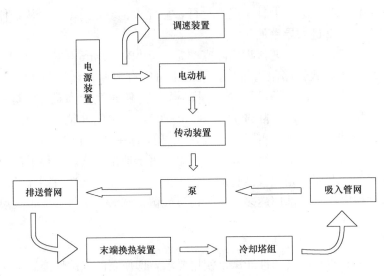

图 6-13 泵系统节能途径

度,实现改变工作点的目的。这种调节方式不经济,而且只能在小于设计流量一方调节。但该方法可靠、简单易行,故仍被广泛应用于中小功率的泵上。此外,泵的特性曲线越陡,则效率降低得越厉害。因此,比转数越大的泵,越不宜采用节流法调节流量。由于对管网阻力计算有误差(近年我国设计规范中给出的管网阻力计算公式与实际相比普遍偏大 10% 以上),又担心计算压力和流量满足不了工艺要求,或无适宜规格的泵及电机,只好从高选择,层层加码,造成我国现行运转的多数泵的工作流量远低于额定流量,工作压力远高于额定压力,因此现场多采用阀门节流来调节流量,以满足不断变更流量的要求。据统计,这种节流方式至少浪费了 20% 以上的能源,是一种不经济的运行方式。国内外的经验表明,采用变速调节及切割叶轮外径是避免节流损失的最好方法。其中变速调节适用于变工况的情况,切割叶轮外径适用于固定工况的情况。

(2) 变速调节

变速调节是在管路特性曲线不变的情况下,通过变速来改变泵的性能曲线,从而改变泵工作点的调节方式。据统计,国内有相当数量的泵实际上是处在部分负荷下工作,是需要进行调速的,约占全国用泵的 20%,所以开展泵调速节能具有深远意义。变速调节范围不宜太大,通常最低转速不宜小于额定转速的 50%,一般为 100%~70% 之间。当转速低于额定转速的 50% 时,泵本身效率下降明显,是不经济的。调速的方法从电气方面来说,目前在我国能够推广使用的工业装置有:电磁调速、电动机调速、变速电动机调速、晶闸管串级调速、电力半导体变频调速等;从机械方面来说,主要是液力耦合器。就国外泵行业来说,泵的调速运行已比较普遍,可以将变频器做得很小,放在泵的机组中。目前国内的电器调速的可靠性有待进一步提高,也要向小型化发展。国内用耦合器调速的大型泵比较多,主要是锅炉给水泵,实用技术已相当成熟,而国产液力耦合器的制造技术和可靠性还有待进一步提高。

选择变速调节装置时,要考虑技术、经济诸方面的因素,综合分析比较,择优而行,以求得最大的经济效益。但是考虑到我国当前调速装置的生产水平、供货情况、维修能力和节约能源的紧迫感,不一定要追求最佳方案。凡现在仍用节流运行有节电潜力者,应因地制宜，选择一种调速装置，把应该节约的电能节约下来。

（3）切割叶轮外径

对于工艺参数基本稳定，泵选用过大，现场采用关小阀门来调节流量，造成泵的工作流量远低于额定流量，工作压力远高于额定压力的情况，可以采用切割叶轮外径的方式调节。将离心泵叶轮外径切小，可使在同一转速下泵的特性曲线改变，从而改变泵的工作点。采用切割叶轮的方法，在允许效率下降范围内，将泵的应用范围扩大。

4. 管理节能

对于新建设备，尽量科学合理化一次性投资，避免浪费。有些单位盲目上设备，结果与实际生产不配套，还需不断地进行技术改造，无形当中造成巨大的浪费。另外，对于使用单位，一定要保证泵的润滑良好、运行工况良好，减少不必要的额外损失。对于工艺系统流程方面，一要保证入口阀全开，用出口阀控制流量，二要让后路上的其他所有阀门应全开，尽量减少管路流程上不必要的损失。

从以上分析可知，泵节能是一个系统工程，需要设备单位、使用单位、辅助单位等相关部门大力配合才能达到目的。作为泵的设计者和制造者，研究的重点应放在减少泵内水力损失上；作为使用者，重点应放在安全高效运行上。此外，积极开展泵的可靠性研究，进行可靠性设计、可靠性试验和可靠性管理，以提高泵的可靠度和平均寿命；合理选取材料，增加易损件使用寿命，使泵好用、耐用。在选择泵的节能途径时，首先应选择高效节能泵，这是泵节能的前提；其次要做到选型最大限度地合理，即站在系统的角度上做到各组成（泵、电机、各种相关附件）的匹配是最合理的，这是泵节能的关键；最终还要把节能落实到泵的运行、管理中。

6.4 管网低阻技术

集中式空调系统耗能有三部分：空调冷热源、空调末端设备及水和空气输送系统。一般空调水系统的输配用电量，在冬季供热期间占整个空调系统用电的20%~25%，夏季供冷期间占12%~24%，因此水系统节能具有重要意义。

为了减少空调水系统的输配能耗，目前均从系统设计着手，包括采取加大供回水温差、合理配置水泵和采用变频调节等手段，但这些绝大多数是针对空调系统的负荷特性而采取的节能措施，有关从流体自身着手开发的节能性的技术研究甚少。

流体存在黏滞性，它是流体内部质点间或层流间由于相对运动而产生的内摩擦力所具有的阻止相对运动的一种特性，是流体微观分子不规则运动的动量交换和分子间存在吸引力而形成阻力的宏观表现。要想减小管道的阻力损失，就需要改变流体所遵循的牛顿内摩擦力规律，如在流体中加入减阻物质，可使流体成为非牛顿流体，产生减阻效应。

减阻效应是K. Mysels和B. A. Toms于1948年分别在美国和英国发现的，并为世界上许多国家所重视，研究的对象包括交通工具（绕流减阻）、流体输送管道及减阻添加剂溶液等。最早进行的减阻研究是在流体中加入减阻添加物。在流体中添加表面活性剂、高分子物质、固体颗粒和纤维等物质能使流体的壁面摩擦阻力大幅降低，最大可达80%。

6.4.1 减阻技术在HVAC中的研究概况

1986年，丹麦开展添加剂黏性减阻技术在供热系统中的应用研究工作。迄今为止，丹麦已成功研制出多种可用于输送热水、冷水及冷却水的高分子聚合物减阻剂，并已应用于实际中。1988年，德国Fernwarme-Verbund Saar公司首次在区域供热系统中进行了大规模的减阻试验，结果显示，系统水头损失降低70%，局部速度增加30%。

上海交通大学王德忠教授从事表面活性剂减阻在供热系统中的应用研究，对氯化十六烷基三甲基季铵盐阳离子表面活性剂减阻流体在流道中的减阻性能进行了测试，分析了温度、质量分数对减阻性能的影响，应用激光相位多普勒测速仪测量了流体的速度场，发现加入减阻剂后流体的减阻率可达67%。对不同工况下，不同质量分数的氯化十六烷基三甲基季铵盐阳离子表面活性剂减阻流体在二维流道中的减阻性能和传热性能进行测试表明，在减阻流体流动达到临界雷诺数之前，传热性能下降率随雷诺数的增大而逐渐增大，在达到临界雷诺数后，传热性能急剧增强。在二维流道内添加网格后，对氯化十六烷基三甲基季铵盐阳离子表面活性剂减阻流体的传热性能和流动结构进行试验发现，在完全减阻区（雷诺数$<5\times10^4$）内，减阻流体的传热性能随雷诺数的增加几乎没有增长，这是由于此时网格的增加无法有效地在长距离内破坏胶束在边界层内形成的网状结构，也就无法恢复流体的湍流强度；当雷诺数大于5×10^4后，传热性能随雷诺数快速增长，这是由于网格的添加破坏了表面活性剂的胶束网状结构，在一定程度上恢复了流场的湍流强度，使传热效果显著增强。

2006年，魏进家、川口靖夫等人以质量分数为20%的甘醇不冻液为溶剂，对一种新合成的两性表面活性剂N，N，N-三甲胺、N'-油酸酰亚胺在二维通道内进行了减阻试验。结果显示，这种两性表面活性剂溶液表现出明显的减阻性能，在温度为25℃时的减阻效果要高于温度为-5℃时的减阻效果，最大减阻率可达83%，而且在低温、低质量分数情况下加入$NaNO_2$能有效改善减阻效果，但在常温和高质量分数下反而降低了减阻效果。此外，川口靖夫的研究小组采用的高分子聚合物减阻剂用于热水及冷水、冷却水输送系统中，试验显示可降低循环水泵1/2以上的耗电量。

6.4.2 减阻机理

1. 湍流减阻机理假说

(1) Toms的伪塑假说

Toms自从1948年发现减阻现象后，就对减阻机理提出了假说。他认为高分子聚合物减阻剂溶液具有伪塑性，即剪切速率与表观黏度成反比，剪切速率增大，表观黏度减小，从而导致流动阻力减小。

当时Toms的假说曾风靡一时，随着非牛顿流体力学的发展，Toms假说逐渐被人们所否定。只要通过简单的试验就可以发现，减阻剂溶液在管内湍流流动时的摩擦阻力实测值与应用伪塑流体计算值误差很大，而且稀减阻剂溶液伪塑性很弱，甚至就根本无伪塑性，其流变学几乎和牛顿流体完全一样，但减阻率较大。Wals的试验证明，胀塑性流体也有较强的减阻作用。根据大量的实测结果，证明高分子减阻剂溶液的表观黏度是增大的，也否定了Toms假说。

(2) Virk的有效滑移假说

Virk认为，流体在管内湍流流动时，紧靠壁面的一层流体为黏性底层，其次为弹性层，中心为湍流核心。他通过试验测得速度分布，发现减阻剂溶液湍流和新区的速度与纯溶剂相比大了某个值，但速度分布规律相同，而且弹性层的速度梯度增大，导致阻力减小。

根据 Virk 的假说，减阻剂浓度增大，弹性层厚度也增大，当弹性层扩展到管轴时，减阻就达到了极限。该假说成功地解释了最大减阻现象，而且也可以解释管径效应。然而它无法解释以下 3 个现象：

1）当减阻剂浓度增大到大于最大减阻时的浓度时，阻力为什么又会回升；

2）减阻的同时有减热、减质效应，且减小的程度不同；

3）为什么传统的类比关系式不适用于减阻剂溶液。

试验结果证明，对于普朗特数 $P_r>1$、$f/2>J_H$（f 为范宁摩擦阻力系数，J_H 为柯尔朋因子），减热百分率大于减阻百分率，只有当 $P_r=1$ 时，传统的类比关系式仍适用于减阻流动。

按照 Virk 的假说，最大减阻时的浓度应与最大减热时的浓度相等，但是试验结果和 Marruci 及 Kawack 等结果证明是不等的。

（3）黏弹性假说

随着黏弹性流体力学的发展，许多研究者对特定的高聚物减阻剂稀溶液进行试验，发现聚合物分子的松弛时间比湍流微涡的持续时间长，说明高聚物分子的黏弹性对减阻的确起了作用。随之提出了黏弹性假说：高分子聚合物具有黏弹性。由于黏弹性与湍流漩涡发生作用，使得漩涡的一部分能量被减阻剂分子所吸收，并以弹性能的方式储存起来，使涡流动能减小达到减阻效果。

该假说由于可以用来定量计算，同时也可以解释许多现象。但是也有许多现象无法解释。除了（2）中的 3 个问题外，还有以下两个问题：

1）黏弹性是否减阻的必要条件。试验证明：尽管有些高分子化合物有较强的黏弹性，但无减阻效应；反之，有些高分子聚合物尽管黏弹性很弱，甚至根本没有黏弹性，却有较好的减阻效果。

2）黏弹性流体的进口段长度比牛顿流体长得多，但试验证明，稀减阻溶液（入 20wppm 的聚丙烯酰胺），尽管具有较明显的减阻减热效果，但其进口段长度却与牛顿流体完全一样。

（4）湍流脉动抑制假说

该假说认为高分子聚合物对湍流流动起减阻作用的原因是由于聚合物分子抑制了湍流漩涡的产生，从而使脉动强度减小，最终使能量损失减小，但是根据 Rudd 的试验结果，该假说是不成立的。

（5）湍流脉动解耦假说

所谓湍流脉动解耦假说就是指减阻剂分子对湍流的作用，降低了径向和轴向脉动速度的相关性，从而减少了湍流雷诺应力。

该假说纠正了湍流脉动抑制假说的错误，在理论上进了一步，但它很难用来定量估算，同样无法解释减阻的同时也有减热、减质发生等系列问题。

（6）表面随机更新假说

人们把流体在管内湍流流动分为三层。近壁区为黏性底层，其次是黏性亚层（过渡或弹性层），第三个区域为湍流中心。由于黏性底层的速度分布、温度分布规律与层流时相似，因而在较长一段时间里被人们误称为层流底层。由于运用精密的测速装置已能准确测出黏性底层的时均速度分布和脉动速度分布，充分说明黏性底层并不是简单的层流状态，而仍有一定的脉动存在。

我们把流体在管内湍流流动的动量传递边界层看成是有一块块动量传递块（在三种传递边界层相同时，三种传递块是相同的）所组成，这些流体块随机地被来自主体的流体单元所更新，分解成新的流体单元而产生漩涡。新的流体块又从壁面开始增长直到被更新。

尽管这种更新过程是随机的，但每一流体块的年龄存在某一分布函数，且在统计上这种更新的机会是均等的。湍流越激烈，流体块被更新的机会就越大，产生的漩涡也越多，耗能就越大。

如果用 Q_m，S_m 分别代表动量传递块的年龄和被更新的机会，即可导出范宁摩阻因数 f 与 S_m 的关系：

$$f \propto \sqrt{S_m} \tag{6-30}$$

如果在纯溶剂中加入减阻剂分子（如高分子聚合物和皂类），由于减阻剂分子在管壁上形成一层液膜，以及减阻剂分子的伸展变形作用，使得管壁上的流体块难以被更新，也即使其更新频率 S_m 减小，Q_m 增大，导致能耗减小而达到减阻作用。

2. 黏性减阻机理

当黏性流体沿边界流过时，由于在边界上流速为零，边界面上法向流速梯度不等于零，产生了流速梯度和流体对边界的剪力。边壁剪力做功的结果是消耗了流体中的部分能量，并最终以热量形式向周围发散。边界面的粗糙程度决定微观的分离和边界的无数小旋涡几何尺寸的差异，从而决定流体能量消散的差异和阻力系数的差异。如想达到黏性减阻，首先要实现壁的光滑减阻，改变层流边界层和湍流边界层中层流附面层的内部结构：(1) 减小层流边界层和层流附面层贴近边界处的流速梯度值和流体对边界的剪力，减小通过黏性直接发散的能量值，达到减阻的目的。(2) 增大层流边界层和层流附面层的厚度，从而达到减阻的目的。

Nikurase-Reichardt 流速分布图将边界层区划分为 3 个区域（y^+ 为无量纲长度）：

纯层流阻力区：$y^+ < 5$；

层流—湍流阻力区：$5 < y^+ < 70$；

纯湍流阻力区：$y^+ > 70$。

通过边界层的结构模型得出时均速度分布式，并从黏弹性流体的 Maxwell 方程式出发，导出黏弹性流体在湍流条件下的内部剪切公式。提出湍流边界层近壁区相干结构产生机理的理论模型。一些研究者认为外层漩涡扰动波明显影响内层的猝发平均周期，破坏内层的大尺度低频脉动，诱发较小尺度的高频脉动，湍流边界层内、外层之间存在很强的相互作用。层流附面层的波动使边界产生波动，而边界的波动又反过来影响层流附面层的波动。对于减阻，其共同点都是要使边界层产生波动。对刚性边界而言，边界面上切向与法向流速为零，则扰动函数及其导致在边界面上的波动亦相应为零。对柔性边界，其边界亦产生同步波动，引起层流附面层流速分布的改变。边界表面流速大于零，边界面上流速梯度减小，从而减小边界面上的剪力，也减小了由于剪力做功所发散的能量，使阻力系数与外加能源数量减小。

6.4.3 减阻方法

由于流体流动中所受的阻力主要由黏性摩擦力和固体表面形状决定，所以改变流体流动过程中所受的阻力可以有两种方法：改变固体形状或改变流体的流动摩擦力。前一种方法是众所周知的形体减阻,即研究物体外部形状对层流边界层的影响,如采用圆管、方管、流线型等不同截面形状,这是人们在早期寻找减少流体阻力方法时注意力集中之所在,国外有人将管道形状加工成螺旋的环状可实现流体压力损失的减少,以达到减阻的目的,并且也有人用6种不同几何形状的管道进行试验来研究水头损失,并取得了一定的成果。后一种方法是目前研究最多的黏性减阻方法,主要有高分子聚合物减阻、电磁减阻、微气泡减阻、仿生非光滑减阻、涂层减阻、联合减阻等,这些技术主要是控制边界层内的湍流结构,对湍流拟序结构进行有效的干扰,从而控制湍流动能损耗,最终实现减阻目的。以下主要介绍后一种方法。

1. 高分子聚合物减阻

在牛顿流体中溶入少量长链高分子添加剂,可以大幅度降低流体在湍流区的运动阻力,减缓湍流的发生。它最早是 Toms 在 1947 年在观察管内流动聚合物机械降解时发现的,故又称 Tom 效应。聚合物减阻的机理是由于高分子聚合物在管壁表面释放扩散,通过改变物体分子拉伸变形导致聚合物剪切应力各向异性,减小了近壁缓冲区的速度梯度,从而改变湍流结构,降低漩涡的发生率,并且还降低了已形成漩涡的旋转速度。但由于长链高分子的额定分子量都是高达百万的,从减阻效果看只对湍流有效,对层流无效;而且只有当稀溶液注入临界边界区域时,才能实现减阻,即使是内流或外流流核处于湍流情况,也只有当高分子溶液注入到边界层区域时,才能实现减阻,而注入到流核区则是无效的。同时,由于高分子在受到流动剪力或其他机械力作用时易产生降解,从而降低或丧失减阻能力。另外,如果某些系统需要长期和大量使用高分子溶液时,费用较高。

2. 电磁减阻技术

电磁减阻技术是一种新兴的减阻技术,它是用永久磁铁和导线交替排列在航行器表面,放置在弱电解质流体当中,当导线通以电流时,会在平板附近产生方向一致的 Lorentz 力,可加速流体,从而改变壁面边界层的结构,边界层中的电磁力可以有效控制流体,促进压力剃度的保持,抑制尾流涡街的形成以及流向涡和展向涡的形成和传播,从而降低湍流黏性阻力。正向的电磁力可以有效消涡、减振、减阻,反向的电磁力具有强力的增涡控制效应。但这种减阻方法往往要求笨重的装置或很高的能量消耗,一般只用在特殊场合。

3. 微气泡减阻

国内外学者进行了大量微气泡减阻实验。从 1973 年 Mc Cormick 在拖曳回转体上用电解方法产生氢气泡的先驱实验,到近年的日本学者 Takahashi 在大型高速拖曳水池中进行的 50m 平底船模的微气泡吹出试验,并已开始向实船应用的试验研究转化。但是,迄今为止微气泡减阻机理还没有完善的理论解释。微气泡减阻机理的分析主要着眼于边界层结构的变化,而微气泡对边界层结构至少有两个方面的影响:第一,微气泡可改变流体局部有效的黏度和密度,从而改变局部湍流的雷诺数,此时近似把微气泡和水的混合物看作各向同性的流体,目前的研究成果多为这一类型;第二,微气泡可直接影响湍流边界层结构,使附壁区的流动发生变化,需要建立气液两相流的流动模型。

4. 仿生非光滑减阻

生物在漫长的生息繁衍岁月中,进化出了效率很高的游动机构及表面微结构,其表面摩擦阻力和压差阻力也都相当低。因此通过仿生学的研究,设计出减阻效果更好的微表面结构,是一种有效的减阻方法,并且不会给使用体(原油、飞行器等)带来附加设备或额外能量消耗及空间占用,也不会对流体造成污染,仅依靠直接改变壁面形状就可以起到很好的减阻效果,故在各种减阻技术中被认为是最有前途的减阻方法之一。但这方面的研究目前还比较少。

5. 涂层减阻

涂层减阻采用水溶性线型高分子涂层由涂层表面溶解出来线型高分子抑制初始剪切涡,吸收压力脉动能量;或者由溶胀涂层的柔性效应抑制和吸收压力脉动,减小航行体阻力。

涂层减阻机理为壁面高分子涂层可以形成柔顺壁面,用柔顺边界面替代刚性边界面从流体外侧边界创造条件来影响流体流动,从而达到减阻效果。低表面涂层减阻主要来自于湍流边界层减阻,湍流边界层的转捩点后移造成了阻力减小。

然而,柔顺边界并不是完全理想的,它实际上是一层弹性膜,而这种弹性材料的物理常数与力学指标如弹性模量、泊松比、密度等的组合选择,要求在层流附面层产生波动时,膜的表面能产生同步波动。要实现这一点非常困难。同时,在实际应用中也存在管道加工工艺上的困难,而且在物料管道输送中,附面层抗磨蚀性能差也将会加大输送成本。后来还采用了从内、外两侧同时改变流体状况的水溶性高分子涂层。它一方面是从涂层溶解出来的线型高分子,沿流取向的过程中抑制湍流和湍流压力的脉动;另一方面是涂层在水中不断地溶胀,形成弹性模数梯度,引起壁面的柔顺效应。但是这种涂层在很短的时间内会由于涂层的完全溶解而失去减阻效果。

6. 联合减阻

联合减阻主要是肋条减阻与其他减阻方法的联合使用。肋条与聚合物联合是利用肋条面和聚合物涂层来实现湍流减阻的试验,减阻效果有了全面的增强,减阻达整个流动阻力的35%;肋条与微气泡联合,沿肋顶端的横向表面张力可在近壁区产生"稳定气泡层",从而使阻力减小,肋条和吸气或吹气联合,在基面或肋顶部吸气,或在肋槽中吹气,都能抑制边壁涡的诱导速度,从而使涡强减弱;在肋顶部或基面上吹气,或在肋槽中吸气,能增强边壁涡的涡强。边壁涡强的减小或增加,与表面摩阻的减小和增加有强烈的关系,因此吸气和吹气对减阻有一定的作用。存在的问题是要向流体中注入气流时,需要附加的充气装置和设备。

7. 磁性液体黏性减阻

针对上述各种黏性减阻方法存在的缺点和不足,在20世纪90年代中期,科学家们发展了一种新的减阻技术——磁性液体黏性减阻。其实,类似的方法人们早在20世纪初就提出过,即在绕流物体表面使用低黏度液体膜改变流动结构,从而达到控制流动分离和减阻的目的。但由于低黏度流体膜很容易由于(外部流体)流动的干扰而与绕流物体表面分离使其失去减阻的作用。当出现了磁性液体这种既有流体的流动性又有磁性材料磁性的特殊功能材料后,人们开始研究(束缚在)固体表面的低黏度磁性液体涂层,这种涂层能在磁场作用下保持在固体表面,克服了早期方法中流体膜容易被带走的不足,在一定程度上能达到减阻的目的。

磁性液体是由纳米级铁磁性或亚铁磁性微粒高度弥散在液态载液中而构成的一种高稳定性的黏性溶液。由三种成分组成:基础液或称载液、磁性微粒和微粒间的涂层(见图6-14)。微粒间的涂层起到稳定的作用,又称为稳定剂,如图6-14所示。它具有以下特性：(1) 既有液体的流动性又有磁性材料的磁性；(2) 即使在磁场重力场的作用下也能稳定存在，不产生沉淀和分离；(3) 在磁场作用下，磁化强度随外加磁场的增加而增强，并在液体内部产生体积力；(4) 在一定范围内，磁性液体粘度随磁场的增加而增加；(5) 磁性液体在外加磁场的作用中，将保持或固定在所需的任何位置。

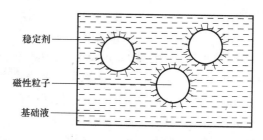

图 6-14 磁性液体的组成

根据黏性减阻机理，磁性液体黏性减阻正是利用磁性液体的特性，在外加磁场的作用下使磁性液体附着在边界表面，用柔顺的边界面替代刚性边界面，使边界面随流体的流动而同步波动，引起层流附面层流速分布的改变，使边界层表面流速大于零，边界面上流速梯度减小，从而减小边界面上的剪力，减小由于剪力作功而消耗的能量，达到减阻的目的。磁场越强，磁性液体饱和磁化强度越高，磁性液体涂层就越稳定，减阻效果就越好。磁性液体黏度越低，交界处阻力越小，减阻效果也越好，但要保证较好的附着性。只有当作用在涂层上的剪力大于稳定极限时，涂层破坏，减阻才失效。有必要指出，磁性液体与所输送的液体不能相溶。

磁性液体黏性减阻具有以下优点：(1) 使用范围广，不仅适合输运高、低黏度的各种液体，还适合输运软的固体；不仅适合外流（见图 6-15），也适合内流（见图 6-16）；(2) 减阻效果明显，在其他条件相同时，同一管道在使用磁性液体黏性减阻达到极限时，其流量明显高于不使用磁性液体时的流量；(3) 节约能源，如果外加磁场使用永久磁铁，一次充磁后，在一般情况下磁性能不会下降，不需要后续的能量消耗；(4) 结构简单，它不像柔顺壁、吸气等减阻方法那样，需要体积笨重的装置设计；(5) 寿命长，只要磁路设计合理，磁性液体涂层厚度适当，在使用过程中，涂层的表面就不会发生变化，减阻效果可以长期存在；(6) 可控性好，通过电流改变外加磁场的大小，可以产生可控的磁性液体柔顺表面，以满足不同的需要。

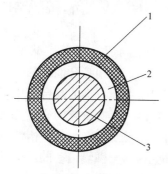

图 6-15 外流减阻
1—磁性液体涂层；2—柱体管道；3—磁铁

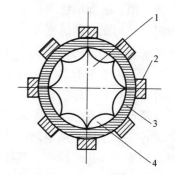

图 6-16 内流减阻
1—所属送液体；2—磁铁；3—管道；4—磁性液体涂层

6.4.4 减阻剂

1. 减阻剂的种类

当流体中含有某些特定物质时，其在湍流状态下的摩擦阻力会大大降低，这种现象称为减阻,能够实现减阻的添加剂称为减阻剂。减阻剂通常为高分子聚合物。

减阻剂可分为水溶性和油溶性两大类。水溶性的减阻剂目前发现有效的很多,如人工合成 PEO(聚氧化乙烯)、PAM(聚丙烯酰胺)、天然的瓜胶、田青粉槐树豆、皂角粉等。油溶性的减阻剂有聚异丁烯、烯烃共聚物、聚长链 a-烯烃、聚甲基丙烯酸酮及其他。

在减阻剂的研制过程中,为了使减阻剂中具有一定结构和分子量的聚合物分子能够在输送介质内迅速展开,起到减阻作用,研究人员对聚合物进行了处理,制成了不同外观形态的减阻剂,如胶状、糊状、粉状和淤浆状等。

从目前世界上减阻剂的类型来看,工业化生产的减阻剂主要分为三种类型,即高黏度胶状物、低黏度胶状物、胶乳(或淤浆),具体应用时可以根据管道的需求和现场设备的实际情况来进行选择。这三种类型减阻剂的优缺点如表6-2所示。

减阻剂的基本类型　　　　　　表6-2

减阻剂类型	产品名称	优　点	缺　点
高黏度胶状减阻剂	CDR102	浓度较高、所占的体积较小	使用不便、需特殊的压力及加热设备
低黏度胶状减阻剂	FLOXS	注入方便、不需要特殊的设备	所占的体积较大
胶乳状减阻剂或淤浆	LPFLOXL	浓度最高、所占的体积非常小	储存时间短、使用时需混合均匀

在探索油相减阻剂的过程中,人们发现了两类具有减阻功效的化合物,一类是具有超高分子量($M>106$)的高柔性线型高分子,另一类是某些表面活性剂化合物,作为减阻添加剂,它们具有各自的优点与不足。

高分子减阻剂可以在用量很小的情况下,达到很高的减阻效果。然而,在紊流流体的高剪切作用下,其分子量极易因分子链的断裂而降低,甚至失去减阻功能,即通常所说的剪切降解。这种降解是永久性的、不可逆的,这是高分子减阻剂最大的不足。

表面活性剂减阻剂是通过在流体中形成胶束而实现减阻的,具有良好的抗剪切性能。但是要实现减阻,表面活性剂含量必须达到临界浓度,用量较大。此外,表面活性剂必须在流体中混合均匀了才能达到较好的减阻效果。

为了解决减阻共聚物的超高分子量与剪切易降解之间的矛盾,受胶束减阻抗剪切原理——应力控制可逆性的启发,研制出缔合性高分子减阻剂,利用缔合性键的缔合可逆性来解决高分子链在剪切作用下的不可逆降解问题。它同时表明配位键的缔合作用有可能成为连接表面活性剂与高分子两类减阻剂各自优点的桥梁,因此具有重要的研究意义。

近年内还发展了微囊减阻剂,其将高浓度减阻聚合物微粒封装在由某些惰性物质组成的外壳里。目前主要用于原油及其油品输送中。要求外壳材料与微囊内芯的反应物不能相互反应或相混,在运输和储存过程中性能稳定,其破碎或溶解残渣对原油或石油产品的物化性质以及油品加工过程中没有影响。由于具有便于储存和运输、使用灵活、后处理工序简单等优点,微囊减阻剂是减阻剂的一个新的发展方向。

2. 减阻剂分子结构与减阻性能的关系

弄清高分子结构与减阻性能之间的关系对高分子减阻剂的分子设计与提高应用技术水平具有十分重要的意义。

(1) 分子量

高分子的分子量是影响减阻性能的基本结构参数之一。高分子聚合物必须超过一定的分子量（Mc）（起始分子量）以后才具有减阻作用。其减阻效率（DR）开始时随分子量增加很快，随后达到平衡。

代加林等系统地研究了聚甲基丙烯酸乙酯在煤油及煤油苯酮中的减阻性能，由三数据处理，得到 DR-M 数学关联式：

$$DR = A \cdot M/(M+B) - D$$

式中 A、B、D 为一定流动条件下的常数。

尹国栋等人通过对国外两种减阻剂以及试验合成的高级 α-烯烃的均聚物、共聚物进行环道测试和凝胶渗透色谱（GRC）分析，研究了聚合物分子量对减阻效果的影响。作为减阻剂，共聚物比均聚物的抗剪切能力要好，达到相同的减阻率，共聚物的分子量要比均聚物的分子量小得多。这意味着共聚物主链断裂的速率也要比均聚物慢，同时抗剪切性好。

(2) 分子量分布

绝大部分高分子试样都具有一定的分子量分布。在一定的条件下，并不是所有的分子都具有减阻作用，高分子的减阻作用与分子量分布有很大的关系。到目前为止，对分子量的分布有两种解释：一种认为 DR 与高分子的平均分子量有关，另一种则认为 DR 与试样的高分子量部分有关。

(3) 高分子的主链结构

高分子链节的化学组成及键的类型不是决定减阻效率高低的唯一因素，链的几何形状和柔性对减阻效率影响很大。目前发现有效的高分子减阻剂多是线性或螺旋形结构的柔性高分子。Merier 等研究了线形、星性和梳性 PS 在甲苯溶液里的减阻效率，试验结果表明分子链的支化大大减低了分子的减阻效率。

(4) 高分子侧链结构

高分子的减阻性能与其侧链结构有很大关系一般来说，高分子主链上带有少量或较长的侧基，会增加其减阻性能。Wade 研究了侧链长度对减阻性能的影响，发现高分子主链上普遍接上了短侧基后，其减阻性能降低，而接上少量的长侧基后减阻性能增强。

3. 减阻剂减阻效果的影响因素

(1) 减阻流体溶液的浓度。Virk 认为减阻剂的浓度影响管道内流动的弹性底层的厚度，浓度越大，弹性底层越厚，减阻效果越好。最近对 PAM 和 CTAC 水溶液进行的减阻试验研究表明，在相同温度和雷诺数下，减阻效果随着溶液浓度的增加而变好；但是当浓度增加到一定程度后，减阻效果开始变差，这说明减阻流体存在一个最佳浓度。

(2) 减阻流体溶液的温度。减阻剂都有其自身的适用温度范围，也就是说都存在着临界温度，并且在适用温度范围内随着温度升高，减阻效果变差，一旦温度超过临界温度，即会出现减阻完全失效的现象。最近对 PAM 水溶液的减阻试验研究表明，在相同浓度和雷诺数下，减阻效果随着溶液温度的升高而减弱。

(3) 流动雷诺数。只有当流动处于湍流时才会出现添加剂减阻现象，而且在一定范围内减阻率会随着雷诺数的增大而增大。对于一定浓度的减阻剂溶液来说，存在临界雷诺数，在该雷诺数下减阻效果最好，如果继续增大雷诺数，减阻效果开始减弱直至消失。

(4) 流动通道的影响。一般来说，流道当量直径越小，越容易发生湍流减阻现象，减阻效果越明显。孙寿家等人对聚丙烯酰胺和聚乙二醇两种高聚物在 90°弯头中进行阻力测试，结果表明没有减阻现象出现。焦利芳对减阻流体 CTAC 水溶液在三通、弯头、变径管、散热器中的减阻效果进行研究，也发现没有明显的减阻现象。

(5) 水中的杂质。水中含有的金属离子（如钙、镁离子等）和金属氧化物（如水循环系统中因生锈而混入的铁的氧化物）对表面活性剂、减阻剂的减阻效果有负面影响。Hu 等人研究了水中金属离子和化合物对阳离子表面活性剂显现出剪切诱导结构的流变参数的影响，结果表明，金属离子和化合物对减阻流体流变参数的影响可能会对减阻效果产生一定的影响，从而导致阳离子表面活性剂在工程中的应用受到一定的限制。Suksamranchit 等人在 PEO 和 CTAC 混合减阻剂水溶液中添加 NaCl，研究结果表明此举具有增强减阻效果的作用。

6.4.5 减阻剂减阻效果评价

减阻剂在加入湍流流体中后能够起到减小流体阻力的作用，具体表现为流速加快和摩阻压降减少。而当输送压力和管径一定时，减阻效果就表现为流量的增加；当流量一定时，表现为摩阻压降的减少。因此，可以使用减阻率和增输率两个指标来评价减阻剂的性能。目前，国内外使用更多的是减阻率这一指标。

管道流体流动阻力的降低，实际上是摩阻系数的降低，因此减阻率可以表示为：

$$DR = \frac{\lambda_0 - \lambda_{DR}}{\lambda_0} \times 100\% \tag{6-31}$$

式中 DR——减阻率，(%)；

λ_0——未加减阻剂时流体的流动摩阻系数；

λ_{DR}——加入减阻剂时流体的流动摩阻系数。

由 Fanning 公式可知：

$$\lambda = \frac{2d}{\rho u^2 L} \Delta P \tag{6-32}$$

式中 d——管道的内径，m；

ρ——流体的密度，kg/m³；

u——流体的流速，m/s；

L——管道的长度，m；

ΔP——流体的摩阻压降，Pa。

在已假设的研究条件下，d、ρ、L 均为常数，同时，若流体中加入减阻剂前后流量不发生变化，流速也就不变，此时，摩阻系数就仅与摩阻压降有关，于是把式 (6-31) 代入式 (6-32) 可得：

$$DR = \frac{\Delta P_0 - \Delta P_{DR}}{\Delta P_0} \times 100\% \tag{6-33}$$

式中 ΔP_0——未加减阻剂时流体的摩阻压降；

ΔP_{DR}——加入减阻剂时流体的摩阻压降。

根据式 (6-33)，只要能够得到同一流速下加入减阻剂前、后摩阻压降的大小，就可以计算出减阻率的值。

但实际上，通过试验分别测得同一流速下加入减阻剂前、后的摩阻压降是较困难的，这需要大量的资金和设备投入。为此，通过公式的推导得出了间接求同一流速下加入减阻剂前后摩阻压降的方法。

根据湍流区各种计算摩阻系数的经验公式，可以将其归结为：

$$\lambda = \frac{A}{Re^n} \tag{6-34}$$

式中　Re——雷诺数；

　　　A、n——关联式中的经验常数。

把式（6-34）代入式（6-35），得到：

$$\Delta P = \frac{A \cdot \rho \cdot u^2 L}{2\left(\dfrac{du}{\nu}\right)^n d} \tag{6-35}$$

$$\Delta P = A \cdot \rho \cdot \nu^n L \cdot \frac{u^{2-n}}{2d^{n+1}} = \frac{1}{2} A \cdot \rho \cdot \nu^n L \cdot \left(\frac{\pi}{4}\right)^{n-2} \cdot d^{n-5} \cdot Q^{2-n} \tag{6-36}$$

$$A' = \frac{1}{2} A \cdot \rho \cdot \nu^n L \cdot \left(\frac{\pi}{4}\right)^{n-2} \cdot d^{n-5} \tag{6-37}$$

则对于同一被测流体，在设定条件下使用同一测试管路，式（6-37）中的 A' 为常数。故可以将式（6-36）改写为：

$$\Delta P = A' \cdot Q^{2-n} \tag{6-38}$$

由式（6-38）可知，压降和流量有一一对应的关系。由此就可以计算出在加剂流量下，未加减阻剂时的摩阻压降，即：

$$\Delta P_0 = \Delta P \cdot \left(\frac{Q_{DR}}{Q}\right)^{2-n} \tag{6-39}$$

式中　Q_{DR}——加入减阻剂后的流量，L/min；

　　　Q——同一输送压力下未加减阻剂时的流量，L/min；

　　　ΔP_0——在加剂流量下，未加剂时的摩阻压降，Pa；

　　　ΔP——不加减阻剂时的基础摩阻压降，Pa。

根据以上方程，就可以设计出以下试验方案：

（1）测出同一输送压力下加剂和未加剂时的摩阻压降和流量。

（2）利用式（6-39）计算出在加剂流量下，未加剂时的摩阻压降，从而得到相同流量下，加剂和未加剂时的摩阻压降。

（3）利用式（6-33）计算出减阻剂的减阻率。

第7章 高性能末端系统及装置

前面的章节通过对能量流结构理论的分析得到："过程"是造成系统不可逆性的根本原因。HVAC系统中，㶲损主要发生在换热过程中。凡是传热温差较大的地方，也即是㶲损较大、用能较不合理的地方。鉴于此，在室内空调对象系统应用中，应尽量采用接近室温的冷、热介质去抵消房间的负荷，即满足"低㶲供能系统"中的"温度对口"原则。只有这样，才能大大减少由不可逆性带来的损失，进而使得整个过程接近可逆。本章就如何减少室内空调对象系统耗能损失，对目前建筑节能领域应用较为成熟的高性能末端系统及其装置进行重点介绍，以其实现从源头到末端的全方位高效供能。

7.1 风机盘管装置

7.1.1 用户末端模型

室内水环路通过末端装置与机组相连，进而通过末端装置与室内空气进行冷热交换来对房间进行供热或供冷。为简化模型，作如下假设：

(1) 室内空气质量不变且分布均匀；
(2) 室内空气被看作理想气体，忽略流体密度与热容的变化；
(3) 风机盘管的进出水流量不变；
(4) 忽略由风机造成的空气加热；
(5) 认为传热过程为一维稳定。

采用谐波反应计算综合温度作用下经围护结构传入热量，房间冷负荷可表示为：

$$Q = K_q A_q (t_w - t_n) + K_w A_w (t_w - t_n) + Q_s + Q_l + Q_p \tag{7-1}$$

式中 K_q——围护结构传热系数，$kW/m^2 \cdot K$；

A_q——围护结构面积，m^2；

t_w——室外空气温度，℃；

Q_s——室内设备散热量，kW；

Q_l——室内照明散热量，kW；

Q_p——室内人员散热量，kW。

室内温度的变化与室内负荷变化相关，有：

$$c_{air} m_{air} \frac{dt_n}{d\tau} = Q - G_e c_{w,p}(t_{we1} - t_{we2}) \tag{7-2}$$

式中 c_{air}——室内空气定容比热，$kJ/(kg \cdot K)$；

m_{air}——室内空气质量，kg；

t_n——室内平均温度，℃；

Q——房间冷负荷，kW；

G_e——循环水流量，kg/s；

t_{we1}、t_{we2}——蒸发器进出口冷冻水温度，℃；

$c_{w,p}$——水的定压比热，kJ/(kg·K)；

τ——时间变量。

房间与风机盘管换热，有：

$$G_e c_{w,p}(t_{we1}-t_{we2}) = K_p F_p \frac{t_{we1}-t_{we2}}{\ln\dfrac{t_n-t_{we2}}{t_n-t_{we1}}} \tag{7-3}$$

式中 K_p——风机盘管与空气的传热系数，kW/(m²·K)；

F_p——风机盘管与空气的换热面积，m²。

7.1.2 逆流式风机盘管

1. 逆流式风机盘管的特点及适用性

传统空调系统末端设备主要以风机盘管加新风的系统为主，而风机盘管供水以叉流方式为主，即介质水下进上出，空气在风机盘管中与供水垂直方向流过（见图7-1）。而改变现有的空调末端系统，采用逆流式风机盘管，并结合家用空调换热器技术，能够极大地改善供冷、供热系统的效率（见图7-2和图7-3）。

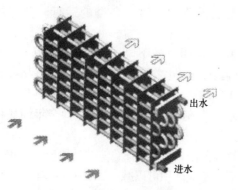

图7-1 传统末端的换热形式

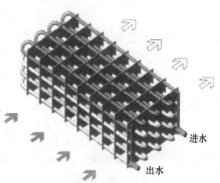

图7-2 逆流式风机盘管的换热形式

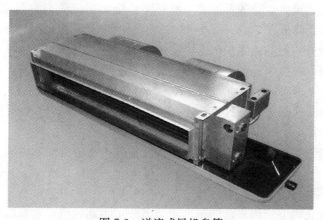

图7-3 逆流式风机盘管

以热泵为例，为了保证传统空调系统品质，热泵系统供应11℃的介质水，热泵的做功范围为6～35℃，总计提升29℃的能量品位梯度，较传统空调系统降低了4℃的能量品位梯度，热泵系统效率提高12%；同样，在冬季，供应不超过40℃的热水，热泵的做功范围为 0~45℃，总计提升 45℃的能量品位梯度，较传统空调系统降低了 10℃的能量品位梯度，热泵系统效率提高 25%~30%。

由于热泵夏季供水温度的提高和冬季供水温度的降低，使得同样型号的热泵机组制冷量可提高约 15%，制热量可提高约 6%，因而热泵设备的初投资可相应降低。尤其是对于在初夏和末夏的阶段（每年 5 月初到 6 月上旬、8 月下旬到 9 月末），由于负荷较小，且环境湿度不大，可以完全采用地下水或土壤源侧的循环水来满足建筑负荷。当采用地下水作为冷源，供应 16~18℃冷冻水时，逆流式风机盘管的出风温度不高于 20℃，其制冷量为供应 11℃冷冻水时的 55%~60%，可满足 60%设计日负荷以下的非除湿类工况，冷热源侧的能耗仅为常规热泵系统能耗的 20%，节能效果将更为突出。

2. 逆流式风机盘管经济性分析

该技术适用于所有空调末端采用风机盘管的空调系统，尤其对于热泵系统（水源热泵、地源热泵、空气源热泵），由于热泵机组冬夏季全年运行，因而将产生更大的效益。逆流式风机盘管更适用于既有建筑燃煤、油、气供能系统改为热泵系统的末端设备改造。

逆流式风机盘管的应用可以大大提升热泵系统效率，夏季水源热泵设备的 COP 值可达到 6，冬季水源热泵设备的 COP 值可达到 5，运行费用较传统的空调末端形式会大大降低。通常，对于夏季的运行，会有约 12%运行费用的降低；对于冬季的运行，会有约 25%~30%运行费用的降低。

逆流式风机盘管的推广，将使建筑物全年能耗产生明显的下降。以一个 10 万 m^2 的建筑为例，采用该技术后，年节约运行费用约 70 万元，耗电指标下降约 100 万 kWh，二氧化碳等污染物的排放量大大降低。目前国内每年新增近千万平方米建筑面积的热泵空调系统中，尤其对于供能系统改造，如采用这一技术，将在原有的节能基础上，全年能耗将进一步降低约 20%，这将对于空调系统的节能产生巨大的效益。

对于蓄能式热泵系统，由于提高了蓄能系统的热容范围，夏季由 8℃温差的热容含量提高到 11℃温差的热容含量。因此，在同等的蓄能容量下，蓄能体积可以减少 27%；冬季由 8℃温差的热容含量提高到 12℃温差的热容含量，在同等的蓄能容量下，蓄能体积可以减少 33%。

对于采用逆流式风机盘管的蓄能式水源热泵系统，初投资与常规水源热泵基本持平，但其运行费用却大大降低。

逆流式风机盘管的创新点在于：

（1）采用末端设备换热器的逆流设计，提高了平均对数换热温差，由此提高了换热器的换热效率。

（2）采用紧凑式换热器的设计方法，在提高换热效率的同时，也提高了单位体积内的换热面积。

（3）换热器的翅片采用直列逆序排列，由此消除了由于采用紧凑式换热器设计所带来的噪声的增加。

7.1.3 干式风机盘管

作为温湿度独立调节空调系统的核心设备之一，干式风机盘管机组是伴随着这一先进技术的推广应用而出现的一种新的室内空调末端形式。干式风机盘管机组是专门针对空气干式冷却过程特点而设计的空调末端设备，它不同于普通的风机盘管机组，是一种新型的空调末端。由于干式风机盘管机组的管程设计是基于显热需求确定的，因而不适合用于湿工况，它与普通风机盘管机组是不可以互换的两种产品。

7.1 风机盘管装置

1. 干式风机盘管的特点

在冷凝除湿空调系统中,送入风机盘管的冷水温度约为7℃,空气被降温减湿,空气中的凝水汇集到凝水盘中,并通过凝水盘排除。风机盘管还带有凝水盘及冷凝水管路,不仅设备复杂,而且凝水盘也很有可能成为微生物滋生的温床。在温湿度独立控制系统中,风机盘管仅用于排除室内余热,因而冷水的供水温度可提高到18℃左右,风机盘管内并无凝水产生。由于不需要考虑排除凝水的问题,风机排管的结构就可以大大简化并形成一些新的结构设计。典型的设计思路是:

(1) 可选取较大的设计风量;

(2) 选取较大的盘管换热面、较少的盘管排数,以降低空气侧流动阻力;

(3) 选取较大流量、小压头、低电耗的贯流风机或轴流式风机,或以自然对流的方式来实现空气流动;

(4) 选取灵活的安装布置方式,例如吊扇形式,安装于墙角、工位转角等外,充分利用无凝水盘和凝水管所带来的灵活性。

2. 三种典型的干式风机盘管形式

(1) 仿吊扇式干式风机盘管

仿吊扇式风机盘管的吊装方式如图7-4所示,只需在空气通路上布置换热盘管。这可使风机盘管成本和安装费大幅度降低,并且不再占用吊顶空间。

(2) 贯流型干式风机盘管

贯流型干式风机盘管采用模块化设计,长度方面可灵活改变,与建筑物的尺寸很容易配合。在风扇和导流板之间放置特殊的材料以消除由于高风速引起的噪声。采用专用高精度轴承,确保长寿命及消除机械噪声。电机为直流无刷型,这也就意味着无磨损件。电机的效率很高,可在400~3000r/min 的范围内进行连续调节。

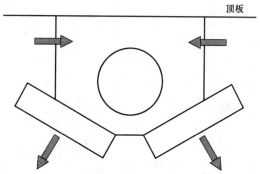

图 7-4 仿吊扇形式的风机盘管

(3) 自然对流式空气冷却器

将"冷网格"型辐射板的 PP 管(聚丙烯塑胶管)置入塔式或柜式的空气冷却器,高温的室内空气从塔式或柜式冷却器的上部进入,通过与 PP 管表面的换热降温后,由于自然对流的作用,冷空气从下部送入室内,其原理如图 7-5 所示。

3. 干式风机盘管适用性分析

从提升室内温湿度控制质量,改善室内环境质量的角度出发,在适当的情

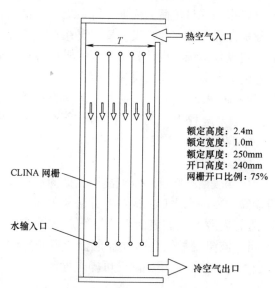

图 7-5 自然对流柜式空气冷却器设计原理图

况下，采用干式风机盘管，可达到事半功倍的效果。

(1) 干式风机盘管适用于热湿比大的场合。由于冷冻水系统出水温度对机器露点的制约，高湿场合不适用。

(2) 干式风机盘管适用于卫生要求高的场合。尤其是在烈性空气途径传染的隔离病房中，空调冷凝水的感染风险很大，收集与处理存在一定的难度，代价也大。因此，干式盘管空调系统在烈性空气传染病房中有很大的应用价值。

(3) SARS 隔离病房等传染病房因保持负压，使得高热高湿的室外新风渗入室内，加大了实现盘管干工况运行的难度。因此，对于有负压要求的病房，其周围的空间必须采用空调送风以消除渗透风量对病房湿负荷的影响。

(4) 干式风机盘管空调系统在新风终状态选取上依据"最小新风比优先"的原则，从而在满足新风承担室内全部湿负荷及室内卫生要求的前提下，实现新风比最小，即能耗最低。

干式风机盘管是一项技术，也是与自控系统、水系统、特定结构的盘管相结合的一套系统，但是干式风机盘管空调系统不能完全代替传统的风机盘管加新风机组空调系统，其最佳的适用场合是卫生条件要求高且热湿比大的场合。

4. 干式风机盘管的经济性分析

干式风机盘管系统初投资高的原因主要在于干盘管系统末端空气处理设备的投资明显高于常规风机盘管加新风系统，其中单台干盘管系统所用的新风机组的投资为同风量常规新风机组的 1.4~1.7 倍，单台干盘管系统所用的干式风机盘管的投资也为同风量常规风机盘管的 1.5 倍左右。但干式风机盘管系统的制冷站内其他主要设备的初投资要低于常规风机盘管加新风系统，这是由于干盘管系统的水系统总供回水温差较大，一次泵流量较小，故一次泵投资也较少。

5. 干式风机盘管的关键技术问题——保障风机盘管全程干工况运行

干式风机盘管自身并不能保证实现干式冷却过程，干工况是由进风工况和冷冻水供水工况共同决定的。在设计系统时，设计人员以典型设计日负荷为依据进行系统部件容量的配置，然而系统运行的实际工况具有一定的随机性和不确定性，设计日工况并不能涵盖实际运行中的所有工况。通过设计，能够保证干式盘管系统在设计日工况下风机盘管不产生冷凝水，但无法保证在其他一些工况下（如室内湿负荷大大超出设计负荷、系统启动阶段室内空气露点温度较高），风机盘管始终不产生冷凝水。因此，必须通过有效的控制手段对风机盘管采取保护措施，保障其在运行过程中"全程干工况"。下面将探讨一些解决"保障风机盘管全程干工况运行"这一关键技术问题的可选方案。

方案一：流量控制

风机盘管干工况运行的实质就是其表冷器风侧表面的温度最低点高于该处的空气露点温度，从理论上而言可以通过调节进入风机盘管的冷冻水水量或风量的方法来改变该点的温度，从而保证该风机盘管的干工况运行。然而表冷器风侧表面温度最低点通常难以确定，在不同的风量下，由于表冷器内流场不同，该温度最低点的位置也会产生一定的变化。因此，这种控制方式下信号的选取难度极大，在实际应用中缺乏可操作性。

方案二：水温控制

通过调节进入风机盘管的冷冻水水温，使其高于室内空气露点温度，从而保证风机盘管在干工况下运行。在该方案下，可用进入风机盘管的冷冻水水温代替风机盘管表冷器风侧表面的最低温度来与室内露点温度直接进行比较。虽然这种替代偏于保守，但考虑到实际工程中难以得到表冷器风侧表面的最低点温度和测量本身所存在的误差等问题，采用这种替代是经济可行的。在系统设计过程中，具体可采用如下方法来实现水温控制（具体形式见图7-6）：在风机盘管冷冻水进水管上安装加热装置，当测得的冷冻水进水温度低于室内空气露点温度时，加热装置开启，以提高水温至露点温度。这种控制方式控制精度较高，但存在着较大程度的冷热抵消，大规模的应用不利于系统节能。

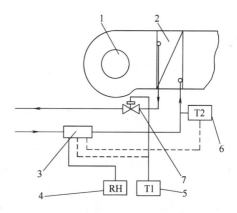

图 7-6 水温控制示意图
1—风机；2—表冷器；3—加热装置；4—位于室内的相对湿度传感器；5—位于室内的温度传感器；6—水温温度传感器；7—电动二通阀

方案三：简单关断控制

比较室内空气露点温度和风机盘管冷冻水进水温度，当测得冷冻水温度低于露点温度时，切断风机盘管的电动二通阀，从而保证不结露（具体形式见图7-7）。简单关断控制的优点在于控制逻辑简单，易于实现，不存在冷热抵消的能量浪费。然而这种控制的简单性是以牺牲室内温湿度环境为代价的。如在办公建筑中，湿负荷主要是由于室内人员引起的。当室内湿负荷增加时，意味着室内人员数量的增加，正需要风机盘管充分发挥其去除室内余热能力。而此时，由于送入室内的新风不足以去除室内余湿，室内空气露点温度升高。当露点温度高于风机盘管冷冻水进水温度时，风机盘管的电动二通阀关断。这样虽然保证了风机盘管不产生冷凝水，但这将使得室内温湿度长时间处于偏离设计参数的状态。只有当室内湿负荷回落一段时间后，室内露点温度慢慢

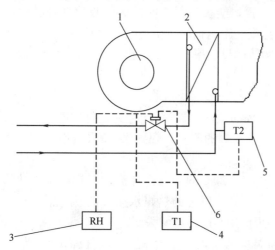

图 7-7 简单关断控制示意图
1—风机；2—表冷器；3—位于室内的相对湿度传感器；
4—位于室内的温度传感器；5—水温温度传感器；
6—电动二通阀

降至冷冻水水温之下，电动二通阀打开，风机盘管才能恢复到正常工作状态。

7.2 辐射系统及装置

7.2.1 辐射供冷/采暖原理及特点

1. 辐射供冷/采暖的原理

辐射供冷或采暖是指通过降低或提高围护结构内表面中一个或多个表面的温度，形成

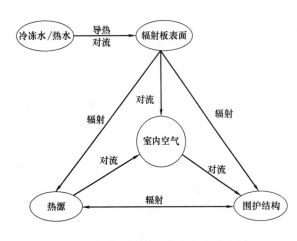

图 7-8 辐射采暖热量传递方式示意图

冷或热的辐射面，依靠辐射面与人体、家具和围护结构的其余表面的辐射热交换进行降温或升温的方法。辐射面可以通过在围护结构中设置冷或热的管路实现，也可以通过在顶棚或墙外表面加辐射板实现。辐射供冷/采暖的传热方式是以辐射为主，对流换热量只占其中的小部分。辐射板辐射出的冷量/热量一部分直接投射到人体表面，另一部分投射到周围物体表面，这些表面再与人体进行辐射换热，完成辐射板对人体的二次辐射，如图 7-8 所示。辐射板在通过上述辐射过程与人体进行热交换的同时，还与周围的空气进行对流换热。辐射换热量取决于加热板、围护结构表面、人体及室内热源的表面温度，各表面的几何形状，相对位置及其辐射特性。对流换热量则取决于辐射板附近空气对流作用的强弱。一般而言，辐射供冷/采暖中，辐射换热量要占总换热量的 50% 以上。

热辐射的特征是：以光速传递，直线传播，能被反射，能被固体吸收并使其温度升高。但通过空气时，不能明显地提高空气温度。影响辐射热交换的因素有：发射表面和接受表面的温度；辐射表面的发射率；接受物体的反射率、吸收率和透过率；发射表面与接受表面之间的角系数。

2. 辐射供冷/采暖系统的分类

通常把总传热量中辐射传热比例大于 50% 的供冷/采暖系统称为辐射供冷/采暖系统。根据辐射板的构造、所在位置、热媒种类和温度等的不同，辐射供冷/采暖系统可分为很多类型。

(1) 按使用功能分：供冷辐射板，应用 12～20℃ 的冷媒循环流动于辐射板换热管道内，将室内余热移至室外；采暖辐射板，采用 30℃ 以上的热媒水循环流动与辐射换热管道内，向室内供热；供冷/采暖辐射板，一板两用，既供冷又采暖。

(2) 按板面温度分：低温辐射，板面温度低于 80℃；中温辐射，板面温度为 80～200℃；高温辐射，板面温度在 500℃ 以上。

(3) 按辐射板构造分为：埋管式，以直径 10～20mm 的管道置于建筑内部构成辐射表面；毛细管式，模拟植物叶脉和人体血管输配能量的形式，利用 $\phi 3.35 \times 0.5$mm 导热塑料管预加工成毛细管席，然后采用砂浆直接贴于墙面、地面或平顶表面而组成辐射板；风管式，利用建筑构件的空腔，使热空气循环流动其间，构成辐射表面；组合式，利用金属板焊以金属管组成辐射板。

(4) 按辐射板位置分：顶面式，以顶棚作为辐射面，辐射热占换热总量的 70% 左右；墙面式，以墙面作为辐射面，辐射热占 65% 左右；地面式，以地面作为辐射面，辐射热占 55% 左右。

(5) 按照地板下面加热源分：热水式、热空气式和电加热式地板采暖等。

从一定意义上来说，沿前面或踢脚线布置的采暖散热器也是辐射板，特别是有些散热器，其辐射热交换量达50%以上，可以说是名副其实的辐射板。由于对散热器的研究已经很深入了，并积累了丰富的经验，所以设墙面布置的辐射板完全可以按现行散热器的方法进行设计和使用。墙壁内埋管构成竖向辐射面辐射采暖的做法很少采用，因此，本章节主要讨论顶棚辐射和地板辐射。

3. 辐射供冷/采暖的特点

辐射供冷/采暖具有以下优点：

（1）节能。采用辐射供冷/采暖方式时，辐射板通过辐射换热，直接作用于人体表面，在相同供冷温度条件下，换热能力要强于常规对流换热方式。因此，与传统的散热器相比，在保证相同的室内热舒适性的情况下，夏季辐射供冷所需的冷媒温度可提高，冬季辐射采暖所需的热媒温度可降低，这为综合利用热泵、太阳能、地热等低品位能源创造了条件。

（2）舒适性强。辐射供冷时，降低了夏季围护结构表面温度，加强了人体辐射散热，提高了舒适性。同时减少了传统空调的吹风感，避免了常规空调系统由电动运转设备和空气输送引起的噪声干扰，舒适性较高。低温地板辐射采暖使地面有效温度高于室内上部温度，室内温度场呈"倒梯度"分布，形成了独特的微气候条件，使所提供的热量在人的脚部较强，头部温和，给人以"脚暖头凉"的舒适感，符合人体的生理学调节特点，如图7-9所示。由图7-10可知，低温地板辐射采暖不会导致室内对流所产生的尘埃飞扬及积尘，可减少墙面物品或空气污染，消除了散热设备和管道积尘及其挥发的异味。

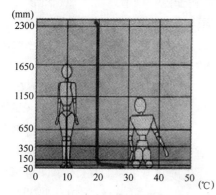

图 7-9 地板辐射采暖温度分布图

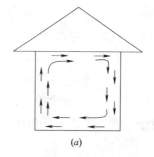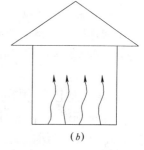

图 7-10 散热器采暖和地板采暖的气流分布比较
(a) 散热器采暖；(b) 地板采暖

（3）转移峰值电耗。地板采暖/供冷独有的蓄热/蓄冷特性可以使系统采取间歇运行的控制方式，利用峰谷电价在夜间制冷，大大节省运行费用，还可以使冷热源设备的容量减少从而节约初投资。

（4）冬夏联供。冬、夏可共用一种末端系统形式。使用地板采暖的旧建筑，只要增加一套制冷机组，就可以达到夏季空调的作用，减少初投资。

（5）布置方式得到优化。室内没有明露的散热设备和空调室内机，不仅不占用建筑面积和空间，且便于布置家具和悬挂窗帘，还可避免墙面被散热器熏黑。

（6）便于单户控制与热计量收费。

辐射供冷的缺点：

(1) 表面温度低于空气露点时，会产生结露，影响室内卫生条件。

(2) 由于露点温度的限制，地板表面温度不能太低，使得供冷能力相对较小，必要时还需采用辅助置换通风或其他空调末端设备来帮助冷却除湿。

(3) 不使用通风系统时，室内空气流速太低，会增加闷热感。

7.2.2 辐射末端装置分类

辐射末端装置按照结构形式的不同大致可以划分为三大类：

一类是内埋管的辐射板。它沿袭辐射采暖楼板的思想，将特制的塑料管直接埋在水泥楼板中，形成冷辐射地板或顶板，称为"水泥核心"结构（Concrete Core System，简称C型）。它将特制的塑料管（如聚乙烯PE）或不锈钢管在楼板浇筑前将其排布并固定在钢丝网上，浇筑混凝土后，就形成"水泥核心"结构。这种辐射板结构工艺较成熟，造价相对较低。考虑到初投资问题，目前国内管材主要采用有塑料黄金之称的聚丁烯管材。聚丁烯管材是最保险的埋地管材，无论是从耐温耐压方面还是从施工性能方面而言，均有其他管材无法比拟的优点。但由于混凝土楼板具有较大的蓄热能力，可利用该辐射板实现蓄能。混凝土板的换热能力（热工性能、供热供冷能力）主要影响因素为供水温度和埋管间距，埋管管径和管子埋深对其影响不大。冷水进水温度通常为 $16\sim20℃$，埋管间距宜取 $100\sim250mm$，埋管管径宜取 $15\sim30mm$，管子埋深宜取 $30\sim100mm$，混凝土板供冷能力为 $30\sim45W/m^2$。

由于混凝土楼板具有较大的蓄热能力，因此可以利用C型辐射板实现蓄能。但从另一方面看，系统惯性大，启动时间长，动态响应慢，不利于控制调节，需要很长的预冷或预热时间。这种辐射冷板一般比较厚，因此承重能力强。当用作地板辐射供冷时，地面温度一般控制在20℃左右。因而，地板辐射供冷量较小。不仅如此，地板辐射供冷还要求空气不能太潮湿，否则地面容易滋生霉菌，而且人在潮湿地面行走时容易滑倒。

另一类是金属辐射板。它是以金属或塑料为材料，制成模块化（model panel）的辐射板产品，安装在室内形成冷辐射吊顶或墙壁，这类辐射板的结构形式多种多样（见图7-11）。从截面上看，中间是水管，为了减少冷（热）量损失，辐射板上面加保温材料和盖板，管下面通过特别的衬垫结构与下表面板相连，因此该种辐射板又称为"三明治"结构（sandwich，简称S型）。辐射板宽度一般为0.6m，长度从 $0.6\sim3.7m$ 不等，板厚度在 $0.7\sim2cm$ 之间，辐射板的面板通常为铝板（也有做成铁板的），水路可以串联，也可以并联。安装在吊顶时，辐射供冷系统一般会结合机械通风系统使用。如果安装全吊顶，辐射面板应该做成具有吸声功能的孔板。这种结构的辐射吊顶板集装饰和环境调节功能于一体，是目前应用最广泛的辐射板结构，其供冷能力为 $80\sim110W/m^2$，适合安装于各种常用规格的金属顶棚板内，也可用于开放式系统或是和龙骨式吊顶相结合。金属辐射板主要具有如下优点：

(1) 对负荷反应灵敏，一般不超过5min；

(2) 占据室内空间小，能够灵活配合建筑美观以及空调系统分区要求，适合新建建筑和改造项目使用；

(3) 安装、检修方便，可以在不影响系统运行的情况下进行局部检修；

(4) 运行噪声低。

但S型辐射板质量大，耗费金属较多，价格偏高，并且由于辐射板厚度和小孔的影响，其肋片效率较低，表面温度分布非常不均匀。

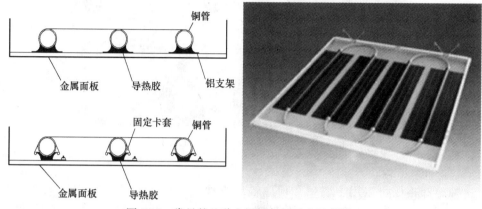

图 7-11　常见的几种金属辐射板形式示意图

第三类是"冷却格栅"（Cooling Grid System）。这种冷却格栅由排放比较密集的毛细管状水管组成，所以又称"毛细管网栅"。一般安装在房间吊顶或者墙壁内，在格栅表面进行液体石膏喷涂，使它和建筑相互结合；也可以将格栅埋入石膏板或者嵌在金属板上做成辐射板。为了清楚起见，将冷却格栅的水路用示意图 7-12 表示。

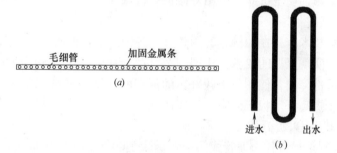

图 7-12　冷却格栅的水路示意图
（a）格栅截面图；（b）水路循环管路

毛细管网栅可以根据安装应用需求，做成相应的尺寸，安装灵活多变如图 7-13，既可用于新建建筑，也可用于既有建筑，其供冷能力约为 $55\sim95W/m^2$。其管材为聚丙烯，具有很强的耐温能力、硬度和抗张强度。毛细管网栅产品具有高延展性，抵抗能力强。如果设计和安装准确，寿命周期可超过 50 年。管道平滑无孔，表面不粗糙，这样可减少壁面阻力，减少压力损失。通常毛细管管径在 3.0～6.5mm 之间，壁厚在 0.5～1mm 之间，集管管径在 16～20mm 之间，壁厚在 2.0～3.5mm 之间，系统运行压力为 4～20bar。毛细管网宽幅一般在 1.2m 以内，长度最长可达 6m。一般根据建筑房间的尺寸和设计长度，由工厂定做。毛细管组集管之间采用专用设备热熔对接。

毛细管网模拟植物叶脉和人体皮肤下的毛细血管机制：它们都是通过毛细管内流动的液体来调节自身温度，从而达到与周围环境的平衡。其传热过程与S型传热过程的最大区别是：毛细管的管间距小。因此，金属辐射板的肋片效率高于S型，但S型结构铜管和金属辐射板之间的铝制衬垫结构设计合理，管与辐射板之间的接触热阻小。因此，两种结构

图 7-13 地面、墙面、顶棚毛细管安装图

在传热环节各有所长。

这种冷却格栅可以用于墙壁和顶棚辐射供冷。管内水流速度较慢，大约在 0.1~0.2m/s 之间，因此系统运行时的噪声较低。同时，由于这种格栅的表面积大，所以温度分布比较均匀。它对冷负荷变化的反应时间介于金属辐射板和混凝土辐射板之间。

另外，由于网栅材料本身不含任何有害物质，网栅系统内不产生废气和废水等对环境有污染的废物。网栅材料可百分之百回收再循环使用。此外，该系统还具有采暖制冷合为一体、网栅可免维修、安全可靠，使用寿命长等特点。

7.2.3 地板辐射系统

地板辐射采暖技术首先在德国、韩国、日本等国兴起，但其仅仅解决了冬季采暖的需要，却无法在夏季实现降温的要求。法国在 20 世纪 80 年代开始推广使用地板辐射供冷技术，用于各类舒适性降温，使用效果较好。随后在欧洲地区又形成了一种地板同时供冷、采暖技术，进一步提高了地板辐射末端的实用性。

1. 地板辐射供冷/采暖分类

地板辐射供冷/采暖可分为埋管式与干式两大类。埋管式也称湿式，它是目前在地面板体结构铺设方面，工程中普遍采用的形式［见图 7-14（a）］。埋管式需要在现场进行铺设绝热层、敷设并固定加热管、浇灌混凝土填充层等全部工序。即在钢筋混凝土楼板基层上先以水泥砂浆找平，然后铺设厚度不小于 20mm 的高密度发泡或挤出型泡沫塑料板（板上部复合一层铝箔），在铝箔层上铺装通以热水的盘管，并以塑料卡钉将盘管与保温层固定，最后浇筑 40~60mm 厚的豆石混凝土作为填充层，地面装饰层则根据用户的要求在填充层上铺设地砖、花岗岩板或木地板等。也可将加热管直接浇捣在钢筋混凝土楼板内，但由于加热管位于结构层内，因此对施工质量要求极为严格。

这种做法有许多优点。例如，豆石混凝土可作为采暖的蓄热层及热阻层，通过混凝土层的传热可使管壁 50℃左右的温度到地面以后达到 28℃左右的卫生要求。同时，它的蓄热作用也使采暖的稳定性较好，还能承重，起到保护管材的作用。但工程实践中也看到它存在的不足和局限，在一定程度上阻碍了它的推广应用。例如：维修困难、初投资偏高、增大楼板结构负荷、在许多家庭装修中铺设龙骨时受限等。

地板辐射供冷/采暖干式做法［见图 7-14（b）］是将加热盘管置于基层上的保温层与带龙骨的架空木（竹）地面装饰层之间无任何填埋物的空腔中。这种做法不必破坏地面结构，克服湿式做法中的不足，尤其适用于将现有住宅改造成地暖形式，为地暖在我国的推广提供新动力，从而丰富和完善了地暖技术的应用。湿式和干式两种主要采暖模式的比较分析详见表 7-1。

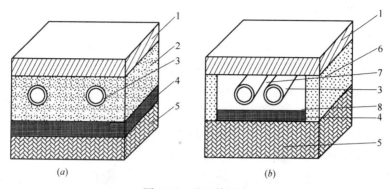

图 7-14　地埋管形式
(a) 湿式做法；(b) 干式做法
1—地面装饰层；2—填充层；3—加热盘管；4—保温层；5—基层；
6—龙骨；7—空气夹层；8—铝箔

两种主要地暖技术经济对比分析　　　　　表 7-1

模式	地面蓄热	地面温度均匀性	维修	预热时间	楼板承重负荷	造价
湿式	好	好	不便	多	大	高
干式	一般	一般	方便	少	小	低

2. 地板辐射供冷/采暖的适用性分析

鉴于我国与欧洲气候差异较大，尤其是东部沿海地区夏季闷热。因此，在我国推广地板辐射供冷计算时必须考虑国内的气候条件。尽管辐射供冷技术具有节能降耗等优点，但仍存在应用的局限性——地区气候特征和不同建筑类型。

对于气候条件来说，在我国高热高湿地区，此项技术的应用将会因其有造成结露的可能性而受到限制。同时，防止结露还会影响其供冷效果，所以在此类地区不适合应用地板供冷。但如果进行推广，则应配合新风系统，这样既能解决结露问题，又可以提高供冷效果。

从建筑类型考虑，不同类型的建筑具有不同功能。因此只有在建筑内配合适当的空调形式，才能满足功能性要求和用户需求。

(1) 居住建筑

居住建筑中采用的是舒适性空调，更确切地说是"住宅空调"。这类空调能够满足居住类建筑的要求，其特点有：1) 在居室中，各类人群生活习惯不同且在室内活动时间较长，因此人们对于空调的需求具有多样性、复杂性的特点，居住建筑空调的控制和调节具有高度的自由性、灵活性，且反应速度快；2) 住宅空调使用系数低，尽管各房间的末端空调设备选型容量会较大，但多为间歇性使用，高级公寓和别墅由于人员少，情况更是如此；3) 住宅空调的负荷波动性较大，空调使用时间主要是集中在晚上下班后及节假日。

地板辐射采暖已经得到大力推广使用，受到用户们的欢迎。但是在夏季进行辐射供冷时应谨慎考虑。家庭成员复杂，健康青壮年与老人、婴儿、儿童、孕妇、体弱者和慢性病人等人群对空调需求差别较大，而辐射冷却技术在启停和调控会因其系统本身的热惰性在反应控制方面存在不足。由于辐射冷却空调系统不能直接排除凝结水，只能限制凝结水的产生，在夏季连续性高温高湿闷热天气时，建筑壁面结露的可能性较大。此外，一些家庭日常活动（炊事、洗浴等）都会使室内产生较大的湿负荷，控制结露难度增大。在夏季，室内的自然通风将会因防结露而受到限制，这不利于居住者的身体健康。此外，居室生活夏季衣着单薄短小，身体裸露面积大，长时间接触辐射冷表面会对不同体质人群的健康带来影响。因此，地板辐射供冷并不适合在居住建筑中使用。

（2）办公建筑

现代办公建筑中，随着智能化的提高，办公设备的功能和数量增多，其散热量增大。加之建筑内的其他电器设施，如照明、电梯等，使得建筑内的冷负荷增大。这意味着楼内的内热源多且散热量大，此类建筑适合采用地板辐射供冷系统。但需要注意的是，办公人员一般久坐且活动量较小，辐射供冷的表面温度将会影响舒适性。因此，供水温度和地面温度不能太低。

智能化办公建筑多架设空地板，这将给地板辐射供冷系统的应用带来一定难度。相比之下，由于辐射吊顶可以和建筑装修紧密配合，使得辐射冷吊顶的适用性更大。

（3）商用建筑及广播、电视建筑

此类建筑中，灯光照明负荷和设备负荷较大，人员活动以流动性为主，地板净面积大，地板辐射供冷系统对于这类建筑来说是非常适用的。

（4）公共交通、展览及厂房建筑

此类建筑一般为高大空间建筑并有着较大的地板净面积，其大多采用自然光，太阳辐射负荷大，人员密集且流动量大。其中，厂房的机械设备散热量大，需要更大的冷量。在此类建筑中，地板辐射供冷系统一般需要连续运行，如结合置换通风系统，则会增强供冷效果，改善建筑内的空气品质，提供一个健康舒适的活动空间。

由于地板辐射采暖不存在结露问题，无论是在高湿地区还是干燥地区均适用。在建筑类型方面，由于地板辐射采暖是通过加热地面来向室内供热的，当室内家具或仪器设备较多时，会影响采暖效果，所以地板辐射采暖系统适用于有较大地板净面积的建筑。在住宅建筑中，由于人们家居时穿着拖鞋，脚部与地板接触性更好，更能体现地板辐射采暖符合"暖人先暖脚"的中医理论。因此，地板辐射采暖在住宅建筑中的适用性最好。

3. 地板辐射供冷/采暖系统经济性分析

地板辐射供冷系统的冷水机组供水温度为15℃，与常规空调系统冷水机组供水温度5℃相比，制冷性能系数提高38%，节能效果可观。地板辐射供冷系统没有风机，耗电量下降，室内安静。研究表明，地板辐射供冷系统比常规空调系统节能30%～40%。例如，美国劳伦斯伯克里实验室在使用美国全境各地气象参数对商用建筑进行模拟试验得出结论，地板辐射供冷系统比常规空调系统节能30%。另一项研究表明，在单位建筑面积冷负荷为20～60W/m^{2}时，置换通风系统加地板辐射供冷系统与常规变风量空调系统相比，节能20%～50%，与常规定风量空调系统相比，节能40%～60%。

以建筑面积为 100m² 的房间为例，方案 1 采用常规冷水机组空调系统，方案 2 采用地板辐射供冷系统，两种方案的技术与经济性比较如表 7-2 所示。从表中可以看出，无论在技术上还是在经济性上，方案 2 都优于方案 1。

两种方案技术经济性比较 表 7-2

方案	施工期(d)	施工难度	维护难度	室内设备使用寿命/a
方案1	3	高	高	15
方案2	4	中	低	50
方案	室外设备使用寿命(a)	系统造价/(元)	日运行费(元/d)	
方案1	15	(2.8~3.2)×10⁴	22~40	
方案2	15	(2.2~2.6)×10⁴	9~18	

对于采用地板辐射采暖的节能建筑而言，有关资料显示，当室内气温取 16℃时，与达到规范要求的保温标准的建筑采用现行散热器采暖、室内气温为 18℃时的 PMV 值相同。即辐射采暖房间的室内设计温度可以比对流换热采暖房间降低 2℃左右，节省能耗 10%~20%。而且地板辐射采暖供水温度一般为 40~60℃，属于低温采暖，为利用热泵、地下水、太阳能等可再生能源作为热源创造了有利条件，从而进一步减少对一次能源（煤、石油、天然气等）的消耗，减少环境污染。

拟有某工程现设计以下两种方案：

方案 1：室内系统采用低温热水地板辐射采暖，增设换热站，利用换热机组把集中供热热网中 95/70℃的热水换热到 60/50℃热水；室内安装热量表及温控阀。

方案 2：室内系统采用双立管水平串联式散热器采暖，热源为集中供热热网中 95/70℃的热水；室内安装热量表及温控阀。

两种方案的经济对比分析结果如图 7-15 所示。由图中可看出，地板辐射采暖的经济性明显好于散热器。

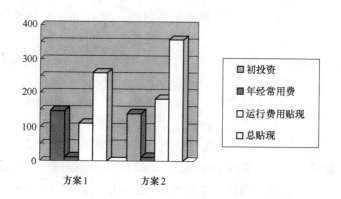

图 7-15　两种方案的经济性对比

显然，在夏季用于供冷、冬季用于采暖的地板辐射供冷/采暖系统中，一次投资，冬夏两用，不仅提高了系统的使用率，而且大大提升了经济性和节能性。

4. 地板辐射供冷/采暖系统中相关问题分析

（1）地板辐射供冷/采暖的控制方法

除了湿度控制（将在下一节讨论）方面，地板辐射供冷的控制与辐射采暖的控制基本上是相同。

地板辐射系统的控制参数可分为输入变量、控制变量和操纵变量。

输入变量：包括室内外温度和供回水温度（通过温度传感器进行监测）。

控制变量：包括室内温度、地板表面温度和作用温度（通过自动温度调节装置进行控制）。

操纵变量：包括供水温度（通过热交换器和三通或四通混合阀进行调节）或供水流量（连续流量控制通过双向调节阀进行控制，间歇流量控制通过截止阀进行控制）或热流量控制（通过对冷水机组的控制进行调节）。

根据操纵变量不同，地板辐射的控制方法可分为 4 类，即供水温度控制、供水流量控制、供水温度与流量同时控制和热流量控制，具体分类如图 7-16 所示。

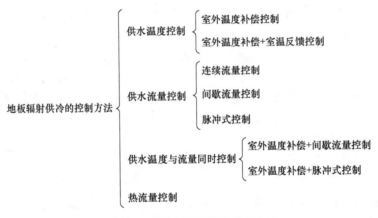

图 7-16　地板辐射供冷控制方法

室外温度补偿控制是一种根据室外空气温度进行调整的前馈控制。在辐射供冷系统中，室内负荷受到室外温度的影响，两者存在一定的比例关系。因此，可以随着室外空气温度的变化控制供水温度，以达到控制室温的目的。MacCluer 对该控制方法进行了数值模拟，得出以下结论：该控制方法对于室外气温变化具有很好的稳定性；对于室内气温的扰动变化调节效果也较好，但对于太阳辐射透过窗形成的负荷及室内负荷变化的调节容易出现不稳定。

在实际应用中采用随室外温度的变化确定供水温度之后，再根据反馈的室温二次调节供水温度，这种方式叫做"室外温度补偿＋室温反馈控制"。该方式控制性能好，但由于混合阀和室外温度设定控制器等装置复杂，使初期投资较大。

连续供水流量控制是根据室内温度与设定值之间的偏差比例调节二通阀开度，从而控制供水流量的方式。该方式初期投资比其他方法少，但在低流量时，由于热产量和流量的非线性关系，使其无法精确控制。

间歇流量控制是在供水温度与流量一定的条件下，以室内设定温度为中心设置室温偏差范围，并根据所设偏差范围双位开关阀门，从而控制供水流量的方式。

脉冲式控制与间歇流量控制方式相似。为了缩小双位开关控制方式的室温波动偏差，室温与以脉冲波的偏差与周期所形成的三角波的上升段交叉时打开阀门，与三角波的下降段交叉时关闭阀门，如图 7-17 所示。三角波的周期一般设定为 15min。

"室外温度补偿＋间歇流量控制"是室外温度补偿控制与间歇流量控制的组合方式，

7.2 辐射系统及装置

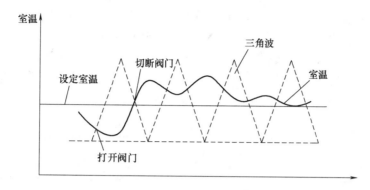

图 7-17 脉冲式控制

系统供水温度由室外温度以及室外温度补偿率确定，流量供应时间由双位开关式控制确定。该方式弥补了室外温度补偿控制的非循环性与间歇流量控制的室温波动较大的缺陷，可消除地面辐射采暖系统的时间滞后现象。

"室外温度补偿＋脉冲式控制"是室外温度补偿控制与脉冲式控制的组合方式，系统供水温度由室外温度以及室外温度补偿率确定，流量供应时间由脉冲式控制确定。

热流量控制是根据室内温度与设定值之间的偏差调节制冷机组热流量的一种控制方式。为了提高控制质量，一般采用脉冲式控制原理调节制冷机组的启闭时间。热流量控制方式虽然系统简单而且控制性能较稳定，适合户式供冷使用，但是不能同时控制一个以上的空间温度。从而限制了其在区域供热或集中供热中的应用。

(2) 地板辐射供冷/采暖设计和施工中应注意的问题

1) 地板辐射采暖设计负荷的计算问题

地板辐射采暖与一般散热器对流采暖方式相比，热工特性有许多区别。为简化计算，可在对流采暖方式热负荷计算的基础上，进行一些必要的修正和调整。由于房间敷设了采暖地板，不存在室内空气通过地面或地板向外的传热。因此，不应计算此部分围护结构热损失。

由于地板辐射采暖是在辐射强度和温度的双重作用下对房间进行采暖，形成较合理的室内温度场分布和热辐射作用，可有 2~3℃ 的等效热舒适度效应，详见图 7-18。因此，室内计算温度与对流采暖相比可降低 2℃。

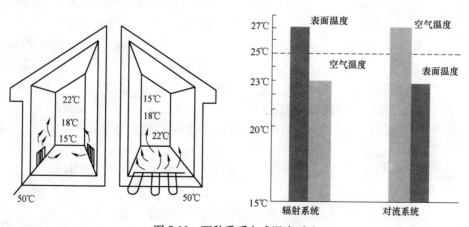

图 7-18 两种采暖方式温度对比

对采用集中采暖分户热计量或分户独立热源的住宅,存在部分房间间断采暖或较大幅度调节室温的可能性。除需考虑热源条件因素外,还应考虑户间的传热负荷和较无分户热计量更为突出的间歇采暖因素。

地板辐射用于房间局部区域采暖,其他区域不采暖时,地板辐射所需热量可按全面辐射采暖所需散热量乘以一定的修正系数,详见表7-3。

局部区域辐射采暖修正系数　　　　　　　　　　　表7-3

采暖区面积/房间总面积	>0.80	0.55	0.40	0.25	<0.20
修正系数	1	0.72	0.54	0.38	0.30

为适应热负荷较大的外区供热量,对进深较大的房间,应分成内外区,分别进行采暖热负荷计算和地板辐射采暖设计。

2) 加热管的布置问题

地板的散热量主要取决于管径、管间距、地面材质、水温及室温。一般情况下,同一建筑中室温、水温、管径、材质都是确定的,散热量主要靠管间距来调整。加热管的敷设间距应按计算确定,最大不宜超过300mm。

当盘管间距为150~300mm时,地面温度及散热量与盘管的间距、供水温度有密切的关系。盘管间距越小,供水温度越高,则地面的温度越高,散热量也越大。

加热管有3种基本布置形式(见图7-19):①回折型布置:管路温降适中,板面温度均匀,且管路只有两个转弯处的转弯半径小,布管时应该优先选择;②平行型布置:易于布置,但板面温度不均匀,管路转弯处的转弯半径小,不便于管路小间距布置;③双平行型布置:管路温降适中,板面温度均匀,但管路转弯处一半数目是转弯半径小的。

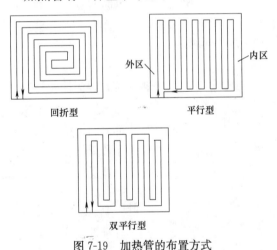

图7-19 加热管的布置方式

为了保证地板采暖室内的热舒适性,地板表面平均温度 t 需满足一定要求。相关规范规定,经常有人停留的地面平均温度为24~26℃;短时间有人停留的地面平均温度为28~30℃;无人停留的地面平均温度为35~40℃,居室、办公室,$t \leqslant$ 27℃;浴室,$t \leqslant$ 32℃。为了确保地面温度均匀性,应采用不等距布置加热管(见图7-20)。

在确定盘管长度时,应遵循以下原则:①先根据采暖房间的个数以及面积大小划分成组,力求各组盘管的长度相等或近似相等;②由于管材的盘卷包装定量为120m,为避免加热盘管尽量不使用接头,加热管长度不宜大于120m。设计时应结合实际情况作细密周详的考虑,以充分利用每一卷管材,让每一组加热盘管既不出现管材不足,也不会剩余过多。

此外,布置加热管时,应尽可能按室(房间)划分回路,分别与分、集水器连接。在卫生洁具、固定设备等下部不应布置加热管。敷设加热管时,管道必须加以固定,固定点

7.2 辐射系统及装置

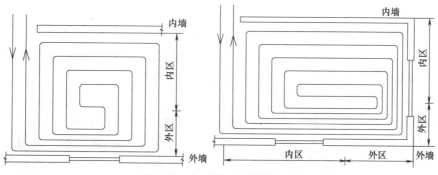

图 7-20 加热管的不等距布置

的间距取值应满足：直管段宜保持 500～700mm，弯曲部分宜保持 200～300mm。

加热管的直径可按管内热水流速不小于 0.25m/s 确定。加热管不宜穿越伸缩缝，如必须穿越时，应在加热管外部加装长度不小于 200mm 的柔性套管。

3）绝热层及填充层的材料选择问题

绝热层应采用导热系数小、吸湿率低、难燃或不燃、有足够承载能力的材料，且不应含腐殖菌源、散发异味或可能危害健康的挥发物。铺设绝热层之前，必须对地面进行清扫，必要时进行找平。对于潮湿房间，如卫生间、游泳馆等，在填充层上部应要求土建专业设置隔离层，以防止地面上的水分渗入填充层和绝热层。

填充层的材料宜选择传热性能好的豆石混凝土，强度等级可取 C15，豆石粒径不应大于 12mm。当面层采用带龙骨的架空木地板时，加热管应裸敷在地板下龙骨之间的绝热层上，不应设混凝土填充层。

4）分、集水器的设置

分、集水器的构造如图 7-21 所示。在分水器的总进水支管上，顺水方向应设置关断阀、过滤器和热量表。在集水器的回水支管上，顺水流方向应装置泄水短管（带关断阀）、平衡阀和关断阀。在分水器的总进水支管（始端）与集水器的总回水管（末端）之间，应设旁通管并安装关断阀，以保证管路冲洗冲洗水不流入热管系统。此外，每组分、集水器连接加热管的分支环路不宜超过 8 路，分集水器上必须设手动或自动排气阀。

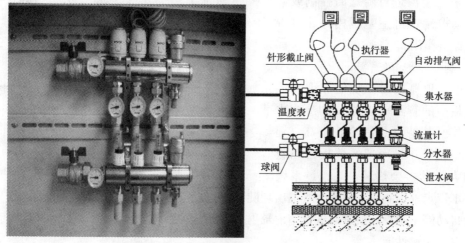

图 7-21 分、集水器构造图

7.2.4 顶棚辐射系统

1. 顶棚辐射系统的概念及特点

顶棚辐射系统是一种全新的空调设计方法。它能够创造良好的舒适环境,提高室内空气品质,是一种值得推广的舒适、节能的空调系统。

(1) 顶棚辐射系统的概念及原理

顶棚辐射系统是将聚丁烯管敷设在楼顶板内(见图7-22),通过管中水的循环对楼顶板进行加热或降温,从而形成冷辐射或热辐射面。传热以辐射传热为主,并可在满足除湿需要的条件下配置新风系统。它是用以取代暖气片及户式空调系统的一种新型空调系统。

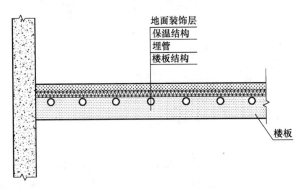

图 7-22 混凝土辐射供冷结构大样

顶棚低温辐射采暖/制冷系统是一种低能耗采暖制冷设备。它的工作温度控制在 20~28℃ 这个低温范围之内,采用"辐射"这种高效热交换方式。这种系统采用埋设在混凝土楼板(顶棚)中的聚丁烯管内流通循环水对顶棚加热或降温,顶棚再向室内进行辐射的方式进行工作。夏季供应空调冷水,供水温度为 18℃,回水温度为 20℃;冬季供应采暖热水,供水温度为 28℃,回水温度为 26℃。该系统传热介质为低温热水,属环保、节能型项目。

顶棚辐射系统的系统构造图如 7-23 所示。在分、集水器前安装了自力式流量平衡阀,解决了水力失调问题,以保证每个分、集水器的使用压力。在分室户内控制方面,于分、集水器供水回路上加装远传温控阀,使各个房间内可通过调节旋钮来对室温进行随意的控制或开断,自动控制在舒适范围内,并有着较好的保持作用。

1) 制冷原理

夏季,顶棚辐射系统依靠埋在混凝土楼板中的管路输送 18℃ 的冷冻水进行工作。其特点是制冷效率高、辐射均匀、无噪声,冷却的楼板可以吸收室内大量的多余热量,并通过系统

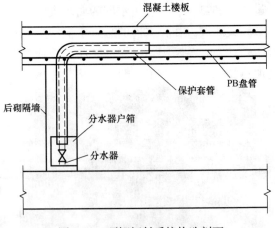

图 7-23 顶棚辐射系统构造剖面

的循环水带走。当制冷期间室外气温出现陡降、室温等于或低于舒适温度时,系统中的循环水会自动停止制冷,或进而进行室内辐射采暖。这种系统自身的工作原理可以使其具有很好的自动调温性能。

2) 采暖原理

冬季,系统送水温度控制在28℃左右的低温范围进行采暖,依靠遍布于顶棚内的盘管将顶棚均匀加热,顶棚再向室内进行热辐射。当室内温度上升至人体舒适范围时,系统自动停止热交换,节省能源。

(2) 顶棚辐射系统的特点

顶棚辐射采暖/制冷系统得益于这样一个事实:辐射比对流更有效。按人体舒适的基本物理条件,人体对热辐射比对空气对流更敏感,因此创造一个舒适的热环境,辐射是一种非常有效的传热方式。

作为一种新型的空调系统,顶棚辐射系统的舒适性和节能性是传统空调系统无法比拟的,该系统具有以下特点:

1) 由于将管路直接预埋在建筑结构中,不占用室内空间,避免了全空气系统所需要的较大的空间。和传统空调方式相比,初投资也低。

2) 依靠顶棚与室内的辐射换热,配以室内卫生要求的新风系统,柔和地达到所需的舒适效果,避免了风机盘管过大的噪声和凝结水排放的困扰。

3) 室内的舒适性得到很大提升。由于换热主要以辐射的方式进行,室内空气的流动较弱,没有吹风感,室内的温度比较均匀,温度梯度小。在相同的室内空气温度条件下,平均辐射温度低,人的舒适性比传统的空调方式更佳。辐射供冷房间的室内空气温度分布如图7-24所示。

4) 顶棚辐射供冷可以充分利用天然冷源,并能提高制冷机的运行效率。由于辐射供冷要防止顶棚表面结露,而且表面温度过低也不利于提高室内的舒适性,所以对于辐射供冷的顶棚表面温度,一般控制在比室内露点温度高2℃。室内的露点温度可根据室温和室内相对湿度确定,如表7-4所示。

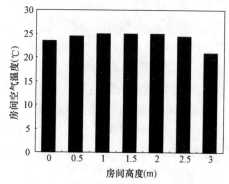

图7-24 辐射供冷房间室内空气温度分布图

室内设计参数、露点温度和楼板表面温度的关系　　　　表7-4

相对湿度	室内温度	24℃	25℃	26℃	27℃	28℃
40%	t_1(空气露点温度,℃)	9.5	10.3	11.2	12.1	13.0
	t_w(楼板表面温度,℃)	≥11.5	≥12.3	≥13.2	≥14.1	≥15.0
50%	t_1(空气露点温度,℃)	12.8	13.7	14.6	15.5	16.5
	t_w(楼板表面温度,℃)	≥14.8	≥15.7	≥16.6	≥17.5	≥18.5
60%	t_1(空气露点温度,℃)	15.6	16.5	17.5	18.4	19.4
	t_w(楼板表面温度,℃)	≥17.6	≥18.5	≥19.5	≥20.4	≥21.4
70%	t_1(空气露点温度,℃)	17.1	17.9	19.0	19.9	20.9
	t_w(楼板表面温度,℃)	≥19.1	≥19.9	≥21.0	≥21.9	≥22.9

由表7-4可见,以25℃,50%的相对湿度计算,露点温度为13.7℃,顶棚表面温度要控制在16℃左右。如果室内的冷负荷在100W/m² 以下,需要的冷水供水温度在

12.3℃就能满足供冷的要求。如果室内温度和相对湿度提高，冷水温度还可以再提高。在这样的冷水供水温度下，可以充分利用天然冷源（江、河、湖泊水、土壤冷量），同时也能提高热泵机组或者冷水机组的 COP，还可利用冷却塔供冷或者太阳能空调系统，使空调系统的能源消耗得到极大的降低。

5）混凝土可以对管路释放的冷量进行蓄存，使室内空气温度波动较小。同时，在一定程度上可以减少系统的峰值负荷。某些时段由于室内负荷和日照造成瞬间超负荷时，热量可以被楼板的混凝土结构所吸收。因为它有很高的蓄热能力，储存的热量可以在夜间由循环水带走。如果用户允许室内温度在舒适的范围内有一定的波动，这种方法将会良好运行并能实现自动调节。在合理的调配下，室内温度不会发生太大变化。

6）这种系统还具有自我调节的特征：在冬季，当室内温度保持在20℃时，朝阳房间太阳的直接辐射会使室内温度上升，室内温度与水管中水的温度差会越来越小。当室内温度与水管中水的温度相等时，这套系统的采暖功率则为零。因此，不需要因为过热而关闭系统，系统自动停止放热。同样，制冷也是如此。

顶棚辐射系统最大的缺点是顶棚表面容易结露。顶棚辐射系统是通过冷却顶棚表面进而降低房间温度的。当顶棚表面温度低于室内空气温度露点温度的时，表面通常会产生结露现象。因此，顶棚表面温度不能无限制的降低，进而使其制冷能力受到了限制。在湿度较大、冷负荷较大的地区使用该系统时，需要采取必要的防结露措施。为了保证室内的空气品质，应当设置合理的新风系统。

2. 顶棚辐射系统的适应性分析

顶棚辐射系统与目前建筑业较为前沿的低温热水地板辐射采暖系统比较，具有舒适度更高、不占用使用面积、低能耗、热稳定性更好、运行费用更低等优点，而且顶棚辐射系统可与结构工程同寿命。顶棚辐射技术的推广应用，无论从经济效益还是从国家长期战略来看，均是一个良好的发展方向。但是，其自身的易结露特性也限制了其使用范围。因此，对顶棚辐射系统进行适用性分析是非常有必要的。

(1) 应用好顶棚辐射采暖制冷系统的前提条件

作为一种新的暖通空调系统，顶棚辐射系统有着其他系统无可比拟的优点，其舒适性是毋庸置疑的。但这一切需要以建筑的优化为前提，将建筑的热冷负荷降到足够低。合理应用顶棚辐射采暖制冷系统需要有健康、舒适、节能的房屋建筑系统予以支持。

首先，利用不同性能的材料及技术组合构建房屋建筑，最大限度地利用有利因素，抵御恶劣气象条件和其他不利因素，使围护结构内部环境适宜人居住。就像为建筑穿上了一件智能外衣，在没有辅助设备的条件下，具有长期抵御外界各种不利环境条件的能力，让室内空间尽可能多地利用自然环境中对人有利的一面——适宜的自然光、优美的景观、舒适的温湿度、新鲜的空气及安静的环境等。

其次，如果外部环境非常不利，必须使用辅助设备来达到舒适要求时，则应尽量缩短使用设备的时间，且降低对设备的功率需求，即用很少的能量就可将内部环境调整到舒适范围。当这种需求量降到一定程度时，就可以从根本上改变设备的工作方式。

(2) 顶棚辐射系统适用性分析

为了保证室内相对湿度，防止结露的出现，必须有相应的除湿办法。目前，对于顶棚供冷系统基本采用新风除湿的办法。这样，新风系统不但承担着室内的卫生要求，还承担着室内的除湿任务。

如果新风按照规范规定的最小新风量确定，则按照表冷器的处理极限考虑，对于新风标准较高、人员体力活动较弱的场合，以最小新风量就能满足系统的除湿要求。对于按照最小新风量无法达到除湿要求的房间，只能加大新风量，以满足对室内空气露点的要求。由于处理后的新风焓值低于室内空气的焓值，势必会使新风承担部分室内负荷。

对于人员密度大的场合，单位面积新风承担的负荷量是很大的。这就势必削弱顶棚辐射供冷量，也就无法达到辐射供冷的初衷。如果要避免新风承担室内负荷，可以先将新风处理到室内空气的焓值，然后利用固体吸附剂或者转轮除湿等手段再将新风等焓处理到需要的送风含湿量。但是，这增加了系统的复杂性。所以，顶棚辐射供冷不宜在人员密度较大、湿负荷较大的场合使用。而在办公室等室内空调冷负荷不太大的场所使用顶棚辐射系统可取得良好的节能效益等。此外，对于使用该系统的建筑，应该对建筑本身做好充分的保温，使建筑能耗保持在较低的水平，从而获得更加理想的节能效果。

此外，辐射制冷的冷效应快，受热缓慢。在制冷期间围护结构、地面和环境中的设备表面吸收辐射冷量，并储存一部分冷量。制冷停止后，这些被储存的冷量开始向环境散发，还可以保持一定的冷环境。因此，顶棚辐射空调特别适用于需要间歇制冷的场所，如剧院、会场等。

（3）顶棚辐射系统天然冷源的利用

采用顶棚辐射采暖、供冷时，可以冷热源分别设置，也可以冷热源一体化。冷热源分别设置时，热源可采用城市集中供热，也可使用单独的燃煤、燃气、电锅炉等。分户安装的壁挂燃气炉向室外排气，会造成小区的空气污染。电锅炉便于控制，价格不太高，又不会造成小区空气污染，在一些城市中用量日益增加。冷源可以用各类冷水机组，也可用深井水等自然冷源，或使用集中供冷系统提供的冷量。冷热源一体化时，一般在无自然冷热源可用的情况下，使用热泵是最经济、节能的方案。

1）地下水作为冷源

由于辐射作用，人体的实际感受温度会比室内实际温度低 2℃。所以，在相同的热感觉下，和传统空调系统相比，顶棚辐射系统室内空气温度可以高一些。室内设计温度比传统的全空气系统高 2~3℃，从而使顶棚辐射系统所需冷源温度也较高。这为利用天然冷源创造了有利条件，可免去制冷系统的能耗，使系统运行费用降低，并且不污染环境。作为空调用的天然冷源主要有地下水、深井水、山涧水、水库水、岩洞风及地道风等。其中，最方便且实用的天然冷源是深井水。表 7-5 给出了我国各地区地下水的温度。从表中可以看出，除第Ⅳ区外，其他地区均能满足顶棚辐射系统夏季制冷的水温要求。

全国各地地下水温分区表　　　　　　　　　　　　　　　表 7-5

分区	地　区	地下水温（℃）
Ⅰ区	黑龙江、吉林、内蒙古、辽宁大部、河北、山西、陕西偏北部、宁夏东部	6~10
Ⅱ区	北京、天津、山东、河北、陕西大部分、河南南部、青海东部、江苏北部一小部分地区	10~15
Ⅲ区	上海、浙江、江西、安徽、江苏大部分、福建北部、湖南、湖北东部	15~20
Ⅳ区	广东、台湾地区、广西大部分、福建、云南南部	20
Ⅴ区	贵州、四川、云南大部、湖南西部、湖北西部、陕西和甘肃的秦岭以南地区、广西北部	15~20

在地下水不能直接用作顶棚辐射系统冷源的地区，可以辅以水源热泵，即将水源热泵与顶棚辐射系统配合使用，这样可使系统的冷热源一体化。不仅减少了初投资，而且可达到很好的节能效果。与传统的供热方式相比，该系统冬季供热节约运行费用为46%~57%；与传统的供冷方式相比，其夏季供冷节约运行费用为47%~60%，每年平均节约运行费用在50%以上。

2）冷却塔作为冷源

要保证室内较好的舒适性，室内空气的露点温度在13~19℃。这样，就要保证冷水的供水温度至少在11~17℃。这样的冷水供水温度，在合适的地区、合适的季节，完全可以利用冷却塔来实现。

冷却塔的供冷温度是受室外空气湿球温度影响的。所以，当室外空气的湿球温度降低到某个值以下时，就可以直接利用冷却塔来实现供冷，而完全可以不开制冷机。这样就大大减少了制冷机的开机时间，节能效果是相当显著的，而且供水温度也合乎要求。

我国西北地区的夏季室外空气相对湿度较低，这为冷却塔供冷创造了有利条件。如果假定冷却塔的供冷温度为13℃，空调系统运行时间为8：00~17：00，全年供冷，则采用冷却塔直接供冷的理论最大供冷小时数如表7-6所示。

冷却塔供冷理论最大小时数 表7-6

城市	北京	上海	西安	兰州	哈尔滨	乌鲁木齐
供冷小时数(h)	1130	749	1009	1300	1462	1510

由表7-6可知，西北地区的冷却塔供冷小时数明显高于其他地区，乌鲁木齐的冷却塔供冷小时数可以占到全年的45%。

由此可见，由于顶棚辐射供冷需要的冷水温度较高，配合冷却塔供冷可以大大推迟冷水机组的开机时间。尤其是西北地区，更适合利用冷却塔结合顶棚混凝土辐射供冷，来达到舒适、节能的双重效果。

3. 顶棚辐射系统的经济性分析

与传统空调相比，在初投资方面，顶棚辐射系统没有任何优势。但是，顶棚辐射系统的运行费用比传统的空调系统低得多。顶棚辐射系统中用水作为传热介质，与空气相比，水具有高热值和高密度的特点。只需耗费很少的水泵能量，冷量就可运输至目的地。而在常规空调系统中，输送同等的冷、热量，其耗能要大得多。研究表明，与常规的空调系统相比，顶棚辐射系统制冷时可以节省风机能耗约70%~80%，仅此一项就可减少空调系统的峰值用能约30%~45%。另外，系统还可以使用天然冷源。再加上系统没有任何维护费用，所以其运行费用很低。因此，从系统整个寿命周期来看，顶棚辐射系统的经济效益是非常可观的。

4. 顶棚辐射系统中应注意的问题

(1) 顶棚辐射系统的相关问题分析

1）采暖舒适性问题

顶棚辐射系统冬季采暖时，采暖热源位于房间的顶板上。由于对流作用，使得室内上部的空气温度高于下部，不符合"暖人先暖脚"的中医理论，对其热舒适性造成影响。在地板辐射、顶棚辐射和散热器三种采暖方式的对比中，采用地板辐射采暖时热舒适性最佳，顶棚辐射采暖的热舒适性虽不及地板辐射采暖，但要优于散热器采暖系统。

2) 结露问题

夏季供冷时，顶棚表面容易结露。因此，其表面温度不能低于室内空气的露点温度，从而限制了其制冷量。

根据多年工程实践和试验研究，顶棚辐射系统供冷时要避免结露问题，必须将系统控制的重点放在水系统上。当门窗开启、人员增加时，室内湿度增大，导致室内空气露点温度发生变化。冷凝水的形成是一个极其缓慢的过程，自动控制元件完全有充足的时间采取保护措施。只要能够很好地控制顶棚辐射系统的冷水温度，结露现象是完全可以避免的。可以采用的控制措施有：

① 通过在室内设置敏感元件监测室内的露点温度，改变进水温度使之高于室内露点温度。当然，这将减少冷却顶板的制冷量。

② 在辐射板表面贴附敏感元件监测辐射表面温度来控制进水温度，并配合冷凝状态监控器，以防止辐射顶棚的表面出现冷凝水。

此外，在顶棚辐射系统中加入置换通风，通过控制置换通风送风的湿度和温度，也可防止结露。这将在后面的辐射供冷—置换通风复合系统的章节进行详细论述。

(2) 顶棚辐射系统设计过程中应注意的问题

顶棚辐射系统中，埋管管径、深度和间距不仅影响系统的初投资，而且会影响顶棚表面温度和换热能力，从而影响系统的运行费用，导致系统的经济性变差。因此，在系统设计过程中，必须选择适当的埋管管径，确定适当的埋管深度和间距。

楼板温度及换热能力随埋管管径的变化趋势如图 7-25 和图 7-26 所示。从图中可以看出，随着埋管管径的变化，楼板表面温度和换热能力的变化非常小。即埋管管径的变化对顶棚表面温度及换热量的影响不大。在选取管径时，应在满足系统需要和安全性的前提下，尽量选用小管径，以降低系统造价。

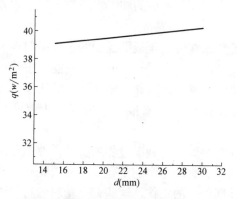

图 7-25 管径与楼板换热能力的关系

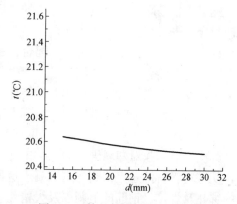

图 7-26 管径与楼板温度的关系

楼板温度及换热能力随埋管深度的变化趋势如图 7-27 和图 7-28 所示。从图中可以看出，随着管子埋深的增加，楼板表面温度将增加，换热能力将减小，但其变化的速度非常缓慢。也就是说，楼板温度和换热能力随管子埋深的变化并不显著。所以，没有必要因为楼板辐射供冷而刻意改变楼板的厚度，只要满足楼板本身需要、埋设管材及其保温的必要尺寸即可。

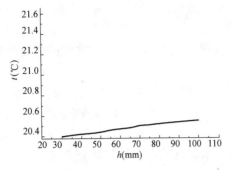

图 7-27 埋管深度与楼板温度的关系

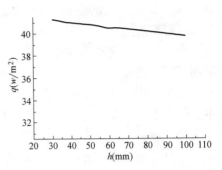

图 7-28 埋管深度与楼板换热能力的关系

楼板温度及换热能力随埋管间距变化趋势如图 7-29 和图 7-30 所示。从图中可以看出，同样的冷水温度下，埋管间距越大，楼板表面温度越大，同时楼板的供冷能力越小。所以埋管间距不宜取得过大，以免影响其供冷能力。

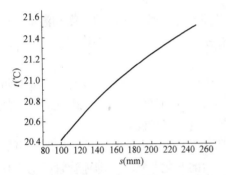

图 7-29 埋管间距与楼板温度的关系

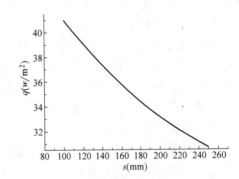

图 7-30 埋管间距与楼板换热能力的关系

(3) 顶棚辐射系统施工过程中应注意的问题

施工质量是影响系统质量和寿命的关键之一。顶棚辐射系统的施工需要与土建承建方合理配合，进行有序的交叉作业。

首先，两单位在工序上需密切配合。由于系统要求在每层楼板绑扎钢筋过程中加入一个工序，将必然会对土建的施工进度产生一定影响。而且，每层楼板的施工可能会按流水段施工作业，而塑料管也要求排管后能尽量提早浇筑混凝土。因此，塑料排管的工作必须要与土建紧密结合起来，双方共同商讨合理的施工工序和流水段，尽量减少土建间隔时间。

其次，需加强对塑料管材的保护工作。由于在塑料管材的施工过程中交叉作业不可避免，从塑料管材排管完工到浇筑混凝土这段时间内，仍有相当多的土建工序需要完成。钢筋的绑扎及焊接、钢筋的毛刺以及大量建筑工人在楼面上的工作，这些都是塑料管材保护所要面临的重要问题。

再次是施工的准备问题。由于顶棚辐射系统的施工环境比地板采暖系统要恶劣得多，没有具体的墙体可以参考管材摆放的具体位置，只能通过钢筋来具体判断。对可能需要预留的孔洞，需要土建方能预先做好记号。由于暖通图上无各个钢筋梁的位置，所以排管之前，一定要先熟悉图纸及楼板施工情况。

另一个问题是安全问题。由于排管是随着建筑结构一起施工，所以在上面施工一定要提高施工人员的安全意识，注意脚下。

冬季施工问题也是需要解决的难题之一。若顶棚辐射系统需要冬季进行施工，塑料管材的硬化以及施工人员施工等情况将严重影响到施工质量。所以，在冬季或较冷的天气条件下，需要对管材进行保温或暂时停止施工。

压力检测也是一个不容忽视的问题。由于塑料管材埋在混凝土楼板中，所以，保证管材的无破损将至关重要，要保证在交叉施工过程中，管材没有被损坏。而且，由于管材施工完至浇筑混凝土中间有许多工序需要进行，若问题发现得晚，这些工序可能需全部返工，所以，需要密切注意管材中压力的情况，发现情况立即处理。

7.3 湿度调节装置

空气湿度是一个与人们生活和生产有密切关系的重要环境参数。为了营造一个舒适的生活工作环境，除了对温度进行控制外，还需要进行必要的湿度控制。然而，湿度控制需要通过一定的除湿装置来完成。目前主要的除湿装置有冷却除湿装置、液体吸收除湿装置、固体吸附除湿装置、HVAC除湿装置和膜除湿装置等。随着技术的发展，出现了具有热回收功能的节能除湿装置——热泵除湿装置。

7.3.1 冷却除湿装置

1. 冷却除湿技术原理及特点

冷却除湿就是采用制冷机作冷源，以直接蒸发式冷却器作冷却设备，把空气冷却到露点温度以下，析出大于饱和含湿量的水汽，降低空气的绝对含湿量，再利用部分或全部冷凝热加热冷却后的空气，从而降低空气的相对湿度，达到除湿的目的。

在冷却式除湿设备中最具代表性的是冷冻除湿机。一般由制冷压缩机、蒸发器、冷凝器、膨胀阀以及风机、风阀等部件组成，其工作流程如图7-31所示。

冷冻除湿机具有初期投资低、COP较高、房间相对湿度下降快、运行费用低、不要求热源也可不需要冷却水、操作方便、使用灵活等优点。被广泛应用于国防工程、

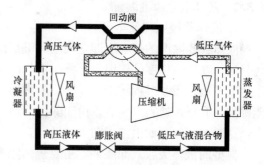

图7-31 冷冻除湿机工作流程示意图

人防工程、各类仓库、图书馆、档案馆、地下工程、电子工业、精密机械加工、医药、食品、农业种子储藏及各工矿企业车间等场所。

冷却除湿是先把空气冷却到露点温度（低于室内送风温度）然后再加热，这个过程存在一定的再热损失；由于除湿所需冷媒温度通常在7℃左右，制冷机不得不降低蒸发温度，随之而来的是制冷机的效率降低；由于冷凝水的存在，盘管的表面形成了滋生各种霉菌的温床，室内空气品质恶化，从而引发多种病态建筑综合症（SBS）。出现这些问题的根本原因是空气的降温和除湿同时进行，由于降温和除湿过程的本质不同，容易出现很多矛盾和问题。这类除湿设备不宜在环境温度过高或过低的场合使用。随着人们对生活环境要求的提高，冷却式除湿的负面影响已经逐渐引起人们的重视，它的应用受到了一定限制。

2. 适用性分析

只有将空气冷却到露点温度以下才能进行除湿。被处理空气的末状态含湿量越小,所要求的露点温度就越低,冷冻机的制冷效率也越差。当制冷机的容量一定时,要求空气除湿后的露点温度越低,制冷机的出力越低,除湿量就减少。所以,当被处理空气的温湿度高时,除湿效率较高;温湿度低时,效率变低。这是冷却除湿的特征。因此,冷却除湿装置适用于夏季湿热的南方地区。另外,由于冷却过程中产生冷凝水,容易滋生细菌,影响室内空气品质,所以对空气品质要求较高的办公建筑及洁净室不宜采用该装置进行除湿。

3. 相关问题分析

除湿后的空气接近饱和状态,在盘管出口处的空气相对湿度约为 80%~100%。温度较低,如果直接送入室内,会引起室内人员的冷吹风感。所以,必须将冷却去湿后的空气加热到适当的温度后再送入房间。如果是工业生产中的除湿,某些工艺要求等温干燥,也必须将除湿后的空气加热到一定温度范围。这种先冷却后加热的过程会造成能源的巨大浪费。为此,在冷却除湿方式中通常利用冷冻机本身的排热作为再热热源,或设置利用处理空气本身的热量进行再热的热回收装置,以尽量减少冷冻机所消耗的动力。

使用冷却盘管除湿时,当处理空气出口露点在 0℃ 以下,冷凝水会在盘管表面结冰,并将随着时间的增长不断增厚,以至于堵塞盘管肋片之间的间隙,妨碍传热和空气流通,使设备处于不能工作的状态,除湿难以进行。因此,使用这种方法进行露点除湿时,必须增加除霜装置。

7.3.2 液体吸收除湿装置

1. 液体除湿原理及特点

液体吸收除湿的基本原理是利用除湿剂浓溶液表面的水蒸气分压低于湿空气中的水蒸气分压,在压力梯度的作用下,将湿空气的水蒸气吸收到浓溶液中,直至双方的水蒸气分压达到平衡,吸收过程结束。吸湿后的稀溶液经电能、太阳能或地热、工业余热等低品位能源加热升温,送入再生器。由于除湿溶液表面的水蒸气分压力高于空气中的水蒸气分压力,这时水蒸气开始由液相向气相转变,这样就实现了除湿溶液的再生。

典型的液体吸收式除湿装置主要包括除湿器、再生器、蒸发冷却器、热交换器、泵等设备,一个典型的液体吸收式除湿装置工作流程如图 7-32 所示。

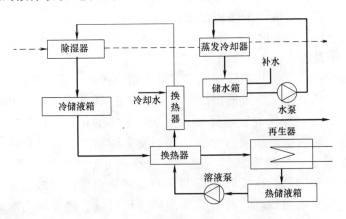

图 7-32 液体吸收式除湿装置工作流程图

液体吸收式除湿设备的处理量大，除湿效果好；液体干燥剂在吸收水蒸气的同时，也可以吸收空气中的部分病菌、化学污染物等有害物质，对空气有一定的净化作用，有助于提高室内空气品质；与传统的空调系统配合使用，能有效降低空调系统的能耗。但是，液体吸收式除湿设备体积较大，需要有气体和废热的排除，并需要定期保养，整个装置COP也较低。另外，在液体吸收式除湿设备中，液体溶液会腐蚀金属，并且如果溶液的流速不合适，将产生飞沫。因此，目前液体吸收式除湿技术主要应用在工业生产中，有待进一步开发在非工业领域的应用。

在建筑环境与设备工程中，液体除湿系统与传统除湿系统相比具有以下优势：

（1）能连续处理较大量的空气，减湿幅度大，处理空气露点温度低，可以用单一的减湿过程将被处理的空气冷却到露点温度后加热调温，这样可避免冷量与热量相互抵消而造成的能量浪费。

（2）通过溶液的喷洒可以除去空气中的尘埃、细菌、霉菌及其他有害物，不会产生凝结水，还可采用全新风运行，从而提高室内空气品质。

（3）吸湿和再生可同时进行，处理的空气参数也比较稳定。可使用低温热源驱动，为低品位热源的利用提供了有效途径。

（4）设备构造简单、性能稳定、操作方便、运行费用低、故障少、维修方便。

在经济性方面，液体除湿空调是一种经济节能的空调方式。它可以用一种处理过程就把空气处理到送风状态，空气减湿幅度大，可以达到较低的含湿量，不必将空气冷却到机器露点后再加热，从而避免了冷热抵消的现象。可以采用天然冷源（如深井水），不会带来CFC和HCFC的排放问题。

液体除湿技术的发展还面临许多急需解决的问题。如除湿器、再生器性能系数不高，除湿溶液的物性限制了系统COP的进一步提高等等。针对出现的各种问题，需要进行新型除湿器、再生器新的开发与研究，改进吸湿方式，对除湿和再生过程传热传质进行数值模拟研究，以提高液体除湿系统中除湿器和再生器的性能；寻找新型工质，研究具有良好性能的混合工质，以改进除湿溶液的物性和经济性。

2. 溶液除湿空调系统及其适用性分析

传统的压缩式制冷空调系统运行时排放CFC和HCFC，在大通风量和高湿环境下效率较低下。随着环保和能源危机意识的增强，越来越多的人关注到传统的压缩式制冷空调系统的这些缺点，并将目光投向了那些低功耗且无污染的空调方式，液体除湿空调系统就是其中之一。

液体除湿空调系统，从保护环境、节约能源等方面来看是一种很有吸引力的新的空调方式。它可以利用太阳能、地热及工业余热等低品位能源作为再生热源，耗电极少，约为压缩式空调系统的1/3。

图7-33所示是以太阳能为主要能源的太阳能液体除湿空调系统。在太阳能液体除湿空调系统中，环境空气进入除湿器与除湿溶液相接触，由于存在水蒸气分压力差，而将空气中的部分水分除去；对干燥后的空气经气体换热器冷却，再进入绝热除湿器，控制适宜的温度和湿度，从而达到空气调节的目的。另外，浓溶液自储液箱经换热器由浓溶液泵打入除湿器中。在除湿器中，浓溶液由于吸收了空气中的水分而变稀；同时，除湿过程中释放出的汽化潜热使除湿溶液的温度有所升高。稀除湿溶液在失去除湿能力后被稀溶液泵输

送至太阳能再生器中,在太阳能的作用下除去部分水分而成为浓除湿溶液从而完成一个循环。

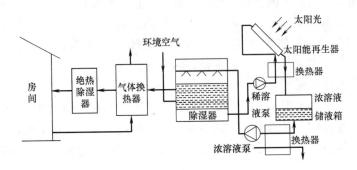

图 7-33 太阳能液体除湿空调系统图

太阳能除湿空调系统能直接吸收空气中的水蒸气,可避免压缩式空调系统为了降低空气的湿度而首先必须将空气降温到露点以下,从而造成系统效率降低的问题;系统用水作工作介质,消除了对环境的破坏;该系统还可单独控制被处理空气的温度和湿度,能满足多用途的需要。在大通风量和高湿地区,该系统仍有较高的效率。如有足够的再生面积,它还可以储备浓溶液,以备夜间使用,从而改善太阳能利用的限制。所以,利用太阳能等低品位热源再生的液体除湿空调系统是目前主要的发展趋势。

3. 除湿剂的选择

除湿剂的性能是影响液体除湿装置的重要因素。除了具有稳定的化学性质外,除湿剂还应具有以下特性:1)应有较高的溶解度;2)应具有较低的饱和蒸气压力,以减少除湿剂的挥发损失,增强传质推动势;3)在工作温度下黏度低,以改善除湿塔内的流动状况,提高吸收速率,减小传热阻力,降低溶液泵的功耗;4)在工作温度范围内,不易发生结晶;5)对碳钢、铜等金属材料腐蚀性小;6)无毒、不易燃、冰点低、密度小、传热性能好、价格低。常用的除湿剂有三甘醇、乙二醇、氯化钙、溴化锂、氯化锂等金属卤盐溶液。三甘醇最早被用于液体除湿系统,由于它是有机溶剂,黏度大、流动阻力大,在系统中有部分滞留,粘附在传质表面,从而影响到系统的稳定工作,目前已经很少使用它了。表 7-7 比较了其余 3 种常见的液体除湿剂。

三种常见除湿剂比较　　　　表 7-7

种类	特　点	使用效果
LiCl	溶解度居中,在工作温度范围内浓度不能超过 45%,否则要结晶;相同浓度与温度下蒸气压力最低。在工作温度,工作蒸汽压下(0.1~20kPa),溶液的浓度为 30%~45%,达到平衡时与之接触 LiCl 的湿空气相对湿度最低 15%~40%;相同摩尔浓度与温度下,对金属的腐蚀性居中;价格相对较高(8~18 元/kg,1997 年)	性能最稳定,工作浓度范围最大。再生温度最低,价格较高
LiBr	溶解度最大,在工作温度范围浓度可达 60%;相同浓度与温度下蒸气压力最高。在工作温度,工作蒸气压力下(0.1~20kPa),溶液的浓度为 50%~60%,达到平衡时与之接触的湿空气相对湿度最低,为 10%~25%;相同摩尔浓度与温度下,对金属的腐蚀性最小;价格相对较高,(13~18 元/kg,1997 年)	要求浓度高,所需溶质量较多,再生温度最高。除湿效果最好价格最高(配制相同体积的溶液,55% 的 LiBr 的价钱是 40% 的 LiCl 的 2 倍)

续表

种类	特 点	使用效果
$CaCl_2$	溶解度最小,在工作温度范围浓度不能超过40%;相同浓度与温度下蒸气压力居中。在工作温度,工作蒸气压力下(0.1~20kPa),溶液的浓度为40%~45%,达到平衡时与之接触的湿空气相对湿度最低,为30%~40%;相同摩尔浓度与温度下,对金属的腐蚀性最大;价格低廉,(0.4元/kg,1997年)	腐蚀性最强、溶解性差,易结晶,黏度大,吸湿能力不如卤盐溶液,价格便宜

7.3.3 固体吸附除湿装置

1. 固体吸附除湿技术原理及特点

固体吸附除湿原理与液体吸收除湿基本相同,都是利用干燥剂吸附空气中的水蒸气,不同的是吸附式除湿利用的是固体干燥剂。并且干燥剂在吸附水蒸气的过程中会放出大量的热,为了保持较大的吸附能力,必须在吸附过程中对干燥剂进行降温,需增加能耗。固体吸附除湿设备中最典型的是转轮除湿机,其主要部件有干燥转轮、再生加热器、除湿用送风机和再生风机所组成,其结构示意图如图7-34所示。

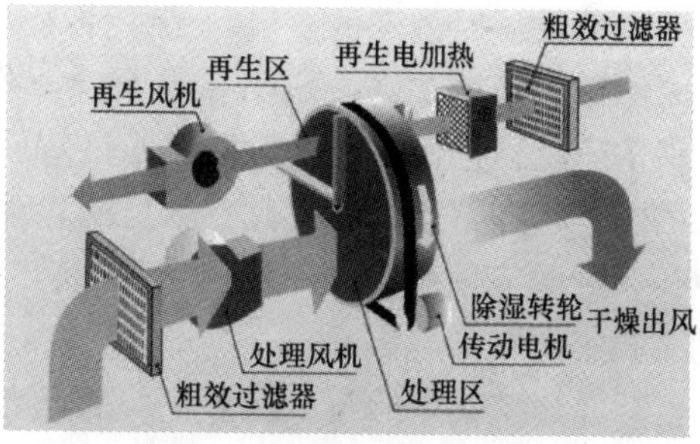

图7-34 转轮吸附式除湿机工作原理

在转轮吸附式除湿设备中,湿空气和再生空气都是通过风机来送风,加上转轮自身的旋转,整台设备的噪声较大,需要定期维护。转轮除湿机的能耗较高,转轮必须经高温气流对其吸附剂再生,输出的干空气温升较大。这些主要是由固体除湿剂的性能决定的。除湿转轮大多采用合成沸石、硅胶和氯化锂为吸附剂,由物性分析可知,这些吸附性强的物质其脱附所需要的温度高,再生耗热量大。其中合成沸石需要在较高温度下脱附(200℃以上);硅胶在吸附时放出大量的热量,影响其吸附量;氯化锂吸附一定量的水后容易溢出,造成设备腐蚀。虽然可以利用工业废热、太阳能、燃气等热源将干燥剂再生,但是整套设备的耗能较高。相对于冷却除湿,转轮除湿机的 COP 较低,但处理量较大,尤其是对于低温、低湿空气的处理,更能发挥其优越性。所以,目前转轮吸附式除湿与液体吸收式除湿一样,主要应用于工业生产中。

2. 适用性分析

转轮除湿装置在民用、军用及工业领域应用广泛。

(1) 一般空调过程。对环境有湿度要求的空调系统最为合适,特别适用于相对湿度 ≤50%和新风量较大的环境中,如电器工业厂房、机场候机大厅等。

(2) 对空气相对湿度有严格要求的民用、军用各类场合:相对湿度要求在20%~45%范围内的生产厂房和各类仓库,如医药、糖果、印刷、电子元件和化工原料车间及库房;产湿量高的超市、健身房;控制中心、计算机房、程控交换机房、航天发射基地等精密设备存放场合;军事部门中通信设备、弹药武器、医疗器械的储存,大型武器如坦克、飞机、军舰重要部位的战略贮备。

(3) 有低温、低湿要求的特种工艺和工程:与制冷系统配套使用可获得露点温度为 $-40℃$ 的干燥空气。特别适用于锂电池、夹层玻璃、胶片生产及生物制药等有特殊要求的除湿工程。

（4）干燥工艺：适用于温度要求低于50℃的干燥工艺。如化纤行业聚酯切片的干燥、热敏性材料的低湿脱水、感光材料的生产等。

（5）有空气洁净度要求的场合：由于复合吸附剂具有高效杀菌作用，对制药、食品、手术室、无菌室、病房等有空气洁净度要求的场合尤为适用。

（6）地下工程及其他：转轮除湿技术适用于地下工程及对仪表、电器、钢铁有防腐、防锈要求的生产厂房和仓库，如发电厂、大型桥梁钢箱、博物馆等。

7.3.4 热泵除湿装置

1. 热泵除湿装置原理及其分类

热泵除湿装置利用蒸发器来给空气降温除湿，并回收热泵系统的冷凝热，弥补空气中因为冷却除湿时散失的热量，是一种高效、节能的除湿方式。研究表明，在同等条件下，热泵除湿可节能20%~50%。热泵除湿作为一种节能的除湿技术，已得到国内外专家学者们的广泛认同。国内的除湿技术虽落后于国外，但近十几年在热泵除湿技术理论研究方面的进展却非常迅速，尤其在木材的除湿技术上。目前，热泵除湿技术在产品脱水等干燥生产领域的应用研究，如谷物储藏干燥、果蔬脱水等，正方兴未艾。目前国内热泵除湿技术主要集中在如下方面：

（1）影响热泵除湿机除湿量与能耗之间的关系；

（2）热泵除湿机的供风除湿方式；

（3）热泵除湿控制方式，实现除湿过程自控化；

（4）联合式除湿设备，开拓热泵除湿应用范围。

目前，热泵除湿装置主要分为两大类：单冷凝器系统和双冷凝器单蒸发器系统。单冷凝器系统又可分为单蒸发器单冷凝器系统和双蒸发器单冷凝器系统。

（1）单蒸发器单冷凝器系统

这是热泵除湿系统最基本、最原始的方式。干燥室内的湿空气经过蒸发器去湿降温后，再经过冷凝器加热，然后送回干燥室。若干燥室仅需要加热而不必除湿，这种形式的除湿干燥机多数靠启动电加热来满足要求，因而耗电量较大。由于制冷系统的冷凝器放热要大于蒸发器吸热，因此干燥室内的空气总的来说是不断地被除湿加热。当室内空气既需要除湿又需要冷却时，这种系统不能满足要求。因此，只适用于干燥木材、食品等的干燥室，而不适用于有人工作的车间。

（2）双蒸发器单冷凝器系统

双蒸发器单冷凝器系统是在单蒸发器系统的基础上发展而来，既具有除湿的功能，又具有从大气环境中采热而供给室内高温热风的功能。

该系统具有两个蒸发器，一个为除湿蒸发器，放在室内，一个为热泵蒸发器，设置在室外。室内湿空气经过除湿蒸发器去湿降温后，再经过冷凝器加热，然后送回室内。热泵蒸发器从外部环境空气中采热，使制冷工质在蒸发器内由两相气液混合物变成过热蒸气，经过压缩机压缩，再送到冷凝器。在需要除湿运行时，关闭热泵蒸发器，需要热泵运行时，关闭除湿蒸发器，除湿和热泵系统共用一套压缩机和冷凝器。由于除湿式干燥机主要靠电加热器来供热，其能耗明显高于热泵供热，因此，二者相比，热泵式除湿机能耗明显低于采用电加热的普通除湿干燥机，可节省1/3左右的能源。由于这种形式的热泵除湿机是以除湿和供热进行设计的，因此也适用于同时需要除湿和冷却场合的要求。

（3）双冷凝器单蒸发器系统

单冷凝器系统都是以除湿和供热为目的进行设计的，被降温去湿的空气必须经过冷凝器加热，室温将逐渐升高。但在某些场所，冷负荷和湿负荷都比较大，在除湿的同时需要进行降温，使得车间内能保持比较舒适的温度和湿度，从而诞生了调温除湿机。根据冷凝器的连接方式不同，调温除湿机又可分为双冷凝器并联和双冷凝器串联两种形式。

1）双冷凝器串联

在双冷凝器串联的系统中，都是采用旁通室内冷凝器并调节室外冷凝器的风量或者水量的方式，在进行除湿的同时进行温度控制。由于很大一部分冷凝热都要散到室外去，必然造成了系统供热能力不足。

2）双冷凝器并联

在制冷模式下，该系统是一个普通的单冷凝器单蒸发器的空调系统，实现对空气的制冷和除湿。当系统工作于除湿模式时，两个冷凝器并联，用热泵冷凝器的冷凝热来弥补除湿蒸发器除掉的空气中的热量，可以实现在不降低空气温度的情况下进行连续除湿。

2. 适用性分析

热泵除湿机可以应用于比较稳定的环境下，也可以工作于不断变化的热湿环境中，但不同的环境对热泵除湿机的要求不尽相同。

单冷凝器系统主要适用于需要除湿和加热的地方，其中并联双蒸发器的系统，进一步增加了系统供热的能力，系统的调节性能也得到很大的提高。

双冷凝器单蒸发器系统主要是为了实现系统除湿的同时，对室内环境进行温度调节。在串联双冷凝器系统中，基本上都是旁通室内加热用冷凝器，通过调节室外冷凝器风量或者冷却水水量以及水温的方式进行容量调节，但是这样热泵系统大部分的冷凝热都被室外冷凝器释放到室外空气或者冷却水中，因此冷凝热不能得到有效的利用，供热能力明显不足。而在并联双冷凝器系统中，虽然其调节性能提高，但是由于室外冷凝器没有得到有效利用，因此，对温度也只能在有冷负荷和湿负荷的场合中实现较小范围的控制。

由此可见不同的热泵除湿装置有其自身的优缺点，在不同的场所其适用性不同，详见表 7-8。

不同系统在不同场合的适用性　　　　表 7-8

	高冷负荷 高湿负荷	高冷负荷 低湿负荷	低冷负荷 高湿负荷	低冷负荷 低湿负荷	高热负荷 高湿负荷	高热负荷 低湿负荷	低热负荷 高湿负荷	低热负荷 低湿负荷
单冷凝器单蒸发器系统	不佳	不佳	不佳	不佳	良好	良好	不佳	不佳
并联双蒸发器系统	不佳	不佳	不佳	不佳	良好	良好	良好	良好
串联冷凝器系统	良好	良好	良好	良好	一般	一般	不佳	不佳
并联冷凝器系统	良好	良好	良好	良好	一般	一般	不佳	不佳

7.3.5 HVAC 除湿装置

HVAC 除湿（即加热通风除湿）是指用加热的办法使空气相对湿度降低。应用这种方法除湿投资少、运行费用低，除湿性能稳定可靠，可连续除湿，且管理方便。但该方法初投资高，机器运转噪声大，而且不能提供室内所必需的新风量。同时，向室外放出大量的热，气体循环制冷效率低。而且该除湿方式只能降低相对湿度，而不能降低空气中水蒸气的含量，故难以确保室内的除湿效果。

为了更有效地解决室内湿度控制的问题，改进的HVAC除湿方法将加热通风和冷冻除湿进行了组合。同时，在制冷机组的内外又增加了两路水循环，再加上内外两个气路循环，共形成5个大的循环。这样不但提高了制冷的效率，也减小了动力消耗，节省了能源，降低了运行费用，而且在除湿制冷的同时又提供一定的新风量，对人体健康有益。其初投资较高，系统结构复杂，但是其运行费用较低。具体的循环图及其湿度控制原理图如图7-35和图7-36所示。

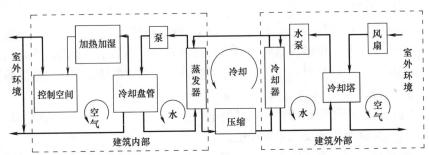

图7-35 HVAC除湿系统结构图

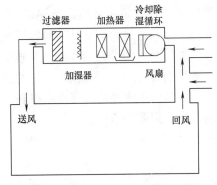

图7-36 HVAC除湿的工作原理图

7.3.6 膜除湿装置

膜科学技术是一门新兴的高分离、浓缩、提纯、净化技术。随着其发展，利用膜的选择透过性进行除湿使得空气除湿方法有了重大进展，它与传统除湿方法相比有许多突出的优点：除湿过程连续进行，无腐蚀问题，无需阀门切换，无运动部件，系统可靠性高，易维护，能耗小。在空调应用中，对空气脱湿的要求并不像其他工业生产领域那样高，即并不要求将空气中的湿度降低到很低。因此，膜除湿具有广阔的应用前景。

利用膜除湿时，必须在膜的两端产生一个浓度差，然后利用水蒸气与空气中的其他成分在浓度差作用下选择性透过膜的机理来实现除湿。这种浓度差既可由膜两端压力差造成，也可由膜两端温度差造成，因为浓度是由温度和压力共同作用的结果。目前对膜空气除湿基本都是以膜两边的水蒸气分压力差作为驱动势。因此，为了强化传湿应尽量增大膜两侧的压力差。具体在系统方案上，通常有压缩法、真空法、吹扫法及膜/除湿剂混合系统。

除湿膜一般是采用亲水性膜，其种类可以是有机膜、无机膜和液膜。膜的形态可以是平板式，也可以是具有很高装填密度的中空纤维式。作为膜法除湿的核心部件——除湿膜，现阶段还存在着透湿率低、强度差、成本高的缺点，限制了膜法除湿的发展。随着材料科学和膜制备技术的提高，具有更高渗透特性、更高机械强度的新型膜不断涌现。

7.3 湿度调节装置

空气除湿装置的性能比较 表 7-9

操作方法	冷冻法	吸收法	吸附法	转轮法	膜法
分离原理	冷凝	吸收	吸附	吸附	渗透
除湿后露点温度(℃)	0～-20	0～-30	-30～-50	-30～-50	-20～-40
设备占地面积	中	大	大	小	小
操作维修	中	难	中	难	易
生产规模	小～大型	大型	中～大型	小～大型	小～大型
主要设备	冷冻机表冷器	吸收塔换热器泵	吸附塔换热器切换阀	转轮除湿器换热器	膜分离器换热器
耗能	大	大	大	大	小

7.3.7 除湿技术的发展趋势

1. 各种耦合除湿技术

近年来，各种耦合除湿技术迅速发展，如机械制冷除湿与转轮除湿耦合、液体除湿与膜除湿耦合、机械制冷除湿与膜除湿耦合、液体除湿剂转轮除湿和 HVAC 降湿耦合等。耦合除湿解决许多传统的单一除湿技术难以完成的任务，因而在各个领域有着广阔的应用前景。如机械制冷除湿与转轮除湿耦合系统，既充分发挥了冷冻除湿在高湿环境下除湿，又具有转轮除湿深度除湿的优势，在节能的同时，除湿效率得到了很大的提高。

2. 除湿材料和除湿技术推动相关领域技术的进步

除湿材料、除湿技术和除湿设备的进步和发展带动了吸附式制冷、固体干燥剂复合空调、液体除湿空调、空气取水、海水淡化及脱盐等领域前进的步伐。在干燥地区，由于干湿球温度相差较大，蒸发冷却的优势很明显；对于潮湿地区，由于干湿球温差较小，只靠蒸发冷却有时不能满足室内空调的要求，此时就可以结合吸收式除湿来进行空气处理。

3. 太阳能、地热及废热等可再生或低品位能源在除湿领域的应用成为研究热点

为解决能源危机问题，人们日益重视利用丰富的太阳能资源、地热及工业余热等低品位热源，并不断地将这些低品位热源应用于除湿领域，尤其是用于吸附剂的再生，出现了太阳能转轮除湿空调、太阳能液体除湿空调、太阳能吸附除湿制冷统、太阳能冷暖温室、除湿干燥剂太阳能再生装置、太阳能热泵干燥除湿系统、地源热泵与化学除湿组合装置、工业废热驱动的转轮除湿装置等。

4. 信息技术、数学模型及模拟技术不断推动除湿技术的发展

由于除湿技术比较复杂，设计、优化及大面积空间降湿比较困难，而信息技术、数学模型及模拟技术则大大地加快了除湿技术的进步。理论计算与试验分析的结合可以更加直接地反映除湿器的工作本质，通过建立数学模型并对其进行分析，也可以不断地优化工艺及运行参数，提高除湿效率。仅转轮除湿机就出现了诸如神经网络模型、液体干燥剂转轮模型、蜂窝状转轮除湿器模型及回流式转轮除湿器模型等诸多模型。这些模型多是以除湿转轮中微元体的气体区及固体区中的水分质量守恒与能量守恒为基础建立的描述转轮中吸收（吸附）和再生过程的微分方程组，再加上必要的边界条件和补充方程组组成。通过对热湿交换模型进行数值模拟与分析，可以为除湿器的优化设计提供依据。

7.4 有效送风形式

7.4.1 置换通风

1. 概念

(1) 原理

置换通风（Displacement Ventilation）的传统定义为：借助空气浮力作用的机械通风方式。空气以低风速（0.2m/s 左右）、高送风温度（≥18℃）的状态送入活动区下部，在送风及室内热源形成的上升气流的共同作用下，将污浊空气提升至顶部排出。随着置换通风应用的普及，其定义也在不断演化，如 2002 年 REHVA-Federation of European Heating and Air-conditioning Associations 出版的《Displacement Ventilation in Non-industrial Premises》(《非工业房屋内的置换通风》)中，对置换通风的定义为：从房间下部引入温度低于室温的空气来置换室内空气的通风。其原理如图 7-37 所示。

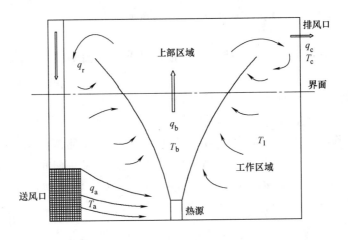

图 7-37 置换通风原理

(2) 置换通风的气流分布

置换通风是室内通风或送、排风气流分布的一种特定形式。经过热湿处理后的新鲜空气，通过空气分布器直接送入活动区下部，较冷的新鲜空气沿着地面扩散，从而形成一较薄的空气层（湖）。室内人员及设备等内热源在浮力的作用下，形成向上的对流气流。新鲜空气随对流气流向室内上部区域流动，形成室内空气运动的主导气流，污浊的空气则由设置于房间顶部的排风口排出。

置换通风的送风速度通常为 0.25m/s 左右，送风的动量很低，所以对室内主导气流无任何实际的影响。由于较冷的新鲜空气沿地面形成空气湖，而热源引起的热对流气流将污染物和热量带到房间上部。因此，使室内产生垂直的温度梯度和浓度梯度，排风温度高于室内活动区温度，排风中的污染物浓度高于室内活动区的浓度。

置换通风的主导气流由室内热源控制。置换通风的目的是保持活动区的温度和污染物浓度符合设计要求，而允许活动区上方存在较高的温度和污染物浓度。与混合通风相比，设计良好的置换通风能更加有效地改善与提高室内空气品质。

2. 置换通风的发展历程

(1) 置换通风在国外的发展

20世纪40年代，欧洲人 Baturin 最早对置换通风进行了系统性和科学性的研究。1978年，德国柏林一家铸造车间首先采用了置换通风系统，结果明显改善了厂房的空气品质，同时取得了很好的节能效果。在20世纪80年代中期，置换通风技术开始被用于办公室等商业建筑中，瑞士、德国等在这方面作了大量的研究和探索，特别是通过试验测试和理论分析的方法对室内空气品质和热舒适性等方面作了细致的研究。1987年，丹麦的 Peter V Nielsen 和瑞典的 Elisabeth Mundt 开始将置换通风技术上升到工程技术和学术高度进行研究。

20世纪90年代起，美国和日本开始对这种通风方式进行研究。在一定理论研究的基础上进行了大量的试验，并对室内空气流动进行数值模拟，进一步拓展了置换通风的研究领域。理论方面，美、日的研究主要集中在以惯性为主和浮力为辅的下送风通风空调方式（UFAD），而不是以浮力作用产生室内气流活塞效应的下送风置换通风方式（DV）；应用方面，美国侧重于办公楼建筑，在美国 ASHRAE 手册及设计指南中仅提供了适合于办公楼、一般性教室和工厂的置换通风设计指南；而日本则偏重于置换通风在有高大空间的各种场馆建筑和办公楼下送风（UFAD）中。

在过去的十几年里，国外对置换式通风系统做了大量研究：如英国的 BSRIA 对部分置换式通风系统进行了实地测试和计算机预测，并将两个结果的温度场和速度场进行了比较，用于预测热舒适度；挪威的 SINTEF 对已有的置换式通风系统进行了大量的实地测试，并对几种典型场所提出了置换通风系统的设计原则；法国电力（EDF）出资支持法国第三大国立 LET 实验室对置换式通风进行全面的、系统性的研究，并为此建立了置换式通风实验台，侧重于对置换式通风系统干扰因素，如送风量、热气流的流量和热气流的温度对置换通风系统的影响进行了细致研究和系统的计算机仿真，开发仿真软件，为置换式通风系统的合理设计提供依据。

2001年10月～2002年8月，欧盟供热和空调协会（REHVA）联合欧洲各国，组织出版了第一本《非工业领域置换通风指南》，充分肯定了置换通风在非工业领域的应用成果，为置换通风在非工业领域的发展提供了有力的依据。

现在，置换通风广泛应用于工业建筑、民用建筑和公共建筑中，北欧一些国家50%的工业通风、25%的办公通风采用了置换通风系统，而新建办公楼建筑置换通风已达到50%～70%，并在电子、机械制造以及冶金等行业得到广泛的应用。

(2) 置换通风在我国的发展

我国对置换通风的研究起步相对较晚，有些示范工程采用了置换通风系统。比如上海松江 Tiger Park 公司的塑料制袋生产厂、南京爱立信通讯有限公司江宁厂房、上海大剧院、同济大学礼堂、苏州体育中心、南京奥林匹克体育馆、上海外资公司办公楼以及济南日报印刷厂等已成功地应用了置换通风系统的空调形式。

置换通风具有独特的气流组织和良好的空气品质，并且节约能耗，因此它逐步成为人们研究的热点。由于置换通风在我国尚属起步阶段，现有的通风空调设计手册和暖通设计规范尚未做出规定，国内相关项目应用相对较少。

3. 置换通风的末端送风装置即常规置换送风口的分类

(1) 置换送风口的主要数据

与常规空调系统气流组织设计相类似，设计置换通风系统时，必须已知低速置换送风口在整个送风量（q_s）范围内、下区送风温差为 $\Delta\theta_S=3K$ 和 $\Delta\theta_S=6K$ 下的下列数据：

1) 出口邻接区的长度 l_n；
2) 出口邻接区的宽度 b_n；
3) 在出口邻接区边界处地面以上 200mm 处的温度；
4) 通过置换送风口的压力降 Δp_{tot}；
5) 产生的噪声级别；
6) 噪声衰减量。

置换送风口的技术数据一般应以置换送风口常数与下区送风温差、送风量等的函数关系形式给出：

$$K_{Dr}=f[(\theta_{oz}-\theta_s)\cdot q_s] \tag{7-4}$$

因此，出口邻接区的长度应根据下式计算：

$$l_n=0.005\cdot q_s\cdot K_{Dr} \tag{7-5}$$

而在活动区内的最大流速可按下式计算：

$$v_x=10^{-3}\cdot q_s\cdot K_{Dr}\cdot\frac{1}{x} \tag{7-6}$$

置换通风空调系统的送风量应取以下 3 项中的最大值：

1) 国家的各种规范和标准要求：

① 卫生要求。满足现行规范、标准的最小新风量 L_x 的要求，即 $L_x \geqslant 30 m^3/(h\cdot p)$ 或空气中人体呼吸到的 CO_2 浓度 $C_{exp} \leqslant 1000 ppm$。

② 保持空气调节区"正压"要求：通常要求保持 5~10Pa 的室内、外压差正值。

③ 确保空气调节区需要的换气次数：$n \geqslant 5h^{-1}$。

2) 按室内空气质量设计所需的送风量；
3) 按室内热舒适性设计所需的送风量；
4) 再次复核计算室内空气质量和热舒适性：

① 复核室内工作区空气中污染物平均浓度 C_{oz} 或人体呼吸浓度 C_{exp}；

② 复核室内地面处送风温度 θ_f 和头部与脚踝处实际温度差 $\Delta\theta_{hf}$。

5) 选择空气分布器的形式并合理布置室内的空气分布器。

(2) 第一代置换通风末端装置

第一代置换通风末端装置主要考虑将新鲜空气以非常平稳而均匀的状态送入室内。实际应用中是在送风分布器的出口处装过滤网，并在送风器内设置一锥形布袋，这样就保证了送风的均匀性。送风分布器具有一定的开孔度和孔距，面罩上的开孔布置均匀。由于置换通风的出口风速低、送风温差小的特点导致置换通风系统的送风量大，它的末端装置体积相对来说也较大。第一代置换通风末端装置通常有圆柱形、半圆柱形、1/4 圆柱形、扁平形及平壁形等 5 种，如图 7-38～图 7-42 所示。

在民用建筑中，置换通风末端装置一般均为落地安装。地平安装时，该末端装置的作用是将出口空气向地面扩散，使其形成空气湖。当高级办公大楼采用夹层地板时，置换通

7.4 有效送风形式

图 7-38 整体的扁平形置换送风口

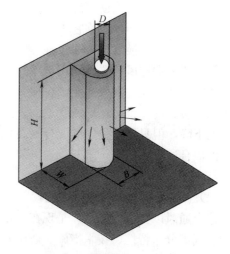

图 7-39 半圆柱形置换送风口

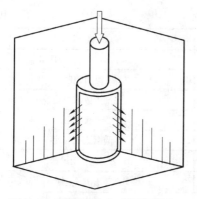

图 7-40 圆柱形独立式置换送风口

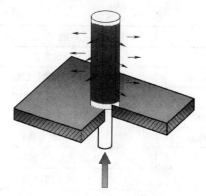

图 7-41 1/4 圆柱形（角形）置换送风口

风末端装置可安装在地面上。在工业厂房中，由于地面上有机械设备及产品零部件的运输，置换通风末端装置可架空布置。架空安装时，该末端装置的作用是引导出口空气下降到地面，然后再扩散到全室并形成空气湖。落地安装是使用最广泛的一种形式。1/4 圆柱形可布置在墙角内，易与建筑配合。半圆柱形及扁平形用于靠墙安装。圆柱形用于大风量的场合并可布置在房间的中央。

(3) 第二代置换通风末端装置

第二代末端送风装置主要是在不影响舒适性并保证室内空气品质高于混合通风系统的基础上

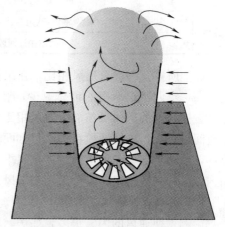

图 7-42 地面送风置换送风口

提高了系统的冷却能力。室内的湿负荷和新风负荷及小部分冷负荷主要由置换通风系统承担，室内大部分冷负荷由冷却吊顶通过冷辐射来承担。这样就大大减少了末端装置的数量。而且冷吊顶对消减室内垂直温度梯度具有明显作用。置换通风与冷却吊顶结合的精确设计、施工和管理可以创造出一个既无吹风感又清洁舒适的室内空气环境，并具有显著的节能效果。因此，不少人称它为"健康空调"、"未来空调"。

(4) 第三代置换通风末端装置

第三代末端送风装置是利用诱导的原理，在该末端装置中设有特殊的空气喷射器，将大量室内空气与一次气流混合，从而提高了送风的冷却能力。喷射器的安装位置可以在送风末端装置内，也可在送风管道内。室内空气与一次空气的大量掺混，可能会带来换气效率的下降，但只要将空气的混合限制在人员活动区域，其通风效率、换气次数还是要比传统的混合通风方式高。第三代送风装置正处于研制、开发应用阶段。

4. 置换通风系统的特性

(1) 置换通风与混合通风的比较

混合通风以稀释为原理，是现在比较常用的通风方式，与置换通风在设计目标、气流动力、气流分布特性、技术措施、通风效果等方面有一系列的差别。为明确置换通风系统优缺点，现将二者综合比较，如表 7-10 所示。

两种通风方式比较　　　　　　　　表 7-10

		混合通风	置换通风
目标		全室参数一致	人员活动区空气质量
气流动力		气流动量控制	浮力控制
机理		气流强烈掺混	气流扩散浮力提升
气流分布特性		上下均匀	气流分层
流态		高紊流	低紊流或层流
措施	1	大温差,高风速	小温差,低风速
	2	上送,上回	下侧送,上回
	3	风口掺混性好	风口扩散性好
	4	风口紊流系数大	风口紊流小
效果	1	消除全室负荷(余热、污染物)	消除人员活动区负荷(余热、污染物)
	2	空气品质接近回风	空气品质接近送风

综上所述，与混合通风相比，在维持工作区相同温度情况下，置换通风的室内平均温度更高，空调机组承担的负荷更少，制冷机组的性能系数更大。房屋越高大，优势越明显。置换通风的送风量与混合通风相比是大还是小，要视具体情况而定。一般情况下，房屋空间越高大，置换通风在送风量方面的劣势越小。因为置换通风效率高，新风量可相对小些，节约了部分新风负荷。在过渡季节，对采用置换通风方式的空调机组，很长一段时间内无需开制冷机组，且可采用全新风运行，节省了大量能量。

(2) 影响置换通风的因素

影响置换通风的因素很多，如送、回风方式，室内障碍物和热源的大小及分布，热源的数量及动静状况，围护结构的传热系数，送风口形式等，各种因素对室内流场影响的权重也不尽相同。

1) 热源因素

在多热源置换通风系统中，热源间距离的变化对两热源之间区域的垂直温度分布产生一定的影响，距离越大，对人体热舒适性的满足就越有利。热源气流温度的变化对室内温度产生较大的影响，热流温度升高使得房间内垂直温度梯度加大，房间上方温度明显提高，处于室内上部的高温空气层高度升高，但热源并不影响房间温度水平方向上的均匀度。热源或污染源无横向扩散；除热源上方有较大的上升气流外，整个速度场均匀平稳。

2) 围护结构因素

围护结构热损失及室外温度越大，高温空气层区及低温空气层区的温度升高，温度梯度加大。但这并不影响置换通风分层的特性。但当外墙、外窗绝热性能不良时，冬季因散热损失而形成沿壁面下降的气流，使室内垂直方向的温度分布、浓度分布不均。夏季太阳照射面和室内热源一样产生上升气流，温度梯度增大，导致分界面下降，从而使清洁的居住区域减小，从窗户进入的日射加热窗帘和地面等处，所以其结果与夏季绝热性不好的壁面一样都将产生向上气流，增大温度梯度，降低分界面的高度。

3) 置换通风的风口形式因素

置换通风房间由靠墙散流器向工作区低速送风时，一般形成径向分流气流，下沉于地面，贴近地面的冷空气层在地面以上 0.04~0.1m 出现最大速度。此速度取决于送风量、阿基米德数 Ar 和送风装置。在一定条件下，此最大速度 U_x 值可能大于气流出口面风速，这是产生风感和局部不适的主要原因。

风口的结构特性、形状与高度对出口气流的速度分布有很大影响，在产品样本中应给出有关性能指标。风口的扩散性能（出口气流卷吸周围空气的能力）对工作区温度梯度以及对通风效率也有一定的影响。卷吸性能强的风口比卷吸能力弱的风口能使工作区温差减小 0.2~0.7℃，这对<3℃的限制是很有意义的。

由于置换通风工作区温度梯度受到舒适要求的限制，排热能力也受到限制。故改进送风末端装置和开发新形式是有利于解决上述问题的一个方面。

(3) 置换通风系统的评价指标

为了满足活动区人员的热舒适要求，保证室内的空气品质，置换通风系统应满足下列各项评价指标的要求：

1) 坐着时，头脚温差 $\Delta\theta_{hf} \leqslant 2℃$；
2) 站着时，头脚温差 $\Delta\theta_{hf} \leqslant 3℃$；
3) 吹风风速不满意率 $PD \leqslant 15\%$；
4) 热舒适不满意率 $PPD \leqslant 15\%$；
5) 置换通风房间内的温度梯度 $s < 2℃/m$。

(4) 置换通风的优点与不足

首先介绍活动区的概念：活动区（Occupied Zone）是建筑空间的一部分，在这个区域范围内，空气质量必须满足设计标准的规定，温湿度及气流速度等应符合热舒适要求。对于建筑空间的其余部分（非活动区），空气质量和热环境要求允许低于设计标准。

活动区的范围在平面上是指离门、窗、散热器所在墙面 1.0m 以内，离内墙 0.5m 以内的面积；在高度上是指离地面 1.8m（站姿）或 1.3m（坐姿）以下区域，如表 7-11 所示。

人与不同的内部设施表面之间的间距 表7-11

设　施	与内部设施表面的距离(m)	
	典型范围	默认值(CR 12792)
外窗、门和散热器	0.50～1.50	1.00
外墙和内墙	0.25～0.75	0.50
地面(下边界)	0.00～0.20	0.00①
地面(上边界)	1.30(坐姿)～2.00(站姿)	1.80

① prEN 13779 推荐为 0.1m。

在活动区内，置换通风房间的污染物的浓度比混合通风时低。稀释污染物浓度所需的通风量，在理论上每人为 20L/(s·p)。置换通风时，由于人们在呼吸区域得到的是质量最好的空气，所以实际送风量可大幅度减少。与传统的混合通风系统相比，置换通风的主要优点是：

1) 节能：置换通风是一种有效的送风方式，置换通风以较低的速度把新鲜、清洁的冷空气从房间下部送入，气流以类似层流的活塞流的状态缓慢向上移动，到达一定高度后，由于受热源和顶板的影响，发生紊流现象，产生紊流区，然后从上部开口处排出。

2) 室内空气品质好：置换通风的基本特征是水平方向上会产生热力分层现象，在下部为单向流动区，空气有明显的温度梯度和浓度梯度；上部为混合区，温度场和浓度场比较均匀且接近排风的温度和浓度。新鲜、清洁的冷空气先经过人的呼吸区，然后排出，通风有效性好。

3) 在相同设计温度下，活动区里所需的供冷量较少。

4) 利用"免费供冷"的周期比较长久。

5) 活动区内的空气质量更好。

置换通风的不足是由于出口速度较小，安装空气分布器需占用较多墙面。另外，它一般用来供冷风。如果供热，送风温度有可能比室内空气温度低，这样的话还是供冷。而且送风温差和送风速度都不宜太大，原因在于房间下部存在明显的温度梯度，如果送风温差太大，容易使人产生脚凉头暖的不适感；如果送风速度太大容易使人产生吹风感。由于送风温差和速度的这两个限制，就使得置换通风提供的制冷量较小。

5. 置换通风的适用性

置换通风在北欧已普遍采用。它最早是用在工业厂房用以解决室内的污染物控制问题。然后转向民用建筑，如办公室、会议室、剧院等。在冬季，置换通风可以与热辐射地板、顶棚、设置在侧墙的热辐射器、置于冷窗下的对流换热器等配合使用。但在冬季使用时不推荐采用送热风的形式，因为这样会形成气流短路。

置换通风与温度控制系统的结合是欧洲办公、商业建筑节能应用中的主流。在工程中，置换通风系统提供 100%的室外新风用于改善室内空气品质，送风量减少，风机和制冷、加热能耗都降低；室内的冷热负荷用辐射顶棚来处理。温度为 15～18℃的水送入混凝土板中的管网内，由于单位质量的水携带的能量是空气的 3000 多倍，辐射制冷、采暖系统降低了能耗。对于回风采用效率高达 80%以上的热回收装置。该系统在欧洲的应用表明，其能耗是传统 HVAC 系统能耗的 60%～70%，甚至更少。置换通风在我国主要应用于影剧院、体育馆、工厂等高大空间。在工程应用中，置换通风不仅用来改善室内空气品质，而且用于消除室内负荷。

置换通风一般适用于污染源与发热源相关的场所，此时污浊空气才易于被浮力尾流带走；对房间的设计冷负荷也有一个上限，目前的研究表明，如果有足够的空间安置大型送风散流装置的话，房间冷负荷可达 120W/m²。但并不是说冷负荷越大越好，因为当房间冷负荷过大时，置换通风的动力能耗将显著增加，致使经济性明显下降，同时会使送风装置占地、占空间等矛盾更为突出。

置换通风系统不仅意味着室内能获得更加优良的空气品质，而且可以减少空调冷负荷，延长免费供冷时段，节省空调能耗，降低运行费用。综上所述，置换通风系统特别适用于符合下列条件的建筑物：

1) 室内通风以排除余热为主，且单位面积的冷负荷约为 120W/m²；
2) 污染物的温度比周围环境温度高，密度比周围空气小；
3) 送风温度比周围环境的空气温度低；
4) 地面至平顶的高度大于 3m 的高大房间；
5) 室内气流没有强烈的扰动；
6) 对室内温湿度参数的控制精度无严格要求；
7) 对室内空气品质有要求；
8) 房间较小，但需要的送风量很大。

6. 置换通风空调系统的节能性分析

针对置换通风系统所存在的问题，以其节能性作为研究重点，从影响空调能耗等方面入手，对置换通风空调系统进行理论分析，并结合相关学者提出的置换通风设计及计算方法，论证该系统的节能效果。

(1) 从送风量分析

以工程实例进行分析：某置换通风办公室，房间尺寸为 5m×7m×3.6m（$L \times W \times H$）。通过计算，其围护结构冷负荷 $Q_e=2.1$kW，照明冷负荷 $Q_1=0.2$kW，人员及设备冷负荷 $Q_0=1$kW，单位面积的总冷负荷指标为 95W/m²，单位面积的显冷负荷为 65W/m²，室内设计温度为 27℃，相对湿度为 60%。

美国麻省理工学院 Yuan Xiaoxiong 等人根据大量试验数据和理论分析，得到计算头脚温差的经验公式为：

$$\Delta T_{hf} = \frac{AQ_0 + BQ_1 + CQ_e}{\rho C_P L_T} = T_h - T_f \tag{7-7}$$

式中　Q_0——室内人员及电气设备负荷，W；

Q_1——室内照明负荷，W；

Q_e——结构及太阳辐射热负荷，W。

式（7-7）中的经验系数值为：$A=0.295$；$B=0.132$；$C=0.185$。

根据式（7-7）得：

$$L_T = \frac{1}{\Delta T_{hf} \rho C_P}(AQ_0 + BQ_1 + CQ_e) \tag{7-8}$$

计算得出：$L_T = 655$m³/h。

混合通风送风量由下式确定：

$$L=\frac{3600Q_{x}}{\rho C_{P}(t_{n}-t_{s})} \tag{7-9}$$

式中 Q_x——室内总显冷负荷，W；

t_n——室内温度，℃；

t_s——送风温度，℃。

由此得到 $L=787 \text{m}^3/\text{h}$。

通过计算与比较，置换通风比混合通风的送风量少 16.7%，节约能耗 41%。

(2) 从冷负荷分析

采用置换通风进行夏季供冷，室内冷负荷（Q_z）主要由 3 部分组成：室内人员及设备的负荷（Q_{oc}）、上部灯具的负荷（Q_l）、围护结构以及太阳辐射的负荷（Q_{ex}）。与传统空调系统负荷相比，Q_z 理论值较小。这是因为：由于置换通风自身特点，室内存在温度梯度，这会使工作区上部空间内的温度值高于设计温度。随着房间高度的增加，靠近房间上方的室内温度值将大于或等于室外温度，这将使这个房间的温度升高。从传热学角度分析，室内温度升高将会使室外向室内传入的热量减少，即使冷负荷 Q_{ex} 所占比例不大，仍可以带来室内冷负荷 Q_z 的降低。

此外，其工作区负荷 Q_g 是确定置换通风设计的重要参数。ASHRAE 提出，适用于办公室建筑的置换通风系统工作区负荷为：

$$Q_g = a_{oc}Q_{oc} + a_l Q_l + a_{ex}Q_{ex} \tag{7-10}$$

式中，a_{oc}、a_l、a_{ex} 表示坐姿人体头脚范围内（0.1~1.1m），各种冷负荷所占室内冷负荷的比例，其值取为 0.295、0.132、0.185。以上各系数的取值受房间层高、工作区占室内空间的比例以及工作区冷负荷所占室内冷负荷比例等因素的影响。可见，工作区负荷明显小于室内冷负荷，它是置换通风节能的关键因素。

传统空调系统的送风量取决于室内总冷负荷（Q_k）和送风温差（Δt）的比值，且 Δt 一般取值较大。显然，比较二者送风量大小，就取决于二者的冷负荷比较和温差比较。空调送风温差大于置换通风工作区内头脚允许温差（可达 3~4 倍），因此送风量的比较应取决于两者间的冷负荷比较。影响室内冷负荷 Q_z 的因素较多，当工作区冷负荷 Q_g 为主要因素时，置换通风系统的送风量将较大。对于空间较大且工作区负荷占总负荷比例较小，考虑二者温差比较，则置换通风系统送风量将比传统空调送风量稍大、持平或稍小。与之相关，两种送风方式的风机能耗比较也会出现或大、或小、或相等的情况。因此，两者风量比较要由具体情况而定。

(3) 从送风温度分析

置换通风的送风温度 t_s 可以通过地板附近的空气温度 t_f 以及无量纲地面区温升系数 θ_f 确定。其中，t_f 的计算公式为：

$$t_f = t_h - \Delta t_{hf} \tag{7-11}$$

式中 t_h——室内设计温度，℃。

温升系数 θ_f 可根据 Mundt 方程确定：

$$\theta_f = \frac{1}{\frac{V_2 \cdot \rho \cdot c_p}{A}\left[\frac{1}{a_{rf}}+\frac{1}{a_{cf}}\right]+1} \tag{7-12}$$

式中 a_{rf}——房顶和地板之间的辐射换热系数，W/(m²·K)；

a_{cf}——地板表面和室内空气之间的对流换热系数，W/(m²·K)；

V_2——送风量，m³/s；

A——房间地板面积，m²。

置换通风送风温度为：

$$t_s = t_f - \frac{\theta_f \cdot Q_g}{\rho c_p V_z} \tag{7-13}$$

分析上式可知，送风温度 $t_s < t_f$。这是因为从出风口送出的冷空气要消除工作区负荷和地板及地板附近空气（0.1m 以下）的负荷。送出的冷空气同时满足工作区温度和工作区内允许头脚温差的要求。

从舒适性角度进行考虑，送风温度不能过低，其与室温接近，送风温差一般为 2～4℃，最大不超过 6℃。相比较而言，传统空调送风温度较低。送风温度的提高使得制冷机组内制冷剂的蒸发温度升高，单位制冷量增大，制冷机组制冷效率增大，运行效率提高；同样，因送风温度有所提高，可考虑将新鲜空气直接送入工作区，即采用全新风运行。这将进一步改善室内环境条件，降低运行能耗。

(4) 从新风量分析

由于置换通风的通风效率更高，当保证同样的室内空气品质时，置换通风比混合通风所需的新风量更少。

通过效率公式：$\eta = \frac{C_p - C_o}{C_n - C_o}$ 可计算通风效率。一般情况下，置换通风的通风效率比混合通风高。其中，C_p 为排风浓度；C_n 为工作区浓度；C_o 为送风浓度，单位均为 ppm。

若假设 α 为置换通风比混合通风节省新风量的百分比，则置换通风新风所节约的能量可用下式计算：

$$\omega = \frac{1}{3.6} \alpha \rho l_n (h_w - h_n) \tag{7-14}$$

式中 ω——新风所节约的能量，W；

ρ——空气密度，kg/m³；

l_n——混合通风的新风量，W/m²；

h_w——在夏季室外计算参数时的焓值，kJ/kg；

h_n——室内空气的焓值，kJ/kg。

采用何超英等的试验数据，在一个 3m×6m 的室内，为保证同样的室内空气品质，工作区 CO_2 的浓度从 $1340×10^{-6}$ 降低到 $1240×10^{-6}$，置换通风所需的新风量为 6.72L/s，混合通风所需的新风量为 11.55L/s，置换通风比混合通风节省 58% 的新风量，从而可得置换通风新风所节约的能量为 2.46W，而混合通风新风所需要的能量为 4.24W。

在送风参数及排风口处污染物质量浓度相同条件下，将置换通风与传统空调送风方式作比较。以全室为对象，两种送风方式的排污能力相同。而以人员活动区为对象，因置换通风方式存在污染物质量浓度梯度，人员呼吸区污染物质量浓度低于排放污染物质量浓度。所以，置换通风的排污能力优于传统空调送风。在保证同样的室内空气品质时，置换通风的通风效率高，因此置换通风所需新风量少，风机能耗低，节能效果好。

(5) 从过渡季节的运行情况分析

过渡季节能耗低是置换通风节能的另一重大优势。由于置换通风采用下送上回方式，新鲜空气直接进入工作区，允许工作区以上的设计参数高于室内设计参数，这使得在过渡季节很长一段时间内无需开制冷机，可采用全新风运行，这样既提高了室内空气品质又节约了能耗。

(6) 置换通风系统的节能措施

置换通风空调系统能耗主要由以下几方面组成：补偿围护结构传热的能耗占 40%～50%；新风处理能耗占 30%～40%，主要是冷水机组能耗；空气、水输送能耗占 25%～30%，包括泵、风机及末端装置能耗。因此，降低建筑中的空调能耗要从建筑设计和空调系统两方面考虑。

1) 置换通风与末端冷却设备的结合

置换通风系统送风温度高、送风速度小、送风面积及安装位置也受到限制。因此，单一的置换通风制冷能力有限，在室内负荷较小时可以采用。我国南方夏季温度较高，即使是北方，夏季室内负荷也远大于 $35W/m^2$。因此，从工程应用来看，当室内负荷较大时，采用置换通风与末端冷却设备的结合来提高制冷量是十分必要的。这些末端冷却设备主要有带诱导的末端送风装置、冷却顶板、冷梁、冷柱等，它们的制冷能力如表 7-12 所示。可以根据室内负荷大小选用不同形式的置换通风系统。

不同置换通风形式的制冷能力　　　　　　　表 7-12

通风系统类型	制冷能力
单一的置换通风	$20\sim35W/m^2$
带诱导的置换通风	$35\sim60W/m^2$
置换通风与冷却顶板结合	$70\sim100W/m^2$
置换通风与冷柱结合	每单位长度的冷柱能提供 $200\sim250W/m$

有研究表明，室内负荷较大时，采用置换通风结合冷却顶板的系统比 VAV 系统更经济。同时，置换通风与冷却顶板结合比混合通风与冷却顶板结合节能效果更明显。

常用的冷却顶板一般用金属板或混凝土板制成金属板散热快，混凝土板蓄热能力强。冷却顶板的管网中流动的是用于消除余热的冷却水，由于单位质量的水携带的能量是空气的 3000 多倍。因此，冷却顶板系统与以空气作为冷媒的单一的置换通风系统相比，能耗大大降低。

2) 置换通风与天然冷源的结合

置换通风系统中，制冷能耗所占比例较大，置换通风与天然冷源的结合是系统节能的又一途径。蒸发冷却技术和建筑夜间通风是利用天然冷源的常用方法。

蒸发冷却技术利用水的蒸发而获得冷量，蒸发后的水蒸气不必还原为液体水，与机械制冷相比，省去了压缩过程的能耗。因而，它具有较强的节能特性。蒸发冷却技术在干燥和比较干燥的地区可以替代常规制冷设备，其 COP 值很高，从而可以大大节省空调制冷用能。

夜间通风是夜间把室外空气送入建筑内，利用围护结构夜间蓄冷来满足白天建筑供冷的需求。在我国昼夜温差较大的部分地区，对于围护结构热容量较大的建筑，夜间通风效果较好，在一定程度上能缓解白天热负荷大的情况，对降低建筑房间的温度和能耗有一定效果。

7. 置换通风的经济性分析

置换通风要求采用中央冷水机组提供集中冷源，采用空气处理设备集中处理空气，采用水泵、水管输送冷水。选用何种主机与初投资和运行费用的多少有直接关系。对于小型空调系统，直接蒸发制冷设备总是比冷水机组便宜，但是中、大型工程中，这部分的费用比较接近。运行费用通常与空气处理方法有关，当然还与采用何种主机及其运行有关。

因此，从经济性考虑，置换通风不适用于小型的空调系统。对于大、中型系统，当初投资对业主来说是非常重要的考虑因素时，也应认真考虑。

与普通住宅相比较，别墅具有层高较高（大于3m）、空间大、室内空气品质要求高、舒适性要求高、多采用户式中央空调系统、建筑能耗大等特点。这种类型的建筑就比较适合采用置换通风空调系统，其原因为：(1)房间足够高（大于3m），容易产生置换效果；(2) 2.5m以上的温度梯度不太重要，只需保证2.5m以内人员活动区维持较低的温度梯度；(3)从顶部排风，可以减少冷负荷；(4)噪声很容易控制。

从初投资方面考虑，此类建筑形式中采用置换通风系统的装机容量和送风量与混合通风大致相同。但是，置换通风需要冷水机组提供冷源。如果混合通风同样采用冷水机组，从经济性考虑，两者投资大致相同。但由于别墅对舒适性与室内空气品质要求高，故采用置换通风系统在初投资上经济性更好。按照承担负荷情况不同估算，该系统的初投资大体为30～80元/m^2，具体费用需根据项目实际情况进行计算。

除了在初投资上具有较好经济性之外，该系统的运行费用也较为经济。由于置换通风的送风温度高，在过渡季节，很长一段时间内可采用全新风运行，无需开制冷机组，可较大程度上的降低能耗，进而降低运行费用，与传统通风系统相比，可以较快地收回成本。

8. 地板辐射供冷—置换通风复合系统

置换通风的应用是随着置换通风的概念被广泛接受和置换通风末端产品的大量开发、生产、应用而推广开来的。置换通风如果想在我国被广泛应用，一般认为与以下两个方面的发展有很大关系：一是与置换通风末端产品的发展和新产品的开发有关；二是与人们对它的深入了解和信任，特别是与设计人员和业主的深入了解和推广有关。

置换通风在舒适度方面的问题主要是吹风感和竖直温差。吹风感是通风中要考虑的重要问题，送风速度大会给人体带来吹风感。但对于置换通风，由于它具有热力分层的特点，从理论上讲，只要保证分层高度在工作区以上，由于送风速度极小且送风紊流度低，即可保证在工作区大部分区域风速低于0.15m/s，不产生吹风感。另外，新鲜、清洁的空气直接送入工作区，先经过人体，这样就可以保证人体处于一个相对清洁的空气环境中，从而有效提高工作区的空气品质。对于工作区存在的明显的垂直温度梯度，出于舒适性考虑，为不使人体产生过重的脚凉头暖的不适感，送风温度不宜过大，有了送风温差的限制，在设计中要根据ISO 7730的规定，使1.1m与0.1m高处的温差小于3℃，这样才不会有热不适感。但是这样置换通风所能提供的制冷能力就比较小。在置换通风应用中，所面临的问题是在基本不破坏良好气流组织的前提下，如何保证室内的热舒适性。解决该问题的最佳方法就是将冷却顶板和置换通风结合使用。辐射供冷可以负担显热冷负荷，从而使空气系统送风量尽量小，它主要是利用冷辐射进行传热，对流传热量较小而且可以不影响置换通风的流型，且冷辐射可以进一步消减置换通风的垂直温度梯度，从而可以提高舒适度，同时还带来明显的节能效果。具体内容将在本书后面的章节详细分析。

目前国内很多工程都使用了辐射供冷加置换通风系统的方案,并经实践证明,辐射供冷加置换通风系统的方案是综合解决室内空气品质和热舒适问题的最佳方案之一。

(1) 地板辐射供冷—置换通风复合系统原理

当空气湿度过大时,单纯的地板供冷不能满足室内温湿度要求。由于没有除湿设备,室内湿度会随时间越发增大,露点温度也会逐渐升高。当空气露点温度高于辐射板表面温度时,便会产生结露。这就必须辅以新风系统,以去除室内的湿负荷,图7-43所示是地板辐射供冷—置换通风复合系统的原理图。

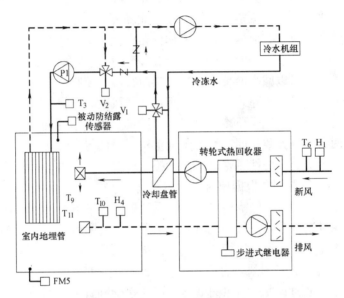

图 7-43 地板辐射供冷—置换通风复合系统的原理图

在地板供冷系统中增加置换通风系统后,室外新风通过空气过滤器进入转轮式热交换器,与排风进行热交换,再进入冷却盘管,进一步降温和除湿。经过除湿、冷却的新风由置换通风设备送入室内,满足人员卫生需求及承担室内湿负荷。

而室内的主要显热负荷由地板供冷系统承担,两者互为补充,以达到较好的空调效果。由于置换通风的热力分层特点,房间中会形成一个上部混合区和一个下部清洁区。与传统的混合通风相比,新风在工作区得到较好的利用,解决了单独地板供冷时空气质量差的问题。如果对新风进行除湿,通入干燥的新风在地板表面形成一层隔湿层(空气湖),更有利于防止结露的发生。

(2) 地板辐射供冷—置换通风复合系统热舒适性分析

由图7-44可知,当室外温度不很高、室内负荷不是太大时,单独的地板供冷系统是可以满足室内温度的要求的。但是,房间的相对湿度较大时,将不能满足人体的舒适性。

由表7-13和图7-44可见:单独地板供冷时,室内温度梯度在距地1.0~2.0m之间为2℃左右(其中距地面1.0~1.5m范围内温度梯度为0.7℃左右;距地面1.5~2.0m范围内温度梯度1.0℃左右),系统运行2h后,地板表面温度基本达到恒定,进入稳定阶段。

7.4 有效送风形式

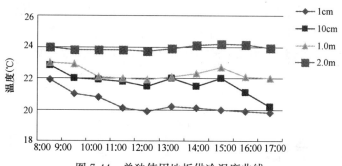

图 7-44 单独使用地板供冷温度曲线

有无置换通风地板供冷各表面平均温度   表 7-13

项目	地板表面温度(℃)	顶板温度(℃)	墙面温度(℃)	室内空气温度(℃)
单独地板供冷	19.8	24.2	26.4	24.5
配合置换通风	19.6	24.4	25.8	23.6

由图 7-45 可知，配合置换通风后，室内温度梯度减小，距地面 1.0~1.5m 范围内温度梯度减小到 0.3℃左右，1.5~2.0m 范围内梯度减小到 0.5℃左右，室内其余各壁面温度值也得到一定程度的改善，均比单独地板辐射供冷时约低 0.5~1℃。配合置换通风后所产生的作用：房间下部"空气湖"的冷空气受人体及其他室内热源加热，形成自然对流，沿人体和热源表面上升，室内空气流动增强，空气竖向温度梯度减小，空气温度和墙壁、顶棚壁面温度降低。同时，在相同的条件下，进入稳定的时间有所减少。此外，采用置换通风，因风速较低，地面温度没有明显下降，脚部无不舒适感。

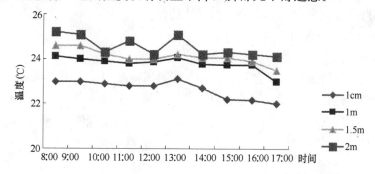

图 7-45 地板供冷配合置换通风温度曲线

(3) 置换通风风速对复合系统供冷能力的影响

在地板辐射供冷—置换通风复合系统中，有研究表明，地板表面温度为 19℃，房间温度为 26~27℃时，地板辐射供冷量为 53~60W/m²。在地板辐射与置换通风联合供冷过程中，置换通风承担部分冷负荷，一般为 20~30W/m²。因此，两者联合供冷在正常情况下能满足建筑最大冷负荷为 80~90W/m²，基本能满足一般住宅的需求。但对于大型公共建筑，如商场、剧院、酒店餐厅以及具有较大流动负荷的场所，地板辐射与置换通风联合供冷方式因其供冷能力不足而受到限制。因此，研究一种既能发挥地板辐射与置换通风联合供冷方式优势，又能满足大空调负荷建筑应用需求的方法和措施，对该新型建筑供冷方式的推广具有重要意义。

在地板辐射供冷—置换通风复合系统中，置换通风风速影响隔湿层厚度和地板对流换热量，进而影响地板辐射供冷能力，下面对置换通风风速对地板辐射供冷的影响规律进行讨论。图 7-46 和图 7-47 是某试验中关于不同风速下的房间温度梯度分布图。

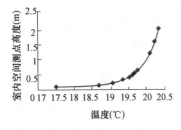

图 7-46　风速为 0.2m/s 的温度梯度分布图

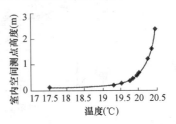

图 7-47　风速为 0.8m/s 的温度梯度分布图

从图中可以看出，当置换通风中风速增大时，房间的温度梯度显著减小，空气冲刷地板的作用加强，地板表面的"空气湖"厚度逐渐变薄，房间人体活动区域的头脚温差减少。从传热角度来看，室内空气速度增加，导致室内空气的混合程度加大、"空气湖"厚度的减小、空气与地板表面的对流换热将得到加强，从而使得地板单位面积供冷量得到提高。

在房间空调负荷较小时，采取较低的风速即可满足要求。当环境温度较高、室内空调负荷变化较大时，常规的置换通风风速可能就不能满足空调负荷要求。此时，可通过增加置换通风风速以提高地板单位面积供冷量。而且随着置换通风风速的加大，离地面高度 0.1m 与 1.1m 的温差逐步减小。这表明房间空气的温度场更加均匀，房间舒适性也得到较大的提高。因此，提高置换通风风速不仅能够提高复合系统的供冷能力，还能提高置换通风和地板辐射联合供冷方式的适应性和舒适性。

9. 顶棚辐射供冷—置换通风复合系统

(1) 顶棚辐射供冷—置换通风复合系统原理

顶棚辐射供冷—置换通风复合系统是一种极具发展潜力的新型空调系统。该系统既可以提供良好的热舒适性，又可以改善室内的空气品质。系统中由顶棚辐射末端承担室内显热负荷，而室内潜热和湿负荷完全由置换通风系统承担。由于新风系统及顶棚辐射板所要求的水温相差甚远，对于新风系统而言，由于有除湿要求，水温一般要求 6～7℃。而顶棚辐射板为防止结露，冷冻水温度常在 14～16℃，建筑保温好时，冷冻水温度甚至可提高到 18～20℃。因此，顶棚辐射供冷—置换通风复合系统是双温度水系统，系统形式和构成较复杂，其原理图如图 7-48 所示。

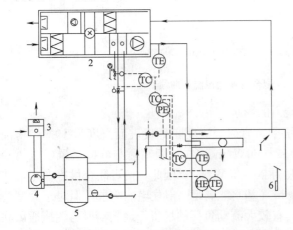

图 7-48　顶板供冷—置换通风系统水管布置图

1—冷顶板；2—空气处理装置；3—冷凝器；
4—蒸发器；5—储水罐；6—加热器

顶棚辐射—置换通风复合空调系统在很大程度上保持置换通风室内空

气的流动特性，可以提供更大的单位面积供冷量，提高室内环境的热舒适。

(2) 顶棚辐射供冷—置换通风复合系统中的负荷分配问题

采用置换通风与顶棚辐射相结合的空调系统，可以充分发挥两者的优势。既能满足大制冷量的要求，又可以达到节能的效果。实际应用时，由于冷却顶板的存在，影响了置换通风的气流形式。因此，针对两者所组成的复合系统，如何使其获得最优的冷量搭配比例，是一个非常重要的问题。

考虑到风系统和辐射供冷的传热特点和冷媒参数，恰当的分配原则应当是：由辐射顶板承担建筑围护结构传热和日射得热负荷，即渐变负荷以及室内设备、人员的辐射热负荷；由置换通风系统承担室内的湿负荷和人员、设备的对流热负荷，即瞬时负荷，同时满足室内新风量的要求。

按照这一负荷分配原则，可以根据建筑的特点来设计辐射板、新风系统，并确定冷媒参数。建筑围护结构的热阻越大，所需辐射面积越小，冷水温度越高；反之，所需辐射面积越大，冷水温度越低。建筑所在地气候越潮湿，新风及室内人员、设备负荷越大，风系统负荷越大；反之，新风及室内人员、设备负荷越小，风系统负荷越小。

在该复合系统中，虽然需要尽量提高辐射换热的比例，但是顶棚辐射提供的制冷量比例不能无限增大。从人的健康和空气品质方面考虑，分界面的高度应该在工作区高度以上。但随着顶棚辐射制冷量的增大，室内空气上部紊流区的范围逐渐扩大，导致其与下部单向流动区的分界面高度下降。当该高度下降到工作区高度以下时，将影响室内空气品质，对人的健康造成不良影响。因此，顶棚辐射制冷量需要限制在一定范围内，以保证工作区的空气品质。而且从防止结露方面考虑，顶棚表面的温度也不能太低。顶棚的表面温度可以通过供水温度和供水量来调节，顶棚辐射系统的供水温度一般在 16~18℃ 左右。当通过调节供水量来调节顶棚表面温度时，顶棚辐射系统的供水速度不能太大，以免构成噪声污染。

综合这两个方面来考虑，只有顶棚辐射系统与置换通风系统分担好相应的冷负荷比例，才能充分发挥两者的优势。既可以为室内提供一个舒适的环境，又可以保证工作区的室内空气品质要求。就办公楼、公共建筑而言，冷却顶板的冷量占室内总冷负荷份额的 75%~80% 比较合适。

(3) 顶棚辐射供冷—置换通风复合系统中的新风问题

新风系统中的新风可以是未经处理的室外空气，这要求室外空气有较低的湿度，适合夏季气候足够干燥地区。在大部分地区，新风还是需要经过除湿处理的。从而引发了一个新问题：将新风处理到什么状态？

理论上，新风可以只用于吸收室内散湿而完全不承担房间空调负荷。这时，需要将新风处理至去除室内散湿量所要求的送风含湿量和室内焓值的交点上。采用如下两个过程可以达到这种处理要求：首先用表冷器将新风处理到室内焓值，然后用固体吸附剂将其等焓降湿处理，到要求的送风含湿量。这样，冷却顶板承担全部的室内空调负荷，对空调房间的冷却与除湿任务完全分离，可以最大限度地发挥该系统的优势。但这样会使得系统变得复杂、造价增加。

在工程中的实际做法是新风承担部分负荷。为了利用新风除湿，新风的送风含湿量低于房间空气含湿量。而且，用表冷器对空气进行析湿处理的终状态是"机器露点"。所以，新风的送风焓值低于室内空气焓值，能够承担一定的室内空调负荷。如前所述，采用顶棚辐射系统时希望顶棚辐射供冷量占有相当份额。如果新风承担的室内空调负荷量较大，就使得顶棚辐射供冷量减小。新风承担的室内负荷可按下式进行计算：

$$Q_{xc}=\frac{\rho V(h_n-h_s)}{3.6} \tag{7-15}$$

式中　Q_{xc}——新风承担的室内空调负荷，W；
　　　h_n——室内空气焓值，kJ/kg；
　　　h_s——新风送风焓值，kJ/kg；
　　　ρ——新风送风密度，kg/m³；
　　　V——新风量，m³/h。

如果根据《采暖通风与空气调节设计规范》（GB 50019—2003）的规定，不同类型民用建筑空调设计的最小新风量与人员密度有关系。人员密度大时，新风量亦大。从式(7-15)可知，新风量越大，新风承担的室内负荷越多，顶棚辐射供冷量减小，从而削减了顶棚辐射系统的优势。

如何进一步优化顶棚辐射系统中的新风处理，是顶棚辐射系统在推广过程中必须解决的难题之一。

7.4.2 局部送风与个性化送风

1. 局部送风

在一些大型车间中，尤其是有大量余热的高温车间，采用全面通风已无法保证室内所有地方都达到适宜的程度，只得采用局部送风的办法使车间中某些局部地方的环境达到比较适宜的程度，这是比较经济而又实惠的方法。我国相关规范规定，当车间中操作点的温度达不到卫生要求时，应设置局部送风。局部送风实现对局部地区降温，而且增加空气流速，增强人体对流和蒸发散热，以改善局部地区的热环境。

图 7-49 所示为局部送风示意图。将室外新风以一定风速直接送到工人的操作岗位，使局部地区空气品质和热环境得到改善。当若干个岗位需局部送风时，可合为一个系统。夏季需对新风进行降温处理，应尽量采用喷水的等焓冷却，如无法达到要求，则采用人工制冷。有些地区室外温度并不太高，可以只对新风进行过滤处理。冬季采用局部送风时，应将新风加热到 18~25℃。空气送到工作点的风速一般根据工作地点的小时平均热辐射强度和作业的强度控制在 1.5~6m/s。送风宜从人的前侧上方吹向头、颈、胸部，必要时也可以从上向下垂直送风。送风到达人体，气流有效宽度宜为 1m（室内散热量小于 23W/m² 的轻作业，可采用 0.6m）。当工作岗位活动范围较大时，采用旋转风口进行调节。送风气流的设计可按自由射流原理进行计算。另外，应避免将污染物吹向人体。

在高温车间中还可以直接用喷雾的轴流风机（喷雾风扇）进行局部送风。喷雾风扇实质上是装有甩水盘的轴流风机，自来水向甩水盘供水，高速旋转的甩水盘将水甩出形成雾滴，雾滴在送风气流中蒸发，从而冷却了送风气流；未蒸发的雾滴落在人身上，有"人造汗"的作用。因此，

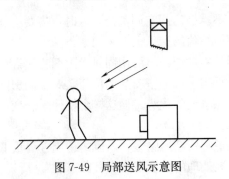

图 7-49　局部送风示意图

可以在一定程度上改善高温车间中工作人员的条件。规范规定，喷雾风扇只适用于温度高于35℃、辐射照度＞1400W/m²，且工艺不忌细小雾滴的中、重作业的工作点。喷雾风扇的雾滴直径应小于100μm，作业点的风速应在3～5m/s范围内。当不适宜采用喷雾风扇时，可用不带喷雾的轴流风机进行局部送风。工作地点的风速为：轻作业2～3m/s，中作业3～5m/s，重作业4～6m/s。

在高温车间中的一些控制室、仪表间、工人休息室、天车司机室等，可以用隔热板封闭起来，并对这些局部区域进行空调。

2. 个性化送风

为了提高室内空气品质和达到100％的室内热环境满意度，提出了个性化环境的概念。在此背景下，发展出了工位送风（Task/ambient Air-Conditioning，TAC）和个性化送风（Personalized Ventilation，PV）。在此类送风方式下，房间中的每个人得到的是"适合自己的个性化的热环境"，而不是在传统混合送风（Mixing Ventilation，MV）中，在所谓的活动区域内（高度为1.8m以下的空间）建立一个均匀的热环境。换句话说，在混合送风中，人体是被动的接受，而在工位送风和个性化送风中，人体是主动参与和设定个体想要的热环境。这种空调范围缩小化和单元化的做法使得一些现代的、开放式的办公楼中对空调温度控制器的"争夺大战"大大减少。

工位送风是把处理后的空气直接送到工作岗位，创造一个令人满意的微环境。这种送风方式在工业建筑的热车间已广为应用，20世纪末开始应用于舒适性空调中，目前已用于办公室、影剧院等场所的空调系统中。送风口的风量、风向或温度通常可以由使用者根据自己的喜好进行个性化调节，故这种送风方式又称个性化送风，用这种送风的空调称为个性化空调。用于办公室工位送风的风口通常设在桌面上，故也称为桌面送风。桌面送风装置的形式有：(1) 在办公桌靠近人的侧边上设风口，约45°向上送风，气流先到达人的上半身，再经呼吸区；(2) 在桌面上靠近人处设条形风口，约45°向上送风，直达人的呼吸区；(3) 在办公桌后部放置风口，风口可上下、左右调节，送风直达人的呼吸区，送风距离较前两种方式远；(4) 活动式风口，利用机械臂使风口位置变动，能较好地使送风直达人的呼吸区。桌面送风口通常采用百叶式风口或孔板式风口。

工位送风通常与背景空调（房间或区域的空调）相结合，两者可以是同一空调系统。背景空调大多采用地板送风。背景空调控制的室内温度可比常规空调高一些，甚至可提高到30℃。工位送风的主要优点有：(1) 送风到达人的呼吸区距离短，空气龄很小，换气效率可达87％，空气品质好；(2) 可按个人的热感觉调节风量、风向或温度，充分体现了"个性化"的特点；(3) 背景空调设定的房间温度较高，且人员离开时可关闭工位送风口，因此，空调的运行能耗低。

个性化送风的特点在于：

(1) 个性化送风赋予使用者对送风量、送风距离和送风温度等参数多方面调节的自由，它将新鲜的空气直接送到人员的呼吸区，具有提高使用者满意程度的较大潜力。

(2) 通过减小个性化送风的距离，在满足人员热舒适性的情况下，可以适当的提高送风温度或者减小送风量，从而节约了空调系统能耗。但是，送风距离减小的同时，人员对送风的阻挡作用也相应增大，使送风的影响范围有所减小，这在设计中应予以考虑。

(3) 为了避免对人员造成冷吹风感，个性化送风的送风速度不能太大。因此，个性化送风在到达人员呼吸区以前已经与周围上升的热空气进行了一定程度的掺混，这在一定程度上也减少了对人员的冷吹风感。

按照送风口射出气流的方向，目前布置于桌面上的个性化通风系统（PVS）可分为从正对头部、前胸两种放置方式，如图 7-50 所示。

计算机监控孔板（Computer Monitor Paned，CMP）的送风口为平头圆锥（见图 7-51），可以调节送风方向和在一定范围内控制送风量。

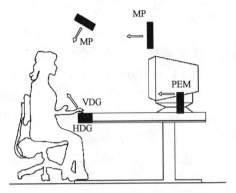

图 7-50 各种位置的桌面上的 PVS

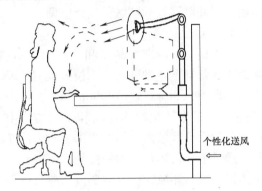

图 7-51 CMP 系统

垂直台式通风格栅（Vertical Desk Grill，VDG）是安装在桌面上的方形送风口（见图 7-52），可以通过调节百叶的方向调节送风方向和在一定范围内控制送风量。

个性化环境模块系统（Personal Environmental Module，PEM）的送风口可以高、中、低三个档位调节送风方向，在一定范围内调节送风量。

移动孔板（Movable Panel，MP）的送风口如图 7-53 所示，可以很大范围内调节送风方向和在一定范围内控制送风量。

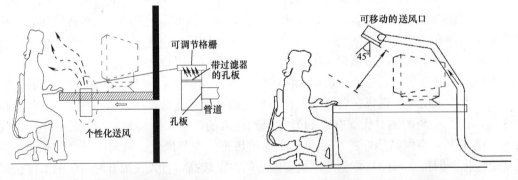

图 7-52 VDG 系统　　　　　　图 7-53 MP 系统

桌面上正对头部送风的个性化通风系统，可以有效提高吸入空气的品质，桌面上胸位送风的个性化通风系统，可以有效改善整体热感觉，消除个体差异，实现几乎所有人的热舒适性。目前的研究都在关注如何实现更好的空气品质或者更好的热舒适性，缺乏把空气品质和热舒适放在一起研究的。只有空气品质和热舒适性都达到一定要求的个性化通风系统才是有实用价值的。

鉴于此，研究空气品质的变化对人体的热舒适性、工作效率的影响效果，对于深入研究个性化通风系统有重要意义。将空气品质和热舒适性放在一起研究，寻找满足要求的空气品质和热舒适性下的最佳送风形式，确定送风参数，衡量安全性、经济性与节能效果是今后研究的方向。

7.5 能量回收装置

有关研究表明，我国能源总消费量中，建筑能耗所占的比例已从 1978 年的 10% 上升到 2009 年的 25.6%，其中采暖、空调能耗占建筑总能耗的比例已达 55% 左右；而建筑空调全年总能耗中，新风能耗占 15%～24%，即空调全年能耗的 1/6～1/5 要用于处理新风。随着人们对室内空气品质要求越来越高，美国采暖制冷空调工程师学会标准 ASHRAE62—2001 已将设计新风量增大到原来的 2～4 倍，我国国家标准 GB 50019—2003 对通风量也进行了修改。新风量的增大进一步增加了建筑能耗。

降低建筑能耗的有效途径之一就是进行能量回收利用，如果在空调系统中安装能量回收装置，用排风中的能量来处理新风，就可以减少处理新风所需的能量，降低机组负荷，从而达到节能的目的。

我国从 20 世纪 80 年代实施建筑节能 20 多年以来，取得了长足的进步，建筑节能标准从 1986 年第一个建筑节能设计标准规定的节能 30% 到发展到节能 50%，北京、天津率先实施节能 65% 的目标。为了保证建筑节能目标的顺利实现，我国的建筑节能标准规范对空气热回收装置部分都有明确的相关条文规定，内容如表 7-14 所示。

我国建筑节能标准规范关于空气热回收部分的条文 表 7-14

规范名称	热回收部分的条文内容
《采暖通风与空气调节设计规范》(GB 50019—2003)	第 6.3.18 条设有机械排风时，空气调节系统宜设置热回收装置
《旅游旅馆建筑热工与空气调节节能设计标准》(GB 51087—93)	第 5.2.1 条当客房设置有独立的新风、排风系统时，宜选用全热或显热热回收装置，额定热回收率不应低于 60%
《绿色建筑评价标准》(GB/T 50378—2006)	第 4.2.8 条设置集中采暖和(或)集中空调系统的住宅，采用能量回收系统(装置)
《夏热冬暖地区居住建筑节能设计标准》(JGJ 75—2003)	第 6.0.12 条当居住建筑设置全年性空调、采暖系统，并对室内空气品质要求较高时，宜在机械通风系统中采用全热或显热热量回收装置
《夏热冬冷地区居住建筑节能设计标准》(JGJ 134—2010)	第 6.0.11 条对采用采暖、空调设备的居住建筑，可采用机械换气装置(热量回收装置)
《科学实验建筑设计规范》(JGJ 91—93)	第 6.3.12 条经技术经济比较合理时，排风系统宜设置热回收装置
《公共建筑节能设计标准》(DBJ 01-621—2005)(北京地方标准)	第 4.4.3 条集中空调系统的排风放热回收，应符合以下规定：(1)风机盘管加新风系统，全楼设计最小新风量≥20000m³/h 时，应设置集中排风系统，并至少有总新风量的 40% 设置热回收装置；(2)全空气直流式空调系统，总送风量在 3000～10000m³/h 时，应至少有总新风量的 80% 设置热回收装置；总风量大于 10000m³/h 时，应至少有 60%，且风量不得小于 8000m³/h 设置热回收装置；(3)带回收的全空气空调系统，总风量≥20000m³/h，最小新风比≥40% 时，宜设置热回收装置；(4)宜跨越热回收装置设置旁通风管
《公共建筑节能设计标准》(GB 50189—2005)	第 5.3.14 条建筑物内设有集中排风系统且符合下列条件之一时，宜设置排风热回收装置。排风热回收装置(全热和显热)的额定热回收效率不应低于 60%。(1)送风量大于或等于 3000m³/h 的直流式空气调节系统，且新风与排风的温度差大于或等于 8℃；(2)设计新风量大于或等于 4000m³/h 的空气调节系统，且新风与排风的温度差大于或等于 8℃；(3)设有独立新风和排风的系统
	第 5.3.15 条有人员长期停留且不设置集中新风、排风系统的空气调节区(房间)，宜在各空气调节区(房间)分别安装带热回收功能的双向换气装置

一般地，气—气热交换器的效率可达70%，而水—气热交换器的效率只有50%左右。因此本书将详细介绍气—气能量回收装置（Air-to-Air Energy Recovery Equipment，AAERE），对气—水能量回收装置不做介绍。

7.5.1 AAERE 的分类及性能比较

（1）转轮式气-气能量回收装置是在转动过程中让排风与新风以逆向或同向流过转轮面释放和吸收能量。根据转轮转芯的材质，可分为全热转轮气—气能量回收装置和显热转轮气-气能量回收装置。全热转轮能量回收装置的转芯由可吸湿材料卷绕成蜂窝状而成，可同时在新风和回风之间进行热量和湿量交换。显热转轮回收装置的转芯不能吸湿，新风和回风之间只能进行显热交换。

（2）热管式气-气能量回收装置的能量回收原理是在热管内充注一定量的工质，送风和回风分别流经热管的两端，通过热管中工质的反复冷凝和蒸发来传递热量，达到能量回收的目的。热管式能量回收装置只能进行显热交换。

（3）热虹吸管式气-气能量回收装置与热管式能量回收装置类似，有所不同的是这种装置中液体仅靠重力循环，而不是像热管那样靠毛细作用进行循环；热虹吸式装置中液体蒸发产生核沸腾，而不像热管那样仅靠气液分界面上的蒸发产生相变；热虹吸式装置还可以用于管道连接的两盘管间的热量交换，但这种装置在新排风之间仅能进行显热交换。

（4）静止平板式气-气能量回收装置的核心部件是由分层的平板分隔和封闭后形成送风和回风通道的板式热交换器，它没有转动部件。根据平板的材质是否吸湿，也可以分为全热板式和显热板式气-气能量回收装置。

（5）盘管回收环式气-气能量回收装置在排风和送风管道上分别装有盘管。两盘管间由管道连接起来，用循环泵使管道中的液体（通常是水或乙二醇溶液）在两盘管间循环，从而使排风和送风间的能量通过盘管和中间介质进行交换。这种能量回收装置只能在新风和排风之间进行显热交换。

（6）双塔回收环式气-气能量回收装置通过泵使吸收液在送风塔和排风塔之间循环，新风、排风通过送风塔和排风塔进行热湿交换，是一种全热式能量回收装置。

对不同的热回收方式进行性能比较，比较结果如表7-15所示。

不同热回收方式性能比较 表7-15

项目	转轮式	平板式	热管式	盘管回收式	热虹吸式	双塔式
空气流动方式	顺流或逆流	顺流、逆流或交叉流	顺流、逆流或交叉流	顺流或逆流	顺流、逆流或交叉流	顺流或逆流
能量回收效率(%)	50～80	50～80	45～65	55～65	40～60	40～60
迎面风速(m/s)	2.5～5	0.5～5	2～4	1.5～3	2～4	1.5～2.2
阻力(Pa)	100～170	5～450	100～500	100～500	100～500	170～300
温度范围(℃)	-60～800	-60～800	-40～35	-45～500	-40～40	-40～46
优点	设备紧凑、阻力小	无转动部件，阻力小，易清洗	无转动部件，对风机位置要求不严格，仅能交换显热	管道布置灵活，风机位置灵活，仅能交换显热	无转动部件，对风机位置要求不严格，仅能交换显热	有净化功能
热效率控制方案	旁通或控制转速	旁通	调节盘管倾斜角度或旁通	旁通或调节泵转速	旁通	旁通或调节泵转速

续表

项目	转轮式	平板式	热管式	盘管回收式	热虹吸式	双塔式
效率	优	良	良	中		
设备费	中等	中等	中等	低		
维护保养	中等	易	易	易		

7.5.2 AAERE 的节能分析

1. 空气能量回收适应性判据

若室内空调设计状态为 N，通过 N 的等温线和等焓线可以把室外气象包络线范围分隔为 Ⅰ、Ⅱ、Ⅲ 和 Ⅳ 四个气象区，如图 7-54 和图 7-55 所示。第 Ⅰ 区室外气温和焓值都低于室内设计值，夏季显然不适合用热回收；第 Ⅱ 区室外空气温度高于室内设计值，而焓值低于室内设计值，只适应于显热回收；第 Ⅲ 区室外空气温度和焓值都高于室内设计值，适合用全热回收；第 Ⅳ 区室外空气温度低于室内设计值，焓值高于室内，适应于全热回收。

由上述分析可知，可采用全热回收处理新风的地区首先必须满足气象条件位于第 Ⅲ、Ⅳ，即：$h_W \geq h_N$。新风适宜显热回收的地区气象条件位于第 Ⅱ 区，即：$h_W \leq h_N$，$t_W \geq t_N$。

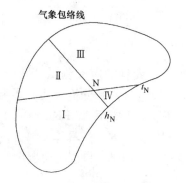

图 7-54 适宜新风热回收的气象范围

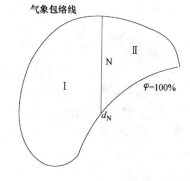

图 7-55 适宜新风除湿的气象范围

2. AAERE 能量回收量评价指标

评价 AAERE 的性能指标主要是能量回收效率，即显热效率、潜热效率和全热效率。

AAERE 热回收效率的定义为：

$$\eta = \frac{\text{送回风间实际换热（湿）量}}{\text{送回风间最大可能换热（湿）量}}$$

显热回收效率：$\varepsilon_s = \dfrac{G_s(t_{s,i}-t_{s,o})}{G_{\min}(t_{s,i}-t_{e,i})} = \dfrac{G_e(t_{e,o}-t_{e,i})}{G_{\min}(t_{s,i}-t_{e,i})}$ (7-16)

潜热回收效率：$\varepsilon_l = \dfrac{G_s(d_{s,i}-d_{s,o})}{G_{\min}(d_{s,i}-d_{e,i})} = \dfrac{G_e(d_{e,o}-d_{e,i})}{G_{\min}(d_{s,i}-d_{e,i})}$ (7-17)

全热回收效率：$\varepsilon_t = \dfrac{G_s(h_{s,i}-h_{s,o})}{G_{\min}(h_{s,i}-h_{e,i})} = \dfrac{G_e(h_{e,o}-h_{e,i})}{G_{\min}(h_{s,i}-h_{e,i})}$ (7-18)

AAERE 的热回收量可由已知的 AAERE 的效率和新、排风进口工况计算出，具体计算公式如下：

$$Q_s = (Gc_p)_s(t_{s,i}-t_{s,o}) = \varepsilon_s(Gc_p)_{\min}(t_{s,i}-t_{e,i}) = \varepsilon_s(Gc_p)_{\min}\Delta t \quad (7\text{-}19)$$

$$Q_{t}=G_{s}(h_{s,i}-h_{s,o})=\varepsilon_{t}G_{min}(h_{s,i}-h_{e,i})=\varepsilon_{t}G_{min}\Delta h \qquad (7\text{-}20)$$

式中 Q_s、Q_t——分别为 AAERE 的显热、全热交换量，W；

            G_s、G_e——新、排风量，kg/s；

            G_{min}——新、排风量中较小者，kg/s；

            $(Gc_p)_s$——新风热容量，W/K；

            $(Gc_p)_{min}$——新、排风热容量较小者，W/K；

            $t_{s,i}$、$t_{s,o}$、$t_{e,i}$、$t_{e,o}$——分别为新风进、出口以及排风进、出口干球温度，K；

            $d_{s,i}$、$d_{s,o}$、$d_{e,i}$、$d_{e,o}$——分别为新风进出口以及排风进出口处的含湿量，kg/kg 干空气；

            $h_{s,i}$、$h_{s,o}$、$h_{e,i}$、$h_{e,o}$——分别为新风进、出口以及排风进、出口处的焓值，kJ/kg；

            ε_s、ε_l、ε_t——分别为 AAERE 的显热效率、潜热效率和全热效率。

新、排风进口的焓值可按以下公式计算：

$$h=c_{p,s}T+d(c_{p,q}T+r_0)=c_{p,s}T+\varphi d_b(c_{p,q}T+r_0) \qquad (7\text{-}21)$$

式中 h——新风或排风焓值，kJ/kg；

            $c_{p,s}$、$c_{p,q}$——分别为干空气、水蒸气的定压比热容，kJ/(kg·K)；

            d、d_b——分别为含湿量和对应温度下的饱和含湿量，kg/kg 干空气；

            φ——空气相对湿度；

            r_0——水蒸气的汽化潜热 kJ/kg。

            T——新风或排风温度，K；

Simonson 和 Besant 对转轮式 AAERE 的性能作了大量的实验测试，并分析了不同新、排风工况对显热、潜热、全热效率的影响程度。通过研究和分析表明，影响 AAERE 能量回收效果的因素除了 AAERE 本身的特性外，还取决于应用 AAERE 空调系统的空气处理方式和根据室外气象条件的变化采取的 AAERE 的调节方式。具体来讲，AAERE 热回收量主要取决于室外新风进口工况温湿度、流量，室内排风进口工况温湿度、流量以及 AAERE 本身的效率。

利用上述公式出计算不同运行工况，从而根据不同地区不同的气象参数来选取 AAERE 的形式，通过对比分析，决定采用何种形式的 AAERE 来进行热回收更为经济。

3. AAERE 系统的性能参数

AAERE 自身的结构和工作原理决定了其特殊的工作特性和不同的应用场合。一般来说，对于室外热湿的环境，如夏热冬冷地区和夏热冬暖地区，夏季适宜于采用何种形式的 AAERE 最经济节能，则应该考虑 AAERE 的工作特性，主要体现在回收效率、流动阻力损失、经济性、气候适应能力等方面。

(1) AAERE 的回收经济温差、经济焓差

使用 AAERE 装置时，新、排风通过 AAERE 时会增加空气阻力，从而增加风机动力消耗，当回收的能量不足以抵偿其动力消耗时，使用 AAERE 是不经济的。

使用 AAERE 时，风机增加的能耗为：

$$\Delta E_{fan}=\frac{(V_{si}+V_{ei})\Delta H}{\eta_e} \qquad (7\text{-}22)$$

式中 V_{si}、V_{ei}——通过 AAERE 的新风、排风体积流量，m³/s；

            ΔH——新排风通过 AAERE 的空气流通阻力，kPa；

η_e——风机和传动装置的综合效率;

$\eta_e = \eta_{fan} \eta_r$,$\eta_{fan}$为风机效率;$\eta_r$为冷(热)量与电能相比的折算系数。

当 $Q_s > \Delta E_{fan}$ 时,得:

$$\Delta t_{eco} = \frac{(V_{si}+V_{ei})\Delta H}{\eta_{fan} \cdot \eta_r \cdot \varepsilon_s \cdot (Gc_p)_{min}} \tag{7-23}$$

$$\Delta h_{eco} = \frac{(V_{si}+V_{ei})\Delta H}{\eta_{fan} \cdot \eta_r \cdot \varepsilon_t \cdot G_{min}} \tag{7-24}$$

定义 Δt_{eco}、Δh_{eco} 分别为显热 AAERE 的回收经济温差、全热 AAERE 的回收经济焓差。只有当 $\Delta t > \Delta t_{eco}$ 或者 $\Delta h > \Delta h_{eco}$ 时,即室外新风与室内回风的温差或者焓差分别大于经济温差或者经济焓差时,使用 AAERE 对新、排风进行热回收才是经济的。

由经济温差、经济焓差的定义式知,当空气流速和流量模式为已定时,降低 AAERE 的空气流通阻力,提高 AAERE 的热回收效率和风机的效率能有效降低 AAERE 本身的能量回收经济温差和经济焓差;在额定空气流动模式时,经济温差和经济焓差可以作为衡量 AAERE 系统本身经济性能的指标参数之一。

(2) AAERE 的性能系数

AAERE 性能系数定义为 AAERE 系统回收的能量与空气流通阻力引起的能耗之比。由式 (7-23)~(7-24),得:

显热 AAERE 性能系数 COP_s 为:

$$COP_s = \frac{Q_s}{\Delta E_{fan}} = \frac{\eta_{fan} \cdot \eta_r \cdot \varepsilon_s \cdot (Gc_p)_{min} \cdot \Delta t}{(V_{si}+V_{ei})\Delta H} \tag{7-25}$$

潜热 AAERE 性能系数 COP_t 为:

$$COP_t = \frac{Q_t}{\Delta E_{fan}} = \frac{\eta_{fan} \cdot \eta_r \cdot \varepsilon_t \cdot G_{min} \cdot \Delta h}{(V_{si}+V_{ei})\Delta H} \tag{7-26}$$

由上述公式可知,影响从 AAERE 的性能系数 COP 的因素为:热回收装置自身的结构和设备性能、室内外气象参数 Δt 或 Δh。由于空调系统运行期间室外的空气参数随机变化,造成 AAERE 的性能系数 COP 值是一个变化值。

由 AAERE 的性能系数计算式可知,提高风机效率和 AAERE 热回收效率、降低空气流通阻力是提高 AAERE 的性能系数的有效途径。AAERE 的性能系数随室内外温差或者焓差增大而提高。

采用气—气能量回收装置回收排风的能量来预冷(热)新风,以减少空调系统的能耗是可行的。但能量回收装置全年的回收能量效果除了与装置本身的特性有关,还取决于应用气—气能量回收装置的空调系统的空调方式和根据室外气象条件的变化而采取的能量回收调节方式。若不根据室外气象条件的变化采用相应的能量回收调节方式,随着室外气象条件的变化,使用气—气能量回收装置有可能会增加空调系统的能耗。

4. 能量回收分析计算

根据有关的气象资料可获得当地的室外空气焓的变化曲线,全年均可回收部分能量。

(1) 冬季和过渡季的热量回收

建筑物体的热负荷包括新风热负荷和围护结构热负荷。若室内散热量(设备散热、人体散热、照明散热等)刚好补偿前两项热负荷,这时相应的室外空气温度称为平衡温度,可用下式计算:

$$t_p = t_n - \frac{Q}{k \cdot F + \frac{G_o c_p}{3.6}} \quad (7\text{-}27)$$

式中 t_n——室内设计温度，℃；

Q——设备、照明、人体散热，W；

k——围护结构的传热系数，W/(m²·℃)；

F——围护结构的传热面积，m²；

G_o——新风量，kg/h；

c_p——空气定压比热，kJ/(kg·℃)。

在 $h\text{-}d$ 图上室内热湿比线与等温线的交点即为相应的送风状态点，相应的焓为送风焓 h_p。在过渡季为使室内的温度与冬季温度相同，可调节通风量，改变换热器的焓效率，使新风焓达到 h_p。额定工况下全热交换器的焓效率由下式计算：

$$\eta = \frac{h_e - h_p}{h_e - h_n} \quad (7\text{-}28)$$

所以，
$$h_e = \frac{h_p - \eta h_n}{1 - \eta} \quad (7\text{-}29)$$

根据室外空气状态及 h_e 确定运行方式。

冬季和过渡季回收的热量为：

$$Q_h = G_o [q_p - q_e(1 - \eta)] \quad (7\text{-}30)$$

式中 q_p——1kg 室外空气加热至 h_p 工况时的吸热量，kJ/(kg·a)；

q_e——1kg 室外空气加热至 h_e 工况时的吸热量，kJ/(kg·a)。

(2) 夏季回收的冷量

从排风中回收的冷量可由下式计算：

$$Q_c = G_o q_c \eta \quad (7\text{-}31)$$

式中 Q_c——一年回收的冷量，kJ/a；

q_c——处理 1kg 新风全年所需冷量，kJ/kg。

这样，全年从排风中回收能量示意图如图 7-56 所示。

(3) 排风能量回收分析计算

某宾馆空调系统的总新风量为 60000m³/h，分 4 个新风系统，设计参数如表 7-16 所示。

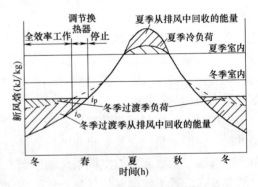

图 7-56 能量回收示意图

某宾馆空调系统设计参数　　　　表 7-16

季节	参数		
夏季	$t_o = 33℃$	$\varphi_o = 86\%$	$i_o = 93.9$kJ/kg
	$t_n = 24℃$	$\varphi_n = 60\%$	$i_n = 52.6$kJ/kg
冬季	$t_o = -4℃$	$\varphi_o = 76\%$	$i_o = 1.1$kJ/kg
	$t_n = 20℃$	$\varphi_n = 35\%$	$i_n = 33.1$kJ/kg

围护结构的传热 $k \cdot F = 3672 \mathrm{W/℃}$，室内发热量 $Q = 24.32 \mathrm{kW}$。回收方式分别采用板翅式气—气热交换器（$\eta = 70\%$）和水—气热交换器（$\eta = 45\%$）。计算结果如表 7-17 所示。

计算结果　　　　　　　　　　　表 7-17

季节	不回收时全年所需新风能量(kJ/a)	全年可回收能量(kJ/a)	
		气—气换热器	水—气换热器
冬季过渡季	2.592×10^9	1.813×10^9	1.295×10^9
夏季	2.592×10^9	1.669×10^9	1.192×10^9

可见，回收排风中的能量可大大降低新风负荷。

7.5.3 转轮式机组在能量回收系统中的应用

在空调负荷中，新风负荷占的比例很大，利用全热交换器或显热交换器回收排风中的能量，节约新风负荷是空调系统节能的一项有利措施。转轮式热回收的回收效率可高达 85%。作为高效的能源回收，在实际工程中有着广泛的应用。

1. 转轮式热回收的概念

转轮热交换器主要由转轮、驱动电机、机壳和控制部分所组成。转轮做成蜂窝状，如由吸湿材料组成，则不仅能回收显热量，也可回收潜热，称全热交换器。转轮中央有分隔板，隔成排风侧和新风侧，排风和新风气流逆向流动。在排出室内混浊的空气的同时，吸入等量的室外新鲜空气，稀释和控制室内空气污染。高效的能源回收就是使室外空气在比较理想的温湿度状态下被吸入机组。利用排风进行能量回收可以有效降低整个空调系统的能源需求。

2. 转轮式热回收装置的特点

（1）有较高的热回收效率；（2）因转轮交替逆向进风，故有自净作用，不易被尘埃等阻塞；（3）必要时，可以用比例调节转轮回转速度来调节转轮效率，以适应不同季节（如过渡季节和冬季）的情况。

3. 影响转轮换热效率的因素

（1）空气流速

空气流过转轮的迎面风速越小，效率越高，但转轮断面积大；反之，迎面风速越大，效率越低。通常迎面风速取 2.5~4m/s。

（2）转轮转速

转轮转速和效率有一定关系，当转速小于 4r/min 时，效率明显下降；当转速增加至 10r/min 以上时，效率几乎不再发生变化，故转轮转速通常在 8~10r/min 之间。

此外，转轮的材质、室内外相对温湿度、送排风量之差也对转轮换热效率有一定的影响。

7.5.4 经济性分析

北京某办公楼，面积为 35000m²，总送风量为 200000m³/h，总排风量为 200000m³/h。新风处理机组设置转轮式热回收机组 4 台，每台送风量为 50000m³/h，排风量为 50000m³/h。

1. 节约能量的比较

在设计工况下，采用转轮式热回收机组比采用普通新风机组能量节约效果明显。对普通新风机组和转轮式热回收机组分别进行了选型计算,在相同的应用条件下,普通新风机组表冷器和加热器所需要的冷、热量均大于能量回收机组表冷器和加热器需要的冷、热量,而差值正是热回收机组从排风中回收的能量,也就是利用转轮机组所节约的能量。

对转轮式热回收新风系统耗能计算如表 7-18 所示。由表可知,采用热回收系统之后,新风系统可节约 21% 的冷量和 59% 的热量。采用热回收系统后,中央空调系统所需冷、热量均有大幅度下降。

转轮式热回收新风系统耗能计算结果　　　　　表 7-18

无热回收系统冷量(kW)	2087.2	无热回收系统热量(kW)	3285.2
转轮式热回收后系统需要冷量(kW)	1653.2	转轮式热回收后系统需要热量(kW)	1343.3
节省冷量(%)	21	节省热量(%)	59

新风系统能量消耗比较如图 7-57 所示。

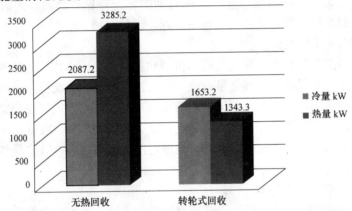

图 7-57　无热回收系统与转轮式热回收系统的新风系统能量消耗比较

2. 新风系统初投资及运行费用的比较

通过给定参数的计算,如果如表 7-19 和图 7-58 所示。

新风系统初投资及运行费用　　　　　表 7-19

	无热回收	转轮式热回收
初投资费用(万元)	690	579
初投资费用减少(万元)	0	111
年运行费用(万元)	102	64
年运行费用减少(万元)	0	38

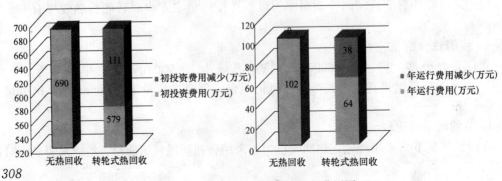

图 7-58　新风系统初投资及运行费用图

通过表7-19可以很明显地看到,采用转轮式热回收系统,初投资费用可以减少16%,并大幅降低主机、水泵、输配系统及其他辅助设备的初投资。

制冷系统综合能效比取 3.6 计算,热回收减少了冷量需求,节约的主机系统耗电量为121kW;系统供热采用燃气锅炉,热回收减少热量需求后,节约的锅炉消耗燃气量为199Nm³/h(天然气热值为 8400kcal/Nm³)。

采用排风热回收进行空气处理,在提供更加完善的空气质量的同时,节省了大量能源的消耗,运行和维护简单可靠,节省大量系统投资和运行费用。它满足公共建筑节能设计标准的规定,在节省建筑能源消耗过程中,起到了很大的作用,是解决我国日益严峻的能源与环境问题的有效途径之一。但是,我国地域广阔,气候条件差别很大,使用气—气能量回收装置进行能量回收,在不同的地区、不同的建筑中使用和调节的方式及节能效果会有所不同,需因地制宜综合考虑。

第8章 典型设计工程示例

8.1 江苏省某住宅小区高效供能系统优化设计

8.1.1 工程概况

该工程位于江苏省，为住宅项目，总建筑面积109684m²，建筑主要包括普通高层住宅、高层叠院住宅、别墅及社区大堂，各建筑类型面积及空调、热水需求如下：

建筑功能	建筑面积(m²)	空调	热水
高层住宅	3816.49	否	否
叠院	23289.6	是	是
景观住宅	0	否	否
叠院别墅	81070.49	是	是
商业	0	否	否
社区大堂	1507.08	是	否

有空调系统的建筑分布示意图如图8-1所示。

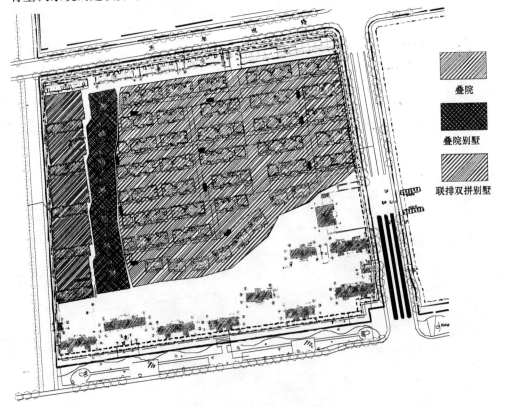

图8-1 空调建筑分布示意图

该项目的设计内容为叠院、别墅部分地源热泵及空调末端系统，其中：

空调系统：根据建筑的使用功能、建筑类型、室外气象条件及当地气候特征，构建一套适合该项目的节能、舒适型空调系统，夏季供冷、冬季供热，满足业主使用要求。

生活热水系统：根据建筑的特殊用途，系统在设计时考虑一定的生活热水，实行24h全天生活热水。

气象参数：夏季空调室外计算（干球）温度为34.0℃，夏季空调室外计算湿球温度为28.2℃；夏季室外平均风速为3.2m/s；室外大气压力为1005.3mbar。冬季室外空调计算干球温度为－4℃；相对湿度约为75%；冬季室外平均风速为3.1m/s；冬季室外大气压力为1025.1mbar。

8.1.2 设计参数

1. 围护结构计算参数

（1）外墙参数（见下表）

外墙每层材料名称	厚度(mm)	导热系数 W/(m·K)	蓄热系数 W/(m²·K)	热阻值 (m²·K)/W	热惰性指标 $D=R \cdot S$
水泥砂浆	20	0.93	11.37	0.02	0.24
模塑聚苯板(EPS)	20	0.041	0.36	0.49	0.18
水泥砂浆	20	0.93	11.31	0.02	0.24
ALC加气混凝土砌块	200	0.2	3.6	1.00	3.60
石灰砂浆	20	0.81	9.95	0.02	0.25
外墙各层之和	290			1.56	4.51
外墙热阻 $R_o = R_i + \sum R + R_e = 1.71 (m^2 \cdot K/W)$				$R_i = 0.110 (m^2 \cdot K/W)$、$R_e = 0.040 (m^2 \cdot K/W)$	
外墙传热系数 $K_p = 1/R_o = 0.58 W/(m^2 \cdot K)$					
太阳辐射吸收系数 $\rho = 0.50$					

（2）屋面参数（见下表）

屋顶每层材料名称	厚度(mm)	导热系数 W/(m·K)	蓄热系数 W/(m²·K)	热阻值 (m²·K)/W	热惰性指标 $D=R \cdot S$
碎石、卵石混凝土	50	1.51	15.36	0.03	0.51
水泥砂浆	20	0.93	11.31	0.02	0.24
挤塑聚苯板(XPS)	60	0.03	0.54	2.00	1.08
沥青油毡、油毡纸	3	0.17	3.3	0.02	0.06
水泥砂浆	20	0.93	11.37	0.02	0.24
钢筋混凝土	150	1.74	17.2	0.09	1.48
屋顶各层之和	308			2.18	3.62
屋顶热阻 $R_o = R_i + \sum R + R_e = 2.33 (m^2 \cdot K/W)$				$R_i = 0.110 (m^2 \cdot K/W)$、$R_e = 0.040 (m^2 \cdot K/W)$	
屋顶传热系数 $K_p = 1/R_o = 0.43 W/(m^2 \cdot K)$					
太阳辐射吸收系数 $\rho = 0.70$					

(3) 窗户参数（见下表）

产品 种 类	日光(%)			热能(%)			阳光系数	遮阳系数	K 或 U 值
Double Cir/Tint	反射率	吸收率	透光率	反射率	吸收率	透过率	EN410	SC	W/(sm²·k)
5+12A+5PLANITHERM	14	8	78	11	29	60	0.7	0.81	2.5

2. 空调系统计算参数

(1) 新风量：取每人每小时 $30m^3$ 新风量；

(2) 人员：取主卧 2 人、次卧 1 人、书房 1 人进行计算；

(3) 灯光和设备：灯光：$5W/m^2$、设备：800W/户；

(4) 室内设计参数：夏季 26℃，RH＝60%；冬季 20℃，RH＝40%。

8.1.3 全年动态能耗模拟分析

1. 模型的建立

该项目采用 eQuest 作为负荷的计算软件。eQuest 是 the Quick Energy Simulation Tool 的缩写，顾名思义其最大的优势即在于建模、计算、出具报表的速度快捷，同时 eQuest 目前作为基于 DOE-2 实用性最强的全年能耗动态模拟软件，具有界面友好、输入输出直观、优秀的默认系统、快捷的建模和计算速度等优点。因为其系统部分较为复杂，同时也显示其功能的强大，比较适合于工程师在做方案设计和深化设计时使用，图 8-2 是该软件对高层叠院住宅建立的模型。

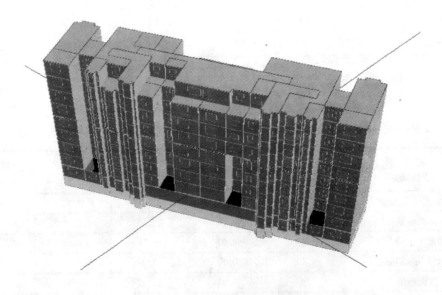

图 8-2 高层叠院几何模型模拟图

2. 房间峰值负荷

根据模拟软件能够得出各房间的具体负荷指标，表 8-1 和表 8-2 为高层叠院标准层和别墅标准户型各房间峰值负荷及指标情况。

8.1 江苏省某住宅小区高效供能系统优化设计

高层叠院标准层各房间峰值负荷统计表 表8-1

标准层户型	面积 (m²)	夏季			
		冷指标值 (W/m²)	围护结构 (kW)	新风负荷 (kW)	建筑负荷 (kW)
A1	6.67	80.5	0.537		0.54
A2	14.49	68.2	0.988		0.99
A3	50.47	68.2	3.442	2.045	5.49
A4	13.33	64.9	0.865	0.409	1.27
A5	6.20	70.1	0.435		0.43
A6	16.12	67.6	1.090		1.09
A7	15.40	62.9	0.969	0.409	1.38
A8	6.25	77.2	0.483		0.48
A9	16.80	62.1	1.043	0.818	1.86
A10	9.75	73.1	0.713		0.71
A11	14.80	89.4	1.323		1.323
A12	28.80	78.9	2.272	0.818	3.090

标准层户型	面积 (m²)	冬季			
		热指标值 (W/m²)	围护结构 (kW)	新风负荷 (kW)	建筑负荷 (kW)
A1	6.67	41.8	0.279		0.279
A2	14.49	44.5	0.645		0.645
A3	50.47	44.5	2.246	1.682	3.928
A4	13.33	38.6	0.515	0.336	0.851
A5	6.20	50.2	0.311		0.311
A6	16.12	47.5	0.766		0.766
A7	15.40	39.9	0.614	0.336	0.951
A8	6.25	37.3	0.233		0.233
A9	16.80	41.2	0.692	0.673	1.365
A10	9.75	47.5	0.463		0.463
A11	14.80	39.7	0.588		0.588
A12	28.80	41.6	1.198	0.673	1.871

别墅标准户型各房间峰值负荷统计表 表8-2

标准户型	面积 (m²)	夏季			
		冷指标值 (W/m²)	围护结构 (kW)	新风负荷 (kW)	建筑负荷 (kW)
A1	11.55	68.8	0.795		0.795
A2	8.75	71.3	0.624		0.624
A3	75.81	80.5	6.103		6.103

续表

标准户型	面积 (m^2)	夏 季			
		冷指标值 (W/m^2)	围护结构 (kW)	新风负荷 (kW)	建筑负荷 (kW)
B1	31.85	61.3	1.952	1.227	3.179
B2	14.07	31.5	0.443		0.443
B3	19.72	61.3	1.209		1.209
B4	7.14	82.6	0.661	0.818	1.479
B5	5.06	30.8	0.156		0.156
B6	13.60	65.4	0.889	0.818	1.708
C1	18.62	75.2	1.586		1.586
C2	24.00	77.1	2.292	0.818	3.110
C3	9.52	67.6	0.767	0.409	1.176
C4	10.54	54.6	0.575		0.575
C5	12.24	47.4	0.580	1.227	1.807
D1	19.60	73.2	1.631	0.818	2.449
D2	10.54	65.2	0.687		0.687
D3	10.61	78.9	0.943		0.943
D4	13.60	70.7	1.098	0.409	1.507
D5	5.84	42.4	0.248		0.248

标准户型	面积 (m^2)	冬 季			
		冷指标值 (W/m^2)	围护结构 (kW)	新风负荷 (kW)	建筑负荷 (kW)
A1	11.55	46.1	0.532		0.532
A2	8.75	22.5	0.197		0.197
A3	75.81	19.5	1.478		1.478
B1	31.85	49.8	1.586	1.009	2.595
B2	14.07	30.4	0.428		0.428
B3	19.72	49.8	0.982		0.982
B4	7.14	88	0.628		0.628
B5	5.06	33.8	0.171		0.171
B6	13.60	67.8	0.922	0.673	1.595
C1	18.62	31.6	0.588		0.588
C2	24.00	28.9	0.694	0.673	1.366
C3	9.52	26.3	0.250	0.336	0.587
C4	10.54	54.6	0.575		0.575
C5	12.24	34.3	0.420	1.009	1.429
D1	19.60	29.5	0.578	0.673	1.251
D2	10.54	65.2	0.687		0.687
D3	10.61	37.9	0.402		0.402
D4	13.6	30.1	0.409	0.336	0.746
D5	5.84	34.5	0.201		0.201

8.1.4 能量提升转换系统设计与优化

根据该项目所在位置及当地地质地貌条件，土壤源热泵作为其冷热源来进行夏季供冷冬季供热较为合适，该项目根据前期对地质勘察最终决定选用竖直地埋管式地源热泵作为空调冷热源的系统形式。但是由于项目冷热负荷的特点为夏季累积冷负荷要远远大于冬季累积热负荷，若长期利用单一土壤进行取放热，难免会对当地地质造成破坏，同时亦会造成地下土壤能量的热堆积使系统在夏季时很难再向地下放热，即地源循环水夏季温度达不到要求进而影响机组 COP，若连续运行将使系统瘫痪。为了避免这一情况的发生，对于高层叠院地源热泵系统加装辅助闭式冷却塔，负担夏季 30% 到 40% 的冷负荷（该值依据使地源热泵系统夏季排热量与冬季取热量平衡计算得到）。这样，系统全年都将安全稳定运行，从而使得整个系统在源头上合理取放热，为系统能够高效供能打下了坚实的基础。为了优化系统，机房部分分为两大块，其一为户内机房，其主要放置户式热泵机组、生活热水罐、空调水罐等，该机房为单户所有，户式热泵机组所需地源水由集中机房输送；其二为集中地源机房，主要放置地源水泵，补水设备等。主要的阀门切换均需在地源集中机房内进行。其主要的系统流程图如图 8-3 所示。

对于别墅区建筑则只能采用单一的户式热泵机组而没有辅助散热装置，这是由于别墅特殊的建筑类型不适合像高层叠院建筑那样为每一户或某几户安装一个冷却塔，其主要原因为：

（1）别墅区用户较多，同时设置了地上绿化带故此没有足够的空间放置冷却塔。

（2）冷却塔产生的噪声不易处理，这样会对别墅区的居住舒适度造成严重的影响。

为了避免上述情况的发生，别墅区选择地埋管地源热泵的单一冷热源形式，同样是采用户式机组，一户一机，机房设置在地下室。该机房内放置户式热泵机组、地源侧循环水泵、空调水罐、生活热水罐等。为了避免别墅区土壤热堆积，必须对地埋系统进行优化设计，除制备生活热水外，其主要优化手段为：

（1）分别根据冷热负荷计算每户所需地埋孔数量，按照较大值设计系统地埋孔数量。该系统夏季冷负荷计算孔数为 8，大于冬季计算热负荷地埋孔数。故此设计单户地埋孔数量为 8 个。当冬季运行时通过旁通调节地源循环水流量。

（2）孔口布置主要采用矩形排列，对于特殊位置根据孔距大于或等于 5~6m 的原则采用矩形及梅花形交错布置。

（3）在配置单户地埋孔时，采用交叉进户的连接方式即单数排进左单元，双数排进右单元，这样做的好处便是主动增大单户的埋孔距离。当邻户地源热泵系统停止运行时，可以缓和地下能量堆积，其主要的连接形式如图 8-4 所示。

8.1.5 空调末端系统设计与优化

夏季采用风机盘管加窗式新风器的末端形式，冬季采用地板辐射加窗式新风器的末端形式。对于夏季来说，该地区的冷负荷较大、湿负荷也较大，用风机盘管作为暖通空调系统末端装置是南方地区较为合理的做法。它不仅能够满足室内夏季冷负荷的需求亦能对室内进行降湿处理。而根据人体热舒适要求，必须要保证室内的新风量。由于该设计热泵主机选择户式热泵机组，故决定了其供水系统为单户独立运行，而对于这种单户独立运行的小系统而言，若单为满足新风量需求而采用新风主机，不仅增加初投资，其必然会对系统的总体能效及㶲效率造成影响，使系统的高效供能大打折扣，故采用安装美观实用的

第8章 典型设计工程示例

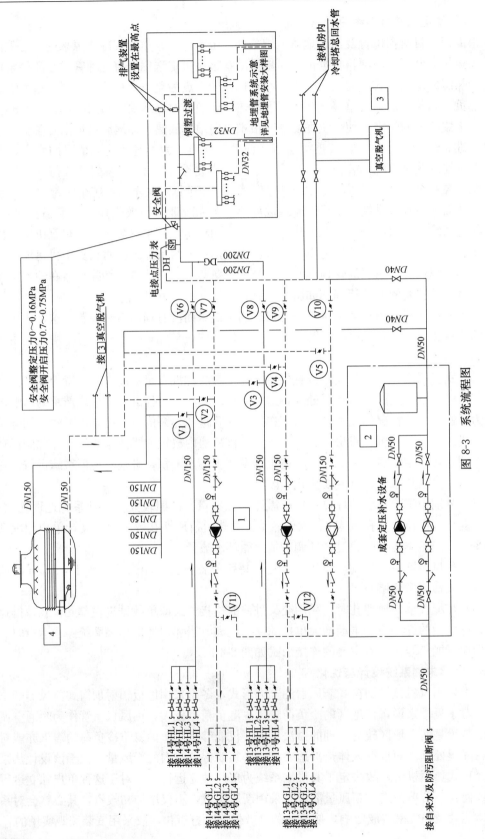

图 8-3 系统流程图

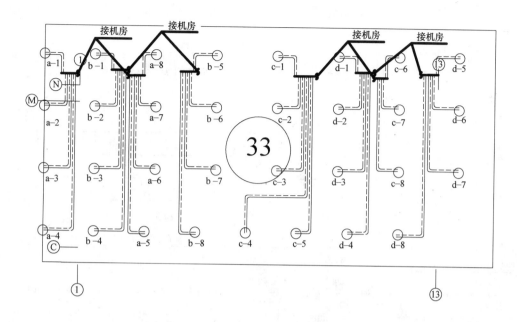

图 8-4　地埋孔进户连管图

窗式新风器末端装置，如图 8-5 所示。它不仅能满足室内对新风量的需求，同时耗电量也较小，故而采用窗式新风器末端装置将使末端系统㶲效率提高，从而更好的诠释了该系统的高效节能性。

图 8-5　窗式新风器照片

对于冬季来说，以地板辐射采暖为末端主要是利用其所需采暖水温较之风盘会降低 5℃左右，又由于地板辐射采暖末端系统为水系统辐射采暖，没有输入电功，故比风机盘管冬季采暖的效率更高，也更为节能。同时，地板辐射采暖为均匀辐射热交换，可以使室内热流分布稳定，热均匀更利于满足人的热舒适性。但由于冬夏采用双系统的形式则势必会增加少许的初投资，但是地板辐射采暖末端系统的运行费用会大大降低。综合考虑冬夏末端系统无论是在经济性、实用性还是对整个暖通空调系统高效节能性来看都是最佳的方式。

8.1.6 系统运行效益分析

该项目冬季运行费用为 9.1 元/(m²·a)，夏季运行费用为 19.1 元/(m²·a)，各月详细的费用详见表 8-3 和表 8-4，由此可见，该供能系统节能效益非常显著。

夏季运行费用　　　　　　　　　　　表 8-3

序号	月份	天数	日耗电量(kWh)	日运行费用(元)	日耗气量(m³)	月运行费用(元)	备注
1	4	5	3014	1507	0	7535	
2	5	31	4125	2062	0	63932	
3	6	30	5528	2764	0	82913	
4	7	31	7304	3652	0	113216	
5	8	31	6120	3060	0	94857	
6	9	30	4957	2479	0	74362	
7	10	5	3569	1785	0	8923	
合计		163				445739	
费用指标				19.1 元/(m²·a)			

冬季制热运行费用　　　　　　　　　表 8-4

序号	月份	天数	日耗电量(kWh)	日运行费用(元)	日耗气量(m³)	月运行费用(元)	备注
1	11	5	2421	1211	0	6053	
2	12	31	3614	1807	0	56015	
3	1	31	5602	2801	0	86827	
4	2	28	4011	2006	0	56160	
5	3	5	2819	1409	0	7047	
合计		100				212102	
费用指标				9.1 元/(m²·a)			

8.2 内蒙古某商业住宅小区高效供能系统优化设计

8.2.1 工程概况

该工程为内蒙古某商业住宅小区空调系统工程，负担总建筑面积为 4 万 m² 的住宅、办公楼、物业用房、网球馆、三期商业建筑供冷、供热负荷。建筑夏季总峰值冷负荷为 1602kW，其中地板辐射系统冷负荷为 1107kW，风机盘管系统冷负荷为 495kW；冬季总热负荷为 2211kW。

末端分区：

地板辐射系统：3 号、4 号、5 号、6 号住宅、物业用房、门房、三期商业建筑（预留）、网球馆。

风机盘管系统：2 号住宅（其中卫生间采用地板辐射）、办公楼。

8.2.2 设计参数

楼高按 3.00m 计算；

人员：主卧 2 人、次卧 1 人、书房 1 人；

灯光：$5W/m^2$；

设备：家用电器包括冰箱、洗衣机、电视、电脑、微波炉，考虑到同时使用系数，综合取为 800W/户；

新风量参数：根据《居住建筑节能设计标准》、《采暖通风与空气调节设计规范》，取居住建筑主要空间的设计新风量指标为每小时 0.5 次换气；

该设计规定的换气次数也只是一个计算能耗时所采用的换气次数数值，并不等于实际的新风量。实际的换气次数是由住户自己控制的。在北方地区，由于冬季室内外温差很大，居民很注意窗户的密闭性，很少长时间开窗通风。

设计要求：

夏季：空调室外计算干球温度 36.2℃，通风室外计算温度 31.5℃，空调室外计算湿球温度 19.3℃，室内计算温度 26℃，室内相对湿度 45%～60%。

冬季：采暖室外计算温度－15.9℃，通风室外计算温度－15.6℃，空调室外计算温度－20.4℃，空调室外计算相对湿度 45%，室内计算温度 20℃，室内相对湿度 30%～60%。

8.2.3 全年动态能耗模拟分析

1. 模型的建立

该计算程序可以直接导入经过处理的 CAD 平面图，为了简化模型，根据实际情况对非空调区中不同用途的各个房间进行了合并，整体将每层分为空调区（居住区）和非空调区（走廊区）两个大区；同时，为了详细计算一些户型房间的负荷分布情况，对其每个户型进行详细分区。以 3 号住宅楼为例，给出利用全年能耗动态模拟分析软件生成的三维几何模型，如图 8-6 所示。

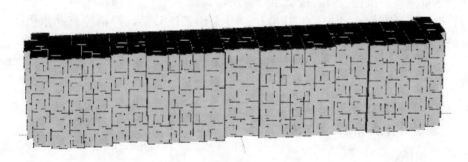

图 8-6 3 号住宅楼图几何模型

2. 楼峰值负荷表

在能耗分析计算报告中，有 Building Peak Load 和 System HVAC Load 两种结果。Building Peak Load 是建筑最大峰值负荷，是瞬时计算值；System HVAC Load 是设备在运行状态下，平衡建筑室内负荷所消耗的冷、热量值，是连续值。在实际设计过程中，以 Building Peak Load 作为设备选型的依据（见表 8-5）。

建筑负荷表   表 8-5

楼 号	夏季负荷(kW)	冬季负荷(kW)	建筑面积(m²)
2 号	282	324.1	6229.4
3 号	186.3	269.1	4648.3
4 号	130.7	193.9	3651.4
5 号	144.5	247.3	5054.9
6 号	182.4	262.7	5054.9
办公楼	285.6	283.2	6000.0

8.2.4 工程设计特点

(1) 最大限度地利用地下水中的能量。在保证空调系统需求的前提下，尽可能地减少地下水的使用量，从单位水量中提取更多的热能，减少提取地下水时的相对电耗，以最低的投入，获取更多的热能，增加空调系统的整体效益。

(2) 充分协调由于空调负荷随室外温度变化而引起的水源热泵机组负荷特性及井水需求变化，保证机组在最佳工况点运行，相对保证井水供应随整个空调系统需水量要求变化而变化，减少不必要的井水供应浪费和电能浪费。

(3) 避免由于供水井始终大流量无间断的抽取地下水引起的地下水变化。实际设计和调试过程中，以保证机组的采暖及空调用水为基本准则，来提高水井的使用寿命。

(4) 优化系统运行策略。充分考虑建筑负荷特性变化规律，减少每一个阶段因温差换热而导致的不可逆损失，尽量以接近室温的介质去抵消室内的冷热负荷，保证供能系统的高效运行。

(5) 优化辅助设备，增强空调系统的整体工作协调，保证系统最佳运行状态，降低运行费用。

(6) 尽量减少一次性投资，降低运行费用，真正达到节能目的。

(7) 保证系统的安全性运行，从冷热源及末端系统着手，严格控制井水供、回水温度，进而保证机组运行的安全性。严格控制地板供冷、供热系统的供、回水温度，进而保证室内人员的舒适性、安全性以及避免因供水温度太低导致的地板结露等实际情况发生。

系统流程设计图如图 8-7 所示。

8.2.5 能量提升转换系统设计与优化

1. 井水系统

整个水源热泵系统能否优于其他的空调系统，最关键的技术就在于水源井。水源井如果抽水量大、回灌效果好，对充分利用地下能源、系统节能、降低运行费用、减少维修费用等方面都起到至关重要的作用。因此，打井前必须根据地质勘探部门资料，结合系统最大用水量及温度，确定水源井的数量、位置和深度，确保水井质量。每一个环节都必须做到准确到位，才能保证抽水量满足热泵机组的设计要求和回灌水量要求，充分体现水源热泵的优越性。

据水文地质勘探部门的数据，该工程所在地地下水为潜水类型，勘察期间实测地下水

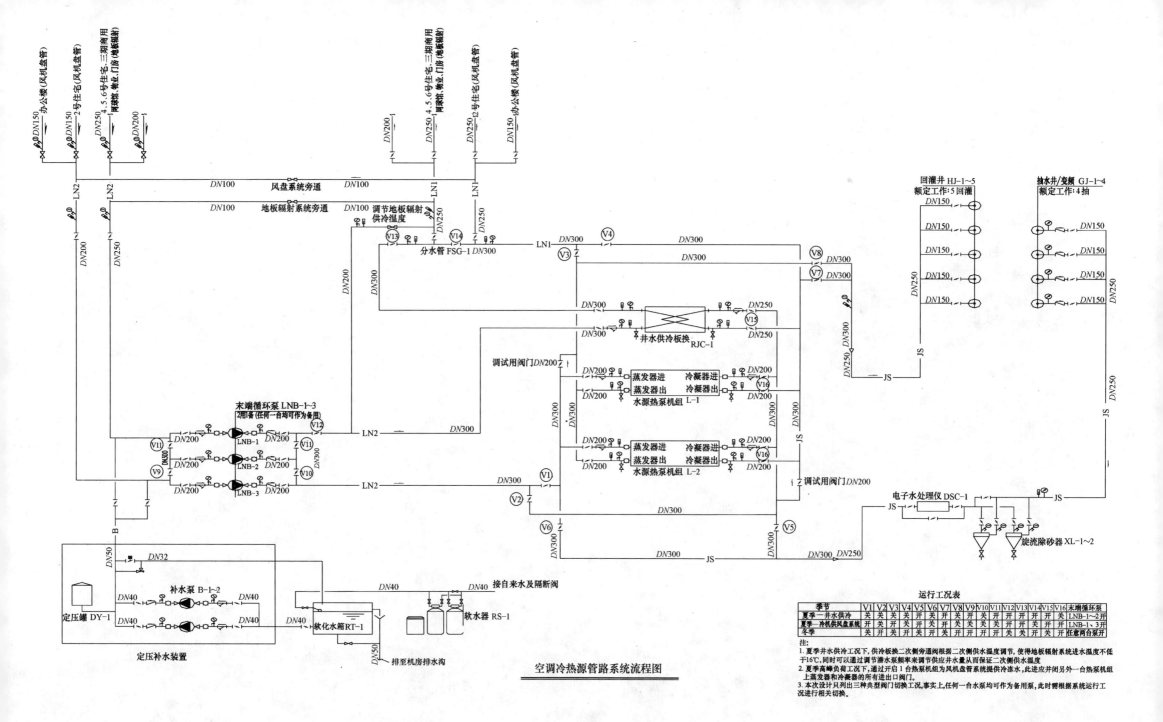

图 8-7 系统流程图

静止水位在7.8~8.8m之间,动水位在13.5~14.2m之间,单井抽水量为120m³/h,单井回灌量为50m³/h左右。

根据热泵机组及工程负荷要求,需地下水供应量约为212m³/h,为满足水源热泵的供水及回灌要求,共需要打6口井(均为抽灌两用井),打井位置分别为规划用地的周边处,两口井相隔至少70m。该工程最大负荷出现在冬季,根据井水的原始资料,一般情况下,两口井的出水量最大可以达到近240m³/h,足够满足冬季负荷使用;夏季最不利工况下单台机组需水量为58.4m³/h,两台机组也只需要近120m³/h,因此一般开启一台井水泵便可满足供冷需求。

按照全年动态负荷计算结果,冬季工况下,有近一半时间(尤其是初冬和末寒期)只要开启一台井水泵便可满足供热需求,这样便可实现进一步节能。而且该工程设计中,深井泵采用变频设计,可以更大范围地适应建筑负荷变化引起的需水量变化,可在保证空调系统需求的前提下,尽可能地减少地下水的使用量,节能效果明显。

其次,该设计中还考虑了夏季工况下直接利用井水进行供冷的工况,系统设计中增设了一套板式换热器,运行中无需开启机组便可实现供冷。

2. 机房系统

根据水源热泵的冷、热负荷情况,具体设备选型如表8-6所示。

具体设备选型参数 表8-6

序号	设备名称	技术参数	数量	单位
1	热泵机组	制冷量:970.5kW 制热量:1111.6kW	2	台
2	空调循环泵	$Q=178m^3/h, H=31m$	3	台
3	深井潜水泵	$Q=125m^3/h, H=48m$	6	台
4	热交换器-风机盘管	$Q=495kW$	1	台
5	热交换器-地板辐射	$Q=617kW$	1	台
6	补水泵	$Q=5m^3/h, H=26m$	2	台
7	闭式定压罐	调节容积:0.25m³,承压:1.0MPa	1	个
8	全自动软水器	$Q=5m^3/h, 0.5MPa$	1	台
9	软化水箱	$V=5m^3$	1	个
10	旋流除砂器	$Q=120m^3/h, P=1.0MPa$	2	台
11	电子水处理仪	$Q=240m^3/h, P=1.0MPa$	1	台

本套机房供冷、热系统直接为2~6号住宅楼和办公楼服务。3号、4号、5号、6号住宅楼末端系统为地板辐射供冷/热系统,冬季供/回水温度45/40℃,夏季为井水系统经过板式换热器进行间接供冷,供冷温度以井水实际温度为准;2号住宅楼、办公楼末端为风机盘管系统,本套机房供冷、热系统负担这两栋建筑的全年冷热负荷,冬季采暖供/回水温度为45/40℃,夏季低负荷工况下直接采用井水间接供冷,高负荷及室内湿度较大工况下,开启冷机直接供冷除湿,此时供/回水温度为7/12℃。

3. 运行原理

该系统与常规水源热泵系统的主要区别就是增加了夏季利用低温井水作为冷源向风机

盘管、地板辐射末端供冷。

由于该项目井水温度较低,且该地区建筑冷负荷较低(尤其是湿负荷较小)。因此,系统在设计时考虑了风机盘管系统在夏季供冷负荷较小时段直接采用井水作为冷源,负荷大时利用水源热泵作为冷源的思路。同时有部分住宅建筑末端采用地板辐射系统,可以利用井水通过换热器向此系统中通入温度约为16℃左右的冷冻水,可以起到很好的降温效果。

具体运行策略主要以过渡季节和夏季井水间接供冷(地板供冷、风盘供冷)、热泵机组直接供冷(风盘供冷)以及冬季热泵机组直接供热(地板供热、风盘供热)为主,系统运行中,具体阀门切换如表8-7所示。

阀门切换表　　表8-7

阀门	V1	V2	V3	V4	V5	V6	V7	V8	V9	V10	V11	V12	V13	V14	V15	V16
夏季:井水供冷	开	关	开	关	开	关	开	关	开	关	开	关	开	关	开	关
夏季:冷机供风盘	开	关	开	关	开	关	开	关	开	关	开	关	开	关	开	开
冬季	关	开	关	开	关	开	关	开	关	开	关	开	关	开	开	开

8.2.6 暖通空调末端系统设计与优化

1. 3号、4号、5号、6号住宅楼末端原状

原设计3号、4号、5号、6号住宅楼采用地板辐射采暖系统,不考虑夏季供冷。本次设计按照甲方要求,夏季工况下应用井水间接为地板供冷,具体辐射构造大样图如图8-8所示。

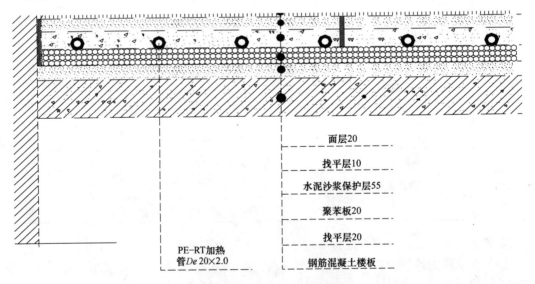

图8-8　地板辐射构造大样图

从图8-8可以看出,加热管为PE管,$De20\times 2$,面层按地砖考虑,保温层为聚苯板,厚度为20mm,保温系数按0.027考虑。

2. 冷热站系统与现有末端的匹配

(1) 几个典型房屋地板辐射供冷性能对比,如表8-8所示。

8.2 内蒙古某商业住宅小区高效供能系统优化设计

典型房屋辐射供冷性能对比表　　　　表 8-8

序号	楼号	层	房间位置	面积 (m²)	负荷指标 (W/m²)	峰值负荷 (W)	管间距 (mm)	供冷能力 (W/m²)
1	3号	1	西南卧室	9.4	63.4	596	200	49.2
2	3号	1	西北卧室	9.7	42.9	416	200	49.2
3	3号	1	中客厅	34.7	41.9	1454	250	46.4
4	3号	1	东北卧室	9.7	43.9	426	200	49.2
5	3号	1	东南卧室	9.4	65.7	618	200	49.2
6	3号	2	西南卧室	9.4	60.3	567	250	46.4
7	3号	2	西北卧室	9.7	38.1	370	250	46.4
8	3号	2	中客厅	34.7	33.6	1166	300	43.6
9	3号	2	东北卧室	9.7	39	378	250	46.4
10	3号	2	东南卧室	9.4	62.6	588	250	46.4
11	3号	5	西南卧室	9.4	62.3	586	200	39.9
12	3号	5	西北卧室	9.7	41.3	401	200	39.9
13	3号	5	中客厅	34.7	39.3	1364	250	37.2
14	3号	5	东北卧室	9.7	41.3	401	200	39.9
15	3号	5	东南卧室	9.4	64.3	604	200	39.9

注：数据基于地面为地砖，未考虑地面因床、家具、沙发、地毯等的遮挡效果。

(2) 几个典型房屋地板辐射供热性能对比，如表 8-9 所示。

典型房屋地板辐射供热性能对比表　　　　表 8-9

序号	楼号	层	房间位置	面积 (m²)	负荷指标 (W/m²)	峰值负荷(W)	管间距 (mm)	供热能力 (W/m²)
1	4号	1	西南卧室	10.3	93.5	963	200	145.7
2	4号	1	西北卧室	10.6	91.8	973	200	145.7
3	4号	1	中客厅	37.4	48.9	1829	250	134.3
4	4号	1	东北卧室	10.6	91.7	972	200	145.7
5	4号	1	东南卧室	10.3	93.3	961	200	145.7
6	4号	2	西南卧室	10.3	73.3	755	250	134.3
7	4号	2	西北卧室	10.6	73.2	776	250	134.3
8	4号	2	中客厅	37.4	27.6	1032	300	123.6
9	4号	2	东北卧室	10.6	73.1	775	250	134.3
10	4号	2	东南卧室	10.3	73.2	754	250	134.3
11	4号	5	西南卧室	10.3	92.2	950	200	124.0
12	4号	5	西北卧室	10.6	90.6	960	200	124.0
13	4号	5	中客厅	37.4	44.2	1653	250	112.9
14	4号	5	东北卧室	10.6	92	975	200	124.0
15	4号	5	东南卧室	10.3	90.5	932	200	124.0

注：数据基于地面为地砖，未考虑地面因床、家具、沙发、地毯等的遮挡效果。

(3) 结论

基于现有地板辐射系统，在不考虑因床、家具等物品遮挡效果的前提下，不同的间距在不同的供水温度下有不同的供冷、供热能力。从表中可以看出，夏季供冷工况下，朝向为南向（含东南向、西南向）的标准层房间地板辐射供冷的能力显得稍弱。但是，结合人体传热模型及相关机理，同等条件下，夏季工况的辐射系统会比对流换热系统的房间壁面温度低3℃左右，这样的结果便会导致同样的室内空气温度下，辐射系统可大大增加人体的热舒适性。朝向为北（含东北向、西北向）的标准层房间基本能够满足供冷需求，而顶层房间供冷能力略显不足；对于内区客厅，基本上能够满足供冷需求。对于上述的供冷工况，因地板内供水温度较高，实际使用过程中，地板表面温度会高于20℃，该温度下，地板既不会结露，也不会影响人体的热舒适性效果（国外相关资料建议：地板表面温度只要不低于19℃，就不会对人体热舒适性造成影响）。

冬季供热工况下，现有盘管布置方式均能满足所有房间的供热需求，部分中客厅房间因内部负荷相对较低，因此温度会较其他房间温度较高一些；部分顶层的房间的室内温度也会较标准层房间温度低一些，但也在合理范围之内。

对于后期装修因床、家具、沙发、地毯等物品的遮挡，该方案中未考虑。且因涉及因素较多，而且住户装修、摆放家具风格不一，往往会导致地板供冷、热效果急剧减少。如果考虑遮挡等因素后，假设实际地板供热面积为未装修前的75%左右，那么夏季工况下的实际地板辐射供冷能力会大打折扣，除部分负荷尖峰时段，大部分时间段和大部分区域仍是可以满足供冷需求的，而在负荷尖峰时段，地板辐射供冷能力会略显不足；冬季工况下，考虑遮挡因素后，基本上都可以满足房间的供热需求。

夏季井水作为冷源间接为地板辐射系统进行供冷时，应时刻监测板式换热器二次侧的供回水平均温度以及部分房间的地板表面温度，一旦发现供回水温度较低或者有住户反映地板表面温度较低的情形，应通过控制板式换热器一次侧的电动调节阀以及二次侧的平衡阀（本次系统设计已经全部考虑在内）来实现对地板供回水平均温度的有效控制。

冬季使用情况下，完全可以根据不同时期段的建筑负荷来进行供水量的调节，有效实现节能。同时，建议调试运行时应根据不同功能房间的实际负荷来进行水量的合理分配，进一步实现节能。

8.2.7 系统运行效益分析

该项目投入运行两年多，冬季运行费用为14.3元/m²，夏季运行费用为2.5元/m²，节能效益显著。由此可见，地下水源热泵与地板辐射集成系统可以从本质上实现节能降耗，大大减少对常规能源的依赖，这对于可持续发展建筑的推广应用有明显的示范和引导作用，对于加快节能建筑的建设进程是极为有益的，并且对整个社会节能降耗、污染减排的产业链都起到促进和扶持的作用，应该予以大力支持和推广。

8.3 江苏省某商业街区高效供能系统优化设计

8.3.1 工程概况

该项目总建筑面积约17.2万m²，其中地上部分约13.2万m²，空调面积约10.8万m²，共15幢住宅，分为两期开发建设，全部为新建节能住宅。（见图8-9和图8-10）

图 8-9　鸟瞰效果图

图 8-10　室内效果

8.3.2　工程设计特点

该项目倡导节能、舒适的居住观念和生活方式，以"低㶲供能系统"为设计原则和建设理念，整合当今领先的建筑科技，全面集成了地源热泵系统、生活热水系统、新风处理系统、顶棚辐射系统、排风能量回收系统等若干个子系统，成功地解决了"低㶲供能系统"中各个子系统之间的优化、匹配、集成等技术难点，项目规模之大，设计、施工难度之复杂均为国内领先。其主要技术创新点以及解决的重大难题为：

（1）应用"低㶲供能系统"设计原则和方法，在现场实际调查的基础上，结合甲方要求，通过最优匹配策略，将整个街区 HVAC 系统对常规能源的依赖降到了最低、全过程能耗降到了最小，从根本上实现了"低㶲供能系统"的节能与舒适两大目标。

（2）设计过程中通过与建筑专业协商、配合，主动、合理地利用了建筑本身的体形、朝向、材料、构造、空间组织等设计因素来适应该地区气候特点，被动地降低了建筑对 HVAC 供能系统的依赖。这样就可以在少增加或不增加造价的基础上很大程度上实现被动节能，这种直接向大自然求答案的方式，可以起到"一两拨千斤"的效果。比起后续采用先进的 HVAC 设备，充分利用新技术、新材料等主动式设计方法来解决生态问题、能耗问题会更适合我国国情。

（3）一个成功的 HVAC 系统，仅利用冷量或热量都是不尽合理的。该设计利用夏季冷凝废热回收最终实现了免费制取生活热水，真正意义上做到了"冷热兼用"，解决了该工程中夏季排热量大、冬季取热量小的土壤热平衡问题，进一步提高了地源热泵系统的节能性和经济性。

（4）该设计成功地解决了南方高湿地区高效供能系统应用中各个子系统之间的优化、匹配、集成等技术难点，并进一步通过工程应用解决了节能建筑设计、产品、装置与示范工程的协调、优化等系列难题。

8.3.3　设计参数及全年动态能耗模拟分析

1. 冷热水供回水温度

末端系统冷热源由地源热泵机房提供，顶棚辐射系统夏季所需供/回水温度为 18/20℃，冬季所需供/回水温度为 28/26℃。置换新风系统夏季所需供/回水温度为 7/12℃，冬季所需供回水温度为 35/30℃。

2. 室内主要设计参数（见表8-10）

室内主要设计参数 表8-10

夏季		冬季		新风量[m³/(h·p)]
温度(℃)	相对湿度(%)	温度(℃)	相对湿度(%)	
26	60	20	40	30

3. 全年动态能耗模拟分析

全年动态能耗模拟分析计算是优化设计整个空调系统的重要依据。设计过程中，对整个园区、单体建筑、每个户型的建筑负荷及HVAC负荷都进行了详细计算，且计算结果囊括了全年累计供冷、供热量、月累计供冷、供热量、最大月负荷、最大日负荷、最大小时负荷等，为相关子系统的最终设计提供了充分的数据基础。

经过动态计算得到：整个系统夏季总冷负荷为5754.2kW，其中，顶棚辐射系统冷负荷为2651.4kW，置换新风系统冷负荷为3102.8kW；冬季总热负荷为3247.9kW，其中，顶棚辐射热负荷为1459.0kW，置换新风系统热负荷为1788.9kW。

8.3.4 围护结构热工性能设计与优化

该项目通过合理地利用居住建筑本身的体形、朝向、材料、构造、空间组织等设计因素来适应该地区的气候特点，降低了建筑对HVAC供能系统的依赖。对于围护结构系统而言，外墙实现了传热总热阻为2.525m²·℃/W，传热系数为0.396W/(m²·℃)的技术指标；屋面实现了总热阻为3.565m²·℃/W，传热系数为0.28W/(m²·℃)的技术指标；地面实现了总热阻为1.84m²·℃/W，传热系数为0.54W/(m²·℃)的技术指标；外窗实现了平均传热系数为1.85W/(m²·℃)的技术指标。整个围护结构系统最大限度地减少了建筑对供能系统的依赖。

1. 外墙

如果仅从热工的角度来考虑，墙体要达到一定的保温效果采用任何保温材料都是可行的，只是各种体系所使用的保温层厚度各不相同。但是在实际项目中就要充分考虑其他方面的问题。如建造成本、耐候性等，就该项目来说，主要有以下两种方式：

(1) 住宅的主体结构以钢筋混凝土墙体为主，在其外侧设置高密度保温板，再留出空气对流层，设置开放式的干挂外墙。

(2) 住宅的主体结构以钢筋混凝土墙体为主，在其外侧设置高密度EPS保温板。

两种保温方式均能起到隔热保温作用，也能有效地防止雨水的侵入，但是建造成本不同。经过试验及样板房建设研究，最后选定方式二。

2. 屋顶与地面

与外墙相比，屋面的保温系统要求更高，主要方式如图8-11所示。

由于土壤的巨大蓄热作用，地面的传热是一个很复杂的非稳态传热过程，而且具有很强的二维或三维（墙角部分）特性。地面传热系数实际上是一个当量传热系数，无法简单地通

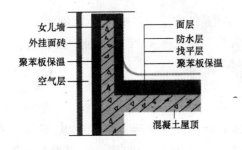

图8-11 屋顶保温构造简图

过地面的材料层构造计算确定，只能通过非稳态二维或三维传热计算程序确定。实际工程中地面构造（地下墙构造）还要考虑地下水位对保温的影响。

3. 外窗与外遮阳

窗户作为建筑的主要开启面，承担着采光与防辐射热、通风与防渗透等多重矛盾的功能，因此也成为外围护结构设计体系中最薄弱的环节。该工程窗户采用断桥隔热铝合金窗，能有效地阻隔室外的冷、热传入。窗框和窗洞的结合空隙也采取阻热设计，隔绝这些细微之处的热传导。为了防止由于阳光入射所带来的热负效应，采用双层中空玻璃加LOW-E涂层，可以内外双向阻热，冬天室内的热出不去，冷进不来，夏天室外的热进不来，室内的冷也出不去。

其次，该工程采用窗外安装铝合金外遮阳卷帘，其遮阳率最高可达100%，不仅可以遮挡直射辐射，还可以遮挡漫射辐射。而且项目设计过程中提出了按朝向分别考虑设计遮阳形式的想法和思路。

4. 其他热桥部位分析及处理

对于围护结构中的各种结构热桥和非结构热桥，必须予以重视，热桥的存在不仅仅带来节能率的降低，更严重的情况会导致室内侧的结露。因此，做好热桥部位的保温是首先要解决的问题。总体来说，对于不封闭阳台和女儿墙等长距离凸起部位，采用了全包或部分做外保温的方式。而对窗沿的保温处理（用不燃保温材料）是结合防火来做的，在隔断热桥的同时也增强了EPS外保温做法的防火性能，起到一举两得的效果。

在上述基础上，项目组通过对全年8760h的逐时负荷动态模拟，不断对围护结构中的外墙、外窗、遮阳、保温体系等各环节进行设计调整，协助建筑专业设计者来调整相关参数设计，总体实现了不同围护结构构造对建筑物能耗的影响及评价，最终形成了一套全方位阻隔能量损失的闭合保温隔热体系，大大超过了现有节能设计标准。

8.3.5 暖通空调末端系统设计与优化

1. 顶棚辐射系统

顶棚辐射系统主要用于承担室内显热负荷，冬季供回水温度为28～26℃的低温热水，保持室内温度在20～22℃，夏季供回水温度为18～20℃的高温冷水，保持室内温度在24～26℃。整个过程尽量采用接近室温的冷、热介质去抵消房间的负荷，极大地简化了能量从冷源到终端用户室内环境之间的传递过程，满足了"温度对口"的准可逆设计原则，从根本上减少了因换热温差带来的不可逆损失。辐射采暖制冷的室内温度场分布非常均匀，由于交换终端没有机械转动部件，没有噪声，也没有风吹，舒适度非常高。该项目在设计中重点解决了埋管间距、管径与换热效果的关系，系统进、出水温度的校核与优化，最终给出了合理的设计指标和参数布置。

2. 置换新风系统

为营造高舒适的室内环境，该项目设计中采用了置换新风湖系统，夏季新风主要承担室内潜热负荷及很小部分的显热负荷，新风机械表冷温度为14℃，相对湿度约为100%，送入室内为16℃，相对湿度为90%，保持室内温度在24～26℃，湿度在50%～65%之间；冬季新风机械加热温度为20℃，通过加湿器后，相对湿度为40%左右，以18℃相对湿度48%左右的状态送入室内，顶棚辐射采暖系统承担部分新风显热负荷，保持室内温度在18～22℃，湿度在35%～45%之间。新风冬夏均以比室温低的温度从墙角地面以小于 0.3m/s 的风速送入室内，在地面蔓延形成新风湖，遇到人体等室内发热体加热后自然上升包裹人体，连同人呼出的废气一起缓慢上升，最终通过设在上部的排风口进行有组织排放。整个气流组织的设计完全能带动整户的空气交换，不留死角，而且避免了新风系统过多短路而造成的损失，使得新风利用程度最大化。

排风系统设计过程中，增设了转轮式全热回收装置，夏季显热效率达到 69%，湿效率达到 67%；冬季显热效率达到 71%，湿效率达到 71%。排风能量回收系统的设置，有效地减少了因排风而导致的无谓能量损失，进一步实现节能。运行测试结果表明，能量回收装置起到了很好的节能效果。

此外，按照室内空气品质要求和除湿要求，该项目设计过程中详细模拟计算了新风处理系统的最低新风量指标。同时，就温度与湿度独立调控进行了详细设计，从根本上解决了"节能"与"防止结露"的这一实质矛盾。

8.3.6 能量提升转化系统设计与优化

该项目设计中采用了地源热泵系统作为"低㶲供能系统"的冷热源，通过能量提升转化装置——热泵机组来实现对建筑物进行制冷、供热和生活热水供应。这种对低品味可再生能源的成功应用，不仅仅是从数量上节能，更重要的是做到了能质匹配，即高能高用，低能低用，彻底从用能方式上保证了不同质量的能源分配得当，各得所需。

1. 大型地埋管换热器设计及水力平衡

地源埋管换热器是室外取、放热系统的关键组成部分。其选择的形式是否合理，设计的是否正确，不仅会影响系统的初投资，而且关系到整个地源热泵系统能否满足要求和正常使用。

该设计共钻孔 1314 个，根据地质情况不同，钻孔深度分别为 75m 和 100m 两种。所有地埋孔均为注浆回填。由于孔深的变化以及打孔位置的要求，孔间距需要适当的调整，调整后的部分孔间距不小于 4m；地埋孔连接方式根据地埋孔所在位置及深度优化设计为 U 形、W 形、U+U 形等几种复合形式，以实现水力自平衡；此外，因该设计地埋孔均在车库下方，从根本上解决了实际用地面积的限制问题，大大降低了系统的初投资。

此外，因该工程地下换热器环路数量多，如何进一步有效保证各环路间的水力平衡是设计的难点，也是降低地埋管循环泵功耗的重要途径。该设计采用两级分集水器，二级分集水器置于各栋楼专设的窗井内，一级分集水器置于地源热泵机房内。分组的地埋管环路首先接入相应的二级分、集水器，为了合理分配各栋楼的水量，在二级集水器总管上加装平衡阀；各栋楼地埋管二级分、集水总管再接入机房内一级分、集水器。这就避免了环路过多且各个环路阻力相差过大造成的水力失调现象。同时还有一个优点，就是大型地埋管系统一旦发生泄漏会较难查找原因和采取补救措施，而采用系统的埋管联结方式可以避免因某一个地埋孔出现问题后影响到其他孔，进一步保证了系统的安全性。

2. 大型地源热泵地下能量堆积的平衡与补偿技术

由于整个园区埋管数量多、管群密集度大、冷负荷远大于热负荷以及土壤热物性等多方面因素，使得系统在按照实际负荷运行的过程中，地下土壤会产生明显的热堆积现象。为了避免上述现象，可以采用下面几种方法：（1）扩大地埋管的间距，增加地埋管的数量；（2）采用带热回收的机组，通过夏季热回收冷凝热制取生活热水来降低夏季排热量，同时增加了冬季的取热量，减少了取/排热的不平衡性；（3）夏季采用冷却塔等辅助散热设备，减少地下排热量。

结合现场实际情况，项目组提出了平衡补偿源头能量堆积的混合式热泵系统（埋管换热器＋冷却塔系统）。通过计算模拟，最终实现了对源头能量补偿技术及方法的综合评价和优化设计，也解决了实际用地面积的限制问题。该混合系统的工作原理是：冬季利用埋地盘管从土壤中的取热作为低位热源，通过热泵提升后向房间供热；夏季室内余热的排除由埋管换热器向土壤中的放热与冷却塔的散热共同承担，这样即可实现全年埋地盘管从土壤中的取热量与向土壤中的放热量的有效平衡。

8.3.7 系统运行效益分析

该项目实用性强、创新性突出。大型地源热泵与温湿度独立调控系统在南方高湿地区的综合应用，成功地解决了相关系统中的协调、优化、匹配、集成等技术难点以及节能设计与相关产品、装置、实际工程的协调问题。

"低㶲供能系统"集成技术的成功应用，不仅大幅度提升了该居住小区自身的品质，为入住的业主带来了舒适的居住环境和恒温、恒湿、恒氧的感受。其次，因整个项目集成采用多项先进技术，环保效果显著。经过对该项目的全年动态能耗及运行经济性分析计算，在最冷月1月及最热月7月，单位面积月运行费约 2.5 元/m^2，全年运行费用为 18.56 元/m^2，与常规空调相比，单位面积耗电量和运行费用均可节省至少50%以上，节能效果非常明显。

8.4 天津某温泉城地热梯级利用优化设计

8.4.1 工程概况

天津某温泉城建设项目包括住宅、度假酒店、温泉度假村、中小学校、体育馆、商业、办公体育活动中心等，各建筑物均设采暖和生活热水供应。该区域已有一眼地热井，可作为热源，另需建调峰锅炉房一座。总供热能力为 22.958MW，供生活热水能力为 560t/h（其中温泉热水为 396t/h，普通热水为 164t/h）。

8.4.2 工程设计特点

该工程设计中遵循以下设计原则：

（1）方案设计中充分贯彻节省投资，节约能源，减少占地，因地制宜，现状和发展相结合，一次设计，分期实施，合理布局。

（2）生产工艺选用国内技术先进，运行可靠，经济合理的设备，采用便于操作和管理的流程系统，以保证运行工况和人员的安全。

（3）供热站及调峰锅炉房部分电气设备采用变频调速控制，既降低电能消耗，延长设备使用寿命，又便于运行管理，节约能源。

（4）重视对环境的保护，降低噪声，避免污染。

8.4.3 设计参数及负荷计算

ZL_1 地热井：井口温度 $t=101℃$，设计水量 $G=150m^3/h$。

ZL_1 地热井出水温度较高，利用其高温段作为采暖热源，其供热能力为8.52MW，占总供热需求的37%，另外63%的热负荷由调峰锅炉房负担。

为合理利用地热能源，采用两级供热系统，两级分别调峰的方式。采暖后的地热尾水作生活热水，一部分为地热水直供，即温泉水，另一部分经换热器间供，即普通生活热水。采暖热负荷以及生活热水负荷如表 8-11 和表 8-12 所示。

采暖热负荷 表 8-11

序号	地块	建筑名称	建筑面积（万 m²）	热指标（W/m²）	热负荷（MW）	同时使用系数	设计热负荷（MW）
1	1 号地	沿街单体	2.6	49	1.27	0.64	0.813
2	2 号地	1 区	1.6	75	1.207	0.663	0.8
3		2 区	1.7	70	1.185	0.663	0.786
4		3～5 区	10.6	85	9.056	0.663	6.004
5		游泳池			0.642	1	0.642
6	3 号地	办公楼	0.64	30	0.193	1	0.193
7		员工宿舍	1.4	50	0.72	1	0.72
8		住宅	25.6	50	13	1	13
	合计		44.14		27.273		22.958

生活热水负荷 表 8-12

序号	地块	地热生活热水（t/h）	小时变化系数	小时平均用水量（t/h）	普通生活热水（t/h）	小时变化系数	小时平均用水量（t/h）
1	1 号地	77	2.4	32.08	73	2.4	30.42
2	2 号地	61	5.5	11.09	51	5.5	9.27
3	3 号地员工宿舍、办公楼	0			40	2.9	13.79
4	3 号地住宅	61	2.3	26.52	0		
5	4～5 号地、8～9 号地、14～16 号地	197	1.8	109.44	0		
	合计	396		179	164		53

8.4.4 能量提升转换系统设计与优化

地热能梯级利用采暖、生活热水系统简图如图 8-12 所示。

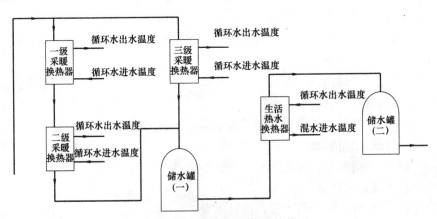

图 8-12 地热能梯级利用系统简图

1. 采暖系统

ZL₁ 地热井的 101℃ 地热水进入一级钛板换热器，提供一级采暖热量 6.05MW。经过一级换热器加热的一级采暖循环水再进入调峰换热器，经调峰后系统供水温度为 85℃，回水温度为 60℃，可直接进入普通散热器采暖用户。用风机盘管采暖的用户，需经用户换热站再一次换热,达到风机盘管 60~50℃ 的温度要求。

由一级钛板换热器出来的地热水进入二级钛板换热器,提供二级采暖热量 2.47MW。经调峰后系统供水温度为 55℃,回水温度为 45℃,可供给风机盘管供暖用户。

2. 生活热水系统

为减少管网投资及降低运行管理难度,用 ZL_1 地热井供应 1~3 号地普通及温泉生活热水,另打两眼浅井满足 4~5 号、8~9 号、14~16 号地生活热水需要。浅井水温为 45~60℃,水量为 60~80 m^3/h。为利于系统水力平衡,减少管网投资,井位布置在 9 号地、15 号地各一眼,建两个生活热水供应站。地热采暖后的尾水进入储罐,一部分地热水经钛板换热器将自来水加热到 45℃ 供生活热水,地热尾水排放;另一部分经除铁后进入热水储罐,直接作温泉水供应。生活热水供应站工艺流程示意图如图 8-13 所示。

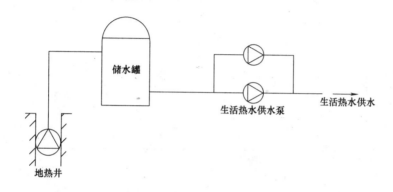

图 8-13 生活热水供应站工艺流程示意图

3. 主要设备选型

(1) 地热水换热器选用钛板换热器;
(2) 调峰换热器选用不锈钢板式换热器;
(3) 地热水泵选用耐高温潜水泵,其他水泵选用立式单级泵;
(4) 地热水储罐选用玻璃钢储罐;
(5) 除铁采用锰砂保温型除铁罐,地热水在除铁罐中的温度损失小于 0.5℃,处理后水中铁含量小于 0.3mg/L;
(6) 调峰锅炉选用两台 7MW 燃气热水锅炉;
(7) 地热水输送管道应采用非金属管材。

8.4.5 系统的运行测试情况

1. 现场温度流量测试数据汇总(见表 8-13~表 8-15)

一级采暖换热器   表 8-13

序 号	测试项目	实测值
1	热源侧进口温度(℃)	114
2	热源侧出口温度(℃)	75.5
3	循环水侧进水温度(℃)	57.2
4	循环水侧出水温度(℃)	71.6
5	热源侧流量(m^3/h)	73.45
6	循环水侧流量(m^3/h)	158.62

二级采暖换热器 表 8-14

序 号	测 试 项 目	实 测 值
1	热源侧进口温度（℃）	64.5
2	热源侧出口温度（℃）	46.5
3	循环水侧进水温度（℃）	37.5
4	循环水侧出水温度（℃）	51.5
5	热源侧流量（m³/h）	73.45
6	循环水侧流量（m³/h）	82.53

生活热水换热器 表 8-15

序 号	测 试 项 目	实 测 值
1	热源侧进口温度（℃）	69.5
2	热源侧出口温度（℃）	61.6
3	循环水侧进水温度（℃）	30
4	循环水侧出水温度（℃）	50.8（客房） 69（厨房）
5	热源侧流量（m³/h）	113

2. 数据分析（见图 8-14～图 8-16）

图 8-14 中，8：00～23：00 的水流量基本稳定，夜间流量总体下降是因为需求下降所致。而 3：00 处的陡增可以认为是突发事件，综观其他日时夜间用量实为偏低的。

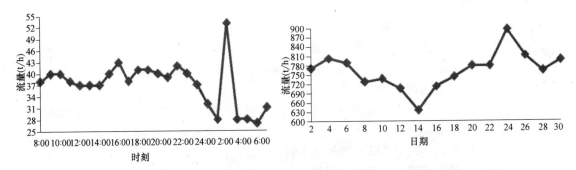

图 8-14　2007 年 11 月单月生活热水最大日小时流量分布图

图 8-15　2007 年 11 月生活热水日流量分布图

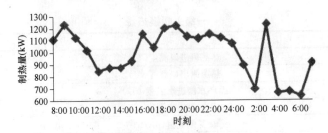

图 8-16　2007 年 11 月单月生活热水最大日制热量分布图

8.4.6 系统运行效益分析

地热采暖的社会效益是显著的。地热采暖在节约常规能源和减少常规能源污染环境等方面比其他采暖方式具有更大优越性。天津市的采暖期为 4 个月，水温仅 57℃ 的地热水能满足 3 个月纯地热采暖需要和一个月严寒天气 50% 以上热负荷的采暖需要，其节煤和"环保"所带来的社会效益是显著的，地热采暖试验小区的环境质量已引起附近居民的极大关注。

地热采暖的经济效益分析涉及因素很多，比较复杂。剔除一些特殊因素后做一些概要定性和定量分析。地热和锅炉房联合供热与区域锅炉房供热经济分析如表 8-16 所示。

经济分析对比表　　　　　　　　　　表 8-16

项　　目		区域锅炉房供热	地热和锅炉房联合供热
单位面积投资(元/m²)	合计	45	74
	热源	22.5	35
	管网	7.5	13
	户内	15	26
平均能耗	煤耗(千克标准煤/m²)	23	15.1
	电耗(kWh 时/m²)	2.7	2.4

地热与锅炉联合供热投资比区域锅炉房高 64%。据地质部门介绍，地热井使用年限一般可达 20～30 年，其设备维修，更换费用比区域锅炉房少得多。

地热与锅炉联合供热包括电耗折煤，每个采暖期每平方米折合标准煤 14kg。区域锅炉房煤电耗每个采暖期每平方米折合标准煤 24kg。该示范项目总能耗降低 41.7%。

8.5 内蒙古某住宅小区复合能源系统优化设计

8.5.1 工程概况

该工程总建筑面积 16.3 万 m²，共 34 栋住宅楼，总户数为 1520 户，建筑围护结构达到 65% 的节能目标，能源系统为太阳能与燃煤锅炉房的复合能源。该系统成功设计在高寒地区，其规模之大、设计难度复杂均属首创，工程概况图如图 8-17 和图 8-18 所示。

图 8-17　某小区立面图

图 8-18　某小区鸟瞰图

8.5.2 工程设计特点

根据项目实际情况（当地气候条件、建筑类型、建筑功能、能源情况等）及甲方具体要求，项目组依据下列工程设计原则对整个系统方案进行整体构思和优化，以实现最大限度的节能及系统安全稳定。

(1) 系统优选及构建：综合考虑项目经济性（项目初投资、回收期限）、节能效果（锅炉效率、机组COP，系统综合能效EER、子系统协调互补效果）、安全性（太阳能集热系统运行）、技术复杂程度（不同工况下的运行调节与阀门切换、太阳能集热系统的设计施工）以及国家现行的节能政策等多种因素以及甲方要求，构建适合该项目的可再生能源复合系统，通过最优匹配策略，将整个系统对常规能源的依赖降到最低、全过程能耗降到最小，总体实现"节能"与"安全"两大目标。

(2) 最大限度地利用可再生能源：结合当地太阳能应用条件，通过优化太阳能集热器的方位角及倾角来最大限度的收集太阳能资源。同时，应用季节性储水池在非采暖季收集太阳能来进行冬季供热。

(3) 系统节能、整体节能：优化太阳能集热器系统安装摆放位置，使其能够最有效地吸收太阳能，同时减少大温差换热而导致的耗能，保证供能系统的高效运行；利用太阳能集热系统对热力燃煤锅炉回水进行预热，减少燃煤量，同时可以减少CO_2等气体的排放量。夏季采用太阳能集热系统对小区进行生活热水的供应，实现太阳能热水与采暖一体化，使其总体达到节能减排的效果。

(4) 供能系统安全保证：严格保证系统的运行安全性，从集热系统着手，通过加装防冻液来保证集热系统运行安全。

(5) 提高能效比，降低费效比：在保证室内舒适、健康的基础上，通过加装太阳能集热系统与燃煤锅炉复合运行技术的集成，保证热泵机组的性能系数、整个供能系统的季节能效比，最终实现季节性供热能效比在现有基础上有效提高，费效比有效降低，从根本上实现节能，降低运行费用。

8.5.3 设计参数和负荷计算

1. 设计主要室外气象参数（见表8-17）

设计参数表　　　　　　　　　　　表8-17

年平均温度	4.6℃	采暖期起止时间	10月15日～次年5月1日
极端最低温度	−33℃	最大冻土深度	170cm
冬季室外采暖计算温度	−22℃	主导风向	西北风
采暖期天数	195天	年平均风速	3.0m/s
采暖期平均温度	−6.1℃		

2. 设计主要太阳能气象参数

地理纬度：41°34′；

水平面年太阳辐照量：6315MJ/(m^2·a)；

年平均日照小时数：3098～3250h。

3. 负荷计算

(1) 采暖负荷计算：该住宅小区居住建筑总的采暖设计负荷为8655kW。

(2) 生活热水负荷计算：该住宅小区共有住户 1520 户，生活热水负荷按照每户 3.5 人计，设计日平均热水能耗为 54757MJ，设计小时耗热量为 3143kW。

8.5.4 能量提升转换系统设计与优化

1. 太阳能集热系统设计

(1) 集热器系统选型

该工程集热系统的集热器选用全玻璃真空管型太阳能集热器，集热系统采用直接承压式系统。

(2) 集热器定位

根据当地实际情况，太阳能集热器阵列在某工厂西面的空地上，总集热器面积为 11928.8m^2，集热器正南放置，与水平面的倾角为 30°，架空敷设。

(3) 集热系统控制

太阳能集热系统采用温差循环，当任意一组集热器的出口温度与蓄热水池底部的温差大于 8℃时，集热系统循环泵组启动。当任意一组集热器的出口温度与蓄热水池底部的温差小于 3℃时，对应的集热系统循环泵组停止，集热系统收集的热量提供给加热该住宅小区二次供热管网的板式换热器。

(4) 集热系统太阳能保证率

该住宅小区居住建筑耗热量指标为 21.8W/m^2，生活热水负荷按照每户 3.5 人计，集热系统的太阳能采暖保证率为 37%，太阳能生活热水保证率为 81%。

(5) 集热系统划分

系统 1：太阳能集热器总面积为 3019.2m^2，系统流量为 108.7m^3/h；

系统 2：太阳能集热器总面积为 2767.6m^2，系统流量为 99.6m^3/h；

系统 3：太阳能集热器总面积为 2442m^2，系统流量为 87.9m^3/h；

系统 4：太阳能集热器总面积为 3700m^2，系统流量为 133.2m^3/h。

(6) 冬季防冻、夏季防过热措施

1) 该工程采用循环防冻，当集热器的水温低于 4℃时，系统启动循环泵，使地下蓄热水池的热水在集热系统中循环，以防止系统发生结冻。该工程需要人员 24h 值守，而且要保证循环泵的电力供应。

2) 该工程设置地下蓄热水池防止夏季过热，在非采暖期供应生活热水，降低蓄热水池温度，同时在集热系统中设置安全阀，在系统压力过高时启动泄压。

3) 当集热器中水温达到 90℃以上时，禁止启动循环泵加压上水，防止冷热不均发生炸管。

2. 供热系统设计

(1) 太阳能采暖

太阳能集热器采集太阳能热量后，经集热系统储存到地下蓄热水池的热水内，然后抽取地下蓄热水池内的热水经板式换热器换热给锅炉房内集水器来的采暖回水。若经换热后的采暖回水温度达到 50℃，则不经过锅炉房换热器，直接回到锅炉房内的分水器经输配系统输送到采暖末端；若经换热后的采暖回水达不到 50℃，则再经过锅炉房换热器达到设计温度后，经锅炉房内的分水器通过输配系统输送到采暖末端。

(2) 太阳能生活热水

太阳能集热器采集太阳能热量后经集热系统储存到地下蓄热水池的热水内,然后抽取地下蓄热水池内的热水经板式换热器换热给自来水,通过生活热水管道到达各用户用水点。各用户自备电加热器,若经太阳能系统加热的生活热水达不到设定温度,则启动电加热器加热生活热水。

3. 蓄热系统设计

(1) 设置地下蓄热水池 4 座,其中,3 座容量为 2000m²,1 座容量为 1500m³,蓄热水池总容量为 7500m³;

(2) 蓄热水池防水处理采用高聚物改性沥青防水卷材,厚度为 3.0mm;

(3) 蓄热水池保温处理采用泡沫玻璃,厚度为 205mm。

4. 系统集成设计特点

该复合系统(见图 8-19)具有以下特点:

(1) 系统运行时,仅有集热器循环水泵需要消耗电能,系统运行费用低;

(2) 负荷系统启动快、污染小,便于自动控制,效果好、可靠性高,运行维护方便;

(3) 系统优先以太阳能作为采暖热源,减少了常规能源的消耗量,在取得良好的经济效益的同时,减少了二氧化碳、二氧化硫等气体的排放,产生良好的环境效益和社会效益。

8.5.5 系统运行效益分析

1. 节能效益分析

该示范项目全部完成后,采用太阳能热水及采暖系统全年为 1520 户居民提供热水,采暖季提供部分采暖耗热量。而且采用了季节蓄热水池,即解决了夏季的系统过热问题,而且在冬季增加了采暖替代的耗热量,具有巨大的节能效益。由太阳能提供生活热水和部分采暖需求,每年可节约能量 30744440MJ。

该工程热水供应及采暖系统每年可以节约常规能源 4611661kWh,若系统的使用寿命按照 15 年计算,总共可以节约常规能源 69174911kWh,费效比(增量成本/寿命期内常规能源替代总量)为 0.49 元/kWh。

2. 环境影响分析

节煤量根据下式计算:

$$G=\frac{Q}{Q_{标准煤}\eta}$$

式中 G——每年可以节约的标准煤,t/a;

Q——每年可以节约的能量,MJ/a;

$Q_{标准煤}$——标准煤的热值,29309MJ/t;

η——锅炉及管网的效率。

该工程的实施,每年可以节约标准煤 566.4t,具有很好的节能效益。

据资料统计,该地区的大气环境污染日益严重,尤其是在采暖季。造成大气环境污染的原因主要是能源消费结构以煤为主,而煤炭的消耗大部分又是用于冬季采暖。因此,如何减少煤的消耗,突出环境保护,具有重要意义。

8.5 内蒙古某住宅小区复合能源系统优化设计

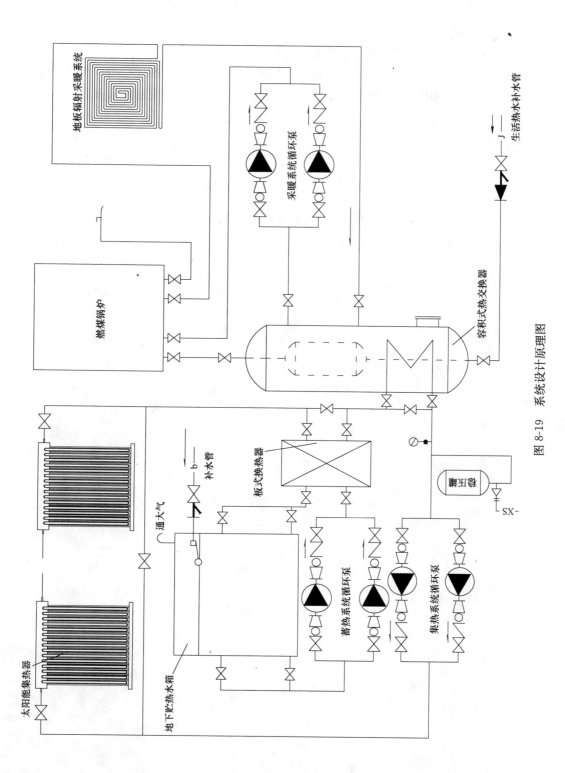

图 8-19 系统设计原理图

据测算，该工程的实施将可实现每年节约常规能源 566.4t，每年可以减少向大气排放二氧化碳 1399.1t、二氧化硫 11.3t、粉尘 5.7t，环境效益非常明显。

3. 经济效益分析

该项目投入运行一年后，整个冬季可节约 148 万元。

该项目的成功为该地区可再生能源的利用起到了示范、促进和推动作用，特别是对其他小区及周边地区利用可再生能源以及复合能源提供借鉴，有着巨大的推广前景。

参 考 文 献

[1] 曾丹苓，敖越，朱克雄，李清荣. 工程热力学（第二版）. 北京：高等教育出版社，1986.
[2] 严家騄编著. 工程热力学（第二版）. 北京：高等教育出版社，1989.
[3] 朱明善，刘颖，林兆庄，彭晓峰编. 工程热力学. 北京：清华大学出版社，1995.
[4] [美] W·C·雷诺兹，H·C·铂金丝著. 工程热力学. 罗干辉等译. 北京：高等教育出版社，1985.
[5] 傅秦生. 能量系统的热力学分析方法. 西安：西安交通大学出版社，2005.
[6] 朱明善. 能量系统的㶲分析. 北京：清华大学出版社，1985.
[7] W. Fratzscher, Exergy and Possible Applications. Rev Gen Therm, 1997, 36, 690-696.
[8] 狄彦强，张淼等. "低㶲供能系统"的提出与构建. "既有建筑综合改造关键技术研究与示范项目交流会"论文集，2009.
[9] 狄彦强，张淼等. 既有建筑供能系统热力学分析与耗能环节研究. "既有建筑综合改造关键技术研究与示范项目交流会"论文集，2009.
[10] 中华人民共和国国家标准. 能量系统分析技术导则（GB/T 14909—2005）.
[11] 戎卫国，李永安，张建明. 空调系统热力学分析与节能. 暖通空调，2006，36（11）：14-17.
[12] 罗智特. 空调动态负荷计算方法及比较. 制冷与空调，2005，4（5）：57-61.
[13] 刘乃玲. 空调动态负荷的Z传递函数计算法及实例分析. 制冷，2000，6（19）：18-22.
[14] 汪训昌. 空调全年逐时动态负荷计算能提供什么信息和回答什么问题. 暖通空调，2005，35（10）：44-53.
[15] 庄碧贤. 建筑设计中被动式节能的探讨. 建材技术与应用，2010，4.
[16] 杨柳. 建筑气候学. 北京：中国建筑工业出版社，2010.
[17] 林宪德. 建筑风土与建筑节能设计. 台湾：詹氏书局，1997.
[18] 江亿，林波荣，曾剑龙，朱颖心. 住宅节能. 北京：中国建筑工业出版社，2006.
[19] 谭刚，左会刚等. 自然通风的理论机理分析与实验验证. 全国暖通空调制冷1998年学术文集. 北京：中国建筑工业出版社，1998.
[20] D. J. 克鲁姆，B. M. 罗伯茨. 建筑物空气调节与通风. 北京：中国建筑工业出版社，1982.
[21] 朱颖心. 建筑环境学（第二版）. 北京：中国建筑工业出版社，2005.
[22] 魏庆娥，李惠风. 地道风用于影剧院降温通风的研究. 通风除尘，1984，（4）：17.
[23] 刘泽华. 地道风通风降温的优化设计及运行效果预测. 建筑热能通风空调，2001，（2）：44.
[24] 李元哲，狄洪发，方贤德. 被动式太阳房的原理及其设计. 北京：能源出版社，1989.
[25] 中华人民共和国国家标准. 公共建筑节能设计标准（GB 50189—2005）.
[26] 孙宝櫟. 简明建筑节能技术. 北京：中国建筑工业出版社，2007.
[27] 中华人民共和国国家标准. 民用建筑热工设计规范（GB 50176—93）.
[28] 中华人民共和国国家标准. 建筑气候区划分标准（GB 50178—93）.
[29] 韦延年，于忠，张剑峰. 节能建筑外墙与屋面的热工性能便捷检测判定方法. 四川建筑科学研究，2009，10.
[30] 中华人民共和国国家标准. 采暖通风与空气调节设计规范（GB 50019—2003）.
[31] 中华人民共和国行业标准. 民用建筑节能设计标准（采暖居住建筑部分）（JGJ 26—95）.
[32] 徐吉沅，寿炜炜. 公共建筑节能设计指南. 上海：同济大学出版社，2007.
[33] 中华人民共和国国家标准. 建筑外窗气密性能分级及检测方法（GB/T 7107—2002）.
[34] 中华人民共和国国家标准. 建筑幕墙物理性能分级（GB/T 15225—1994）.
[35] Xue H, Shu C. Mixing characteristics in a ventilated room with non-isothermal ceiling air supply.

Bldg Envir, 1999, 34 (3): 245-251.
- [36] Croome D J, Roberts B M. Air Conditioning and Ventilation of Buildings. Oxford: Pergmon Press, 1981.
- [37] 龙惟定, 武涌. 建筑节能技术. 北京: 中国建筑工业出版社, 2009.
- [38] 薛志峰. 公共建筑节能. 北京: 中国建筑工业出版社, 2007.
- [39] 清华大学建筑节能研究中心. 中国建筑节能年度发展研究报告 2008. 北京: 中国建筑工业出版社, 2008.
- [40] 刘加平, 谭良斌, 何泉. 建筑创作中的节能设计. 北京: 中国建筑工业出版社, 2009.
- [41] 李峥嵘, 赵群, 展磊. 建筑遮阳与节能. 北京: 中国建筑工业出版社, 2009.
- [42] A. Guillemin, S. Molten. Energy Efficient Controller for Shading Devices Self Adapting to the User Wishes, Building and Environment, 2002.
- [43] Jay Silverberg, Steve Fucelo. Alternative Strategies for Sun Shading. Environmental Design & Construction, 2001.
- [44] Paul Fisette. Understanding Energy-Efficient Windows. Fine Home building, 1998, 3.
- [45] Yeang K, Designing with Nature and Ecological Basis for Architectural Design. New York: McGraw-Hill, Inc., 1995.
- [46] 范军, 刁乃仁, 方肇洪. 竖直U型埋地换热器两支管间热量回流的分析. 山东建筑工程学院学报, 2004, 19 (1): 1-4.
- [47] 柳晓雷, 王德林, 方雄洪. 垂直埋管地源热泵的圆柱面传热模型及简化计算. 山东建筑工程学院学报, 2001, 16 (1): 47-51.
- [48] 崔萍. 地热换热器间歇运行工况分析. 山东建筑工程学院学报, 2001, 3 (16): 52-56.
- [49] 王长庆, 龙惟定, 丁文婷. 各种冷源的一次能耗及对环境影响的比较. 节能技术. 2000, 18 (102): 8-10.
- [50] 中华人民共和国国家标准. 地源热泵系统工程技术规范 [GB 50366—2005 (2009年版)].
- [51] 狄彦强, 王清勤, 袁东立, 黄涛. 水源热泵的应用与发展. 制冷与空调, 2006. 10.
- [52] 狄彦强, 黄涛, 袁东立等. 北京市蓄能用电工程热工性能测试与分析. 暖通空调, 2009, (01).
- [53] 马宏权, 龙惟定, 朱东凌. 土壤源热泵系统的实施前提. 建筑热能通风空调, 2009, (1): 43-45.
- [54] 王惺妮, 苏伟. 浅议空气源热泵热水器. 山西建筑, 2009, 35 (32).
- [55] 付祥钊. 可再生能源在建筑中的应用. 北京: 中国建筑工业出版社, 2009.
- [56] 王建奎, 李海波. 浙江沿海海水源热泵技术应用可行性研究. 浙江建筑, 2010, (1).
- [57] 端木琳, 朱颖心. 海水源热泵空调系统的经济与环境评价研究. 暖通空调, 2007, 37 (8).
- [58] 郑瑞澄. 民用建筑太阳能热水系统工程技术手册. 北京: 化学工业出版社, 2006.
- [59] 中华人民共和国国家标准. 太阳能供热采暖工程技术规范 (GB 50495—2009).
- [60] 中华人民共和国国家标准. 民用建筑太阳能热水系统应用技术规范 (GB 50346—2005).
- [61] 黄涛, 袁东立, 狄彦强. 太阳能冷暖水三联供系统的模拟研究. 2007 中国科协年会论文, 2007.
- [62] 何梓年, 朱敦智. 太阳能供热采暖应用技术手册. 北京: 化学工业出版社, 2009.
- [63] 胡松涛, 张莉, 王刚. 太阳能—地源热泵与地板辐射空调系统联合运行方式探讨. 暖通空调, 2005, 35 (3): 41-45.
- [64] 李槿, 刘洪彬. 太阳能热水系统在住宅中的应用. 山西建筑, 2009, 35 (23).
- [65] 张淑红, 袁家普. 太阳能热水系统过热解决方案. 太阳能, 2009.
- [66] 谢达夫. 太阳能热水系统与建筑一体化设计探讨. 广州建筑, 2005, 4.
- [67] 山东力诺瑞特新能源有限公司. 太阳能与建筑一体化应用.
- [68] 刘叶瑞, 张学东. 被动式太阳房技术及应用前景. 新能源产业, 2007, 2.
- [69] 郭占军, 余才锐. 太阳能热泵—低谷电与地板辐射采暖系统联合运营方式探讨. 建筑节能, 2007, 35 (10).
- [70] 余延顺, 廉乐明. 寒冷地区太阳能—土壤源热泵系统运行方式的探讨. 太阳能学报, 2003, 4 (1).
- [71] 翟晓强. 太阳能制冷系统应用现状及匹配设计方法研究. 建设科技, 2008, (18).
- [72] 万忠民, 杜健嵘. 太阳能吸收式空调性能优化分析. 制冷与空调, 2006, 6 (6).

参 考 文 献

[73] 何梓年,刘芳. 太阳能空调及供热综合系统. 暖通空调, 2002, 32 (1).
[74] 胡桂秋,黄晶. 太阳能空调系统设计方案探讨. 制冷与空调, 2009, 23 (3).
[75] 魏鹏,马吉民. 太阳能空调系统评述及其推广应用. 制冷空调与电力机械, 2009, 30 (125): 56-59.
[76] 林汝谋,金红光,蔡睿贤. 燃气轮机总能系统及其能的梯级利用原理. 燃气轮机技术, 2008, 21 (1).
[77] 金红光,张国强,高林,林汝谋. 总能系统理论研究进展与展望. 机械工程学报, 2009, 45 (3).
[78] 孙家宁,陈清林,尹清华,华贲. 能量系统㶲经济分析评价方法的探讨. 煤气与热力, 2003, 23 (9).
[79] 黄瓯,邹介棠,吴铭岚. STIG 循环和 HAT 循环的分析及比较. 燃气轮机技术, 1996, (01).
[80] Leyla Ozgener, Arif Hepbasl, Ibrahim Dincer, et al. Exergoeconomic analysis of geothermal district heating systems: A case study. Applied Thermal Engineering, 2007, 27 (8/9): 1303-1310.
[81] 车得福,刘艳华. 烟气热能梯级利用. 北京: 化学工业出版社, 2006.
[82] Mock J. E., Tester J. W., Wright P. M. Geothermal energy from the Earth: its potential impact as an environmentally sustainable resource. Annual Review of Energy and the Environment, 1997, 22 (1): 305-356.
[83] Tester Jefferson W. et al, The future of geothermal energy-impact of enhanced geothermal systems (EGS) on the United States in the 21st century. Idaho Falls: Idaho National Laboratory, 2006.
[84] 朱江,鹿院卫,马重芳等. 低温地热有机朗肯循环 (ORC) 工质选择. 可再生能源, 2009, 27 (2): 76-79.
[85] 吴治坚,龚宇烈,马伟斌等. 闪蒸—双工质循环联合地热发电系统研究. 太阳能学报, 2009, 30 (3): 316-321.
[86] 戈志华,胡学伟,杨志平. 能量梯级利用在热电联产中的应用. 华北电力大学学报, 2010, 37 (1).
[87] 何敬东. 区域供热热电联产系统中的能量梯级利用原则. 区域供热, 2005, 1.
[88] 纪军,刘涛,金红光. 热力循环及总能系统学科发展战略思考. 中国科学基金, 2007, 6.
[89] 丁良士,张长春,尹富庚等. 北京工业大学地热供暖示范工程 7 年回顾. 2006 全国暖通空调制冷学术年会论文集, 2006.
[90] 刘峰彪. 地热水多元梯级综合利用模式及其应用. 有色金属, 2009, 61 (4).
[91] 王斌斌,仇性启. 热管换热器在烟气余热回收中的应用. GM 通用机械, 2006.
[92] 章龙江,王皆腾,浅谈加热炉烟气余热回收的途径. 技术教育学报, 1995.
[93] 仝庆居,王学敏. 锅炉烟气余热回收利用技术. 科技创新导报, 2009.
[94] 杨广仁,于宝龙,高晓丽,燕春生. 锅炉烟气余热的回收利用. 油气田地面工程, 2004.
[95] 张世刚. 火力发电厂循环冷却水供热研究报告.
[96] 吴佐莲. 利用热泵技术回收热电厂余热的可行性与经济性分析. 山东农业大学学报, 2008, (01).
[97] 宋长华. 凝结水回收技术的发展现状与回收方式的确定. 重庆电力高等专科学校学报, 2003, (01).
[98] 方艺裕. 中央空调余热回收在宾馆酒店中的应用. 建筑与饭店节能, 2007, 3.
[99] 邓庭辉,高彦. 酒店中央空调余热回收应用. 环境与可持续发展, 2007, (05).
[100] 余颖俊,王梦云. 空调冷凝热的回收利用. 工程设计 CAD 与智能建筑, 2000, (08).
[101] 张万路. 压缩蒸发式中央空调系统余热利用的前景. 应用能源技术, 2002, (05).
[102] 吴勇,王凯,曹锋,邢子文. 浴室余热回收热泵系统设计方案研究. 节能, 2007, (04).
[103] 冯圣红,陈涛,李德英. 高校浴室废水余热回收及利用分析. 节能, 2009, 28 (1): 44-45.
[104] 吴大为. 分布式能源定义及其与冷热电联产关系的探讨. 制冷与空调, 2005, 5 (5): 1-6.
[105] 蔡睿贤,张娜. 关于分布式能源系统的思考. 科技导报, 2005, 9.
[106] 江亿,付林,李辉等著. 天然气热电冷联供技术及应用. 北京: 中国建筑工业出版社, 2008.
[107] 李冰. 城市天然气分布式热电联供系统发展障碍及建议. 能源工程, 2007.
[108] 韩晓平,分布式能源设计若干问题探索. 中国能源网. www.China5e.com.
[109] 李发扬. 中国分布式供能系统的现状与发展趋势. 南京师范大学学报, 2009, (04).

- [110] 华贲. 天然气冷热电联供能源系统. 北京：中国建筑工业出版社，2010.
- [111] 康慧，王正. 分布式能源系统与天然气的合理利用. 暖通空调，2008，(03).
- [112] 何斯征. 国外热电联产发展政策、经验及我国发展分布式小型热电联产的前景. 能源工程，2003，(05).
- [113] [美] John R. Watt, Will K. Brown 编著. 蒸发冷却空调技术手册（第3版）. 黄翔，武俊梅等译. 北京：机械工业出版社，2009.
- [114] 刘乃玲，陈沛霖. 冷却塔供冷技术的原理及应用，1998，2：71-73.
- [115] J. C. Hensley. The application of cooling towers for free cooling. ASHRAE Transactions，1994，100，Part I.
- [116] S. A. Mumma, C. Cheng, F. Hamilton. A design Procedure to optimize the selection of the water-side free cooling components. ASHRAE Transactions，1990，96，Part I.
- [117] 李竞，吴喜平. 综合建筑空调节能技术. 上海节能，2006，(02).
- [118] 郑钢、宋吉，冷却塔供冷系统设计中应该注意的问题，制冷与空调，第6卷第2期，2006年4月，75-78.
- [119] 管厚林，赵加宁. 高层办公建筑空调负荷率分布影响因素研究，哈尔滨工业大学学报，2004，36 (5)：687-692.
- [120] T. L. White. A winter cooling tower operation for a central chilled-water system. AHRAE Transactions，1994，100，part I.
- [121] 郑钢、宋吉. 冷却塔供冷系统设计中应该注意的问题. 制冷与空调，2006，6 (2)：75-78.
- [122] 朱冬生，涂爱民. 闭式冷却塔直接供冷及其经济性分析. 暖通空调，2008，38 (4)：100-103.
- [123] 王翔. 冷却塔供冷系统设计方法. 暖通空调，2009，39 (7)：99-104.
- [124] 朱威威. 集中供热系统中多热源联网有关问题的探讨. 中小企业管理与科技，2010，(13)：257-258.
- [125] 辛怀宇. 热电厂供热系统新增调峰锅炉房的运行. 煤气与热力，2008，28 (10).
- [126] 郭宇. 燃气调峰供热系统热源组合模式及其优化 [硕士学位论文]. 北京建筑工程学院，2008，12.
- [127] 李爱彦，荣文涛，范思波. 太阳能-地源热泵应用探讨. 工程建设与设计，2005，(12).
- [128] 马庆瑞，兰敬平. 太阳能系统与地源热泵系统联合运行方式的探讨. 工程技术，2009，(3).
- [129] 杨卫波，倪美琴，施明恒，吴安宽，冯学. 太阳能-地源热泵系统运行特性的试验研究. 制冷空调，2009，37 (12).
- [130] 付祥钊等. 流体输配管网. 北京：中国建筑工业出版社，2005.
- [131] 孔瑜. 暖通空调水力平衡分析. 甘肃科技，2008，4.
- [132] 李联友. 建筑设备运行节能技术. 北京：中国电力出版社，2008.
- [133] 龙惟定，武涌. 建筑节能技术. 北京：中国建筑工业出版社，2009.
- [134] 潘金文，汪琼珍. 变频控制技术在中央空调水系统中的应用. 工程建设与设计，2003，(01).
- [135] 尹应德，孙进旭，曹炎. 空调系统水泵变频改造节能效益分析. 建筑热能通风空调，2005，24 (5)：45-46.
- [136] 黄建恩. 空调系统冷冻水循环水泵变频运行的节能机理. 节能技术，2005，23 (130)：139-141.
- [137] 王寒栋. 中央空调冷冻水泵变频调速运行特性研究 (1). 制冷，2003，(2)：15-20.
- [138] 王寒栋. 空调冷冻水泵变频控制方式分析与比较. 制冷空调与电力机械，2004，(01).
- [139] 董宝春，刘传聚，杨伟. 变流量水系统优化运行的探讨闭. 暖通空调，2007，37 (1)：55-59.
- [140] 郑庆红，秦学深. 一次泵变流量系统控制方式的节能分析. 建筑热能通风空调，2009，(05).
- [141] 罗伯特·柏蒂琼. 全面水力平衡. 北京：中国建筑工业出版社，2007.
- [142] 陆耀庆主编. 实用供热空调设计手册（第二版）. 北京：中国建筑工业出版社，2008.
- [143] 董宝春，刘传聚，刘东等. 一次泵/二次泵变流量系能耗分析. 暖通空调，2005.
- [144] Larry Tillack. Proper control of HVAC variable speed Pumps. ASHRAE Journal，1998 (11)：42-46.
- [145] Michel A. Bernier, Bernard Bourret. Pumping Energy and Variable Frequency Drives. ASHRAE Journal，1999，(12)：37-40.

[146] Rishel J B. Control of variable speed pumps for HVAC water systems. ASHRAE Transactions, 2003, 109: 380-389.
[147] 鹅翔节能网. http://www.jnpumps.com/.
[148] 徐照宇. 关于机泵节能的剖析. 中小企业管理与科技, 2007, 10.
[149] 王高生, 钱刚. 减阻剂溶液的传递机理. 浙江工学院学报, 1994, (2): 93-97.
[150] 田军, 徐锦芬, 薛群基. 粘性减阻技术及其应用. 实验力学, 1997, 12 (2): 198-203.
[151] Wei. T, Willmarib. W. W. Modifying Turbulent Structure with Drag Reducing Polymer Additives in Turbulent Channel Flows, J. Fluid. Mech. 1992 (245): 619-641.
[152] Kalasbnikov. V. N, Hydrodynamics of Polymer Solutions Exhibiting Low Eddy Friction, Fluid Mechanics Soviet Research, 1979, 8 (3): 14-17.
[153] 王强, 李德才, 王秀庭. 磁性液体粘性减阻技术. 机械工程师, 2002, 3.
[154] 马卫荣, 谭芳, 赵玲莉, 赵光勇. 减阻剂的发展与应用. 新疆石油天然气, 2005, 1 (1): 71-74.
[155] 朱蒙生, 邹平华, 蔡伟华. 添加剂减阻及其在供热系统中的应用. 暖通空调, 2009, 39 (7): 48-55.
[156] 孙寿家, 王军, 毛莹. 层流附面层粘性减阻作用分析. 哈尔滨工业大学学报, 1994, 26 (1): 53-58.
[157] Suksamranchit S, Sirivat A. Influence of ionic strength on complex formation between poly (ethylene oxide) and cationic surfactant and turbulent wall shear stress in aqueous solution. Chemical Engineering Journal, 2007, 128: 11-20.
[158] 管民, 李惠萍, 卢海鹰. 减阻剂室内环道评价方法. 新疆大学学报 (自然科学版), 2005, (01).
[159] 戴干策, 陈敏恒. 化工流体力学. 北京: 化学工业出版社, 2006.
[160] 刘晓华, 江亿. 温湿度独立控制空调系统. 北京: 中国建筑工业出版社, 2006.
[161] 张旭, 隋学敏. 辐射吊顶的技术特性及应用. 供热制冷, 2008, (09).
[162] 沈列丞, 龙惟定. 干盘管系统中关键技术的研究. 制冷与空调, 2007, 7 (1): 18-26.
[163] 李春, 沈晋明, 郁惟昌. 干盘管技术与系统的适用性. 全国暖通空调制冷 2004 年学术文集, 2004.
[164] 姜明健, 郭庆沅, 韩志. 水源热泵系统末端装置的试验研究. 制冷与空调, 2009, 10.
[165] 王子介. 低温辐射供暖与辐射供冷 (第一版). 北京: 机械业出版社, 2004.
[166] Stanley A Mumm. Chilled Ceilings in parallel with Dedicated Outdoor Air system: Addressing the Concerns of Condensation and Cost. ASHRAE Trans, 2002, 108 (2).
[167] 马玉奇, 刘学来. 辐射顶板空调系统研究与发展综述. 制冷, 2008, 27 (2).
[168] 刘健, 刘小高, 马龙, 张树勇. 地板辐射供冷系统的可行性分析. 科技信息 (学术研究), 2008, (19).
[169] 牛富杰, 时开盈. 地板辐射供冷的技术与经济性分析. 煤气与热力, 2007, 27 (10).
[170] 袁旭东, 王鑫, 柯莹. 地板辐射供冷的控制方法. 制冷与空调, 2007, (2).
[171] 肖益民, 付祥钊. 冷却顶板空调系统中用新风承担湿负荷的分析. 暖通空调, 2002, 32 (3): 15-17.
[172] 闫全英, 齐正新, 王威. 天棚辐射供冷系统换热过程的研究. 建筑热能通风空调, 2004, 23 (6).
[173] 桂正茂, 周得戎, 赵建民. 天棚辐射采暖制冷工程的设计与施工. 建设科技, 2003.
[174] 路诗奎, 吕艳, 张小松, 宋志雄. 辐射供冷/置换通风空调系统的数值模拟与实验. 建筑热能通风空调, 2010, 29 (2).
[175] 梁彩华, 张小松, 谢丁旺, 蒋赞昱. 置换通风中风速对地板辐射供冷影响的仿真与试验研究. 制冷学报, 2008, 29 (6).
[176] 谢海敏. 空调系统中的除湿技术及其节能分析. 应用能源技术, 2008, (4).
[177] 曹峰, 喻李葵. 液体除湿技术在建筑环境与设备中的应用及发展趋势. 制冷空调与电力机械, 2008, 28 (118).
[178] 张立志. 除湿技术. 北京: 化学工业出版社, 2005.

参考文献

[179] 杜垲, 张卫红. 转轮与冷却除湿组合式空调系统变工况稳态性能模拟分析. 东南大学学报（自然科学版）, 2005, 35 (1): 86-89.

[180] 朱冬生, 剧霏, 李鑫. 除湿器研究进展. 暖通空调. 2007, 37 (4): 35-40.

[181] 黄祎林, 吴兆林, 周志钢. 热泵除湿技术的应用与发展. 化工装备技术, 2008, 29 (1).

[182] 王倩, 郝红, 卢建津. 液体除湿空调系统国内外研究进展. 煤气与热力, 2005, 25 (10).

[183] Sam V S, Peter JC. Analysis of a nozzle condensation drying cycle. Applied Thermal Engineering, 1999, 19: 832-845.

[184] 马一太, 张嘉辉. 热泵干燥系统优化的理论分析. 太阳能学报, 2000, (02).

[185] 陆亚俊, 马最良, 邹平华. 暖通空调（第二版）. 北京: 中国建筑工业出版社, 2007.

[186] 裴丽娜. 建筑自然通风与置换通风的适用性分析. 安徽建筑, 2009, 3.

[187] Yuan Xiaoxiong, Chen Qingyan, Leon, et al. Performance evaluation and design guide lines for displacement ventilation, Final Report for ASHRAE RP-949: 230.

[188] 电子工业部第十设计研究院. 空气调节设计手册（第二版）. 北京: 中国建筑工业出版社, 1995.

[189] 孙明, 王岳人. 保证室内空气品质的置换通风的节能研究. 节能, 2006, 8.

[190] 王岳人, 刘宇钏. 置换通风空调系统的节能性分析. 沈阳建筑大学学报（自然科学版）, 2007, 5.

[191] 何超英, 刘振宇. 新风与室内空气品质的测试与探讨. 苏州大学学报（工科版）, 2003, 23 (2): 73-78.

[192] Zhivov A M, Rymkevich A A. Comparison of heating and cooling energy consumption by HVAC system with mixing and displacement air Distribution for a restaurant dining area in different climate. ASHRAE Trans, 1998, 104 (2): 473-484.

[193] Xiaxiong Yuan, Qingyan Chen, Leon R Glickman. A critical review of displacement ventilation [J]. ASHRAE Trans, 1998, 32: 1067-1068.

[194] Steven J Emmerich, Tim McDowell. Initial evaluation of displacement ventilation and dedicated outdoor air systems for U. S. commercial buildings, 2005.

[195] ASHRAE. Advanced energy design guide for small office buildings. ASHRAE Inc., 2008: 124-167.

[196] ASHRAE. 2009 ASHRAE Handbook-Fundamentals: Chapter 20, Space Air Diffusion. ASHRAE Inc., 2009.

[197] 孙宇明, 王宗山, 端木琳. 送风口布置于桌面的个性化通风系统的研究评述与分析. 洁净与空调技术, 2006, 1.

[198] 郑志敏, 周孝清, 赵相相, 张燕. 办公室个性化送风气流性能评价. 建筑科学, 2005, 10.

[199] 中华人民共和国国家标准. 绿色建筑评价标准 (GB/T 50378—2006).

[200] 中华人民共和国行业标准. 夏热冬暖地区居住建筑节能设计标准 (JGJ 75—2003).

[201] 中华人民共和国行业标准. 夏热冬冷地区居住建筑节能设计标准 (JGJ 134—2010).

[202] 中华人民共和国行业标准. 科学实验建筑设计规范 (JGJ 91—93).

[203] 北京市地方标准. 公共建筑节能设计标准 (DBJ 01—621—2005).

[204] 丁力行, 曹阳, 刘仙萍. 空气—空气能量回收装置性能测试工况参数的分析与确定. 建筑科学, 2009, (10).

[205] 孙志高, 李舒宏. 空调系统能量回收节能分析. 节能技术, 1999: 17 (98): 26-28.

[206] 张明. 排风能量回收系统在建筑节能中的应用. 中国新技术新产品. 2009, (16): 4-5.

[207] 李文波, 曾淼, 邢军. 空气—空气能量回收装置的节能分析. 制冷空调与电力机械, 2007, 114 (28).

[208] ASHRAE. ASHRAE Handbook 2000: HVAC System and equiPment. Chapter44. Air-to-air Energy Recovery Equipment, 2000: 1470-1480.

[209] 秦慧敏, 朱尔漩. 空气—空气全热交换机组用于空调能量回收时的技术经济分析. 全国空调制冷1992年学术年会论文集, 1992.

[210] 狄彦强, 袁东立, 王辛新, 李娜. 苏州·朗诗国际街区高效供能系统优化设计研究. 第六届国际绿色建筑与建筑节能大会论文集, 2010.